职业院校化工类专业课程教材

精细化工生产技术

施金榆　李莲芳　主编

中国劳动社会保障出版社

图书在版编目（CIP）数据

精细化工生产技术 / 施金榆，李莲芳主编．-- 北京：中国劳动社会保障出版社，2025. --（职业院校化工类专业课程教材）. -- ISBN 978-7-5167-7208-9

Ⅰ. TQ062

中国国家版本馆 CIP 数据核字第 20259X8U85 号

精细化工生产技术

JINGXI HUAGONG SHENGCHAN JISHU

中国劳动社会保障出版社出版发行

（北京市惠新东街 1 号　邮政编码：100029）

*

北京市科星印刷有限责任公司印刷装订　　新华书店经销

787 毫米 ×1092 毫米　16 开本　20.25 印张　439 千字

2025 年 12 月第 1 版　　2025 年 12 月第 1 次印刷

定价：51.00 元

营销中心电话：400-606-6496

出版社网址：https://www.class.com.cn

《精细化工生产技术》编审委员会

主　编　施金榆　李莲芳

编　者　（以姓氏笔画为序）

王福芝　李莲芳　张　坤　陈　艳

陈连勇　施金榆

主　审　（以姓氏笔画为序）

吕丰娜　邱星群

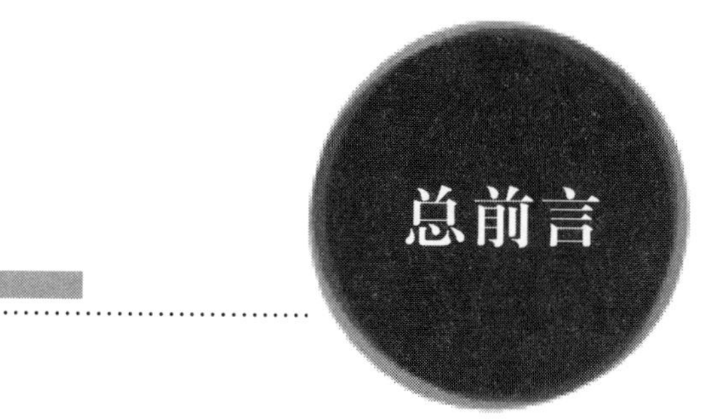

总前言

为了深入贯彻党的二十大精神和习近平总书记关于大力发展技工教育的重要指示精神，落实中共中央办公厅、国务院办公厅印发的《关于推动现代职业教育高质量发展的意见》，推进技工教育高质量发展，全面推进技工院校工学一体化人才培养模式改革，适应技工院校教学模式改革创新，同时为更好地适应技工院校化工类专业的教学要求，全面提升教学质量，我们组织有关学校的一线教师和行业、企业专家，在充分调研企业生产和学校教学情况、广泛听取教师意见的基础上，吸收和借鉴各地技工院校教学改革的成功经验，组织编写了本套职业院校化工类专业课程教材。

总体来看，本套教材具有以下特色：

第一，坚持知识性、准确性、适用性、先进性，体现专业特点。教材编写过程中，努力做到以市场需求为导向，根据化工行业发展现状和趋势，合理选择教材内容，做到“适用、管用、够用”。同时，在严格执行国家有关技术标准的基础上，尽可能多地在教材中介绍化工行业的新知识、新技术、新工艺和新设备，突出教材的先进性。

第二，突出职业教育特色，重视实践能力的培养。以职业能力为本位，根据化工专业毕业生所从事职业的实际需要，适当调整专业知识的深度和难度，合理确定学生应具备的知识结构和能力结构。同时，进一步加强实践性教学的内容，以满足企业对技能型人才的要求。

第三，创新教材编写模式，激发学生学习兴趣。按照教学规律和学生的认知规律，合理安排教材内容，并注重利用图表、实物照片辅助讲解知识点和技能点，为学生营造生动、直观的学习环境。部分教材采用工作手册式、新型活页式，全流程体现产教融合、校企合作，实现理论知识与企业岗位标准、技能要求的高度融合。部分教材在印刷工艺上采用了四色印刷，增强了教材的表现力。

本套教材配有习题册和多媒体电子课件等教学资源，方便教师上课使用，可以通过技工教育网（https://jg.class.com.cn）下载。另外，在部分教材中针对教学重点和难点制作了演示视频、音频等多媒体素材，学生可扫描二维码在线观看或收听相应内容。

本套教材的编写工作得到了北京、河南、山东、云南、江苏、江西、四川、广西、广东等省（自治区、直辖市）人力资源社会保障厅及有关学校的大力支持，教材编审人员做了大量的工作，在此我们表示诚挚的谢意。同时，恳切希望广大读者对教材提出宝贵的意见和建议。

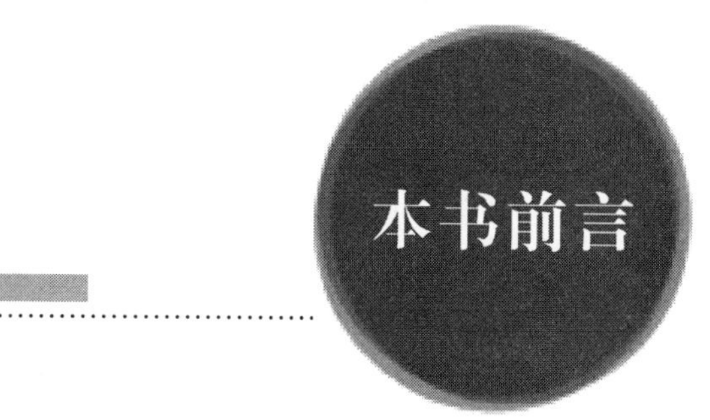

本书前言

本教材是根据技工院校教育教学改革文件精神，以职业教育培养目标为依据编写的。精细化工在传统化工基础上发展起来，是现代化学工业的重要组成部分，也是传统化学工业发展和转型升级的主要方向之一，在国民经济尤其是高端制造业（如电子、信息、航天、航空和石化等）高质量发展中发挥着越来越重要的作用。

本教材既可作为职业院校精细化工专业和应用化工技术专业的专业课教材，也可作为相关企业职工培训教材。本教材遵循学生身心发展特点和职业能力培养规律，采用项目教学法，按职业岗位要求设计学习任务和学习成果，具有“岗位指导、任务驱动、成果导向”的鲜明特色，并充分挖掘思政元素，力争在培养学生专业技能的同时，引导学生树立正确的人生观、价值观，培养高度的职业信仰和职业责任感，以适应现代职业教育的新需求。

本教材以“项目导学→课程思政→任务引入→自主学习→教师讲解→目标检测→项目总体评价”为主线，内容基于典型精细化学品的实际生产过程，以生产技术、工艺流程和工艺控制等为载体构建教学任务，并在每个学习任务结束后开展目标检测，整个项目结束后进行项目总体评价，以此来检测、评价学生学习效果和综合职业能力提升情况。

本教材共有十个项目，由施金榆、李莲芳主编并统稿。其中，项目一、二、三由施金榆编写，项目四、五由施金榆、陈艳编写，项目六、七由李莲芳、张坤、陈连勇编写，项目八、九、十由施金榆、王福芝编写，相关标准由张坤收集整理。全书由广东省粤东技师学院邱星群、山东化工技师学院吕丰娜主审，在此对所有给予支持与帮助、辛苦付出的老师们表示衷心的感谢！

由于精细化学品涉及众多领域，品种繁多，理论研究、生产技术和应用技术发展迅速，限于编者水平，书中难免有疏漏和不足之处，恳请读者批评指正及反馈，以使教材不断完善。

编者

2025 年 6 月

目 录

项目一

精细化工认知

项目导学

精细化工是专门生产精细化学品的工业领域，它构成了现代化学工业的重要一环，也是传统化学工业转型升级的主要方向。精细化工的发展不仅有助于推动节约型现代化工体系的建立，还能提高资源利用效率，扩大产品利润空间，进而增强企业的国际竞争力。精细化工产值在化工总产值中所占的比例，即精细化工率，是衡量一个国家或地区化工行业、科学技术发展水平以及经济水平的重要指标。本项目旨在学习精细化工的基本概念、生产技术以及常用设备。

课程思政

我国半导体材料之母——林兰英院士

世界第一块半导体材料锗单晶由美国物理学家研制成功，而中国半导体材料科学的篇章，则是由林兰英院士开启的。作为我国半导体材料科学的奠基人与开拓者，林兰英院士毕生致力于半导体材料事业，推动我国在该领域实现跨越式发展，赶超世界水平。

1918 年，林兰英出生于福建莆田。在旧社会，女性鲜有上学机会，但她以坚定的意志争取到了受教育的权利。她勤奋好学，以优异成绩考入福建协和大学，毕业后留校任教，并因表现卓越获得出国留学机会。

留学期间，林兰英深受导师赏识，被推荐攻读数学博士。然而，她深知祖国建设之需，毅然选择转攻固体物理学，成为宾夕法尼亚大学首位中国博士及女博士。当时，美国贝尔实验室的物理学家利用固体物理理论解释了半导体现象，并制成世界首块半导体锗单晶。林兰英敏锐地洞察到此项研究对国家战略的重要意义，遂投身半导体材料研究。

博士毕业后，林兰英克服重重困难，毅然回国。她放弃了被美国当局扣押的积蓄，无偿将价值昂贵的锗单晶和硅单晶赠予中国科学院，为我国的半导体科学研究奠定了宝贵基础。

林兰英的首要目标是拉制出中国第一根硅单晶。在新中国百废待兴、关键材料稀缺的背景下，她巧妙运用抽真空方法，并应用在美国发明的籽晶保护罩技术，于 1958 年成功拉制出中国第一根硅单晶。

此后，林兰英在半导体材料研制方面屡创佳绩。她主持设计的开门式硅单晶炉技术先进，远销多国；成功拉制出质量达世界先进水平的无位错硅单晶；研制出我国首个砷化镓单晶样品，为砷化镓二极管激光器的诞生奠定了基础；合作完成大规模集成电路的研制，获中国科学院重大科技成果一等奖；还在我国返回式卫星上成功进行了砷化镓晶体实验，被誉为“中国太空材料之母”。

阅读上述材料，讨论下列问题，记录结果，并与同学分享：

1. 林兰英院士的爱国精神主要表现在哪些方面?
2. 林兰英院士的价值观是怎样的? 新时代的我们应该树立怎样的价值观?

任务一　精细化工基本概念

学习目标

1. 认识精细化工与专用化工、精细化学品与专用化学品等概念。
2. 掌握精细化工特点、地位和发展重点。
3. 改变对传统化工高污染、高能耗、高危险的看法，培养高度职业自信心和职业责任感。

任务引入

精细化学品虽然产量不大，但种类多、技术含量高。因此，人们通常用精细化工率，来代表一个国家化学工业产品结构的高端化和差异化水平，也作为衡量一个国家化学工业整体技术水平的标志。与欧、美、日等发达国家相比，我国石化行业的精细化工率一直不高。据精细化工国家重点实验室统计，2018 年，欧、美、日等发达国家的精细化工率高达 68%～69%，而我国 2018 年的精细化工率只有 45% 左右。因此，我国石化行业的产品结构一直处于中低端，石化产业的整体技术水平也与发达国家存在不小差距。

我国石化行业每年存在大量贸易逆差，油气的大量进口是其中一方面原因。从我国石化产品“低端过剩、高端缺乏”的现状分析，每年需进口大量的有机化学品、专用化学品等，主要集中于精细化学品领域。具体来看，染料、饲料添加剂、水处理药剂、油田化学品等方面的差距相对小一些；农药的主要差距在于自主创新品种较少，高效制剂方面差距明显；涂料、造纸化学品、胶黏剂、化学试剂等高端产品领域差距较大，这严重制约了我国高端制造业和电子信息产业的发展。最明显的是电子化学品，不仅在高端产品技术上受制于人，而且

在产品的质量稳定性方面也存在差距。因此，我国每年约有 1/3 的电子化学品消费量依赖进口，且这些依赖进口的种类均为高端产品。

阅读上述材料，讨论下列问题，记录结果，并与同学分享：

1. 分析精细化工的重要性。
2. 精细化工应如何高质量发展并实现精细化和高端化？
3. 以上材料对你有什么启示？

相关知识

精细化工并非一直存在，而是随着化学工业和科学技术的发展，特别是合成技术和复配技术的广泛应用，当获得在应用性能上可以替代或超越天然物质的产品时，精细化工才开始兴起。至今，精细化工已发展成为国民经济，尤其是高端制造业、电子信息和石化产业高质量发展中愈发重要的领域。

一、基本概念

1. 化学品的范畴

不同国家对化学品的范畴界定存在差异。在我国和日本，化学品通常分为大宗化学品和精细化学品两大类。而欧、美等一些发达国家则将化学品分为大宗化学品、精细化学品和专用化学品三部分。我国和日本所界定的精细化学品，在欧、美等发达国家中被进一步细分为精细化学品和专用化学品两部分。不同国家对化学品的界定见表 1－1－1。

表 1－1－1　不同国家对化学品的界定

国家范畴	化学品	界定
中国 / 日本	大宗化学品	也称通用化学品，是以天然资源为基本原料，经过简单加工，制成的大吨位、附加值与利润率较低、应用范围较广的化学品
	精细化学品	以大宗化学品为原料，经过深度加工，批量小、品种多、附加值和利润率都高，一部分具有专用功能并提供应用技术和技术服务的化学品，它包含了专用化学品，即专用化学品属于精细化学品的范畴
欧、美等国家	大宗化学品	与我国和日本的界定相同
	精细化学品	以大宗化学品为原料，经过深度加工，批量小、品种多、附加值和利润率都高的化学品
	专用化学品	以精细化学品为原料，经过复配技术加工，具有专用功能并提供应用技术和技术服务的化学品

2. 相关定义

化学品，也称化工产品，即化学工业所生产的产品。它是利用石油、天然气、煤和生物质等自然资源，通过化学和物理方法加工而成的产品和原材料。

大宗化学品，也称通用化学品，是以天然资源为基本原料，经过简单加工，制成的大吨位、附加值与利润率较低、应用范围较广的化学品。

精细化学品，又称精细化工产品，以大宗化学品为原料，经过深度加工，批量小、品种

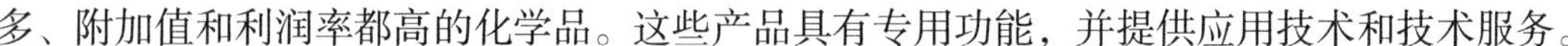

多、附加值和利润率都高的化学品。这些产品具有专用功能，并提供应用技术和技术服务。

专用化学品以精细化学品为原料，经过复配技术加工，具有专用功能并提供应用技术和技术服务的化学品。它们是精细化学品中具有专门功能，并能按其规格说明书或使用效果进行小批量生产和小包装销售的产品。

精细化学品和专用化学品的区别见表 1-1-2。

表 1-1-2　　精细化学品与专用化学品的区别

	精细化学品	专用化学品
原料	以大宗化学品为原料	以精细化学品为原料
产量与规格	产量小，组成确定，可按规格说明书进行小批量生产和小包装销售	产量小，经过加工配制，具有专门功能，既能按其规格说明书，又可按其使用效果进行小批量生产和小包装销售
功能与服务	具有专用功能，提供应用技术和技术服务	具有专用功能，提供应用技术和技术服务（更强调其专门功能和使用效果）

3. 精细化学品的分类

目前，国内外对精细化学品的分类存在差异，但世界上较为统一的分类原则是基于产品的功能。我国精细化工起步较晚，目前部分细分领域与发达国家仍存在技术差距，但通过持续的技术创新和产业升级，整体发展水平正在快速提升。

在我国，精细化学品和专用化学品被统一纳入精细化工范畴。原化工部《关于精细化工产品分类的暂行规定》中将精细化学品分为十一大类，包括农药、染料、涂料、颜料、试剂和高纯物、信息用化学品、食品和饲料添加剂、黏合剂、催化剂和各种助剂、化工系统生产的化学药品（原料药）和日用化学品、高分子聚合物中的功能高分子材料等。

《精细化工企业工程设计防火标准》（GB 51283—2020）将精细化学品分为二十一类，涵盖农药、染料、涂料（油漆）和油墨、颜料、试剂和高纯物、食品添加剂、黏合剂、催化剂、日用化学品和防臭防霉剂、汽车用化学品、纸及纸浆用化学品、脂肪酸、稀土化学品、精细陶瓷、医药、兽药和饲料添加剂、生化制品和酶、其他助剂（含表面活性剂、橡胶助剂、高分子絮凝剂、石油添加剂、塑料添加剂、金属表面处理剂、增塑剂、稳定剂、混凝土外加剂、油田助剂等）、功能高分子材料、摄影感光材料、有机电子材料等。

需注意的是，上述分类并未涵盖精细化工的所有内容。随着科学技术的不断发展，新兴的精细化工行业和产品将不断涌现，行业细分将更加明确，产品品种也将持续增加。

二、精细化工特点

1. 产品特点

精细化学品的主要特点是品种繁多、批量小，且具有特定功能和专用性。由于精细化学品品种众多，其适用范围具有专用性，且用量普遍较少，因此生产批量小，少量产品即能满足社会需求。

2. 生产特点

精细化工生产的特点在于生产技术密集且保密性强，流程多样化，大量采用复配技术，生产过程多采用间歇操作。不同企业拥有不同的生产技术和流程，技术密集，专利性和保密性很强，具有鲜明的自主知识产权特征。由于精细化学品很难用单一的原料满足特定的功能或专用属性，因此必须采用复配技术。生产设备轻薄短小，并向多功能、柔性化发展，即同一套设备可以生产多种具有相似工艺的不同产品。生产工艺流程也多样化，同一产品，不同厂家可能使用不同的生产工艺。

3. 商品特点

精细化学品的商业性强，且具有最终使用性。大部分精细化学品直接面向用户销售，具有最终使用性。同时，用户对商品的选择性很高，市场竞争激烈，因此商业性很强。除了生产产品和新产品研发外，积极开发产品应用技术和提供售后技术服务也是精细化工企业最重要的工作之一，这样才能不断开拓市场，提高市场信誉。

4. 经济特点

精细化工的生产设备轻薄短小，厂房占地面积小，因此投资小、见效快，利润及附加值高。特别是一些拥有垄断技术的行业，其附加值更高。一般来说，精细化学品的附加值在50% 以上，而化肥和石油化学品的附加值一般仅在 20% 左右。

5. 研究开发特性

由于市场竞争激烈，产品更新换代快，研究与开发对于精细化工企业来说是必不可少的。大多数的精细化工企业均设有专门的研发机构，配备相当的人员和设备。精细化工的研究开发包括新产品研发、新配方研制、新技术开发等。新技术不仅包括生产技术，还包括产品应用技术和售后技术服务等。

应用技术研究开发的主要任务包括：进行加工技术研究，提出最佳配方和生产工艺条件；提供技术服务，指导用户正确使用产品；将使用中发生的问题反馈回生产部门，不断进行工艺和产品的改进；培训用户掌握相关技术，开拓应用领域；编制产品应用技术资料，为用户提供全面的技术支持。

三、精细化工作用、意义与发展重点

1. 精细化工的作用

精细化工在现代化学工业中占据着举足轻重的地位。精细化学品的应用范围极其广泛，几乎渗透到了国民经济的各个领域，如电子信息、生物制药、食品加工、化工冶金、航天航空、海洋开发以及其他轻工行业等。它的发展和应用不仅极大地推动了化学工业的进步，还为人类生活带来了诸多便利。未来，精细化工将继续发挥其不可或缺的作用，为人类创造更多的奇迹。具体来说，精细化工的作用主要体现在以下几个方面：

（1）直接作为产品或产品的主要成分，满足市场需求；

（2）赋予各种材料特定功能或特性，提升产品性能；

（3）丰富日常生活，提高人们的生活水平；

（4）促进高新技术的发展，推动科技进步；

（5）提高经济效益，增强企业竞争力；

（6）促进和保障其他行业的健康发展。

2. 精细化工的意义

精细化工在社会和经济发展中具有深远的战略意义。精细化工率的高低是衡量一个国家或地区科技发展水平和经济发展水平的重要指标之一。精细化工是当代高科技领域不可或缺的重要组成部分，是科技进步的基础，能够提供各类新材料、新试剂、新能源等精细化学品。其发展不仅能够促进建立节约型现代化工体系，还能提高资源利用率，有效解决化学工业产能过剩的困境，实现节约资源、保护环境的目标。同时，精细化工还提高了产品的利用价值与利润空间，增强了企业的国际竞争力。

3. 精细化工的发展重点

（1）对传统精细化学品进行更新换代

将高端专用化学品作为产业战略转型的重点，从新配方研制出发，采用绿色新原料、绿色新生产工艺和新生产技术，开发出高效、安全、环保、经济的新产品，以满足市场需求和环保要求。

（2）加快精细化学品新领域应用研究开发

将创新作为行业发展的核心要素，积极开发当代高科技领域的精细化学品。重点开发各类新型化工材料、新能源、电子信息化学用品、生物医药化学用品、航天航空化学用品和海洋化学用品等，以拓展精细化学品的应用领域和市场空间。

（3）优先发展关键技术

精细化工应优先发展新技术，包括新催化技术、新分离技术、复配技术、超细粉体技术（也称纳米材料技术）、气雾剂无污染替代技术等。这些关键技术的发展将推动精细化工行业的科技进步和产业升级。

（4）重点发展绿色精细化工

突出绿色理念，积极落实绿色制造政策。采用绿色原料（特别是可再生资源），优化并完善生产工艺，研发绿色清洁的新型生产技术，开发绿色化新产品。这将有助于减少环境污染，提高资源利用效率，实现可持续发展。

（5）将安全作为行业发展的重要底线

安全是行业发展的重要底线。精细化工企业应高度重视生产安全和产品安全，提高安全生产能力，保证产品的安全性能。同时，还应不断提高生产效率、产品收率，降本增效，以确保行业的稳健发展。

目标检测

一、单项选择题

1. 原化工部将精细化学品分为（　　）大类。

A. 9　　B. 10　　C. 11　　D. 21

2.《精细化工企业工程设计防火标准》（GB 51283—2020）将精细化学品分为（　　）类。

A. 4　　B. 9　　C. 11　　D. 21

3. 精细化学品附加值高，一般在（　　）以上。

A. 20%　　B. 30%　　C. 40%　　D. 50%

4. 单一物质不能满足精细化学品的功能性与专用性，必须采用（　　）。

A. 合成技术　　B. 复配技术　　C. 纯化技术　　D. 分离技术

二、多项选择题

1. 精细化工生产的特点是（　　）。

A. 多采用间歇操作　　B. 技术性和保密度强

C. 多采用复配技术　　D. 生产流程多样化

2. 精细化工的发展重点包括（　　）。

A. 加快精细化学品新领域的开发

B. 加快传统大宗化学品的更新换代

C. 重点发展绿色清洁生产

D. 优先发展关键技术

3. 精细化工的意义包括（　　）。

A. 是当代高科技领域不可或缺的重要组成部分

B. 是节约资源和保护环境的重点路径

C. 能增强产品在国际市场上的竞争力

D. 能促进高新技术的发展

三、思考题

1. 简述精细化工的作用。

2. 简述我国精细化学品的范畴。

3. 精细化学品特点有哪些？

任务二　精细化工生产技术

学习目标

1. 掌握精细化工的生产技术及特点。
2. 了解精细化学品开发过程。

任务引入

中国石油和化学工业联合会党委副书记、副会长傅向升在《精细化工“十四五”发展之思考与建议》中提出，“十四五”期间，石化产业要高质量发展、深化供给侧结构性改革，必须在产业结构和产品结构调整与优化上狠下功夫。产品的高端化、差异化是精细化工发展的重要方向，应继续把精细化工作为石化产业高质量发展的重点领域和重要方向。

精细化工是一个技术含量高、技术水平要求高的领域，创新水平和创新能力是精细化工行业发展和竞争力的关键。我国石化产业长期处于大国而非强国的状态，关键在于创新不足；产品结构一直处于中低端，制约因素在于创新不够；我国精细化工率与发达国家相差约 20 个百分点，短板在于创新；很多石化产品质量稳定性存在差距，问题也出在创新上。

为实现党的十九届五中全会提出的“科技自立自强”，我们必须把创新摆在精细化工发展的首位。要加强创新中心和创新队伍建设，加大研发投入，强化协同创新。要着重培养技术带头人和创新团队，既要紧紧围绕制约企业的技术发展进行创新，又要重点攻克关键核心技术和关键设备。同时，要围绕产品结构调整和新品种开发进行创新，努力提升产品质量和稳定性，让技术创新成为企业核心竞争力的战略支撑。

此外，精细化工仍是化学工业整体技术水平的标志，专用化学品是跨国公司战略转型的重点。绿色发展是精细化工领域的重中之重，安全发展则是精细化工领域的重要底线。我们必须坚守这些原则，推动精细化工行业持续、健康发展。

阅读以上材料，回答问题：

1. “十四五”期间精细化工发展的重点是什么？
2. 什么是精细化工行业发展和竞争力的关键？

相关知识

一、常规生产技术

精细化学品作为深加工的产物，其生产过程相当复杂，涵盖了分子设计、反应合成、复配、剂型制备、绿色技术、分离提纯等多项关键技术，此外还涉及细化（如纳米技术）和薄

膜（如镀膜技术）等先进技术。

1. 反应技术

精细化学品领域广泛，但其核心合成反应并不繁多，主要包括磺化及硫酸化、硝化、卤化、氧化还原、烷基化、酰基化等十余种反应。

2. 复配技术

复配技术是将两种或更多种具有不同特性和功能的物质，按特定比例混合加工，以产生具有特定新功能的产品。这一技术旨在解决单一化合物无法满足的特定需求或多功能要求，是精细化工与基础化工的显著区别。复配技术能带来协同增效、减害和降低成本等效应，增强产品功能，降低生产成本。采用复配技术的目的包括满足特殊需求、提升产品性能和市场竞争力、增加产品种类和提高经济效益。

3. 生产操作技术

生产操作技术涵盖岗位操作法和工艺规程，是企业技术管理的基础和指导生产的依据，也是安全生产的保障。企业应定期组织培训和考核，确保操作人员熟练掌握操作技能。在执行工艺规程和岗位操作法时，要求做到"五统一"（即岗位操作、原料规格、检验方法、计量标准、计算基础要统一）和"三把关"（即原料、中间体、产品质量要把关），确保产品质量。

4. 分离提纯技术

精细化工生产中，常用的分离提纯技术有沉淀法、蒸馏法、萃取法、升华法、柱色谱法、结晶法等。

（1）沉淀法通过沉淀反应分离提纯物质，但因其耗时长、过程难控制、易引入杂质等缺点，在实际应用中受限。在特定条件下，通过优化沉淀条件和提高试剂选择性，沉淀法也能取得满意效果。

（2）蒸馏法利用组分沸点差异分离液体混合物，包括常压蒸馏、分馏、减压蒸馏、水蒸气蒸馏和共沸蒸馏等。

（3）萃取法利用溶质在两种不相溶的液相中溶解度的差异来进行分离提纯，适用于低含量组分和大量干扰元素的分离。新型萃取技术（如超临界萃取、微波萃取等）具有操作简便、快速、适用范围广等优势，在精细化工中发挥重要作用。

（4）升华法适用于易升华且杂质不挥发的物质，产品纯度高。

（5）柱色谱法适用于气相和液相组分的分离，特别是微量和性质相似组分的分离。柱色谱法需要固定相和流动相，通过样品在色谱柱上的停留时间差异进行分离。

（6）结晶法是从溶液中分离提纯固体溶质的重要方法，所得产品纯度高、杂质含量低。常用的结晶法有萃取结晶、蒸发结晶、氧化还原结晶等。

二、特殊生产技术

1. 集成生产技术

传统精细化学品生产多采用间歇操作，存在投料、放料、加压、加热、清洗等非生产时间耗费，导致生产周期长、效率低，操作费用和物料损耗大，产品质量控制难。近年来，多功能集成生产技术得以开发，该生产技术集反应、分离、储存、清洗等单元操作于一体，实现流程综合化、装置多功能化，兼具灵活性和适应性，既保留间歇操作优点，又避免其不足，适于多品种生产。

2. 特殊反应技术

特殊反应技术涵盖新型催化合成、生化合成、反应-分离耦合、超声波化学合成、微波化学合成、临界合成等。

3. 特殊分离技术

当前，膜分离技术、超临界萃取技术等特殊分离技术正不断得到应用。

4. 极限技术

极限技术主要包括加热技术（如电加热、红外及远红外线加热、微波加热等）、超高温或超低温、超高压或超高真空、超微颗粒等。

三、精细化学品开发过程

精细化学品开发过程，是从概念形成到新技术或新工艺付诸实践的全过程，涵盖科研、设计、建设等环节。

1. 开发过程

新产品开发各企业做法各异，但通常包括选择课题、可行性分析论证、实验研究、中间试验、产品性能质量检测、扩大生产六步。了解开发过程有助于制订研究计划，指导实际研究。精细化工新产品开发过程如图 1-2-1 所示。

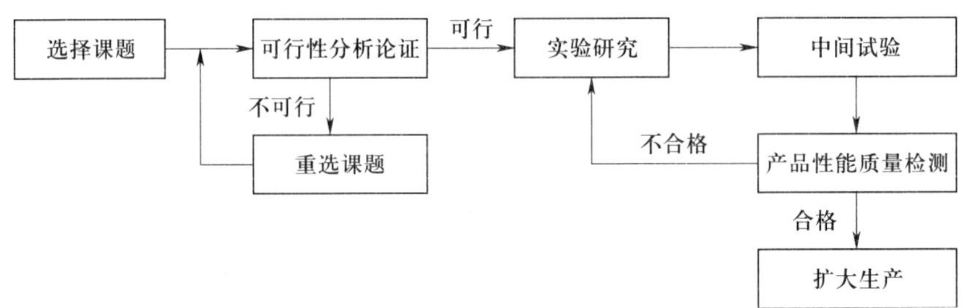

图 1-2-1　精细化工新产品开发过程

选择课题为首要步骤，亦为难点。课题质量直接影响产品开发和市场前景。课题来源多样，可源自研究者、产品用户、国产化需求或上级机关等。

可行性分析论证为第二步，旨在确保课题实用价值，避免重复研究。需进行详细文献检索和资料收集整理，先分析论证课题可行性，再制定研究方法。

实验研究用一般实验仪器进行，主要任务为研究制备过程、分析测试方法、提出工艺控制参数等。

中间试验含小试和中试，小试根据实验室效果放大，中试根据小试结果继续放大。中试成功后可量产。此阶段检验实验室研究成果实用性和工艺合理性，不断完善改进产品性能与生产工艺技术指标。中间试验消耗人力、物力、时间最多，需合理组织，尽可能缩小规模。

性能和质量检测从权威机构检测和用户使用反馈两方面进行。产品上市前需通过质量监督检测部门批准，必要时可由主管部门举行鉴定会。

2. 开发重点

复配技术为精细化学品重要生产技术，配方为关键。配方设计根据具体应用要求，以企业产品为科研对象，通过复配试验筛选，确定助剂或添加剂种类及数量、最佳生产使用工艺等。配方设计需考虑降低成本、推广应用技术等。表 1-2-1 为洗涤剂典型配方实例，不同功能的同类型产品可通过调整组分比例或添加特殊功效组分实现。

表 1-2-1　洗涤剂典型配方实例（按质量分数计 /%）

组分	含量	组分	含量
十二烷基苯磺酸钠	10.0	三乙醇	4.0
6501	5.0	去离子水	76.6
AES	4.0	香精	0.2
EDTA	0.2	防腐剂	适量

配方需要具有科学性，也依赖经验积累。配方研究中可剖析旧配方，根据产品功能分析问题及解决方案，在此基础上改进研制出新配方。精细化工企业重视配方研发和保密工作，配方研究人员既需要掌握扎实的科学理论基础和化学品性能知识，又需要积累丰富的实践经验。

目标检测

一、单项选择题

1.（　　）是从溶液中分离提纯固体溶质的一种重要方法。

A. 结晶　　B. 蒸馏　　C. 萃取　　D. 柱色谱

2. 主要用来分离提纯有机化合物的技术是（　　）。

A. 结晶　　B. 蒸馏　　C. 萃取　　D. 柱色谱

3.（　　）是复配技术的关键。

A. 原料　　B. 配方　　C. 产品　　D. 辅料

二、多项选择题

1. 生产操作“五统一”是指（　　）。

A. 岗位统一操作　　B. 原料统一规格

C. 化验统一方法　　D. 计量统一标准

E. 计算统一基础

2. 精细化工生产中常用的分离提纯技术包括（　　）。

A. 结晶　　B. 蒸馏　　C. 柱色谱

D. 萃取　　E. 升华

3. 性能和质量检测一般分为（　　）。

A. 权威机构检测　　B. 企业内部检测

C. 用户使用反馈　　D. 市场调查

三、思考题

1. 简述精细化工生产的特殊技术。
2. 什么是生产操作技术？
3. 简述精细化学品的开发程序。

任务三　精细化工生产设备

学习目标

1. 了解反应器类型。
2. 掌握间歇式反应釜的特点及应用范围。
3. 掌握间歇反应釜的构造，并按工艺要求及操作特点进行操作、控制与调节。

任务引入

安全发展是精细化工领域不可或缺的重要底线。化工生产由于其特殊性，一旦发生安全事故，往往后果严重，不仅会造成人员伤亡和财产损失，还可能对环境造成长期影响，因此，确保化工生产的安全至关重要。

尽管个别企业的安全事故时有发生，给人们留下了化工生产不安全的印象，但这并不能代表整个化工行业的真实状况。发达国家和跨国公司的成功经验表明，安全风险是可以通过科学管理和严格控制来降低的，甚至达到可控的状态。

海因里希法则等统计数据清晰地揭示了人的不安全行为是引发事故的主要原因。这些数字虽然存在一定差异，但都指向了一个共同的事实：规范操作对于预防事故至关重要。因此，要从细微处入手，不放过任何安全隐患，做到人人重视安全，这是实现安全可控的基础。

为了实现安全可控，企业需要进一步提升专业化管理水平。这包括针对自己企业的物料特性、生产过程、反应类型等具体情况，制定切实可行的安全管理措施和应急预案。同时，要加强员工的安全培训和教育，提高员工的安全意识和操作技能，确保员工能够严格遵守安全规程，规范操作。

综上所述，安全发展是精细化工领域的底线，也是企业持续发展的保障。只要我们从细微处入手，做到人人重视安全，进一步提升专业化管理水平，并针对企业的实际情况强化专业化管理、做好应急预案，安全风险就是可控的。

阅读上述材料，讨论下列问题，记录结果，并与同学分享：

1. 安全事故主要是由什么引起？

2. 作为专业人员，你认为怎样从自身开始预防安全事故的发生？

相关知识

一、精细化工生产常用设备

精细化工生产过程由原料预处理、化学反应和反应产物加工三大步骤组成。根据是否发生化学反应，操作过程分为单元操作和单元反应两种，因此，生产中常用设备包括单元操作设备和单元反应设备两类。单元操作设备主要用于原料预处理和反应产物加工，《化工生产认知》或《化工单元操作》课程中所学的各种单元操作设备都可以用来生产精细化学品，而单元反应设备——反应器是生产的关键设备。

二、精细化工生产的反应器

化工生产中，反应器按外形特征，可分为釜式反应器、管式反应器、塔式反应器、固定床反应器、流化床反应器、移动床反应器和气液鼓泡反应器等；按操作方法，可分为间歇操作、半间歇操作和连续操作。

精细化工生产普遍采用釜式反应器作为反应设备，一般为间歇操作或半间歇操作。釜式反应器也称反应釜，主要用于液-液均相反应，同时在气-液、液-液非均相反应中也有应用。乳化、复配等操作基本在间歇式反应釜中进行，此外，许多酯化反应、硝化反应、磺化反应等也可在反应釜中进行。

反应釜结构主要由釜体、搅拌装置、密封装置和换热装置几个部分组成，如图 1-3-1 所示。

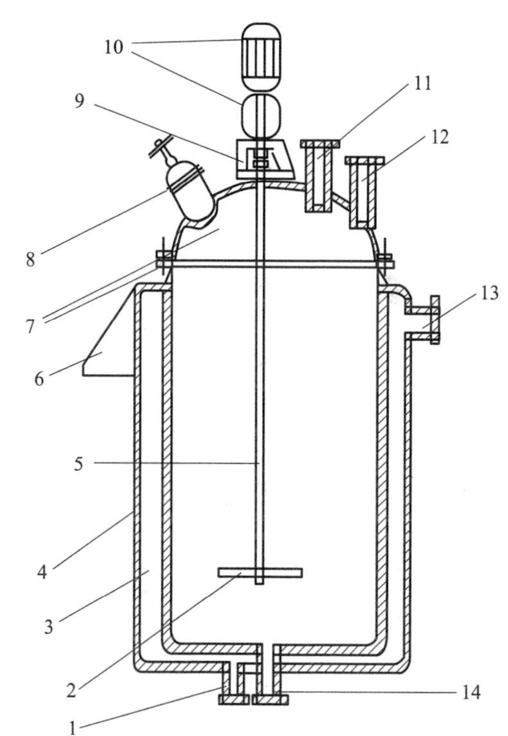

图 1-3-1　反应釜结构

1—冷（热）剂进口；2—搅拌装置；3—夹套；4—外层壳体；5—釜体（反应室）；6—上支架；7—上端盖＋法兰盘；8—视镜孔；9—密封装置；10—搅拌电机＋减速器；11、12—进料品；13—冷（热）剂出口；14—出料口

1. 釜体

釜体也称壳体，是化学反应发生

的空间。其结构由筒体、夹套和上、下封头组成，其容积大小根据生产能力和产品反应要求确定。

2. 搅拌装置

搅拌装置由搅拌轴和搅拌器组成，传动装置通常由电机通过减速器及联轴器驱动搅拌轴旋转，促使反应物料充分混合、均匀接触，从而改善传质与传热效率，提升反应速率。搅拌器主要类型有旋桨式、涡轮式、桨式等，精细化工生产中最常使用的是桨式搅拌器。

3. 密封装置

密封装置是反应釜的重要部分。由于化工过程易燃易爆有毒，反应釜通常需要密封，将反应物料与外界隔离，保证反应过程安全。同时，搅拌轴与设备间也需进行密封，以保证反应釜内的压力，防止物料泄漏和杂质进入。常用密封方式为填料密封或机械密封。

4. 换热装置

反应通常伴随吸热或放热效应，因此在反应釜内部或外部设置加热或冷却的换热装置。换热装置常采用夹套和内管两种形式，内管有蛇管式、列管式、盘管式等。反应釜一般采用外加热式换热装置，用于控制反应温度。间歇式反应釜换热装置如图 1-3-2 所示。

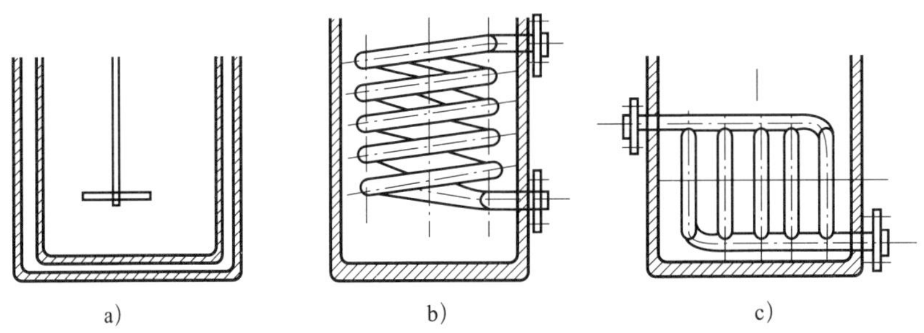

图 1-3-2　间歇式反应釜换热装置

a）夹套换热　b）蛇管式换热　c）列管式换热

反应釜结构简单，加工方便，传质、传热效率高，温度、浓度分布均匀，操作灵活，可采用连续操作、半间歇操作或间歇操作，便于控制和改变反应条件，适合多品种、小批量生产。几乎所有的有机合成单元反应，如氧化、还原、硝化、磺化、乳化、聚合等，只要选择合适的溶剂作为反应介质，都可以在反应釜中进行反应。

三、釜式反应器操作与控制

釜式反应器的操作方式灵活多样，可分为间歇操作、半间歇操作和连续操作。精细化工生产过程多采用间歇生产，部分批量大的精细化学品也实现了半间歇操作和连续操作。

反应物料一次投入釜中，调节温度和压力，待反应结束后一次性取出产物，这种操作方式称为间歇操作。半间歇操作是指一种原料一次性加入，另一种原料连续加入，反应结束后产品一次采出。连续操作是指反应物料连续加入反应器，同时连续采出生成物，反应器内的物料量始终保持不变。不同操作方式各有特点，具体见表 1-3-1。

表 1-3-1 不同操作方式的特点

操作方式	特点
间歇操作	操作灵活，条件易控制，但生产强度低，不适于大批量生产
半间歇操作	半间歇操作兼具间歇操作和连续操作的某些特征，但生产过程仍为间歇。对于要求一种反应物浓度高而另一种反应物浓度低的化学反应，常采用半间歇操作
连续操作	生产能力强，操作成本低，因连续进出料节省了装卸量和清洗时间，劳动强度降低，产品质量易控制。连续操作可避免间歇釜的某些缺点，但搅拌作用可能造成釜内流体返混

釜式反应器操作过程控制参数主要包括反应温度、操作压力、液位、原料浓度、反应（停留）时间、搅拌强度、加料速度等。

目标检测

一、单项选择题

1. 精细化工生产主要以（　　）反应釜作为主要反应设备。

A. 连续式　　B. 半连续式　　C. 间歇式　　D. 半间歇式

2. 下列生产方式中，生产能力强，操作成本低的是（　　）。

A. 连续操作　　B. 半连续操作　　C. 间歇操作　　D. 半间歇操作

3. 小批量、多品种、反应时间较长的生产一般采用（　　）生产。

A. 连续　　B. 间歇　　C. 半连续　　D. 半间歇

4. 精细化工生产普遍采用（　　）作为主要反应设备。

A. 固定床反应器　　B. 流化床反应器　　C. 管式反应器　　D. 釜式反应器

二、多项选择题

1. 生产中搅拌的目的主要是（　　）。

A. 加快传热　　B. 加热传质　　C. 加快动能传递　　D. 加快速度传递

2. 反应釜结构中，密封装置的作用是（　　）。

A. 保证反应釜内的压力　　B. 防止物料的泄漏

C. 防止杂质的进入　　D. 保证无热量损失

3. 釜式反应器的密封装置通常采用（　　）。

A. 油密封　　B. 橡胶条密封　　C. 填料密封　　D. 机械密封

三、思考题

1. 列举常见反应器的类型。

2. 简述釜式反应器连续操作的特点。

3. 简述反应器选型的依据。

项目总体评价

一、复习项目内容，补充完成思维导图。

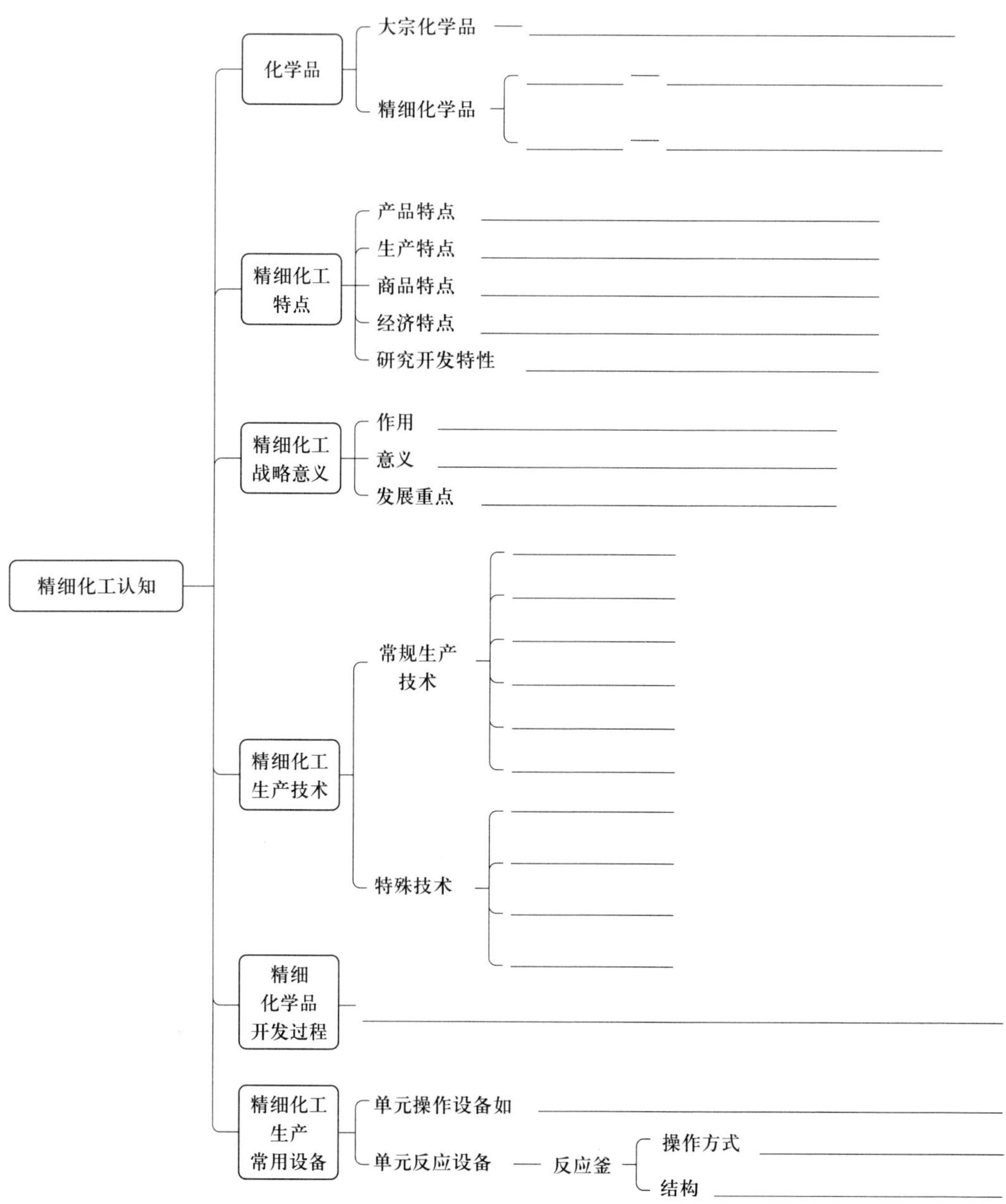

二、项目成果制作。

小组协作，查阅《精细化工产业创新发展实施方案（2024—2027年）》，分析总结精细化工产业延链工程范围、创新发展的总体目标、安全环保智能化技术工程及特点、产品品质提升重点、产业集群集约发展工程及特点、创新发展的重点任务。

实训工单

<table>
<tr><td colspan="2">小组成员</td><td></td><td>实训地点</td><td></td></tr>
<tr><td colspan="2">任务名称</td><td>《精细化工产业创新发展实施方案（2024—2027年）》分析报告</td><td>时间</td><td></td></tr>
<tr><td colspan="2">精细化工产业延链工程范围</td><td colspan="3"></td></tr>
<tr><td colspan="2">创新发展的总体目标</td><td colspan="3"></td></tr>
<tr><td colspan="2">安全环保智能化技术工程及特点</td><td colspan="3"></td></tr>
<tr><td rowspan="2">产品品质提升重点</td><td>关键产品种类</td><td colspan="3"></td></tr>
<tr><td>优势产品种类</td><td colspan="3"></td></tr>
<tr><td colspan="2">产业集群集约发展工程及特点</td><td colspan="3"></td></tr>
<tr><td colspan="2">创新发展的重点任务</td><td colspan="3"></td></tr>
</table>

项目二

表面活性剂生产技术

项目导学

表面活性剂被誉为“工业味精”，是一类用途广泛、用量较大的精细化学品。其特性独特，具有润湿或抗黏、乳化或破乳、起泡或消泡，以及增溶、分散、洗涤、防腐、杀菌、抗静电等多种功能，应用几乎遍及国民经济的各行各业，现已被广泛应用于洗涤剂、纺织、皮革、造纸、塑料、橡胶、农药、冶金、矿业、医药、建筑、化妆品等工业领域。

课程思政

“一切皆有可能”

通常认为水与油无法相溶，但大自然却以“神奇的力量”证明“一切皆有可能”。

2010 年 4 月，墨西哥湾发生原油泄漏事件，泄漏时间长达 3 个月，沿岸居民深受其害，给周边野生动植物带来毁灭性的灾难，对环境的直接和潜在污染难以估量。

按照常识，原油与水不相溶会出现分层，即泄漏油应浮在水面。然而研究表明，到达海面的原油仅占泄漏油的 5% 左右。为何大部分泄漏油未浮至海面？ 95% 左右的泄漏油去了何处？

其实早在 2000 年，美国麻省理工学院的教授们通过一系列实验已揭示油的去向。他们发现，原油泄漏时喷射的小油滴和天然气小气泡能克服浮力，稳定分散在海水中，并随洋流横向扩散至其他地方。

除自然力能使水和油形成稳定均相体系外，人类也研究了使不相溶物质均匀分散的方法，并广泛应用于生产生活。其中，表面活性剂能显著降低分散体系的表面张力，使互不相溶的两种物质形成稳定均相体系，对化工、食品、医药、炼油等诸多行业发展起着重要作用。

阅读上述材料，讨论下列问题，记录结果，并与同学分享：

1. 为什么说“一切皆有可能”？
2. 大自然的“一切皆有可能”有没有科学道理？对你有什么启示？
3. 怎么利用“一切皆有可能”为社会作贡献？

任务一　表面活性剂认知

学习目标

1. 了解表面活性剂的基本知识。
2. 了解表面活性剂的分类。
3. 掌握表面活性剂的结构特征及性能。
4. 掌握表面活性剂的作用及功效。

任务引入

1. 往装有一半水的烧杯中加入几滴油，观察并记录结果。

（1）油和水虽然都是液体，但__________（互溶 / 不互溶），它们会__________（分层 / 不分层），油和水之间形成界面，但同样是液体的一杯水加上几滴水或一杯油加上几滴油就不出现分层现象和界面。因此特殊的液 - 液界面形成条件是 ________________________________。

（2）刚开始油在水面呈 __________（滴状 / 层状）。

2. 在上面的烧杯中加入一些洗洁精，搅拌后静置片刻再观察记录结果。

（1）油和水是否还分层 __________（是 / 否）。

（2）分析记录洗洁精的主要成分有哪些，为什么能把油和水从“不互溶”变成“互溶”。

____。

相关知识

一、基本概念

1. 表面和表面张力

物质通常有液态、固态和气态三种聚集态，即相态。不同相物质接触时，其接触面称为界面，气体与其他相的接触面（气 - 液、气 - 固）也称表面。界面有液 - 固、液 - 液、气 - 固、气 - 液、固 - 固五种类型。需注意的是，仅当两种不互溶液体接触时，才会出现分层，形成液 - 液界面；互溶液体间无界面。

物质分子间存在相互作用力，其作用强度与分子极性及相对分子质量有关。因此，物体表面分子受力与内部分子不同，这种差异导致表面现象，如表面张力、表面活性、表面吸附、毛细现象、过饱和状态等。不同分子之间的受力情况如图 2-1-1 所示。

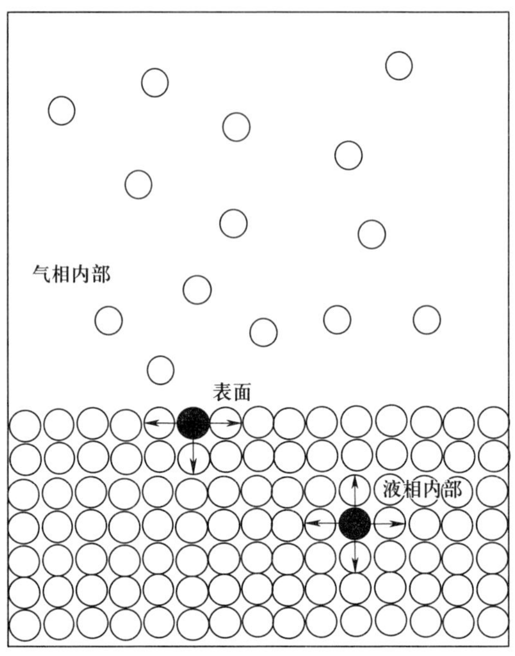

图 2-1-1　不同分子之间的受力情况

表面张力是指作用于液体表面单位长度上，使液体表面收缩的力。其成因在于液体表层分子所受内部分子引力显著强于外部相对物质分子的引力，导致表面层分子受到内向的净作用力。此力属于液体本征特性，其作用方向与液面相切，并垂直于两相界面边界线，其大小取决于液体本身性质、环境条件（如温度、压力、组成等）以及接触相的物质特征。

2. 表面活性和表面活性剂

使溶剂表面张力降低的性质称为表面活性，属表面现象。广义上，凡能降低表面张力的物质均可称为表面活性剂，但实际生产中，仅将显著降低表面张力的一类物质称为表面活性剂。表面活性剂是指少量加入即可显著降低体系表面张力，改变界面状态的物质。实际应用中，表面活性剂不仅用于降低表面张力，还用于改变其他性质，如润湿、乳化、分散、起泡、絮凝等。

二、表面活性剂结构特点及性能

1. 结构特点

表面活性剂的分子通常为不对称极性结构，由两部分组成：一端为非极性长链疏水基，简称亲油基；另一端为极性亲水基，简称亲水基（或疏油基）。两类性能相反的分子片段或基团位于同一分子的两端，以化学键相连，使表面活性剂分子具有既亲水又亲油的特性，而非整体亲水或亲油，这种结构称为双亲结构，表面活性剂分子也因此被称为双亲分子。表面活性剂分子结构及相对位置如图 2－1－2 所示。

图 2－1－2　表面活性剂分子结构及相对位置

亲油基是表面活性剂分子中的有机部分，多为长链烷烃，结构差异较小，常见有烯烃、脂肪醇、脂肪胺、脂肪酸及其衍生物、烷基酚等。

亲水基主要分为离子型和非离子型。离子型亲水基又分阳离子型、阴离子型和两性离子型。非离子型亲水基主要是能与水形成氢键的基团。

2. 结构与性能的关系

表面活性剂的性能与其结构紧密相关。亲水基与亲油基的相对位置对性能影响较大，如亲水基位于亲油基末端，则浆洗能力强，润湿性能弱；亲水基位于亲油基中间，则润湿能力强，浆洗能力弱。

疏水基的结构分支也影响表面活性剂性能。当分子种类与相对分子质量相同时，具有支链结构的表面活性剂临界胶束浓度（CMC）较高，表面活性强，润湿与渗透性能好，但去污能力差。

此外，表面活性剂分子大小对其性能也有较大影响。同一类型的表面活性剂，随着碳链增长，溶解性能、临界胶束浓度（CMC）等减小，表面活性增大。在表面活性剂的亲水亲油平衡值（HLB 值）、亲水基、疏水基均相同的情况下，相对分子质量较小的表面活性剂润湿性能、渗透性能好，相对分子质量较大的则洗涤性能好。

三、表面活性剂的分类

表面活性剂有多种分类方法。根据其溶解性可分为水溶性和油溶性两大类；根据疏水基结构可分为直链型、支链型、芳香链、含氟长链等；根据亲水基结构可分为羧酸盐型、硫酸酯盐型、季铵盐型、PEO 衍生物型、内酯型等；根据在溶液中是否解离及解离出的离子类型，可分为离子型和非离子型，其中离子型又进一步分为阴离子型、阳离子型、两性离子型，这是目前主要的分类方法。表面活性剂的分类及主要用途见表 2－1－1。

表 2－1－1　表面活性剂的分类及主要用途

按是否解离分	按离子类型分	按亲水基结构分	主要用途
离子型	阴离子型	羧酸盐型	皂类洗涤剂、乳化剂
		硫酸酯盐型	乳化剂、洗涤剂、润湿剂、起泡剂
		磺酸盐型	洗涤剂
		磷酸酯盐型	乳化剂、洗涤剂、抗静电剂、抗蚀剂

续表

按是否解离分	按离子类型分	按亲水基结构分	主要用途
离子型	阳离子型	伯胺盐型	乳化剂、纤维助剂、分散剂、矿物浮选剂、抗静电剂、防锈剂等
		仲胺盐型	
		叔胺盐型	
		季铵盐型	杀菌剂、消毒剂、洗涤剂、防霉剂等
	两性离子型	氨基酸型	杀菌剂、洗涤剂、起泡剂
		甜菜碱型	乳化剂、纤维助剂、分散剂、洗涤剂、抗静电剂、杀菌剂等
		咪唑啉型	洗涤剂、柔软剂、抗静电剂等
		咪唑啉甜菜碱型	洗涤剂、柔软剂、抗静电剂等
		氧化胺型	洗涤剂、起泡剂
非离子型	—	脂肪醇聚氧乙烯醚	洗涤剂、助剂
	—	脂肪酸聚氧乙烯酯	乳化剂、分散剂、助剂等
	—	烷基苯酚聚氧乙烯醚	消泡剂、破乳剂、渗透剂
	—	聚氧乙烯烷基胺	助剂、柔软剂、抗静电剂
	—	多酸醇型	化妆品、纤维油剂

四、表面活性剂的特征

1. 不对称性、极性和双亲性

表面活性剂分子是不对称的极性分子，既亲水又亲油，但非整体亲水或整体亲油，这就是表面活性剂的双亲性。

2. 界面吸附与形成胶束

表面活性剂需先分散溶解于水，形成极稀溶液。随着浓度增加，分子聚集吸附于界面，亲水基朝向液相，亲油基朝向气相或插入油相，形成单分子膜。浓度增大至一定程度，界面吸附饱和后，表面活性剂溶于水中，亲水基朝向水相，亲油基相互吸引结合形成胶束，改变溶液表面张力。表面活性剂界面吸附与形成胶束的过程如图 2-1-3 所示。

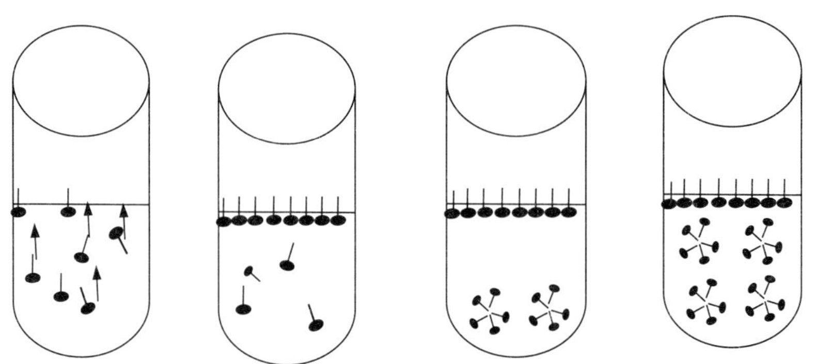

图 2-1-3　表面活性剂界面吸附与形成胶束的过程

表面活性剂在水中形成胶束的最低浓度称临界胶束浓度，即 CMC。CMC 值对表面活性剂研究有重要参考价值，可作为表面活性强弱的度量。CMC 值越小，表面活性越强。

3. 亲水亲油平衡值

具有双亲结构的分子，仅当亲水亲油强度相当时，才具有良好的表面活性。

表面活性剂分子中亲水基与亲油基强度之比称为亲水亲油平衡值，简称 HLB 值。HLB 值反映表面活性剂亲水亲油性，HLB 值越大，亲水性越强；HLB 值越小，亲油性越强。

HLB 值与分子中亲水基、亲油基特性及数量有关，范围在 0～40 之间。不同表面活性剂 HLB 值不同。离子型表面活性剂 HLB 值范围为 1～40，非离子型表面活性剂 HLB 值范围为 0～20。亲水型 HLB 值＞ 10，亲油型 HLB 值＜ 10。

HLB 值直接影响表面活性剂性质和用途，生产中可参考 HLB 值选择所需表面活性剂。但需注意，HLB 值仅为经验值，判断需谨慎。不同 HLB 值表面活性剂的用途见表 2-1-2。

表 2-1-2　　不同 HLB 值表面活性剂的用途

HLB 值	用途
1.5～3.0	消泡剂
3.0～6.0	W/O 型（油包水型）乳化剂
7.0～9.0	润湿剂
8.0～18.0	O/W 型（水包油型）乳化剂
13.0～15.0	洗涤剂
15.0～18.0	增溶剂

HLB 值可人为调节。离子型可通过增减亲油基碳数或亲水基数量调节；非离子型则通过调节聚环氧乙烷链长或羟基数来细微调节。常见表面活性剂 HLB 值可查手册或著作。

4. 溶解性能

表面活性剂在溶解后才能发挥特性与作用，故表面活性剂至少需溶解于一液相中，且溶解性能良好。表面活性剂溶解过程特殊，有克拉夫特点和浊点两种现象。

离子型表面活性剂低温时溶解度小，随温度升高溶解度增大，至某一温度时溶解度急剧增大，该温度称为克拉夫特点或临界溶解温度。克拉夫特点低，表明低温时水溶性好。非离子型表面活性剂的克拉夫特点很低，一般温度下不可见。因此，克拉夫特点是离子型表面活性剂的特性常数及应用下限温度。

非离子型表面活性剂低温时溶解度大，易与水混溶，温度升高后溶解度减小，至一定值后析出、分层并混浊，此温度称为浊点。浊点是非离子型表面活性剂应用的上限温度。

5. 多功能性

表面活性剂具有润湿、乳化、分散、起泡、增溶等功能，一种表面活性剂可能具有多种功能。

五、表面活性剂的作用或功效

1. 增溶作用

当溶液中表面活性剂浓度达 CMC 值或更高，形成胶束后，使原不溶或微溶于水的物质（多为有机物）溶解度显著增加，此为增溶作用。能产生增溶作用的表面活性剂称为增溶剂，被增溶的物质称为增溶物。增溶后体系呈热力学稳定状态。

2. 润湿作用

液体与固体接触时，液体在固体表面铺展开，替代原界面上的气体，形成新的液－固界面，此过程称为润湿。润湿性能用接触角 θ 表示，θ 为固、液、气三相交界处，自固、液经液体内部至气液界面的夹角。$\theta > 90°$ 时不润湿，$\theta < 90°$ 时能润湿，θ 越小润湿效果越好。表面活性剂能减小 θ 角，提高水的润湿及渗透能力。接触角示意图如图 2－1－4 所示。

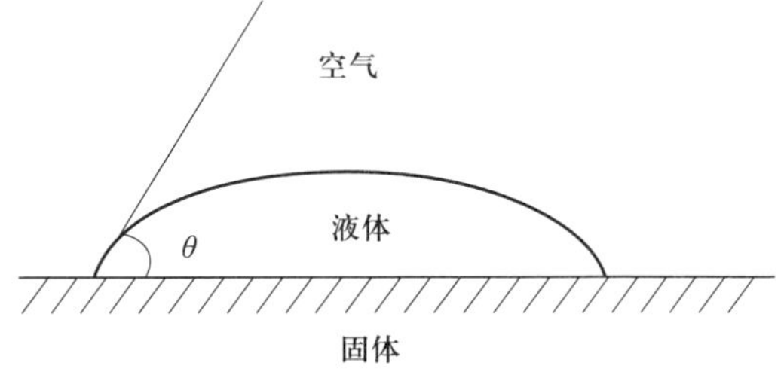

图 2－1－4　接触角示意图

3. 乳化作用

乳化体（乳状液）是指一种或多种液体分散在另一种不相溶液体中形成的稳定体系。分散液珠一般在 0.1～10 μm，形成乳化体或乳状液的过程称为乳化过程，简称乳化。乳化体中以液珠形式存在的相称为内相或分散相，另一相称为外相或分散介质。乳化体属于热力学不稳定系统，通过添加表面活性剂作为乳化剂，可显著增强其热力学稳定性。因此，乳化体分为水包油型（O/W）和油包水型（W/O）。乳化剂也分为油包水型和水包油型两种乳化剂。乳化剂在农药、制药、化妆品、食品等方面有广泛应用。

4. 发泡与消泡作用

泡沫是气体分散在连续液相中形成的两相系统，为热力学不稳定体系。纯液体不能起泡，只有溶液才能起泡。表面张力低易产生泡沫，但稳定性差。表面活性剂使泡沫易于产生并稳定，这就是表面活性剂的发泡作用。阴离子表面活性剂发泡力最强。起泡时疏水基伸向气泡内部，亲水基向着液相吸附膜。消泡时，表面活性剂使液体表面张力下降，铺展于溶液表面，带走邻近表面层溶液，使液膜变薄至破裂。

5. 洗涤与去污作用

从固体表面除掉污物的过程称为洗涤。洗涤与去污是表面活性剂降低表面张力产生的润湿、渗透、乳化、分散、增溶等作用的综合结果。具有洗涤去污作用的表面活性剂主要有阴离子型表面活性剂、非离子型表面活性剂和两性表面活性剂。阳离子型表面活性剂使界面电势降低，污渍牢固吸附于带负电的织物纤维表面，导致其去污能力较弱甚至产生反洗涤效应，通常不作为洗涤剂活性成分单独使用。

6. 其他作用

（1）分散与絮凝作用

使固体微粒均匀、稳定地分散于液体介质中的表面活性剂称为分散剂；使固体微粒聚集或絮凝的表面活性剂称为絮凝剂。前者用于涂料、印刷油墨等生产，后者用于湿法冶金和污水处理等。

（2）柔软平滑作用

表面活性剂可有效降低纤维物质的静摩擦系数，因此降低动摩擦系数。静、动摩擦系数差值越小，柔软平滑越强。表面活性剂在纤维表面形成疏水基朝外的定向吸附层，因此增强润滑性，并影响材料的吸湿及再润湿性能。

（3）抗静电作用

合成纤维、塑料等导电性能差的材料，经表面活性剂处理后，摩擦减弱，表面导电性能增大，不易聚集静电。抗静电剂一般要求有较大的疏水基和较强的亲水基。目前使用量最大、性能最好的是阳离子型表面活性剂。另外高碳磷酸酯盐是较好的阴离子型抗静电剂。

（4）杀菌防腐作用

分子结构中带苄基的季铵盐阳离子型表面活性剂具有较强杀菌性。阳离子电荷能很好地吸附于微生物细胞壁上，破坏细胞内酶的活性，影响微生物正常代谢，最终导致微生物死亡。

目标检测

一、单项选择题

1.（　　）是离子型表面活性剂的特性常数。

A. 熔点　　B. 克拉夫特点　　C. 浊点　　D. 沸点

2. 表面活性剂的 HLB 值在（　　）时，一般可作为洗涤剂的成分使用。

A. 2～6　　B. 8～10　　C. 12～14　　D. 16～18

3. 表面活性剂的双亲性是指（　　）。

A. 既有亲水性又有亲油性　　B. 有亲水性

C. 有亲油性　　D. 以上都不对

4. W/O 是指（　　）乳化体。

A. 水包油型　　B. 水型　　C. 油包水型　　D. 油型

二、多项选择题

1. 表面活性剂下列说法中正确的有（　　）。

A. 分子中同时具有亲水基和亲油基，就一定是表面活性剂

B. 在溶液中要有一定的溶解度，特别是在水溶液中溶解度要好

C. 用亲水亲油平衡值来表征衡量表面活性剂的亲水亲油能力

D. 表面活性剂最主要的作用就是降低体系的表面张力

2. 表面活性剂的 HLB 值直接影响其（　　）。

A. 性质　　B. 应用　　C. 结构　　D. 功能

3. 表面活性剂能（　　）。

A. 减小 θ 角　　B. 提高水的润湿及渗透能力

C. 增大 θ 角　　D. 降低水的润湿及渗透能力

三、思考题

1. 什么是表面活性剂？什么是表面张力？
2. 什么是表面活性剂的 HLB 值？有什么应用？
3. 表面活性剂的作用主要有哪些？

任务二　表面活性剂原料选择

学习目标

1. 了解表面活性剂原料的种类、结构、特点及安全性能。
2. 了解各种原料的质量要求。

任务引入

绿色精细化工是指生产中，以绿色化学原理为基础，通过技术创新实现精细化学品生产全流程环境友好化的新型工业模式。其核心是采用绿色、环保的化学技术，以控制污染、降低排放、保护环境，推动产业可持续发展。当前精细化工生产需持续应用绿色化工技术，通过环境友好型工艺生产清洁产品，保障生态安全与人体健康。企业可通过构建循环体系实现副产物回收与资源化利用，推动经济效益与可持续发展协同提升。绿色化工技术的主要特征表现为：原料选用无毒无害物质；反应过程实现原子经济性与零排放；工艺路线具备能源效率优势；基础能源优先采用可再生资源。

阅读上述材料，讨论下列问题，记录结果，并与同学分享：

1. 什么是绿色精细化工？
2. 绿色精细化工的主要途径是什么？
3. 分析原料选择对绿色精细化工的影响。

相关知识

表面活性剂由亲油基和亲水基两部分组成，亲水基常为极性基团，如羧酸、磺酸、硫酸、氨基或胺基及其盐类。另外，羟基、酰胺基、醚键等也可作为极性亲水基。疏水基常为非极性烃链，特别是8个碳原子以上的直链和支链烷烃。

一、亲油基原料

亲油基原料来源于石油化工中间体和可再生资源（天然动植物油脂）两种，主要包括脂肪醇、直链烷基苯、烷基苯酚、环氧烃、脂肪酸、脂肪胺等。

1. 脂肪醇

合成醇是表面活性剂的主要原料。产量最大、消耗脂肪醇最多的表面活性剂有脂肪醇聚氧乙烯醚（AEO系）、脂肪醇聚氧乙烯醚硫酸钠（AES）、脂肪醇硫酸钠（FAS）。脂肪醇系表面活性剂生物降解性好，对硬水不敏感，具有较好的低温洗涤性能和配伍性能。

脂肪醇按原料来源不同可分为合成醇和天然醇。以石油为原料合成醇时，只能制得饱和脂肪醇。天然油脂是可再生原料，主要用来生产不饱和脂肪醇。天然油脂不受储量、来源限制，制得的醇多为直链醇，适用于表面活性剂工业，尤其是用椰子油制得十二醇。

2. 直链烷基苯、烷基苯酚

（1）直链烷基苯是合成直链烷基苯磺酸钠的重要原料，其中C_{12}～C_{18}的表面活性剂洗涤性能最优。直链烷基苯是通过烷基化反应合成的，根据烷基化剂的不同有两种合成方法。

①以直链氯代烷烃与苯在催化剂无水氯化铝作用下反应。其反应式为：

$$CH_3(CH_2)_{10}CH_2Cl + C_6H_6 \xrightarrow{\text{催化剂}} C_6H_5\text{—}C_{12}H_{25} + HCl$$

反应结束后除去催化剂，先用稀碱溶液除去副产物盐酸，再进行减压蒸馏得到十二烷基苯。直链氯代烷生产十二烷基苯流程如图2-2-1所示。

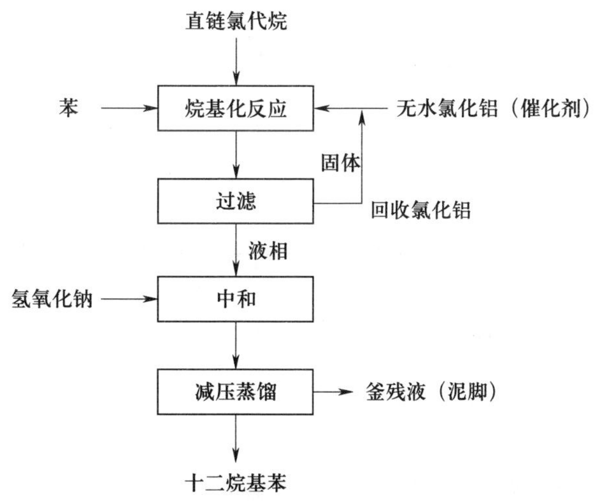

图2-2-1　直链氯代烷生产十二烷基苯流程

②以直链烯烃与苯在催化剂氟化氢作用下反应。其反应式为：

$$CH_3(CH_2)_9CH = CH_2 + C_6H_6 \xrightarrow{\text{催化剂}} C_6H_5-C_{12}H_{25}$$

反应结束用氢氧化钠溶液洗涤除去催化剂，过量苯蒸馏回收，再次分馏，得十二烷基苯。其优点是反应平稳，易于控制，反应速度快，副反应少，且无催化剂泥脚产生及处理，是优先发展的工艺。直链烯烃生产十二烷基苯流程如图 2–2–2 所示。

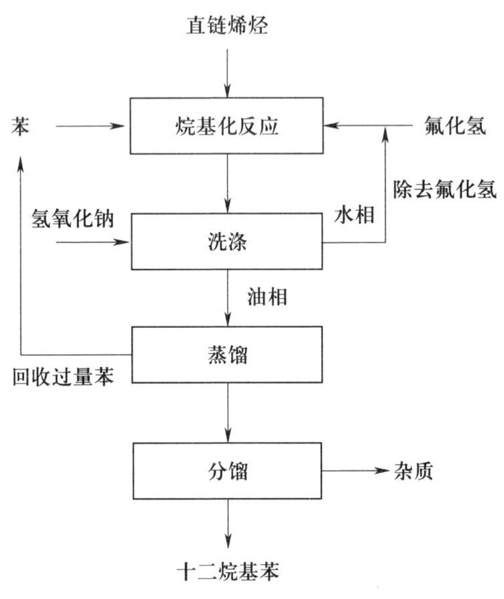

图 2–2–2　直链烯烃生产十二烷基苯流程

（2）烷基苯酚是生产烷基酚类非离子型表面活性剂（AEP）的主要原料之一，由丙烯、丁烯的低聚物与苯酚反应制取，其中最主要的是壬基苯酚。壬基苯酚是精细化工重要中间体，用于制备壬基苯酚聚氧乙烯醚、磷酸酯和硫酸酯，还用于制备防腐剂、矿物浮选剂等。

3. 环氧烃

环氧烃主要包括环氧乙烷和环氧丙烷。其结构分别为：

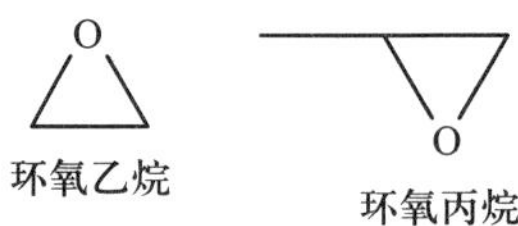

（1）环氧乙烷是制备聚氧乙烯类非离子型表面活性剂的原料，也是制备含有乙氧基链的阴离子型表面活性剂、阳离子型表面活性剂和新型两性离子型表面活性剂的原料。

环氧乙烷在低温下为无色透明液体，带有乙醚气味，有毒。常温常压下为易燃气体，与空气可形成爆炸性混合物。易溶于水，可与水以任意比例互溶。浓环氧乙烷对呼吸道和眼睛有强烈刺激性，无水环氧乙烷对干燥皮肤无危害，但 40%～60%（质量分数）环氧乙烷水溶液可引起皮肤灼伤及疱疹。目前工业生产主要采用在银的催化下，以乙烯为原料的直接氧化法。其反应式为：

$$H_2C = CH_2 + O_2 \longrightarrow \underset{O}{\bigtriangledown}$$

（2）环氧丙烷是生产聚醚类非离子型表面活性剂的重要原料之一，也是重要的有机合成中间体，可用于制造丙二醇、合成甘油等。一般为无色液体，有乙醚香气，易挥发，能与醇、醚混溶，微溶于水。生产环氧丙烷的主要方法有氯醇法、丙烯氧化法，其生产工艺和原理与环氧乙烷相似。

4. 脂肪酸

以 C_{12}～C_{18} 的脂肪酸最为重要。脂肪酸可由天然油脂水解制取，也可由石蜡氧化等工艺合成。合成脂肪酸的特征是含有奇数碳脂肪酸和支链脂肪酸，但无不饱和脂肪酸。天然油脂水解后产生无支链、无环状结构的直链脂肪酸，是生产表面活性的优质原料。油脂水解式为：

$$\begin{array}{l} CH_2OOCR \\ | \\ CHOOCR \\ | \\ CH_2OOCR \end{array} + 3H_2O \longrightarrow \begin{array}{l} CH_2OH \\ | \\ CHOH \\ | \\ CH_2OH \end{array} + 3RCOOH$$

5. 脂肪胺

脂肪胺是生产阳离子型表面活性剂及部分两性离子型表面活性剂的重要原料，尤其是高碳脂肪胺。脂肪胺包括伯胺、仲胺和叔胺，工业上重要的脂肪胺是具有两个长链烷基的仲胺和具有一个长链烷基、两个短链烷基的叔胺，或具有两个长链烷基、一个短链烷基的叔胺。

脂肪胺的水溶液呈弱碱性，易与酸反应生成盐。碱性强弱顺序为仲胺>伯胺>叔胺，在同系物中，随着碳链增长，其碱性逐渐减弱。由脂肪胺可制备季铵盐、甜菜碱、氧化叔胺、醚胺等表面活性剂。

6. 醚

醚一般为易挥发、易燃的液体。与醇不同，醚不能形成分子间氢键，但能与水、醇等形成分子间氢键。醚的沸点比同碳原子数的醇低得多，如乙醇的沸点为 78.4 ℃，甲醚的沸点为 -24.9 ℃；正丁醇的沸点为 117.8 ℃，乙醚的沸点为 34.6 ℃。

7. 乙醇胺

乙醇胺也称 2-氨基乙醇，分子式为 C_2H_7NO，属于碱性腐蚀品，在《危险化学品安全管理条例》中，其危险类别为第 8.2 类——碱性腐蚀品。乙醇胺为无色液体，有氨味，可用作化学试剂、溶剂、乳化剂、橡胶促进剂、腐蚀抑制剂等。其蒸气对眼、鼻有刺激性，液体接触眼睛会造成损害；皮肤接触会引起刺痛、灼伤；误服会损害口腔和消化道黏膜。遇明火、高热可燃。性质较活泼，可与乙酸、乙酸酐、丙烯酸、氯化氢等多种有机物发生剧烈反应，对铜及其化合物、合金和橡胶等也有腐蚀性。

二、亲水基原料

阴离子型表面活性剂的亲水基主要有羧酸基、磺酸基与磷酸基等；阳离子型表面活性剂的亲水基主要有氨基盐、季铵盐等；两性离子型表面活性剂亲水基主要有氨基酸型、甜菜碱型、咪唑啉型及氧化胺型等；非离子型表面活性剂的亲水基有环氧乙烷、聚氧乙烯基、多元醇、醚酯、醇酰胺等。下面重点介绍阴离子型表面活性剂的亲水性原料。

1. 磺化剂

常用的磺化剂有硫酸、发烟硫酸、三氧化硫、氯磺酸和氨基磺酸，有时也用到亚硫酸盐等。其中最主要的是硫酸和三氧化硫。

工业硫酸是最常用的一种磺化剂，有浓硫酸和发烟硫酸两种规格，浓硫酸体积分数有92.5% 和 98% 两种；发烟硫酸中一种含游离 SO_3 约 20%（体积分数），另一种含游离 SO_3 约65%（体积分数），这四种硫酸在常温下都是液体，运输、储存和使用都比较方便。

三氧化硫是最有效的磺化剂，在常压下是气体，沸点为 44.8 ℃，固体三氧化硫有 α、β、γ、δ 四种晶型，其熔点分别为 62.3 ℃、32.5 ℃、16.8 ℃和 95 ℃。γ 型在常温为液态，是环状三聚体和单分子 SO_3 的混合物，α、β、δ 型都是链式多聚体。液态 γ 型不稳定，特别是有微量水存在时易转变为 α 型和 β 型，为了防止液态 γ 型在低于 32.5 ℃时转变为固态 β 型，可在液态三氧化硫中加入少量稳定剂。常用的稳定剂有硼酐、硫酸二甲酯、二苯基砜和四氯化碳等。

2. 磷酯化剂

能将磷酸根（$-PO_3^{2-}$）或取代磷酸基引入有机分子的关键试剂，是生产磷酸盐型阴离子表面活性剂的主要原料。常用的磷酯化剂有磷酸、五氧化二磷、焦磷酸、三氯化磷等。

3. 氧化剂

主要有过氧化氢。其化学式为 H_2O_2，因分子中含有两个氧原子，故俗称双氧水。外观为无色透明液体，是一种强氧化剂，其水溶液可作为消毒剂，广泛适用于医用伤口、环境、食品等的消毒。过氧化氢在自然环境中不稳定，容易分解成水和氧气，但分解速度较慢，加入催化剂二氧化锰或用短波射线照射可加快其分解速度。过氧化氢有一定毒性，被世界卫生组织列为致癌物质。

三、生产技术

表面活性剂生产主要包括亲油基原料的合成和亲水基的引入。亲油基原料的合成已介绍过，亲水基引入方法有直接法和间接法两种。直接法是用亲油基物料与无机试剂直接反应；间接法是使两种以上含不同官能团的多功能、高反应活性化合物将亲油基与亲水基连接。间接法在实际生产中应用较多。

1. 磺化反应

向有机化合物分子中的碳原子上引入磺酸基（$-SO_3H$）的反应称为磺化，产物是磺酸（$R-SO_3H$）、磺酸盐（$R-SO_3M$）或磺酰氯（$R-SO_2Cl$）等。磺化可以使有机物分子具有水溶性、酸性及乳化、润湿和发泡等特性，是生产磺酸盐型表面活性剂的最重要方法。生产中磺化方法主要有三氧化硫磺化法和过量硫酸磺化法。

2. 硫酸化反应

在有机分子中的氧原子上引入磺酸基（$-SO_3H$）或在碳原子上引入硫酸酯基（$-OSO_3H$）

的反应称为硫酸化，反应产物一般为硫酸酯，因此硫酸化反应主要用来生产硫酸酯型表面活性剂。

3. 乙氧基化反应

环氧乙烷或环氧丙烷由于三元环张力大，易开环与含活泼氢化合物发生加成。在酸性、碱性催化剂作用下进行乙氧基化反应。工业上常用碱性催化剂，反应分两步，环氧乙烷先与含有酸性羟基的化合物形成单氧乙烯加成物，然后进一步与环氧乙烷反应生成聚氧乙烯加成物。

4. 烷基化反应

向有机化合物分子中的碳、氮、氧等原子上引入烷基的反应称为烷基化反应。根据引入烷基位置的不同，烷基化分为 C-烷基化、N-烷基化、O-烷基化；根据引入基团的不同又可分为甲基化、乙基化和异丙基化等。

5. 酰基化反应

有机化合物引入酰基后可以改变其性质和功能。向有机化合物的碳、氮、硫等原子上引入酰基的过程称为酰基化反应，酰基是从含氧的无机酸、有机酸或磺酸分子中除去羟基后所剩的基团。

酰基化主要有 C-酰基化、N-酰基化、O-酰基化、S-酰基化等。碳原子上的氢被酰基取代的过程称为碳酰基化反应；氨基氮原子上的氢被酰基取代的过程称为氮酰基化反应；羟基氧原子上的氢被酰基取代的过程称为氧酰基化反应，也称酯化反应；硫原子上的氢被酰基取代的过程称为硫酰基化反应。表面活性剂生产中主要用到 C-酰基化反应，包括乙酰基化反应和苯甲酰基化反应。酰基化反应类型见表 2-2-1。

表 2-2-1　　酰基化反应类型

酰基化反应类型	产物	酰基结构	常见酰基类型
C-酰基化反应	醛、酮	H—C(=O)—　　—C(=O)—CH_3　　C_6H_5—C(=O)—	甲酰基、乙酰基、苯甲酰基等
N-酰基化反应	酰胺	O=N(=O)—	硝酰基
O-酰基化反应	酯	R—C(=O)—O—R	酯
S-酰基化反应	磺酸酯、硫酸酯	OH—S(=O)(=O)—　　C_6H_5—S(=O)(=O)—	硫酰基、苯磺酰基

目标检测

一、单项选择题

1.（　　）是生产直链烷基苯磺酸钠的主要原料。

A. 直链烷基苯　　B. 支链烷基苯

C. 直链烷基苯酚　　D. 支链烷基苯酚

2. 烷基苯酚是生产烷基酚类（　　）的主要原料之一。

A. 阴离子型表面活性剂　　B. 非离子型表面活性剂

C. 阳离子型表面活性剂　　D. 两性离子型表面活性剂

3. 制备不饱和脂肪醇时，原料是（　　）。

A. 石油化工原料　　B. 合成油脂

C. 天然油脂　　D. 烃类

二、多项选择题

1. 脂肪酸可由（　　）制取。

A. 天然油脂　　B. 石蜡氧化

C. 石油　　D. 脂肪

2. 天然油脂是生产表面活性剂的优质原料，主要是因为（　　）。

A. 良好的生态性　　B. 是再生性资源

C. 不受储量、来源的影响　　D. 含有大量不饱和脂肪醇

3. 磺化反应的产物主要有（　　）等表面活性剂。

A. 磺酸（$C-SO_3H$）　　B. 磺酸盐（$C-SO_3M$）

C. 磺酰氯（$C-SO_3Cl$）　　D. 硫酸盐（$C-SO_4M$）

三、思考题

1. 表面活性剂生产原料主要分为几类？亲油基原料包括哪些？

2. 表面活性剂基本生产工艺有哪些？

3. 简述磺化剂的主要类型及特点。

任务三　表面活性剂生产技术

学习目标

1. 了解典型表面活性剂的特点及生产流程。
2. 掌握典型产品的生产工艺及工艺指标。

任务引入

请查看自己所用洗衣液的产品标签，完成洗衣液成分调查。

1. 记下各组分的名称，并在网上查找各组分的作用，记录在下表中。

组分名称	作用

2. 其中哪些组分起主要的去污作用？它们分别属于什么类型的表面活性剂？

相关知识

一、阴离子型表面活性剂生产技术

1. 主要品种

阴离子型表面活性剂是在水溶液中能电离出带负电荷亲水基的表面活性剂，主要有磺酸盐型、硫酸酯盐型、羧酸盐型和磷酸酯盐型。羧酸盐型是皂的主要成分，将在后文专门讲述。

（1）磺酸盐型表面活性剂

磺酸盐型表面活性剂是阴离子型表面活性剂的主要类别，代表产品有直链烷基苯磺酸盐（LAS）、α－烯烃磺酸盐（AOS）、仲烷烃磺酸盐（SAS）和琥珀酸酯磺酸盐（MS）等。它是洗涤剂的重要原料，也广泛应用于渗透剂、润湿剂和防锈剂等。

①直链烷基苯磺酸盐（LAS）的分子结构式为 $R-C_6H_4-SO_3M$，R 是 $C_{10}\sim C_{18}$ 烷基，M 可以是 Na^+、K^+、NH_4^+ 等，其中钠盐的产量最大，约占总量的90%（质量分数）。其生产过程包括烷基苯合成、烷基苯磺化和烷基苯磺酸中和三个步骤。其基本生产过程如图2-3-1所示。

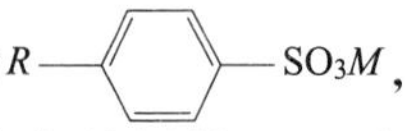

烷基苯合成 → 烷基苯磺化 → 烷基苯磺酸中和

图2-3-1 直链烷基苯磺酸盐的基本生产过程

②α-烯烃磺酸盐（AOS）的结构式为 $RCH{=}CHCH_2SO_3M$，性质与直链烷基苯磺酸盐相似，但对皮肤的刺激性较小，生化降解性能好，可用于个人卫生用品中；在硬水中表现出良好的去污力和起泡力，具有良好的水溶性，主要用于液体洗涤剂和粉状洗涤剂生产。制备过程为：

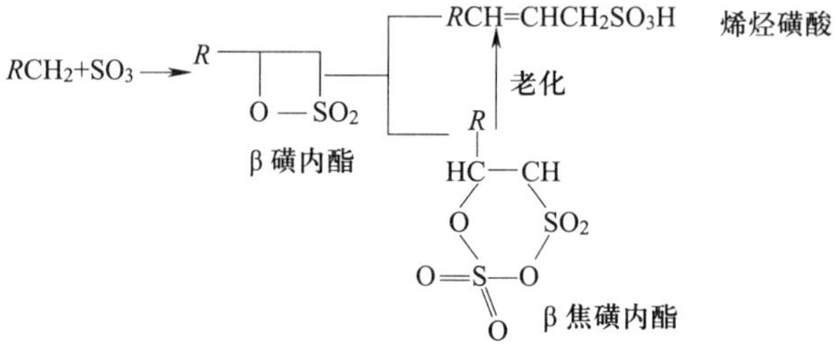

RCH_2+SO_3 → β磺内酯 → $RCH{=}CHCH_2SO_3H$（烯烃磺酸）；β磺内酯 → β焦磺内酯 —老化→ 烯烃磺酸

③仲烷烃磺酸盐（SAS）是正构烷烃氧磺化或氯磺化的产物，商品名为Teepol，反应中磺酸基可能在直链烷烃的任一个碳原子上。在碱性、弱酸性及水中有良好的稳定性，在硬水中也有良好的润湿、乳化、去污和发泡能力。生物降解优于直链烷基苯磺酸盐，是配制液体洗涤剂、洗发香波、沐浴液的活性成分。

④琥珀酸酯磺酸盐（MS）可分为单酯和双酯，由亚硫酸钠或亚硫酸氢钠与顺丁烯二酸酐与各种含羟基或胺基的化合物酯化而成。

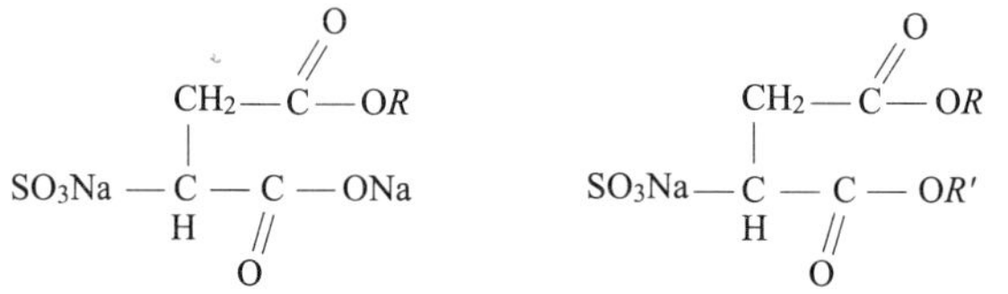

单酯：$ROOCCH_2CH(SO_3Na)COONa$

双酯：$ROOCCH_2CH(SO_3Na)COOR'$

其中双酯应用性不大，单酯则具有良好的起泡性和泡沫稳定性，分散性好，低毒性，温和等特点，广泛应用于个人卫生用品生产。其生产方法是在硫酸或甲基苯磺酸等催化下，加热羟基化合物和顺丁烯二酸酐，生成单酯或双酯后，用亚硫酸盐与酯发生加成反应得到磺酸盐产物。

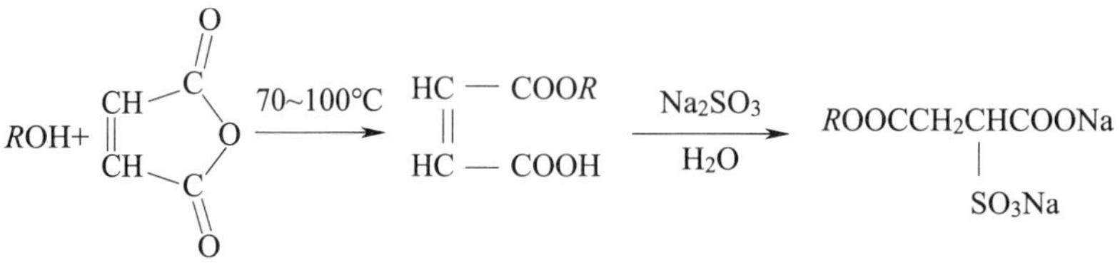

$$ROH + \text{顺丁烯二酸酐} \xrightarrow{70\sim100^\circ C} HC(COOR){=}HC(COOH) \xrightarrow[H_2O]{Na_2SO_3} ROOCCH_2CH(SO_3Na)COONa$$

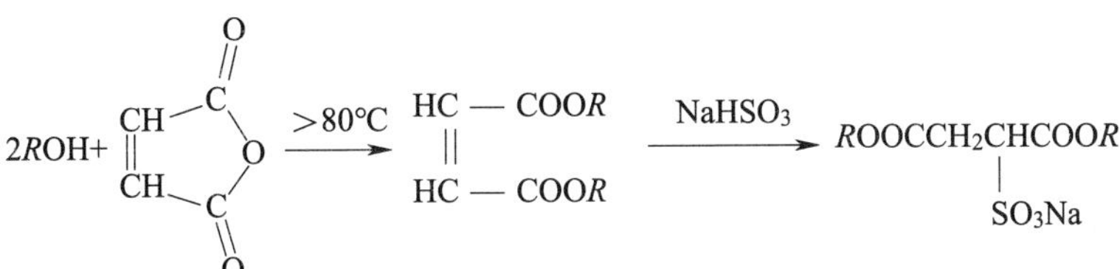

（2）硫酸酯盐型

硫酸酯盐型是另一类重要的阴离子表面活性剂，其亲油基可为 C_{10}～C_{18} 烃基、烷基聚氧乙烯基、烷基酚聚氧乙烯基、甘油单酯基等。硫酸酯盐为硫酸的半酯盐，故较磺酸盐更具亲水性，其 C–O–C 键较磺酸盐更易水解。在酸性条件下，硫酸酯盐不宜久存，但其生物降解性能好，且表面活性优良。近年来，随着多国对洗涤剂生物降解性及限磷配方的要求，脂肪醇聚氧乙烯醚硫酸盐与脂肪醇硫酸盐型表面活性剂发展迅速。

硫酸酯型表面活性剂主要包括脂肪醇硫酸盐（AS）、脂肪醇聚氧乙烯醚硫酸盐（AES）及烷基酚聚氧乙烯醚硫酸盐。脂肪醇硫酸盐（AS）具有优异的去污、乳化、分散、润湿及起泡性能，在硬水中稳定，是洗涤剂、洗发香波、牙膏、化妆品的主要表面活性剂，亦可用作纺织工业助剂及聚合反应乳化剂。脂肪醇聚氧乙烯醚硫酸盐（AES）广泛用于制备液体洗涤剂、洗发香波、餐具洗涤剂，亦可用于乳胶发泡剂、纺织工业助剂及聚合反应乳化剂等。烷基酚聚氧乙烯醚硫酸盐生物降解性能较差，一般仅用于工业领域，如纺织工业助剂、聚合反应乳化剂及工业清洗剂、机车洗涤剂的配制等。

（3）羧酸盐型

羧酸盐型表面活性剂主要包括脂肪羧酸盐、脂肪醇聚氧乙烯醚羧酸盐和酰基氨基羧酸盐三大类。

①脂肪羧酸盐表面活性剂俗称皂，是应用最广的表面活性剂之一。肥皂为 C_9～C_{21} 直链烃基羧酸盐，分子式为 $RCOOM$，M 常为 K^+、Na^+、NH_4^+ 等，由天然动植物油脂或脂肪酸与碱皂化制得。此类表面活性剂在软水中去污洗涤能力强，但在硬水中表面活性减弱或丧失，会与钙、镁等金属离子生成不溶性脂肪酸盐，吸附于衣物纤维表面，使衣物发黄、产生异味。加入适量钙皂分散剂可防止钙、镁离子沉积，改善在硬水中的去污力。主要用于家用和个人洗涤用品，如香皂、肥皂、洗衣皂、皂粉等，也可用于纺织工业洗涤剂、炼油胶凝剂，还可制备润滑油和涂料干燥剂等。

②脂肪醇聚氧乙烯醚羧酸盐表面活性剂是非离子型表面活性剂脂肪醇聚氧乙烯醚的阴离子化产物，在碱性条件下稳定性好，润湿性、去污力强，是纺织工业的优良助剂，用于棉花与羊毛的漂煮、洗涤，也是化妆品中良好的表面活性剂。

③脂肪羧酸盐表面活性剂在冷水中溶解度小，不耐硬水，故需进行改性，酰基氨基羧酸盐是其典型代表，综合性能优良，是个人卫生用品洗涤的优质原料，泡沫细腻丰富，适用于香波、泡沫浴，具有抗龋齿功效，可作牙膏的发泡剂和杀菌剂，还可作油田杀菌剂、润滑剂、增稠剂、金属电镀添加剂等。

（4）磷酸酯盐型

磷酸酯表面活性剂含磷酸单酯和双酯，不耐碱和硬水，可作乳化剂、润湿剂、分散剂、洗涤剂。通常不用钙、镁盐，而用碱金属盐。烷基磷酸酯表面活性剂是优异的油溶性乳化剂，适用于化妆品配制，也可作干洗剂、抗静电剂等。

2. 生产原理

（1）磺化

利用磺化剂在芳烃上引入磺酸基（$-SO_3H$），生成磺酸（$R-SO_3H$，R 为烃基）、磺酸盐（$R-SO_3M$，M 为 NH_4^+ 或金属离子）或磺酰氯（$R-SO_2Cl$）。磺化剂主要有硫酸、发烟硫酸或三氧化硫等。磺化反应为亲电取代反应，亲电试剂源自磺化剂的不同解离。生产中常采用过量硫酸磺化或三氧化硫磺化工艺。

（2）硫酸化

在有机分子的氧原子上引入磺酸基（$-SO_3H$）或在碳原子上引入硫酸酯基（$-OSO_3H$）的反应称为硫酸化。产物可为单烷基硫酸酯或二烷基硫酸酯。高碳醇硫酸单酯钠盐是重要的阴离子型表面活性剂，主要用于制作洗涤剂，还可用作乳化剂、破乳剂、渗透剂、润湿剂、增溶剂、防锈剂、分散剂等。高碳醇和高碳烷基酚聚氧乙烯醚的酸性硫酸单酯是另一类重要阴离子型表面活性剂。

3. 十二烷基硫酸酯盐生产工艺

十二烷基硫酸酯盐是典型的阴离子型表面活性剂。当前工业生产中，常采用三氧化硫与十二醇进行硫酸化反应。十二醇与含大量干燥空气的三氧化硫气体连续通入反应器进行反应，待反应完全后在分离器中进行分离。其中未反应的三氧化硫气体经静电除尘回收夹带的液体后引入吸收器回收三氧化硫，剩下的气体排空处理；液体部分为主要产物烷基硫酸酯，用氢氧化钠中和即得产品十二烷基硫酸酯盐。因为中和反应是放热反应，通常需要在搅拌下进行循环冷却。中和后的烷基硫酸酯盐进行适当处理后包装成产品。其生产工艺如图 2-3-2 所示。

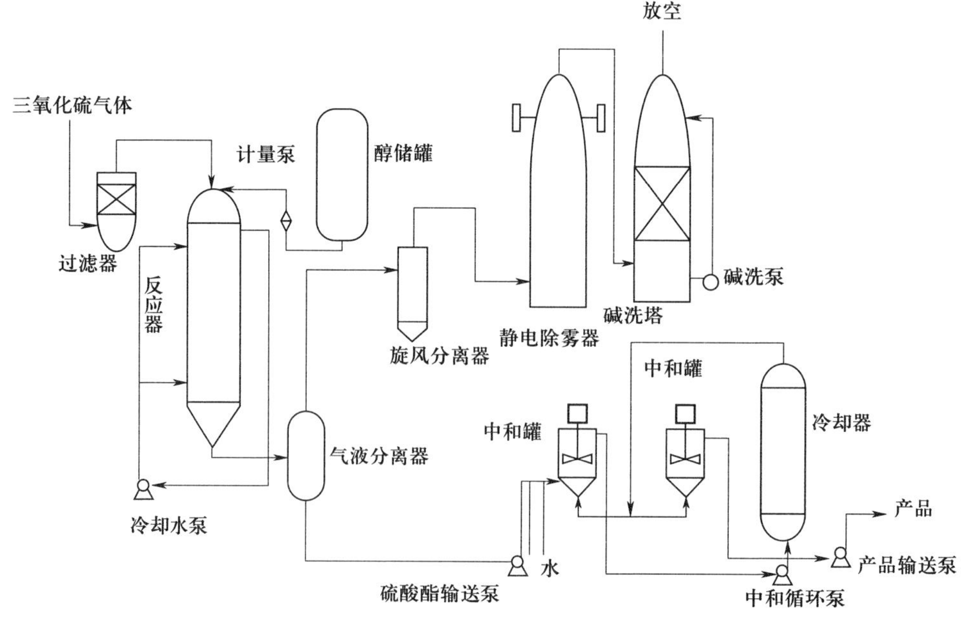

图 2-3-2　十二烷基硫酸酯盐生产工艺

磺化、硫酸化生产的影响因素包括被磺化物结构、磺化剂、反应温度和时间、产物的水解等。

（1）磺化产物的结构

磺化反应为亲电取代，芳环上电子云密度和空间位阻影响反应难易。芳环连有供电子基团时易发生磺化反应，连有吸电子基团时则难以磺化。取代基空间结构大，磺化阻力大。

（2）磺化剂

不同种类的磺化剂在反应活性及磺化能力上存在显著差异，同时，同种磺化剂在不同浓度条件下，其磺化效率也呈现明显梯度变化。

（3）磺化产物的水解

以硫酸为磺化剂，产物会水解，磺化反应可逆。酸浓度越高，水解越快，水解在磺化后水量多时发生。

（4）反应温度和时间

反应速度随温度升高而加快。磺化温度低，反应慢，时间长；温度高，反应快，时间短。温度还影响取代位置和使生成物异构化。

（5）搅拌

磺化反应中，良好搅拌可加速有机物在酸相溶解，提高传热传质效果，防止局部过热，有利于反应进行。但搅拌太快又容易产生泡沫，影响反应物分子之间的有效碰撞，减慢反应速率。

二、非离子型表面活性剂生产工艺

非离子型表面活性剂的亲水基由醚键或羟基中氧原子与水中氢原子形成氢键，酯及酰胺也能形成氢键，但氢键键能较弱。氢键使非离子型表面活性剂溶于水。单个醚键或羟基氢键亲水能力弱，需多个以增强亲水性。醚键和羟基数量越多，亲水性越好。因此，可根据亲油基碳链长短、结构差异及亲水基数目，人为控制非离子型表面活性剂性质与用途。

非离子型表面活性剂在酸、碱或金属盐溶液中稳定，可与阴离子型表面活性剂混配，HLB 值可人为调整。低浓度时表面活性好，泡沫低，毒性低。主要用作农药乳化剂，也可用于纺织、印染、合成纤维助剂、油剂，原油脱水破乳剂、洗涤剂。近年来，非离子型表面活性剂工业生产增长速度最快。

1. 主要品种

非离子型表面活性剂主要有聚氧乙烯醚型、多元醇型等。聚氧乙烯醚型代表产品有脂肪醇聚氧乙烯醚、聚氧乙烯烷基酚醚、聚氧乙烯脂肪酸酯和聚氧乙烯烷基胺等。

2. 聚氧乙烯型表面活性剂生产工艺

①生产原理：含有活泼氢的化合物与环氧乙烷进行乙氧基化反应。其反应为：

$$R\text{OH} + \underset{\text{O}}{\bigtriangledown} \xrightarrow{\text{OH}^-} R\text{–OCH}_2\text{CH}_2\text{OCH}_2\text{CH}_2\text{O–}$$

乙氧基化反应可在碱性或酸性条件下进行，工业上常用碱性催化剂。分为两步，首先是环氧乙烷与具有活性羟基的脂肪醇等形成单氧乙烯加成物，然后与环氧乙烷反应生成聚氧乙烯加成物。影响反应速率的因素有反应物结构、催化剂种类、温度和压力等。

不同亲油基反应速率不同。脂肪醇系中，随碳链增加反应速率降低，不同亲油基反应速率为伯醇＞仲醇＞叔醇。不同反应系中，反应速率为伯醇＜苯酚＜羧酸。取代基也会影响反应速率，不同取代基的反应速率为 CH_3O- ＞ CH_3 ＞ H ＞ Br ＞ $-NO_2$，苯酚反应速率比对硝基苯酚大 17 倍。

常用催化剂为碱性化合物，如甲醇钠、氢氧化钾、碳酸钾、醋酸钠等。催化剂的碱性越强，催化活性和催化效率越高。催化剂浓度增高，反应速率加快，低浓度时增幅大于高浓度。催化剂用量通常为醇质量的 0.1%～0.5%。

温度升高，反应速率加快，但它们呈非线性关系，高温区增速大于低温区。反应温度一般为 130～180 ℃。

根据质量作用定律，压力影响反应速率。环氧乙烷压力与浓度成正比，压力增加，反应速率增加。为缩短反应时间，可在 0.05～0.5 MPa 压力下反应。

②典型非离子型表面活性剂生产。各种不同的聚氧乙烯类非离子型表面活性剂的乙氧基化工艺过程大致相同，目前采用的工艺过程有搅拌器混合的间歇操作法、直接混合的间歇操作法和 Press 法等。其生产工艺简易流程图如图 2－3－3 所示。

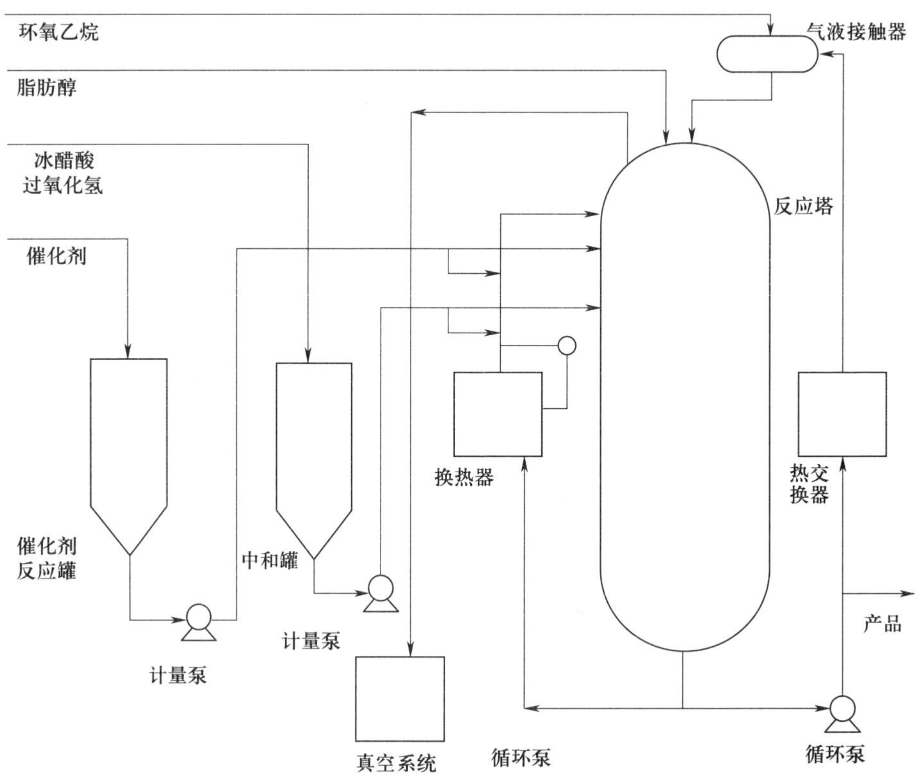

图 2－3－3　非离子型表面活性剂生产工艺简易流程图

三、阳离子型表面活性剂生产工艺

阳离子型表面活性剂在水溶液中可解离出带正电荷的亲水性基团，其分子结构中亲水基团通常为季铵盐型氮原子，亦可为硫、磷等杂原子形成的阳离子基团，目前应用最广泛的是含氮阳离子型。这类表面活性剂不作为洗涤功能组分单独使用，因其使用过程中易通过静电吸附固着于基质表面，难以有效发挥去污作用，且不宜与阴离子型表面活性剂复配，两者相遇易形成难溶性高分子盐沉淀。阳离子型表面活性剂具备优异的抗静电性、渗透调节性、分散稳定性及纤维柔软平滑特性，同时兼具抗菌防霉功能，主要应用于织物柔软整理剂、抗静电剂、染料固色剂、金属缓蚀剂、矿物浮选剂以及沥青乳化体系等领域。

1. 主要品种

胺盐型表面活性剂、季铵盐型表面活性剂与氧化叔胺型表面活性剂是典型的阳离子型表面活性剂，分子中氮原子带正电荷，氨基、季铵基等是亲水基。

（1）胺盐型表面活性剂

胺盐型表面活性剂为弱碱性盐，对 pH 值敏感，酸性条件下形成溶于水的胺盐，碱性条件下游离出胺而失去活性。纯品为无色液体，工业产品为液体或膏体，呈淡黄色至浅褐色。有伯、仲、叔胺盐，按起始原料脂肪胺不同，分为高级胺盐型和低级胺盐型两种表面活性剂。

高级胺盐型表面活性剂碳数一般为 12～18，由高级脂肪胺与盐酸或醋酸中和制得，用作缓蚀剂、捕集剂、防结块剂等。脂肪胺加热液化后，在搅拌下加入醋酸，即得脂肪胺醋酸盐。

低级胺盐型表面活性剂由硬脂酸、油酸等脂肪酸先与低级胺（如乙醇胺、氨基乙基乙醇胺等）反应，再用醋酸中和制得，价格低且性能良好，用作纤维柔软整理助剂。

（2）季铵盐型表面活性剂

季铵盐型是重要的一类阳离子型表面活性剂，具有强碱性，在酸性、碱性介质中均能溶解，一般水溶性较好，随碳链增长，水溶性降低。C_8～C_{14} 易溶于水，C_{16}～C_{18} 难溶。单长链烷基季铵盐能溶于极性有机溶剂，不溶于非极性溶剂。双长链烷基季铵盐几乎不溶于水，但能溶于非极性有机溶剂。

季铵盐表面活性剂由叔胺与烷基化试剂经季铵化反应制备，关键在于叔胺的获得，季铵化反应一般较易实现。重要的叔胺有二甲基烷基苯胺、甲基二烷基胺及伯胺的乙氧基化物、丙氧基化物。常用烷基化剂为氯甲烷、氯苄、硫酸二甲酯，卤代长链烷烃也有应用。典型的季铵化反应为：

$$R-\underset{R_2}{\overset{R_1}{\underset{|}{\overset{|}{N}}}} + CH_3Cl \longrightarrow \left[R-\underset{R_2}{\overset{R_1}{\underset{|}{\overset{|}{N}}}}-CH_3\right]^{\oplus} Cl^{\ominus}$$

（3）氧化叔胺型表面活性剂

其一般为烷基二甲基叔胺或烷基二羟乙基叔胺的氧化产物，化学式为$R-\underset{CH_3}{\overset{CH_3}{\underset{|}{\overset{|}{N}}}}\longrightarrow O$，烷基为 C_{16}～C_{18} 烃基，易形成氢键。氧化叔胺型表面活性剂在酸性介质中表现出阳离子型表面活性剂

的特性，在碱性或中性介质中表现出非离子型表面活性剂的特性，具有优良的发泡和稳泡性，可用于生产洗发香波、液体洗涤剂、手洗餐具洗涤剂等。

氧化叔胺型表面活性剂由烷基二甲基叔胺、烷基二羟乙基叔胺和酰胺基胺氧化制得。常用氧化剂为过氧化氢，生产中常加入螯合剂以抑制重金属离子，提高过氧化氢的利用率。

烷基二甲基叔胺和过氧化氢的反应式为：

$$R-N(CH_2)(CH_2) + H_2O_2 \longrightarrow R-N(CH_2)(CH_2)\rightarrow O + H_2O$$

烷基二羟乙基叔胺和过氧化氢的反应式为：

$$R-N(CH_2CH_2OH)(CH_2CH_2OH) + H_2O_2 \longrightarrow R-N(CH_2CH_2OH)(CH_2CH_2OH)\rightarrow O + H_2O$$

酰胺基胺的氧化反应式为：

$$RCONH(CH_2)_3-N(CH_2)(CH_2) + H_2O_2 \longrightarrow RCONH(CH_2)_3-N(CH_2)(CH_2)\rightarrow O + H_2O$$

2. 典型季铵盐型表面活性剂生产工艺

其生产原理是叔胺与烷基化试剂的亲核取代反应，因为胺上的氮原子有一对未配对电子对，具有亲核作用，能够接收质子。反应过程为：

$$2RCH_2OH + CH_3NH_2 \longrightarrow CH_3-N(CH_2R)(CH_2R) \xrightarrow{CH_3Cl} \left[RCH_2-\overset{CH_2}{\underset{CH_3}{N^+}}-CH_2R\right]\cdot Cl^-$$

第一步反应为关键步骤，需要采用多功能高活性和优良选择性与稳定性的催化剂。生产原料主要有脂肪醇、甲胺、氢气、氯甲胺、氢氧化钠、异丙醇等。其生产工艺流程如图 2-3-4 所示。

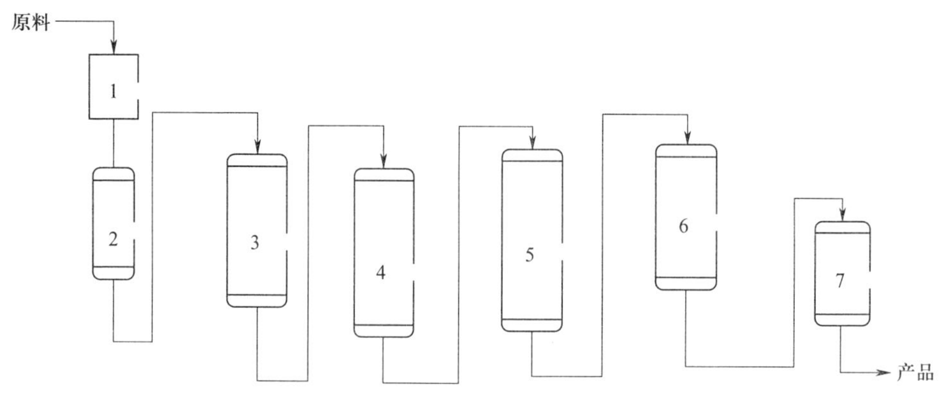

图 2-3-4　季铵盐型表面活性剂生产工艺流程

1—高位槽；2—配料罐；3—叔胺反应釜；4—萃取塔；5—精馏塔；6—季铵化反应釜；7—产品罐

四、两性表面活性剂生产工艺

分子中既有阳离子亲水基团又有阴离子亲水基团，既能给出质子又能接受质子。理论上在酸性介质中表现为阳离子性，在碱性介质中表现为阴离子性，在中性介质中表现类似非离子性。实际上受阴、阳离子基团强弱影响，不像阴、阳离子型表面活性剂配合时会形成电中性沉淀复合物，可与阴或阳离子表面活性剂混用。两性表面活性剂的阳离子基团通常是伯胺基、仲胺基或季铵基，阴离子基团通常是羧基、磺酸基、硫酸基等。

两性表面活性剂具有良好的去污、起泡和乳化能力，耐硬水性好，对酸、碱和金属离子稳定，毒性和对皮肤刺激性低，生物降解性好，具有抗静电和杀菌等特殊性能。特别是在抗静电剂、纤维柔软剂、特种洗涤剂及香波、化妆品等领域有广泛应用。

1. 主要产品

根据亲水基和亲油基的结构，两性表面活性剂分为甜菜碱型、咪唑啉型、氨基酸型和氧化胺型，其中最主要的是咪唑啉型，约占产品的 50% 以上。

咪唑啉型两性表面活性剂含咪唑啉环，生物降解性好，刺激性小，发泡性能好，在化妆品、香波及纺织助剂中应用最多，是产量最大、品种最多、应用最广的两性表面活性剂。其结构为：

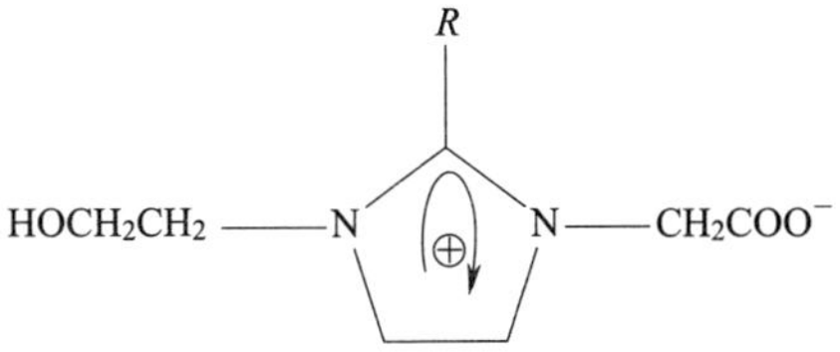

$$HOCH_2CH_2—N\overset{R}{\underset{\oplus}{\bigcirc}}N—CH_2COO^-$$

2. 咪唑啉羟基酸盐生产工艺

（1）原理

咪唑啉羟基酸盐对皮肤亲和，无毒，对眼睛无刺激，用于制备婴儿香波、洗发香波、调理剂与化妆品等。其具有温和的杀菌能力，毒性比阳离子型表面活性剂小，也可作为沥青乳化剂。其反应式为：

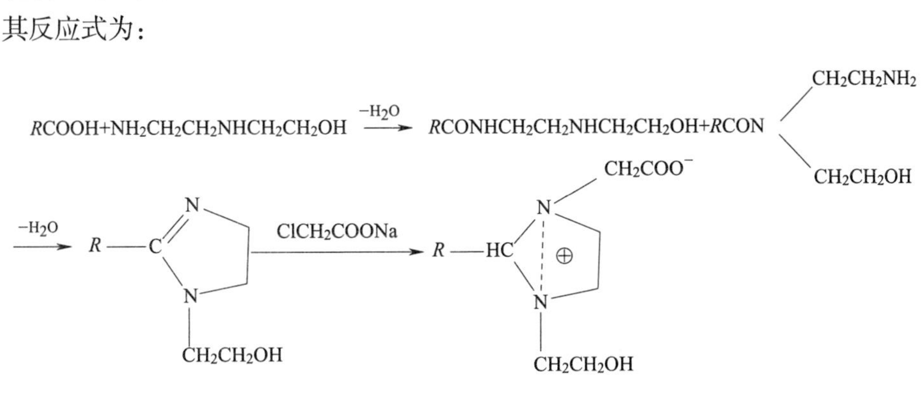

$$RCOOH+NH_2CH_2CH_2NHCH_2CH_2OH \xrightarrow{-H_2O} RCONHCH_2CH_2NHCH_2CH_2OH+RCON\begin{cases}CH_2CH_2NH_2\\CH_2CH_2OH\end{cases}$$

$$\xrightarrow{-H_2O} R—C\langle\text{咪唑啉环},\ N—CH_2CH_2OH\rangle \xrightarrow{ClCH_2COONa} R—HC\langle\oplus\text{环},\ N—CH_2COO^-,\ N—CH_2CH_2OH\rangle$$

（2）生产工艺

生产工艺由缩合、羟基化、磺化等过程组成。由脂肪酸与多胺缩合，脱去 2 moL 水形成 2-烷基-2-咪唑啉，脂肪酸通常为 C_{12}～C_{18} 的脂肪酸，多胺是羟乙基乙二胺、二亚甲基二胺等，在 2-烷基-2-咪唑啉上引入羟基成为羟酸咪唑啉型，引入磺酸基成为磺酸咪唑啉型。其生产工艺流程如图 2-3-5 所示。

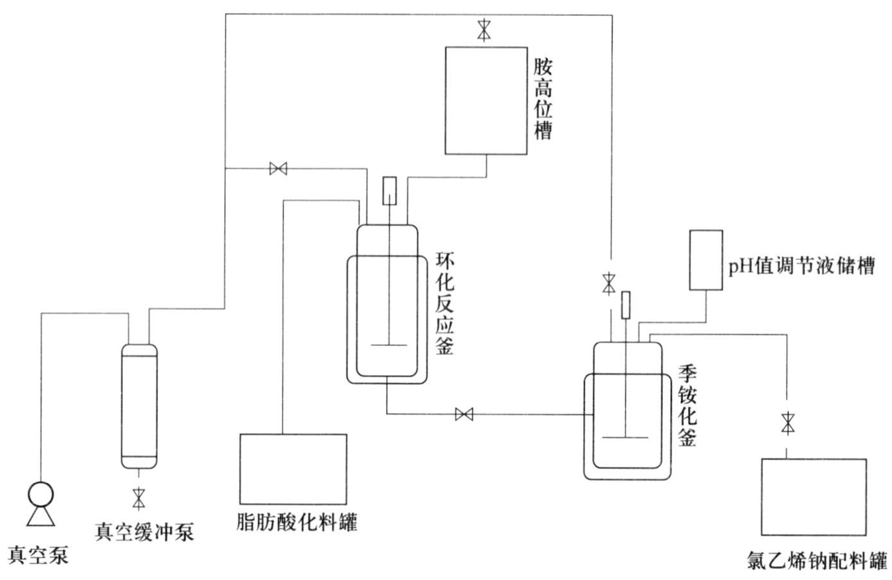

图 2-3-5　咪唑啉羟基酸盐生产工艺流程

目标检测

一、单项选择题

1. 磺化反应是在有机化合物分子中的碳原子上引入（　　）。

A. 硫原子　　B. 硫酸根离子　　C. 磺酸基离子　　D. 硫醇基

2. 高级胺盐型表面活性剂是通过胺和酸的（　　）反应制得。

A. 越差　　B. 烷基化　　C. 酯化　　D. 中和

3. 阳离子型表面活性剂不与阴离子型表面活性剂混合使用，因为（　　）。

A. 生成水不溶性高分子盐　　B. 作用相反

C. 有相抗作用　　D. 以上都不是

二、多项选择题

1. 阴离子型表面活性剂生产技术主要包括（　　）。

A. 酯化　　B. 中和　　C. 磺化　　D. 硫酸化

2. 阴离子型表面活性剂类型主要有（　　）。

A. 磺酸盐型　　B. 硫酸酯盐型　　C. 羧酸盐型　　D. 磷酸酯盐型

3. 下列是影响硫酸化工艺的因素的有（　　）。

A. 原料醇的类型　　B. 原料醇的浓度

C. 硫酸化反应的温度　　D. 产物的水解

4. 咪唑啉羟基酸盐生产工艺包括（　　）。

A. 缩合　　B. 脱水　　C. 羟基化　　D. 磺化

5. 季铵盐表面活性剂通常由叔胺与烷基化试剂经季铵化反应制备，反应的关键在于（　　）。

A. 季铵化反应　　B. 各种叔胺的获得

C. 两者都是　　D. 两者都不是

三、思考题

1. 影响磺化生产工艺的因素主要有哪些？

2. 简述十二烷基硫酸酯盐的生产工艺。

项目总体评价

一、复习项目内容，补充完成思维导图。

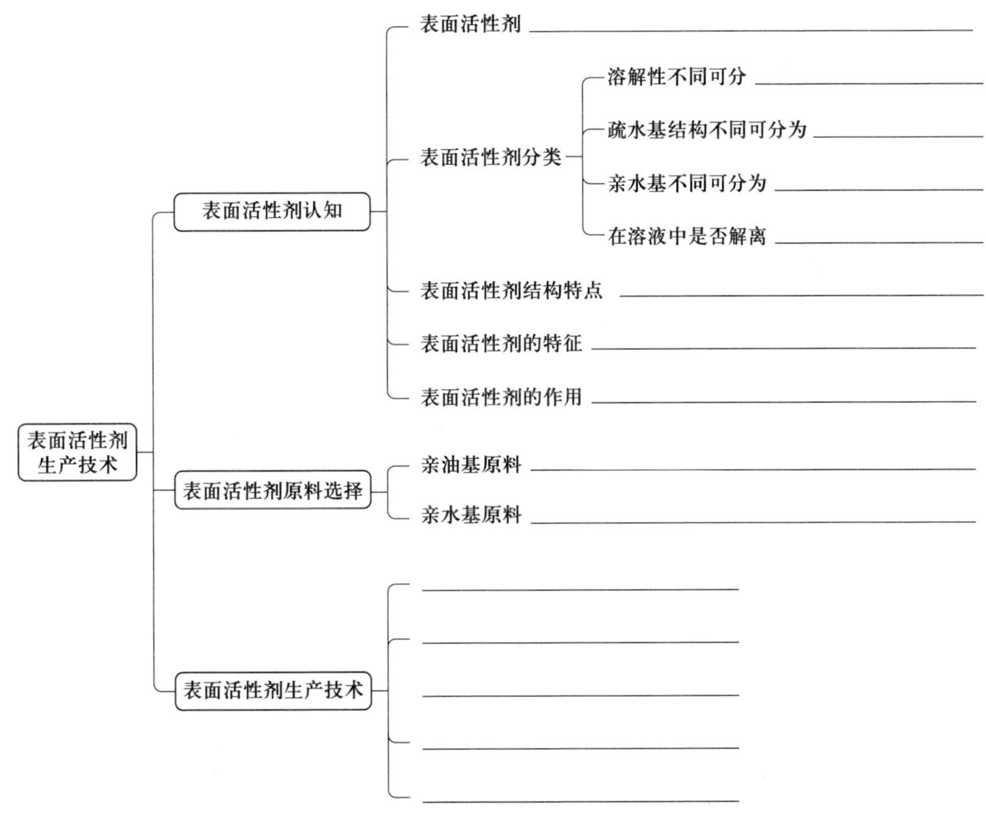

二、项目成果制作。

小组协作完成实训任务，并完成实训工单。

实训工单

<table>
<tr><td>小组成员</td><td colspan="2"></td><td>实训地点</td><td></td></tr>
<tr><td>产品名称</td><td colspan="2">十二烷基苯磺酸钠合成</td><td>生产量</td><td></td></tr>
<tr><td>原料准备</td><td colspan="4"></td></tr>
<tr><td>仪器准备</td><td colspan="4"></td></tr>
<tr><td>方框流程图</td><td colspan="4"></td></tr>
<tr><td>操作步骤</td><td colspan="4">在带搅拌的反应釜中加入水、碳酸钠、氢氧化钾及荧光增白剂，加热到50℃，待全部溶解后加入硅酸钾溶液、椰油基羧甲基钠型咪唑啉醋酸盐、脂肪醇聚氧乙烯醚，充分搅拌均匀，静置后过滤，加入香精和色素调香调色，称量计算收率，包装产品</td></tr>
<tr><td>工艺参数控制</td><td colspan="4"></td></tr>
<tr><td rowspan="3">数据记录</td><td>实际产量</td><td></td><td>收率</td><td></td></tr>
<tr><td>产品外观</td><td></td><td>颜色</td><td></td></tr>
<tr><td>质量检测</td><td colspan="3">可根据实验室具体情况，选择项目，按相应的国家标准进行检测</td></tr>
</table>

项目三

日用化学品生产技术

项目导学

日用化学品是人们日常生活中经常使用的一类重要精细化学品。它虽非生活必需品，但能提高人们生活水平和生活质量。

日用化学品门类繁多，品种数不胜数，商品琳琅满目，商品名称更是千变万化。其使用量大，用途广泛，在精细化学品中占有很大比重。各类洗涤用品、化妆品、口腔卫生用品等构成日用化学品的主体，洗涤用品又包括洗涤剂和皂类（如香皂、肥皂等）。

课程思政

中国传统文化与日用化学品

白居易在《长恨歌》中以“回眸一笑百媚生，六宫粉黛无颜色”生动刻画了杨贵妃的绝世容颜。史料记载其“姿质丰艳，善歌舞，通音律”，更精于“巧梳妆，饰环佩，动静皆宜以悦君心”。这位盛唐贵妃能得“后宫佳丽三千人，三千宠爱在一身”的殊荣，与其深谙唐代宫廷妆容艺术、擅用胭脂香泽的仪容修饰之术密切相关。

《鲁府禁方》所载“玉红膏”（又称杨太真玉红膏），其配伍为杏仁（去皮）、滑石、轻粉等量配伍，佐以微量龙脑、麝香，以鸡蛋清调和。制备时将杏仁、滑石、轻粉三味药材研细过筛，经蒸制灭菌后，加入龙脑与麝香细粉，以新鲜蛋清调制成膏体，每日早晚洁面后敷用。

该方中杏仁富含油脂成分，具有润肤功效；轻粉（主要成分为氯化亚汞）兼具增白嫩肤与抗菌消炎作用；滑石粉质地细腻，可吸附皮肤表面杂质并修饰瑕疵；龙脑与麝香作为芳香透皮促进剂，能改善局部微循环，延缓皮肤衰老；蛋清中的卵黏蛋白可形成保湿膜，增强成分附着性。据《御香缥缈录》记载，持续使用此方“旬日则肌理透红，月余则容色若琼瑶”，展现出显著的美容效果。

阅读上述材料，讨论下列问题，记录结果，并与同学分享：

1. 你还能说出哪些描写古人与化妆美容有关的诗句？
2. 分析一下“玉红膏”的主要成分及功效。
3. 如何传承与发扬优秀传统文化？

任务一　洗涤剂生产技术

学习目标

1. 了解洗涤剂的品种及特征。
2. 掌握各种洗涤剂的配方组成与配方设计、改良原则。
3. 掌握各种洗涤剂的生产流程与工艺。

任务引入

洗衣粉是生活中最常见的洗涤剂之一，其使用历史悠久，用量大。但因其含磷，易致水体污染，基于生命安全诉求，各国推行无磷洗衣粉乃至无磷洗涤剂。

无磷洗衣粉用4A沸石等不含磷助洗剂，减少含磷污水排放，利于生态保护，防水体富营养化，减少藻类繁殖导致缺氧。它温和不刺激皮肤，不致皮肤干燥、皲裂、脱皮，适合敏感肌和婴儿。无磷洗衣粉呈中性或弱碱性，不伤织物，尤其适用于纯棉、纯麻。

但其去污力可能逊于含磷洗衣粉，需多次洗涤或增量使用。且成本较高，市场价格亦高。

阅读上述资料，讨论下列问题，记录结果，并与同学分享：

1. 为什么要推行无磷化洗涤剂产品？在生产中应怎么保护环境？
2. 除了洗衣粉外，你认识的洗涤剂产品还有哪些？

相关知识

日用化学品是人们日常生活中使用的各类精细化学品的总称，包括洗涤用品、化妆品、口腔卫生用品等，其中洗涤用品和化妆品占日用化学品总量的70%以上。洗涤用品通常称为洗涤剂，包括洗涤剂和皂类（如香皂、肥皂）。

生产日用化学品的工业称为日用化学品工业，简称日化工业。随着生活水平提升，日化工业发展迅速。中国日化工业已形成两大产业集群：以广州为中心的珠江三角洲产业集群和以上海为中心的长江三角洲产业集群。珠江三角洲是日化产品主要产地，产量占全国70%以上；长江三角洲是外商进入国内市场的重要区域，产量约占全国20%，其他区域约占全国10%。

目前，日用化学品功效划分更细、功能性更强，其中化妆品已独立成业，逐渐发展成为一个单独的行业。

一、洗涤剂概述

1. 洗涤剂及其组成

洗涤剂是以去污为目的的配方制品，由表面活性剂及洗涤辅助成分按配方及比例复配而成。

洗涤剂由活性组分和辅助组分构成。活性组分主要为表面活性剂，起洗涤去污作用，为必需组分；辅助成分主要有助剂、抗沉淀剂、酶、填充剂等，可增强和提高洗涤剂功效，提升洗涤效果。

2. 洗涤剂分类

洗涤剂分类方法多样，可按产品外观、用途、泡沫高低、表面活性剂种类等进行分类。

（1）按产品外观，洗涤剂分为固体洗涤剂和液体洗涤剂。固体洗涤剂产量大，如洗衣粉、皂粉等，有细粉状、颗粒状、空心颗粒状等。液体洗涤剂使用方便，去污效果好，近年来发展迅速，成为市场主流，如洗衣液、洗手液、果蔬净等。

（2）按用途，分为民用洗涤剂和工业洗涤剂。民用洗涤剂常用于家庭日常，如洗衣液、洗衣粉、厨房洗涤剂等；工业洗涤剂常用于工业生产，如纺织工业、机械工业用洗涤剂等。

（3）按泡沫高低，分为高泡型洗涤剂、低泡型洗涤剂、抑泡型洗涤剂和无泡型洗涤剂。

（4）按表面活性剂种类，分为单一型洗涤剂和复配型洗涤剂。

二、洗涤剂原料

洗涤剂原料主要包括表面活性剂、溶剂、洗涤助剂等。

1. 表面活性剂

表面活性剂是洗涤剂的活性成分，它们具有润湿、增溶、乳化、去污等多种作用，有的还具有杀菌、稳泡或其他特殊功能。值得注意的是，有些洗涤剂中并不含表面活性剂，而是以一些无机盐作为活性成分，如由碱性物质、螯合剂、络合剂、漂白剂等组成的洗涤剂。

在选择洗涤剂用表面活性剂时，需要综合考虑其去污能力、对织物的褪色作用以及洗后衣物的感官效果等多方面的因素。此外，阳离子表面活性剂一般不单独用作洗涤剂的活性成分，因为它会中和污垢表面的负电荷，导致污垢沉积在衣物表面，使所洗衣物不干净。洗涤剂中常用的表面活性剂主要有以下十种。

（1）烷基苯磺酸钠

烷基苯磺酸钠属于阴离子表面活性剂，有直链烷基苯磺酸钠（LAS）和支链烷基苯磺酸钠（ABS）两种。它是洗涤剂中用量最多的表面活性剂，市场上各种品牌洗衣粉几乎都用它作为主要成分和活性成分。20 世纪 60 年代以前用于洗涤剂的烷基苯磺酸钠是支链烷基苯磺酸钠（ABS），其生物降解性差，对环境污染严重，已逐渐被淘汰，目前基本用直链烷基苯磺酸钠（LAS）。

（2）脂肪醇硫酸盐（AS）

又称烷基硫酸盐，属于阴离子型表面活性剂，是洗涤剂的主要成分之一。它的分散力、乳化力和去污力都很好，可用作重垢型、轻垢型液体洗涤剂的活性成分，适用于洗涤毛、丝等织物，也可用来配制餐具洗涤剂、香波、地毯清洗剂、牙膏等。

（3）脂肪醇聚氧乙烯醚硫酸钠（AES）

它易溶于水，在较高浓度下显示低浊点，而且去污力及发泡力好。因此，它被广泛用作洗发水、护发素、沐浴液、餐具洗涤剂等液体洗涤剂的配方成分。当与直链烷基苯磺酸钠复配时，具有协同增效作用，能增强去污能力。

（4）仲烷烃磺酸钠（SAS）

它也是一类重要的阴离子型表面活性剂，具有良好的润湿性能、去污力强、泡沫适中、溶解性好、对皮肤刺激小以及生物降解性能优良等特点。同时，它与其他表面活性剂配伍性好，常可用来配制各种洗涤用品。

（5）α–烯烃磺酸盐（AOS）

它的去污性能好，可完全生物降解，耐硬水性好，对皮肤刺激性小，原料供应充足。因此，它被广泛用于各类液体、粉状洗涤剂配方中，尤其适宜于重垢型洗涤剂的配制。

（6）脂肪酸甲酯磺酸钠（MES）

它具有良好的钙皂分散能力和较好的去污力，生物降解性好、毒性低。因此，它可以用于肥皂、块状皂、液体洗涤剂等配制，特别适用于配制在低温及高硬度水中使用的洗涤剂。

（7）脂肪醇聚氧乙烯醚（AEO 系）

它是非离子型表面活性剂中最具代表性的表面活性剂之一，与直链烷基苯磺酸钠一样，是洗涤剂最主要的活性物质之一。

（8）烷基酚聚氧乙烯醚（APE）

它是一类特殊的非离子型表面活性剂，是洗涤剂常用的活性组分之一。它主要用于各类液状、粉状洗涤剂配方中。但由于其生物降解性差，有些国家和地区已开始限制其用量。

（9）烷醇酰胺（尼纳乐）

它是一类特殊的非离子型表面活性剂，也是洗涤剂常用的活性组分之一。它常与其他表面活性剂复配使用，以提高产品的去污能力、增加泡沫稳定性和黏度。它可用于配制洗发水、餐具清洗剂等。

（10）烷基糖苷（APG）

其表面活性能力较强，泡沫丰富，去污和配伍性能好，而且无毒、无刺激，生物降解迅速、彻底。因此，它被广泛用于洗衣粉、餐具清洗剂、洗发水及沐浴液、硬物表面清洗剂中。

2. 溶剂

洗涤剂生产用溶剂主要包括水和一些有机溶剂。水来源丰富、价格低廉，是洗涤用品中使用最广泛、用量最多的溶剂。特别是液体洗涤中，水的体积分数可以为 60%～70%。为了保证产品质量，洗涤剂生产用水的电解质浓度和微生物含量均要控制在很低的范围，最好是不含电解质和微生物。因此，生产中通常采用软化水和去离子水，最好使用蒸馏水。洗涤剂中常用的

有机溶剂有乙醇、异丙醇、乙二醇、乙二醇单甲醚、松油、四氯化碳、二氯乙烯、煤油等。

3. 洗涤助剂

洗涤剂中除具有活性作用的表面活性剂外，还应添加各种洗涤助剂才能发挥良好的洗涤性能。洗涤助剂又称洗涤强化剂或去污增强剂，是洗涤剂中改善洗涤性能的各种物质的总称。绝大多数洗涤助剂没有去污能力，但它们能改善洗涤性能或降低表面活性剂用量，从而节约成本。

洗涤助剂是洗涤剂中必不可少的重要组分，其功能主要包括软化硬水、缓冲、润湿、乳化、悬浮、分散等。洗涤助剂可以分为有机助剂和无机助剂两大类。

（1）三聚磷酸钠（STPP）

俗称五钠，与直链烷基苯磺酸钠是“黄金搭档”。两者复配可发挥协同增效作用，大大提高洗涤性能。三聚磷酸钠（STPP）对金属离子有螯合作用，能软化硬水；并与皂类或表面活性剂产生协同效应，对油脂具有很强的乳化去污性能；对无机固体颗粒有胶溶作用；对洗涤液提供碱性缓冲作用；使粉状洗涤剂产品具有良好的流动性，不吸潮、不结块等。此外，焦磷酸钠、焦磷酸钾、三偏磷酸钠、六偏磷酸钠、磷酸三钠等也是常用的洗涤助剂，它们与三聚磷酸钠（STPP）有大体相同的功效。但由于磷对水体有污染，现在人们正在寻找磷的代用品。

（2）酶

洗涤剂中使用的酶制剂共有四大类，即蛋白酶、脂肪酶、淀粉酶、纤维素酶。蛋白酶的作用是将血、奶、蛋等蛋白类污垢分解成可溶性氨基酸，从而被表面活性剂除去；脂肪酶能使洗涤剂在低温时也能达到对脂肪的优良去除能力；淀粉酶的作用是将淀粉类污垢（如土豆泥等）分解成可溶性糊精除去；纤维素酶的作用对象是织物表面因多次洗涤出现的微毛和小绒毛，将其除去后使纤维变得柔软、光滑。

（3）防腐剂

为了防止洗涤剂在储存和使用过程中发生变质和腐败，通常需要加入一定量的防腐剂。洗涤剂中常用的防腐剂有对羟基苯甲酸酯、甲醛、苯甲酸钠、异噻唑啉酮（商品名为凯松或卡松）、2－溴－2－硝基－1,3－丙二醇（商品名为布罗波尔）、3,5,4,－三溴水杨酸苯胺等。

（4）荧光增白剂

为了使白色衣物获得更加令人满意的白度，或使某些浅色织物增加鲜亮度，人们通常会在洗涤剂中加入一些能发射出荧光的化合物。这些能发射出荧光的化合物被称为荧光增白剂。洗涤剂中所用的荧光增白剂有二苯乙烯荧光增白剂、香豆素荧光增白剂、芳唑类荧光增白剂、吡唑类荧光增白剂等。

三、洗涤剂配方及功能

洗涤剂是由表面活性剂及一些洗涤助剂按特定配方组合而成的复配产物。配方组成是洗涤剂生产过程中的核心技术数据，配方的优劣直接关系到生产过程和产品质量。配方设计是洗涤剂产品开发的关键步骤和重要环节。洗涤剂配方应具备经济性、适用性，原料易得且安全无污染。

1. 洗衣粉配方

《洗衣粉　第 1 部分：技术要求》（GB/T 13171.1—2022）中，根据配方中是否加入含有磷元素的原料（如聚磷酸盐等），将洗衣粉分为含磷洗衣粉（HL）和无磷洗衣粉（WL）两种，含磷洗衣粉又分为普通型（HL－A）和浓缩型（HL－B），无磷洗衣粉也分为普通型（WL－A）和浓缩型（WL－B）。其中 B 类无磷洗衣粉又分为Ⅰ型、Ⅱ型两种。一般来说，B 类无磷洗衣粉Ⅰ型产品中，总活性物质量分数≥ 13%，其中非离子型表面活性剂质量分数≥ 6.5%；Ⅱ型产品的总活性物质量分数≥ 18%，对非离子型表面活性剂含量不作要求。

洗衣粉标准配方（质量分数）为：直链烷基苯磺酸钠（LAS）15%，三聚磷酸钠（STPP）17%，硅酸钠 10%，碳酸钠 3%，羧甲基纤维素（CMC）1%，硫酸钠 54%。标准洗衣粉的去污力是最低标准，商品洗衣粉的去污力必须高于标准洗衣粉的，企业生产配方中的去污活性成分一般高于标准规定的值，通常还采用多种表面活性剂组合使用，达到较好的去污目的，提高市场占有率。某洗衣粉的配方见表 3－1－1。

表 3－1－1　　某洗衣粉配方表（按质量分数计 /%）

组分	含量	作用
直链烷基苯磺酸钠（LAS）	18.0	阴离子型表面活性剂，去污作用
脂肪醇聚氧乙烯醚（AEO–9）	5.0	非离子型表面活性剂，去污作用
无水偏硅酸钠	10.0	洗涤助剂
碳酸钠	16.0	洗涤助剂
碳酸氢钠	14.0	洗涤助剂
无水硫酸钠	24.5	填料
羧甲基纤维素钠	1.7	洗涤助剂
增白剂、漂白剂、香精	适量	功能成分及增香成分
水	余量	溶剂

《洗衣粉　第 1 部分：技术要求》（GB/T 13171.1—2022）中，洗衣粉的理化指标分别见表 3－1－2 和表 3－1－3。

表 3－1－2　　含磷洗衣粉的理化指标

项目	指标	
	HL–A	HL–B
外观	不结团的粉状或粒状	
表面密度 /（g/cm^3）	≥ 0.3	≥ 0.6
表面张力（0.2% 溶液，25 ℃）/（mN/m）	≤ 38	≤ 38
总五氧化二磷含量 /%	≥ 8.0	≥ 8.0
游离碱（以 NaOH 计）含量 /%	≤ 8.0	≤ 10.5
pH 值（0.1% 溶液，25 ℃）	≤ 10.5	≤ 11.0

表 3-1-3 无磷洗衣粉的理化指标

项目	指标		
	WL-A	WL-B	
		Ⅰ型	Ⅱ型
外观	不结团的粉状或粒状		
表面密度 /（g/cm^3）	≥ 0.3	≥ 0.6	
总活性物含量 /% 其中非离子表面活性剂含量 /%	≥ 11 —	≥ 13 ≥ 6.5	≥ 18 —
总五氧化二磷含量 /%	≤ 0.5	≤ 0.5	
游离碱（以 NaOH 计）含量 /%	≤ 10.5	≤ 12.0	
pH 值（25 ℃）[a]	≤ 11.0	≤ 11.0	

[a] A 型试样测试浓度为 0.1%，B 型试样测试浓度为 0.05%。

2. 液体洗涤剂配方

对于液体洗涤剂，配方设计需依据洗涤对象及产品外观来确定活性组分、洗涤助剂及辅助成分的类型和用量。

轻垢型液体洗涤剂中，主要活性物质量分数通常控制在 10%～15%，稳定剂约 5%，碱性助剂为 10%～15%，增溶剂约 5%，防冻剂约 10%，色素、香精、增白剂等约占 1%；溶剂主要为水，质量分数可达 60%～70%。表 3-1-4 为轻垢型液体洗涤剂的配方组成及其作用。

表 3-1-4 轻垢型液体洗涤剂的配方组成及其作用（按质量分数计 /%）

组分	含量	作用
直链烷基苯磺酸钠（LAS）	15	阴离子型表面活性剂，去污作用
三乙醇胺	3	洗涤助剂，掩蔽水中金属离子，增泡作用，调节 pH 值等
二乙醇胺	3	洗涤助剂
甘油	2	不伤手，保湿保水作用
偏硅酸钠	3.5	洗涤助剂
色素、香精	适量	增色增香
去离子水	余量	溶剂

重垢型液体洗涤剂是液体洗涤剂的重要品种，分为非结构型和结构型两种。非结构型液体洗涤剂呈透明，表面活性剂质量分数较高，可超过 40%，且多选用溶解性能好的表面活性剂。助剂主要采用水溶性较高的焦磷酸钾、柠檬酸钠等。浓度较高时，需加入助溶剂以降低黏度，提高稳定性。一般较少添加其他助剂和漂白剂。重垢型液体洗涤剂的配方组成及其作用见表 3-1-5。

表 3-1-5　　重垢型液体洗涤剂的配方组成及其作用（按质量分数计 /%）

组分	含量	作用
直链烷基苯磺酸钠（LAS）	15	阴离子型表面活性剂，去污作用
脂肪醇聚氧乙烯醚硫酸钠（AES）	10	阴离子型表面活性剂，去污作用
脂肪醇聚氧乙烯醚（AEO-9）	20	非离子型表面活性剂，去污作用
油酸钠	0.5	洗涤助剂
柠檬酸钠	15	洗涤助剂
三乙醇胺	3	洗涤助剂，掩蔽水中金属离子，增泡作用，调节 pH 值等
乙醇	7	洗涤助剂，增溶、消毒
色素、香精	适量	增色增香
去离子水	余量	溶剂

四、洗涤剂生产技术

1. 粉状洗涤剂生产工艺

洗衣粉生产包括配料、浆料后处理和成型三个基本工序。

（1）配料

将各种原料与水混合制成料浆的过程称为配料，是洗衣粉生产中的重要环节。配料工艺要求料浆的总固体含量要高且流动性好，但总固体含量高时黏度增大，流动性会受到影响，因此需要平衡两者关系，力求在料浆流动性好的前提下提高总固体含量。

（2）浆料后处理

配制好的料浆需要进行过滤、脱气和研磨等后处理，以使料浆均匀、细腻，并保持良好的流动性。配制好的料浆中常含有不溶性物质，这些物质在喷雾干燥时可能堵塞喷枪，影响产品质量，因此需通过过滤去除。间歇配料可采用筛网过滤或离心过滤，连续配料则常采用陶瓷过滤器。此外，料浆中常夹带空气，从而形成气泡，直接成型会使洗衣粉结构疏松，且气泡在输送过程中会使高压泵压力升高，影响喷雾干燥后产品质量，因此需进行脱气处理。目前常采用真空离心脱气。脱气后的料浆还需研磨，以保证均匀性，防止喷雾干燥时堵塞喷枪，常用胶体磨进行研磨。

（3）成型

混合研磨好的料浆，通过挤压成喷雾等方式制成颗粒或粉末产品，并通过高温干燥去除多余的水分，是洗衣粉生产的重要环节。成型后的粉剂应干燥、不结块，颗粒具有流动性，倾倒时不飞扬，入水溶解快。多数表面活性剂以液体形式供应，为保证成型效果，配方中表面活性剂用量有一定限制，这一限量与表面活性剂品种及粉剂成型方法有关。工业生产中成型方法有高塔喷雾干燥成型法、附聚成型法和干混法等。

①高塔喷雾干燥成型法是生产空心颗粒合成洗衣粉的主要方法。其生产工艺流程如图 3-1-1 所示。先将表面活性剂和助剂调制成一定黏度的料浆，用高压泵和喷射器喷成细小

雾状液滴，用 200～300 ℃热空气进行传热，使雾状液滴在短时间内干燥成洗衣粉胶粒。干燥后的洗衣粉经塔底冷风冷却、风送、老化、筛分制得产品。塔顶出来的尾气经旋风分离器回收余粉，除尘后由风机排空。

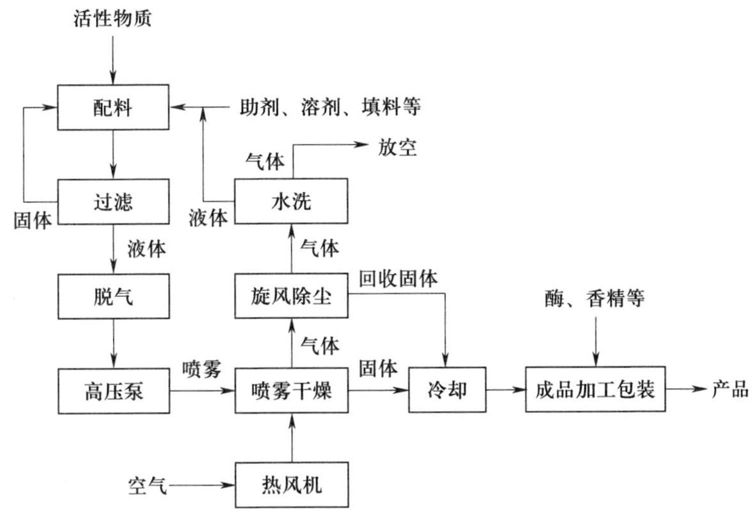

图 3-1-1　高塔喷雾干燥成型法生产工艺流程

②附聚成型是指团状物料和液体物料在特定条件下相互聚集形成颗粒状产品的一种工艺。主要包括预混合、附聚、老化调整、筛分、后处理、包装等工艺等。附聚成型法生产工艺流程如图 3-1-2 所示。

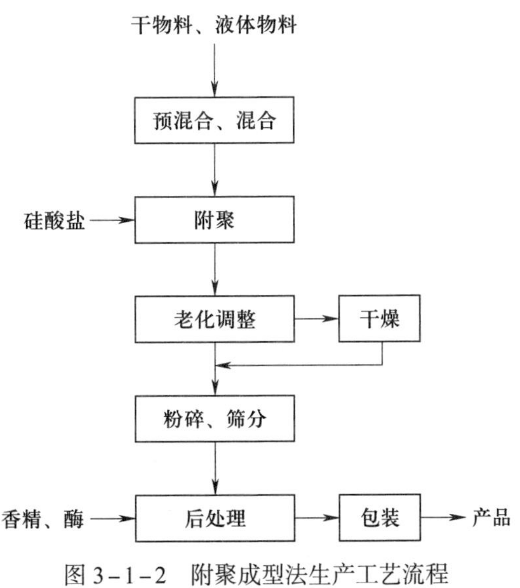

图 3-1-2　附聚成型法生产工艺流程

③干混法适用于无须复杂配料加工的产品，是经济简单的生产方法。其基本工艺为：在常温下将配方组分中的固体原料和液体原料按一定比例在成型设备中混合均匀，经适当调节后获得自由流动性的多孔性均匀颗粒产品。干混法生产工艺流程如图 3-1-3 所示。

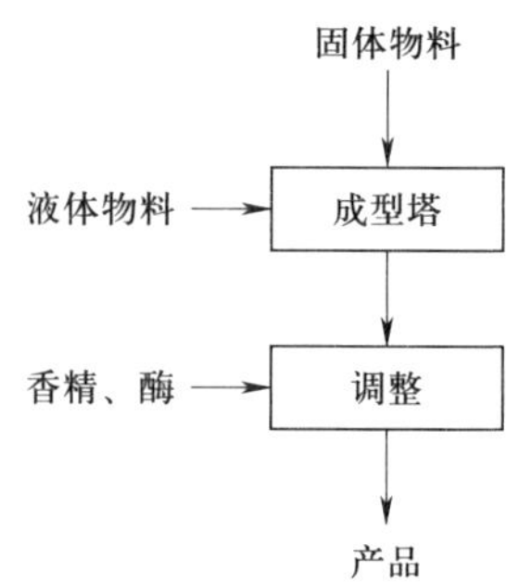

图 3-1-3　干混法生产工艺流程

2. 液体洗涤剂的生产工艺

液体洗涤剂生产工艺相对简单，只需将各种表面活性剂和辅助成分按一定顺序进行混合、复配、乳化。对于一般产品，仅需一个带搅拌的反应釜即可生产；而工业生产中的高档产品，则需采用化工单元设备和密闭化生产以保证质量。

生产流程控制对产品的质量和外观至关重要，主要需控制好物料质量、加料配比和计量、投料方式与顺序、搅拌、加热、降温、过滤、包装等环节。液体洗涤剂生产工艺流程如图 3-1-4 所示。

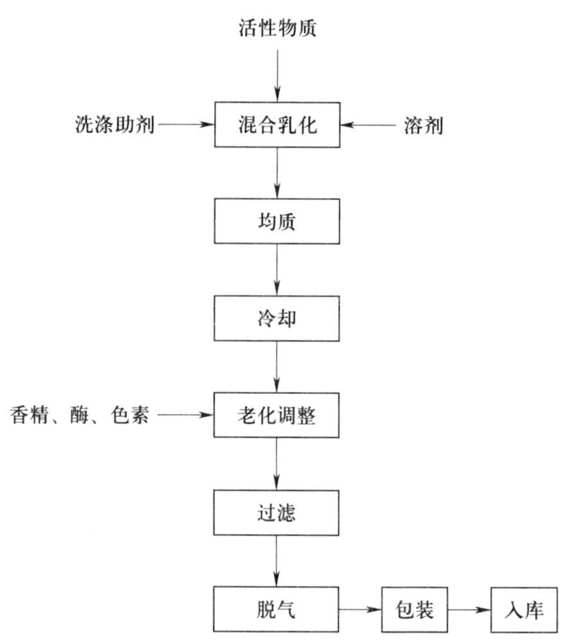

图 3-1-4　液体洗涤剂生产工艺流程

液体洗涤剂的生产流程可分为原料准备、混合乳化、后处理等三道工序。

（1）原料准备

液体洗涤剂是复配产品，原料种类多，形态各异。为保证生产过程顺利进行，需对各种原料进行预处理。生产时，有的原料需预先熔化，有的需溶解于一定溶剂后再加料，有的需

预混合，还有的需除去不溶性物质和机械杂质。另外，用量较多的易流动液体原料多采用高位计量槽进行精准计量，或用计量泵输送计量。

（2）混合乳化

对于一般透明或乳状液体洗涤剂，可采用带搅拌的反应釜进行混合乳化。一般选用带夹套的反应釜，可调节转速，并根据反应类型进行加热或冷却。

（3）后处理

主要包括过滤、均质、老化、脱气、灌装及产品包装等。从反应釜制得的洗涤剂在包装前需经过滤去除机械杂质。均质是使经过乳化的液体洗涤剂中的分散相颗粒更细小、更均匀，产品更稳定。老化是将均质或搅拌混合后的制品放在储存罐中静置一段时间，使其性能进一步稳定。一般液体洗涤剂配制好后需老化一段时间后方可灌装。由于搅拌和表面活性剂的作用，液体洗涤剂产品中可能会存在大量气泡，导致产品不均匀、性能及储存稳定性变差、包装计量不准确等。因此，一般需要进行脱气处理，生产中可采用真空脱气工艺快速排出产品中的气泡。产品需按要求进行灌装操作，小批量生产可采用高位槽手工灌装，规模化生产则采用灌装机流水线作业完成。液体洗涤剂生产工艺流程如图 3－1－5 所示。

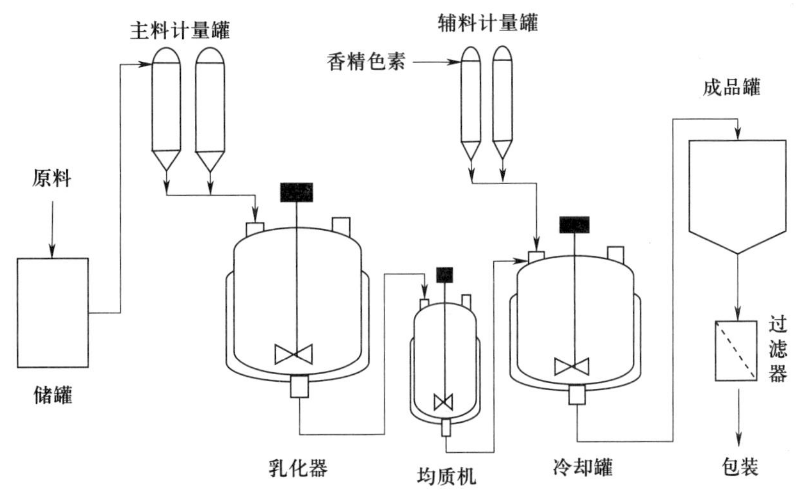

图 3－1－5　液体洗涤剂生产工艺流程

目标检测

一、单项选择题

1. 表面活性剂是洗涤剂的（　　）。

A. 活性成分　　B. 助洗剂

C. 填料　　D. 稳定剂

2. 对于一般透明或乳状液体洗涤剂，可采用（　　）反应釜进行乳化与混合操作。

A. 带搅拌　　B. 不带搅拌

C. 带夹套　　D. A+C

3. 在轻垢型液体洗涤剂中，主要活性物一般控制在（　　）。

A. 5% 以下　　B. 5%～15%

C. 10%～15%　　D. 20%～35%

二、多项选择题

1. 表面活性剂在洗涤剂中起（　　）作用。

A. 润湿　　B. 增溶　　C. 乳化　　D. 去污

2. 按泡沫高低分，洗涤剂可分为（　　）。

A. 高泡型洗涤剂　　B. 低泡型洗涤剂

C. 抑泡型洗涤剂　　D. 无泡型洗涤剂

3. 常用的洗涤助剂有（　　）等。

A. 三聚磷酸钠（STPP）　　B. 酶

C. 硅酸钠　　D. 碳酸钠

4. 下列属于工业生产中洗衣粉常见的成型方法是（　　）。

A. 喷雾干燥成型法　　B. 附聚成型法

C. 干混法　　D. 自然成型法

5. 洗衣粉生产过程中料浆后处理的作用是使料浆（　　）。

A. 均匀　　B. 细腻　　C. 流动性好　　D. 含固量高

三、思考题

1. 洗涤剂原料中常用的表面活性剂有哪些？

2. 简述洗衣粉的配方组成并分析其作用。

3. 简述液体洗涤剂的生产工艺流程。

任务二　口腔卫生用品生产技术

学习目标

1. 了解口腔卫生用品的分类及功效。

2. 掌握口腔卫生用品的配方组成及设计原理。

3. 掌握口腔卫生用品原料、生产流程及工艺条件。

任务引入

1. 请准备一支牙膏，在包装上查找其组分名称，并在网上查阅资料，分析各组分的作用。

组分名称	作用

2. 上述这些组分中，你认为哪些是起清洁口腔的作用?

3. 除了牙膏，你知道的口腔清洁用品还有哪些?

相关知识

一、基本概念

1. 口腔卫生用品

口腔卫生用品是一种常见的日用化学品，又称洁牙制品。洁牙是保持口腔清洁的重要手段，口腔清洁可减小龋齿的发病率，减轻口臭。此外，刷牙时牙刷的摩擦作用可促进血液循环，使牙龈变得坚韧健康，增强对细菌的抵抗力，减少牙龈炎等口腔疾病的发生。

2. 原料组成

口腔卫生用品主要由摩擦剂、表面活性剂和药效成分等组成。摩擦剂可将黏附在牙齿表面的食物残渣磨碎、清除。表面活性剂能使口腔卫生用品在口腔内分散，并渗透到牙齿表面的沉淀物中，使其分解。同时，表面活性剂产生的泡沫能携带污垢离开牙齿表面。药效成分具有多种功能，如预防龋齿、预防牙周炎、防治口臭、预防牙结石以及清洁烟斑等。

3. 分类

口腔卫生用品按使用时是否需配合牙刷使用，可分为刷牙制品和漱口剂两大类。刷牙制品分为牙粉、牙膏、液体洁牙剂等；漱口剂则按用法和剂型分为原液型、浓缩型和粉末型等。其中，牙膏是口腔卫生用品中产量最大、品种最多的一类日用化学品。

二、牙膏及其生产工艺

1. 性能

牙膏和牙刷配合使用，通过刷牙达到清洁、健美、保护牙齿的目的。它是人们日常生活的必需品，其主要作用是清洁牙齿，保护口腔的卫生健康。牙膏的性能要求主要包括以下几方面。

（1）适宜的摩擦力

为了除去牙齿表面的牙菌斑、软垢、牙结石和牙缝内的嵌塞物，减少龋齿和牙周病的发生，美化牙齿，适当地清洁是十分必要的。牙膏的清洁作用主要是依靠粉末的摩擦力和表面活性剂的起泡去垢力来实现。因此，牙膏必须具有适宜的摩擦力，摩擦力太强，会损伤牙齿本身和牙周组织；摩擦力太弱，就起不到清洁牙齿的作用。

（2）优良的起泡性

尽管牙膏的质量不取决于泡沫的多少，但在刷牙过程中应有适度的泡沫，丰富的泡沫不仅感觉舒适，而且能促进牙膏迅速扩散，渗透到牙缝和牙刷刷不到的部分，有利于污垢的分散、乳化和去除。

（3）抑菌作用

一般人的口腔内存在大量细菌，其中不少是有害牙齿健康的致病菌，为了保障牙齿的健康，牙膏中必须含有抑菌的有效成分，以抑制口腔内细菌的繁殖，降低细菌对食物的发酵能力，从而减少酸的产生及其对牙齿的腐蚀。

2. 牙膏的配方及功能

牙膏的成分主要包括摩擦剂、保湿剂、发泡剂、黏结剂、香料、甜味剂、防腐剂、缓蚀剂、药效成分等。

（1）摩擦剂

摩擦剂的主要功能是除去附着于牙齿表面的污垢和有色物质，摩擦剂应当具有合适的硬度、粒度和较好的去污效果，不损伤牙齿组织，化学上稳定且无臭无味。

通常用莫氏硬度表示矿物硬度，也称摩氏硬度。牙釉质的莫氏硬度为5～6，因此要求牙膏摩擦剂的莫氏硬度应小于5。目前普遍认为，摩擦剂的莫氏硬度小于4是比较适宜的。在市场上销售的大多数牙膏中，摩擦剂约占膏体的20%～50%（质量分数）。常用的摩擦剂有碳酸钙、磷酸钙、沉淀二氧化硅和硅铝酸钠等。

（2）保湿剂

保湿剂也称赋形剂，其作用是减少膏体水分蒸发，甚至能吸收空气中的水分，以防止膏体干燥变硬不易挤出。此外，保湿剂还能降低牙膏的冻点，使牙膏在寒冷地区也能正常使用。同时还可赋予膏体光泽。普通牙膏中保湿剂的质量分数为20%～30%，透明牙膏中高达75%。

常用的保湿剂有甘油、山梨糖醇、丙二醇、木糖醇等。山梨糖醇具有适当的甜度，并能赋予牙膏清凉感，与甘油配合使用效果很好；丙二醇的吸湿性很大，但略带苦味；木糖醇既有蔗糖的甜度，又具有保湿性和防龋效果。

（3）发泡剂

发泡剂使牙膏产生泡沫，在口腔中迅速扩散，诱发香气。质量分数一般为 2%～3%。发泡剂一般从表面活性剂中选用，要求无毒、无刺激、无味。常用的发泡剂有月桂基硫酸钠、月桂酰肌氨酸钠等。

（4）黏结剂

也称胶黏剂，可防止牙膏的粉末成分与液体成分分离，赋予牙膏适当的黏弹性和形状，质量分数一般为 1%～2%。常用的黏结剂有羧甲基纤维素、羟乙基纤维素、聚乙烯醇、聚丙烯酰胺、膨润土、海藻酸钠、胶性二氧化硅等。

（5）香料

牙膏中的香料具有多种功能，一方面可以遮蔽发泡剂等原料带来的异味，赋予膏体以清新、爽口的感觉；另一方面可以利用香料的抗菌活性来强化牙膏的生理活性功能，其质量分数为 1%～2%。牙膏所用的香精以清凉爽口为主。常用的香料有留兰香油、薄荷油、冬青油、丁香油、橙油、黄木油、肉桂油等。

（6）甜味剂

由于牙膏中的香料大多味苦，摩擦剂又有粉尘味，因此需要加入甜味剂加以矫正。目前多用糖精钠作为甜味剂。糖精钠的甜度是蔗糖的 500 倍，性质稳定，不发酸，其质量分数为 0.05%～0.25%。

（7）防腐剂

牙膏配方中加有甘油、山梨醇、胶合剂等，这些成分的水溶液长时间储存容易发霉，故需要添加适当的防腐剂。常用苯甲酸钠、对羟基苯甲酸甲酯和对羟基苯甲酸丙酯作为牙膏防腐剂，其质量分数为 0.05%～0.5%。

（8）缓蚀剂

主要用来抑制碱性膏体对铝管的腐蚀作用，目前牙膏中常用硅酸钠和胶体二氧化硅等为缓蚀剂。

（9）药效成分

牙膏作为口腔卫生用品，不仅可以清洁牙齿，更重要的是预防或治疗口腔和牙齿疾病，为了达到这一目的，常加入一些具有特殊药效的化学药品或制剂。常见的药效包括预防龋齿、预防牙周炎、清除烟斑、防治口臭等。

①预防龋齿的药物。对于龋齿的发病原因，目前普遍认为龋齿是与龋齿原型病菌以及牙齿的感受性等有关。也就是说，附着在牙垢内的龋齿菌的体表层局部存在葡萄糖转移酶，可以将蔗糖转化为不溶于水而黏着性很强的葡聚糖。葡聚糖一方面使龋齿菌更加牢固地附着在牙齿间，另一方面由能量代谢产生乳酸。而乳酸可以腐蚀牙齿的无机质部分，引起牙釉质脱落，形成龋齿。当然，龋齿的形成在一定程度上也受牙齿的抵抗力强弱影响。针对以上引起龋齿的原因，在牙膏中配合使用的预防龋齿药物主要有以下三类。

a. 增强牙齿耐酸性的药物。氟化物是牙膏中最常用的增强牙齿耐酸性药物。常用的氟化物有氟化钠、氟化亚锡、单氟磷酸钠等。

b. 杀灭龋齿病原体的药物。在药用牙膏或特定治疗型口腔护理产品中，洗必泰乙酸盐（又称氯己定或乙酸双氯苯双胍己烷）因其广谱抗菌作用被广泛应用，但因长期使用可能导致牙齿染色等副作用，普通日常牙膏中通常不会添加该成分。它是一种白色结晶性粉末，无臭、味苦，溶于乙酸，微溶于水，常用作杀菌消毒剂，对革兰氏阳性菌和阴性菌及真菌均有较强的杀菌作用，对绿脓杆菌也有效，无刺激性，但对热不稳定，遇碱或肥皂等杀菌力会下降。含洗必泰乙酸盐的牙膏除具有较强的杀菌作用外，还能抑制牙斑，防治龋齿。

c. 分解或阻止葡聚糖合成的药物。由链球菌突变体产生的不溶性黏着物葡聚糖，主要由葡萄糖组成。

②预防牙周炎的药物。牙周炎是发生于牙周组织周围的炎症，其症状一般为牙龈红肿、出血，严重时化脓，一般由牙垢引起。因此，牙膏配方中加入抑制牙垢的杀菌剂和广义的消炎剂，可以有效预防牙周炎。

③清除烟斑的药物。长期吸烟者的牙釉质表面常形成顽固性黑褐色沉积物，主要由烟草燃烧产生的焦油成分与牙菌斑结合矿化所致。烟碱又称吡啶氢化吡咯，其分子内含有吡啶和吡咯环，极易氧化变成褐色，清除极为困难。烟斑不仅影响口腔卫生、牙齿美观，而且和口腔疾病关系密切。研究表明，植酸及其钠盐，作用于牙面上可使烟斑膨松，即坚固的烟斑崩解和漂起，从而可以达到去烟渍的效果。

④防治口臭的药物。引起口臭的原因很多，如口腔不洁、口腔炎症、慢性肠胃炎等，从口腔疾病的病因分析，主要是厌氧菌使蛋白质和多肽分解、代谢，产生了硫化氢和甲硫醇、甲硫醚等挥发性硫化物。因此，抑制厌氧菌的生长可防治口臭。

常用的抑制厌氧菌生长的药物有甲硝唑、替硝唑等。另外，铜叶绿素钠、β-环糊精以及中药黄芩、黄连等都具有预防口臭的作用，关于这些药物的作用机理有待进一步研究，但其效果已得到确认。表 3-2-1 是典型牙膏的配方实例。

表 3-2-1　典型牙膏的配方实例（按质量分数计 /%）

组分	含量	作用
碳酸钙	39.0	摩擦剂
山梨糖醇	22.0	保湿剂
羧甲基纤维素钠	1.1	黏结剂
十二烷基硫酸钠	1.3	发泡剂（表面活性剂）
糖精	0.1	甜味剂
香料	1.0	香味剂
尼泊金乙酯	适量	防腐剂
去离子水	余量	溶剂

3. 牙膏生产工艺

牙膏生产工艺包括湿法溶胶制膏工艺和干法制胶工艺两种。湿法溶胶制膏工艺是目前国内外普遍采用的一种工艺路线，包括常压法和真空法两种。

（1）常压法制膏工艺

常压法制膏工艺由制胶、捏合、研磨、真空脱气等工序组成，其生产工艺流程如图 3-2-1 所示。

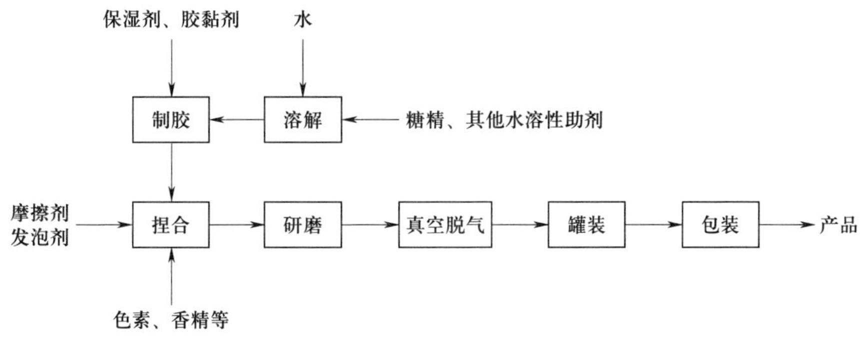

图 3-2-1　常压法制膏生产工艺流程

①制胶。首先将保湿剂加入制胶锅中，使胶黏剂充分润湿，以便溶解均匀，然后在高速搅拌下依次加入水、糖精及其他水溶性添加剂。胶黏剂遇水后溶胀成胶体，继续搅拌直至胶水均匀透明、无粉粒存在，之后将胶水打入储备罐中放置一段时间，以使黏液进一步均化。

②捏合。捏合是制备牙膏的重要工序。将胶水打入捏合机，随后加入摩擦剂、粉状发泡剂及香精等，捏合至均匀状态。捏合时间的控制至关重要，若捏合时间太短，膏体将不均匀；若捏合时间太长，则可能打入过多空气，导致膏体发松，出料困难。

③研磨。将经捏合的膏体通过齿轮泵或往复泵输送至胶体磨进行研磨。在机械的剪切作用下，聚集的胶体或粉料得以进一步均质分散，使膏体中的各种微粒达到均匀分布。

④真空脱气。此步骤主要是为了改善膏体的成型性能。经脱气处理后的膏体呈现光亮细腻的状态，成条性能好。一般采用真空脱气或离心脱气的方法。

⑤灌装及包装。牙膏的灌装封尾工作由自动灌装机完成，灌装量可根据产品的规格和要求进行灵活调整。灌装好的牙膏，可通过人工或自动包装机进行包装。

（2）真空法制膏工艺

真空法制膏工艺同样由制胶、捏合、研磨、真空脱气等工序组成，但这些工序在同一台设备中依次完成，因此也被称为湿法一步法。此工艺采用的是多效制膏釜，釜内配备了慢速锚式搅拌器、快速桨式搅拌器以及竖式胶体磨。整个操作过程均在真空条件下进行，各部分相互配合、协同工作，具有诸多优势。目前，世界上众多先进的牙膏生产公司普遍采用这种工艺，其生产工艺流程如图 3-2-2 所示。

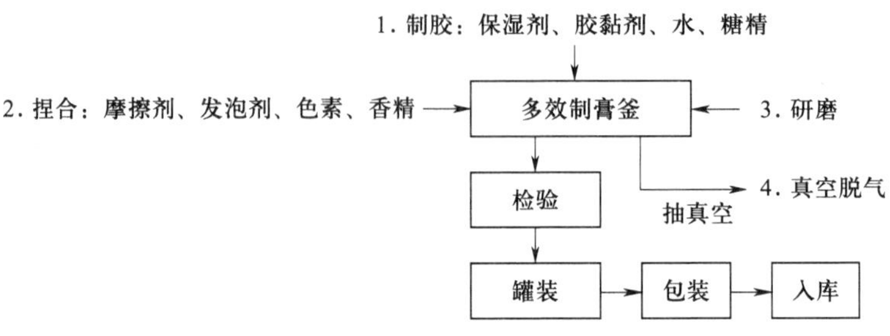

图 3-2-2　真空法制膏生产工艺流程

三、牙粉、刷牙液生产工艺

洁牙用品除了牙膏，还有牙粉和刷牙液等，但它们的产量相对较低。

牙粉和牙膏在功效上相似，组分也大致相同，牙粉省去了液体部分，因此更便于携带和储存。

牙粉通常由摩擦剂、洗涤发泡剂、增稠剂、甜味剂、香精以及其他具有特殊用途的添加剂组成。这些组分的作用与牙膏中的大致相同。在牙粉中，胶质主要起到稳定泡沫的作用，而无须形成凝胶。

牙粉的生产方法是首先将摩擦剂、发泡剂加入混合机中混合均匀，随后加入保湿剂、水等进一步混合；然后将甜味剂、香精等溶解于一部分水中，并分散均匀；最后将溶解了甜味剂、香精的水加入之前的混合物中，再次混合均匀，即可制得牙粉产品。其生产工艺流程如图 3-2-3 所示。

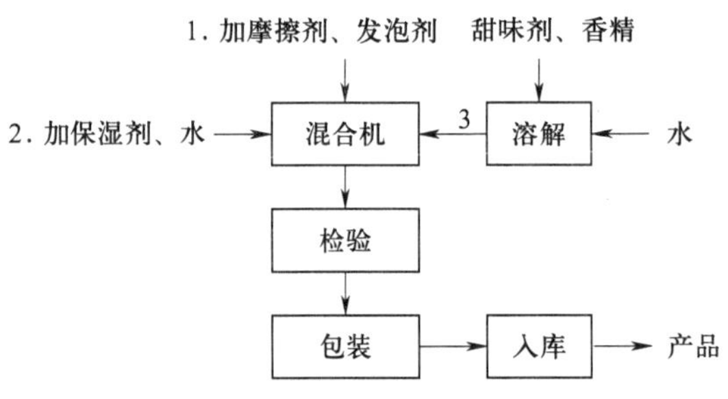

图 3-2-3　牙粉生产工艺流程

刷牙液中一般不需要添加摩擦剂。其生产过程是首先将洗涤发泡剂、增稠剂等溶解于水中，然后加入事先已溶解于乙醇中的香精，充分混合均匀后，再加入甜味剂、防腐剂、着色剂等，经过均质处理并老化一段时间后，进行过滤即可得到产品。刷牙液生产工艺流程如图 3-2-4 所示。

四、漱口剂及生产工艺

漱口剂在形态上与刷牙液相似，使用时无须牙刷，只需向口腔中滴入适量漱口剂，含漱后吐出即可。

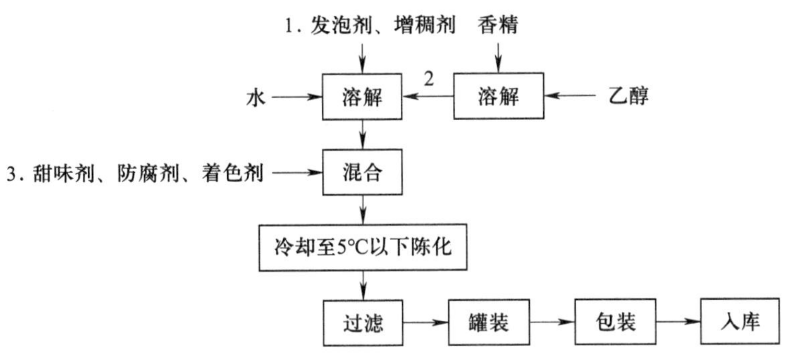

图 3-2-4　刷牙液生产工艺流程

漱口剂有原液型、浓缩型和粉末型三种类型，其中原液型较为常见且普及。漱口剂的主要功能是净化口腔，防止口臭，保持口腔清新爽快。同时，配合药物成分，漱口剂还具有预防龋齿和治疗牙周疾病的功效，因此深受消费者喜爱。

漱口剂由水、酒精、保湿剂、表面活性剂、香精以及其他添加剂组成。各种组分的用量会根据不同的漱口剂功能有所调整，变化幅度较大。例如，乙醇在不同的配方中可加入的体积分数为 10%～50%，当香精用量较高时，乙醇的用量应相应增加，以便更好地溶解香精。

漱口剂的生产过程包括混合、陈化和过滤等步骤。在配制漱口剂时，应确保有足够的陈化时间，以便使不溶解于水的物质全部沉淀下来。溶液最好先冷却至 5 ℃以下，然后在这一温度下进行过滤，以确保产品在使用过程中不会出现沉淀现象。

一般的生产过程是，首先按配方称量好所需的水量，将水溶性的原料充分溶解于水中；然后按配方比例称量好乙醇的量，将香精、表面活性剂等溶解于乙醇中；最后将上述两种溶液混合均匀，再加入色素即可得到漱口剂产品。其生产工艺流程如图 3-2-5 所示。

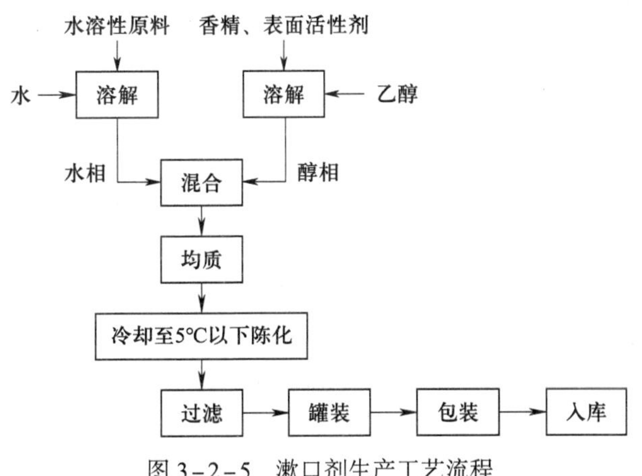

图 3-2-5　漱口剂生产工艺流程

目标检测

一、单项选择题

1. 牙膏中增强牙齿耐酸性的药物一般用（　　）。

A. 氟化物　　B. 亮白因子

C. 药物成分　　D. 金银花提取物

2. 漱口剂应保证足够的陈化时间，温度一般控制在（　　）以下。

A. 0 ℃　　B. 5 ℃

C. 10 ℃　　D. 15 ℃

3.（　　）其作用于牙面上可使烟斑膨松，使坚固的烟斑崩解和漂起，从而达到了去烟渍的效果。

A. 氟化物　　B. 杀菌剂

C. 植酸及其钠盐　　D. 亮白因子

4. 市面上通常以硅酸钠和胶体二氧化硅为牙膏的（　　），以抑制碱性膏体对铝管的腐蚀作用。

A. 保湿剂　　B. 杀菌剂

C. 防腐剂　　D. 缓蚀剂

二、多项选择题

1. 牙膏中常用的氟化物有（　　）等。

A. 氟化钠　　B. 氟化亚锡

C. 单质氟　　D. 单氟磷酸钠

2. 常压制膏工艺一般由（　　）等工序组成。

A. 制胶　　B. 捏合

C. 研磨　　D. 真空脱气

3. 下列属于牙膏的药效成分的是（　　）等药物。

A. 预防龋齿　　B. 预防牙周炎

C. 清除烟斑　　D. 防治口臭

4. 摩擦剂应当具有（　　）等性能。

A. 合适的硬度　　B. 合适的粒度

C. 较好的去污效果　　D. 不损伤牙齿组织

5. 保湿剂的作用包括（　　）。

A. 防止膏体水分蒸发，甚至能吸收空气中的水分

B. 防止膏体干燥变硬，不易挤出

C. 降低牙膏的冻点，使牙膏在寒冷地区也能使用

D. 赋予膏体以光泽

三、思考题

1. 牙膏中加入缓蚀剂的目的是什么？
2. 比较常压法制膏工艺与减压法制胶工艺的优缺点。
3. 通过查阅资料，写出 1～2 个牙膏的配方例子，并进行相应作用分析。

任务三　肥皂和香皂生产技术

学习目标

1. 掌握皂基的制备原理及方法。
2. 掌握各种肥皂生产原理与生产工艺。
3. 掌握各种香皂生产原理与生产工艺。

任务引入

你知道肥皂是怎样发明的吗？

相传，肥皂大约在公元前 1000 年由埃及人最先发明。他们无意间发现，油脂滴落在热的草木灰上能够起到去污的效果。意大利的考古学家在清理庞贝古城遗址时，发现了制作肥皂的作坊，这表明在公元 2 世纪，罗马人就已经开始使用肥皂了。到了 16 世纪，欧洲人开始使用植物油和草木灰来制作肥皂，但这种肥皂的产量并不高，只有贵族才能使用得起。1791 年，法国化学家尼古拉斯·勒布朗发明了工业纯碱的制备工艺，从此结束了从草木灰中制取碱的古老方法。1823 年，法国化学家尤金·契伏尔发现，油脂与碱液反应后会生成硬脂酸钠，这就是如今肥皂的主要成分。1892 年，美国化学家汉密顿·卡斯特纳发明了通过电气分解食盐来生产工业烧碱的方法，这使得肥皂的制作工艺进一步简化，价格也越来越低廉，肥皂因此走进了千家万户。

阅读上述材料，讨论下列问题，记录结果，并与同学分享：

1. 肥皂是怎么发明的？对你有什么启示？
2. 用你学过的有机化学知识，分析一下制皂过程中油脂与碱液发生了什么反应。
3. 为什么肥皂能走进千家万户？

相关知识

一、肥皂和香皂基本概述

肥皂和香皂是生活中不可或缺的日用化学品，属于洗涤用品的一类。近几十年来，尽管洗涤剂的产量持续增长，但由于肥皂具有耐用、去污力强等特点，它仍然是我国洗涤用品市场的主要品种之一。香皂则因使用方便、去污效果好、价格实惠、刺激性低、品种多样等特点，在国内外市场上仍然是重要的皮肤清洁用品。此外，肥皂和香皂的主要原料是天然油脂，属于天然绿色日用化学品，因此深受消费者喜爱。

1. 定义

肥皂和香皂简称皂，其主要成分是高级脂肪酸或混合脂肪酸的碱性盐，化学通式可表示为 $RCOOM$。具有去污作用的皂类主要是脂肪酸的钠盐、钾盐和铵盐，其中最主要的是脂肪酸钠盐。需要注意的是，脂肪酸的碱土金属盐及重金属盐等被称为金属皂，金属皂均不溶于水，不具备洗涤能力，因此不能用作肥皂和香皂的原料，而主要用作农药乳化剂、金属润滑剂等。

2. 组成及结构特点

皂属于阴离子型表面活性剂，具备离子型表面活性剂的理化性能，主要包括以下几点。

（1）弱碱性

肥皂和香皂的主要成分是脂肪酸的钠盐或钾盐，属于强碱弱酸盐，在水溶液中呈现弱碱性。

（2）水解性

皂类在水溶液中会发生水解，使溶液呈弱碱性。影响皂类水解的主要因素包括皂液的浓度、脂肪酸的相对分子质量和温度等。通常，皂液浓度越高，水解度越低；脂肪酸碳链越长，水解度越高；温度越高，水解度也越高。此外，乙醇等强极性有机溶剂能抑制皂类的水解。因此，在肥皂水中加入乙醇，可以得到透明的肥皂水溶液，这是制备透明香皂的理论依据。

（3）水溶液呈现混浊

肥皂和香皂中的脂肪酸盐水解生成的脂肪酸与未水解的脂肪酸盐结合，形成了不溶于水的酸性皂，这使得肥皂水溶液呈现混浊状态。因此，使用肥皂和香皂洗涤衣物后的水是混浊的。同时，肥皂和香皂的洗涤、去污效果受水质的影响较大。

二、皂基制备

皂基，也称皂粒，是制作肥皂和香皂的基础原料，充当着它们的活性成分。随着制造业分工的日益细化，生产肥皂和香皂的企业通常不自行生产皂基，而是选择外购。皂基根据制作材料可分为动物性皂基和植物性皂基两类。

动物性皂基是采用动物（如牛、猪等）的油脂制造而成。其优势在于成本低廉，但缺点是动物性油脂可能会阻塞毛孔，影响细胞组织的再生，因此在工业上应用较多。植物性皂基则是采用椰子油、棕榈油等植物性油脂制造，其优点是洗涤后洁净度高，渗透性好，但成本相对较高，产品多为高级香皂。

1. 原料

皂基的主要原料是各种油脂，其化学成分为脂肪酸甘油酯。油脂的质量对皂基的质量有着直接影响。例如，油脂碳链中含有双键的，易发生氧化、聚合等反应，因此不适合用来制皂。而饱和脂肪酸含量高的油脂则适合用来制皂。判断油脂是否适合制备皂基，主要需考虑以下几个指标。

（1）相对密度

相对密度能反映油脂的相对分子质量和黏度，相对密度大则相对分子质量大，黏度也高。通常，液体油脂在 20 ℃时，固体油脂在 50 ℃时，相对密度在 0.887～0.975 较为适宜。

（2）凝固点

油脂的凝固点对皂基的质量有很大影响。凝固点太高的油脂生产的皂基易龟裂，泡沫少，去污力差；凝固点太低则会影响皂基的硬度。油脂的饱和度越高，凝固点越高；饱和度相同时，相对分子质量越大，凝固点也越高。制皂时选用的油脂，其凝固点一般在 38～42 ℃较为适宜。

（3）皂化值

用 KOH 的乙醇溶液进行皂化时，1 g 油脂完全皂化所消耗的 KOH 的毫克数称为油脂的皂化值。脂肪酸甘油酯的相对分子质量越高，皂化值越低，表明制得的皂基易溶于水，易起泡。

（4）酸值

工业油脂中通常都含有游离脂肪酸。中和 1 g 油脂中的游离脂肪酸所需 KOH 的毫克数称为酸值或酸价。根据酸值可以计算出油脂中游离脂肪酸的含量。酸值越高，游离脂肪酸含量越多，说明油脂不新鲜，质量差，制得的皂易变质、出汗、发臭。

（5）碘值

油脂分子中的双键能与碘发生加成反应，因此可以用消耗的碘量来衡量油脂的不饱和度。每 100 g 油脂与碘发生加成反应时所消耗的碘的克数称为碘值或碘价。碘值越高，脂肪链烃的不饱和度越高，制得的皂基越软。根据碘值的大小，油脂可分为干性油、半干性油和不干性油。干性油的碘值大于 130，半干性油的碘值为 100～130，不干性油的碘值小于 100。干性油脂不饱和程度较高，易氧化生成大分子物质，在表面形成硬膜，如亚麻仁油、桐油等，它们不适用于制皂。植物油脂中的椰子油、棕榈油、花生油，以及动物油脂中的牛油、猪油、羊油都是不干性油，适用于制皂；半干性油在制皂时可适当配用，如棉籽油、糠油、菜油等，但加入量不宜过多，一般棉籽油的加入量不可超过 5%（质量分数）。

（6）不皂化物

不皂化物是指油脂中所含的除脂肪酸以外的脂肪成分，如萜烯烃等。在生产过程中，这些物质不会中和皂化，以杂质状态存在于皂基中。通常，不皂化物质量分数大于 1% 的油脂不可直接用于肥皂和香皂的生产，需要进行适当处理。

2. 配方

为了保证产品的质量，使皂基达到质量标准，即具有一定的硬度、良好的外观和色泽、适当的溶解度、丰富的泡沫以及较强的去污力，在制皂过程中需要采用多种油脂按一定的比例进行配方使用，并考虑原料供应的可靠性和经济性等。

为了使皂基具有一定的硬度，在皂基配方中，需要加入一定量的固体油脂。常用的固体油脂有脂肪酸凝固点在 56 ℃左右的硬化油，质量分数为 28%～34%；牛羊油作为固体油脂的质量分数为 75%～80%。高级香皂还可使用 10%～15%（质量分数）的椰子油或棕榈仁油。

松香也是常用的一种油脂原料，其主要成分是松香酸。在制皂过程中，若单独使用松香，其抗氧化性差，易变色，起泡和去污力不佳；但与其他油脂配合使用时，可以增大皂基的溶解度，提高去污力，降低成本。然而，由于松香的色泽较差，在香皂中一般不加松香。

一般来说，对色泽要求较高的白色香皂的油脂配方，基本上都是 80%（质量分数）的动物油脂和 20%（质量分数）的椰子油，实际混合油脂的凝固点在 35～38 ℃。香皂用油脂和肥皂用油脂配方实例分别见表 3－3－1 和表 3－3－2。

表 3－3－1　　香皂用油脂配方实例（按质量分数计 /%）

油脂名称	配方 1	配方 2	配方 3
牛羊油脂	80	75	—
猪油	—	5	65
花生油 / 茶油	—	—	10
椰子油 / 棕榈仁油	20	20	25

表 3－3－2　　肥皂用油脂配方实例（按质量分数计 /%）

油脂名称	配方 1	配方 2	配方 3
牛羊油脂	75	—	—
猪油	—	—	20
硬化油	—	38	32
椰子油 / 棕榈仁油	10	—	—
棕榈油	—	—	15
棉油酸	—	10	—
棉沥油	—	—	18
糠油	—	22	—
松香	15	30	15

3. 制备方法

皂基的制备方法通常有直接皂化法和脂肪酸中和法两种。

（1）直接皂化法制皂

将预处理过的油脂与碱直接进行皂化反应制皂，可用以下反应式表示：

$$\begin{array}{l} CH_2OOCR_1 \\ | \\ CHOOCR_2 \\ | \\ CH_2OOCR_3 \end{array} + 3NaOH \longrightarrow \begin{array}{l} CH_2OH \\ | \\ CHOH \\ | \\ CH_2OH \end{array} + \begin{array}{l} R_1COONa \\ \\ R_2COONa \\ \\ R_3COONa \end{array}$$

直接皂化法根据产品的不同，所使用的碱一般为 NaOH 或 KOH，其生产工艺有间歇式和连续式两种。间歇式生产工艺是在配备有搅拌装置的开口皂化锅中进行的，因此也被称为大锅皂化法。这种方法的设备投资较少，目前仍被广泛使用，但生产周期较长、效率相对较低。连续式生产工艺则是现代化的生产方式，采用连续化设备能使油脂与碱充分接触，在短时间内完成皂化反应，不仅生产效率高，而且产品质量也更加稳定。

皂化过程是将油脂与碱液在开口皂化锅中通过蒸汽加热发生皂化反应。开始时，先在空锅中加入配方中较易皂化的油脂，这些被皂化的油脂可以起到乳化作用，使油、水两相能够充分接触，从而加速整个皂化过程。碱液（如 NaOH 溶液等）需要分段加入，且浓度也要由稀到浓逐步增加。如果碱加入过快或过多，会破坏乳化状态，导致皂基离析。直接皂化法制皂生产工艺流程如图 3－3－1 所示。

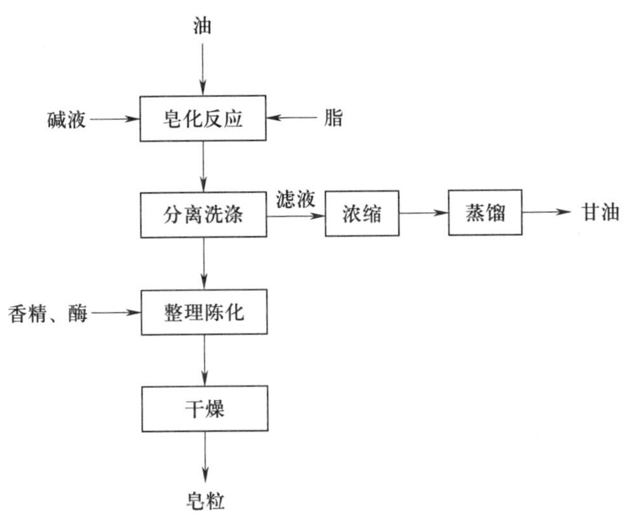

图 3－3－1　直接皂化法制皂生产工艺流程

①盐析。皂化后的皂胶中，除了皂基以外，还含有大量的水分、甘油以及原油脂中的色素、磷脂等杂质。因此，需要在皂胶中加入电解质，使皂基与水、甘油等杂质分离，这个过程称为盐析。通常使用氯化钠进行盐析，由于氯化钠的同离子效应，使皂基的溶解度降低而析出。皂胶中可能析出皂基（净皂）、粒皂（含有较多电解质的肥皂）、皂脚（质量分数低于 40% 的皂液，含有较多杂质）、废液（主要是甘油和水）等相。在实际操作中，究竟析出哪些相，取决于温度、肥皂浓度及食盐浓度等分离的条件。加盐过多会导致皂胶中的皂基粗大，含水量大，废液中皂基含量也大，因此盐析时需控制食盐的投入量，以获得较多的净皂。为

使皂基与甘油、杂质分离得更干净，可以进行多次盐析。

②碱析。也称补充皂化，是加入过量碱液对盐析皂进行进一步皂化处理的过程。先将盐析皂加热煮沸后，再加入过量的氢氧化钠碱液处理，使第一次皂化反应后剩余的少量油脂完全皂化，同时进一步除去色素及杂质。静置分层后，上层送去整理工序，下层为碱析水。碱析水含碱量高，可用于下一锅油脂的皂化。碱析的脱色效果比盐析强，并能降低皂胶中 NaCl 的含量。

③整理。整理是对皂基进行最后一步净化处理的过程，即调整皂基中皂、水和电解质三者之间的比例，使之达到最佳状态。在此状态下，皂基和皂脚能充分分离，从而提高皂基的产率。整理工序可在大锅中进行，根据需要向大锅中加入食盐溶液、碱液或水，使最终的皂基组成达到标准。有经验的操作者能根据皂胶的流动性确定整理的终点。整理好的皂胶在大锅中静置 24～40 h，皂胶分层，上层为皂基，下层为皂脚。整理静置时温度应保持在 85～90 ℃，温度过高会导致皂基与皂脚分层快，但皂基的酸含量降低；温度过低则导致皂基黏度过大，难以分离皂基与皂脚。净脂肪酸在皂基和皂脚中的质量比可在（5～8）: 1 的范围内变化，由于这个变化范围很大，因此整理操作的好坏对皂基产率的影响很大。热的皂基是熔化状态的，呈半透明的高黏度液体，可直接输送到下一道工序进行操作。但若温度低于 50 ℃，皂基会结晶为固体。

（2）脂肪酸中和法制皂

先将油脂水解为脂肪酸和甘油，再用碱将脂肪酸中和成肥皂，整个过程包括油脂脱胶、油脂水解、脂肪酸蒸馏和脂肪酸中和四道工序。油脂脱胶工艺在前面已介绍过，下面将重点介绍油脂水解、脂肪酸蒸馏和脂肪酸中和这三道工序。

油脂水解后生成甘油和脂肪酸，基本原料可以用下面的反应式表示：

$$\begin{array}{l} CH_2OOCR_1 \\ | \\ CHOOCR_2 \\ | \\ CH_2OOCR_3 \end{array} + 3H_2O \longrightarrow \begin{array}{l} CH_2OH \\ | \\ CHOH \\ | \\ CH_2OH \end{array} + \begin{array}{l} R_1COOH \\ \\ R_2COOH \\ \\ R_3COOH \end{array}$$

油脂水解包括催化法和无催化剂高温水解法。目前，油脂水解工业大多采用无催化剂的热压釜法和高温连续法，前者适用于 20 000 t/a 以下的规模装置，后者则适用于 20 000 t/a 以上的规模装置。

无催化剂的热压釜水解工艺一般采用间歇式生产工艺，其工艺路线设计为二次水解。首次水解是将油脂和淡甘油水用泵输入热压釜中，通入 3.0 MPa 蒸汽加热升温至 230 ℃，使油脂发生水解。待水解率达到 85% 左右时，停止通蒸汽，静置分离出甘油和水。此时，水中甘油质量分数可达 15% 左右，可用于回收甘油。在分离除去甘油和水后，加入一定量的水，重新通入蒸汽加热，使油脂继续水解，直到水解率超过 95%。静置使脂肪酸和淡甘油水分层，淡甘油水供下一次水解使用，脂肪酸则输送到蒸馏工段。脂肪酸中和法制皂生产工艺流程如图 3－3－2 所示。

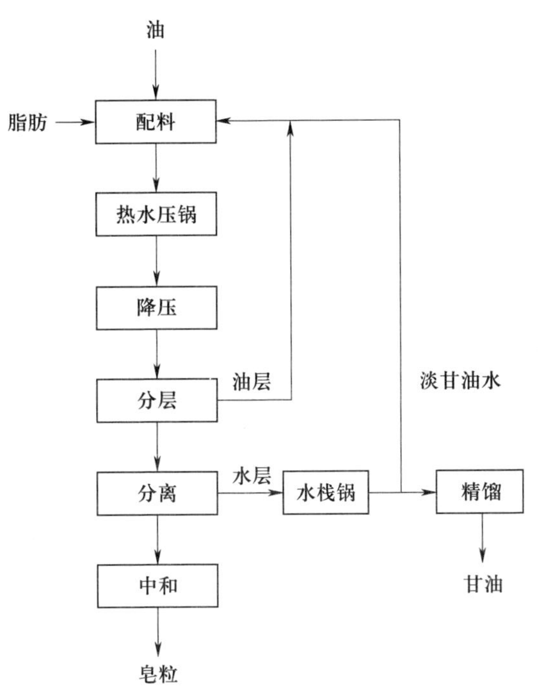

图 3-3-2　脂肪酸中和法制皂生产工艺流程

水解所得的粗脂肪酸中含水量小于 0.1%（质量分数），游离脂肪酸质量分数为 97%～98%，油脂质量分数为 2%～3%，色泽较差，必须经过蒸馏、脱色、除臭等工序，才能得到精制脂肪酸，用于制造优质肥皂。经蒸馏后，产生 3%～4%（质量分数）的残渣，主要是未水解的油脂，这些残渣可以重新投入水解工序进行再利用。

现代化的脂肪酸蒸馏均采用高真空连续化方式进行生产，其工艺过程大致为：粗脂肪酸经过预热后进入脱气塔，脱气塔内的压力保持在 6 kPa 左右，温度控制在 60～90 ℃，以使脂肪酸中的水分和空气脱出。脱气后的脂肪酸再进入蒸馏塔顶部，蒸馏塔内的压力为 0.7～0.8 kPa，温度控制在 200～250 ℃。脂肪酸在高温真空条件下沿塔板分布，受热蒸发为蒸汽。汽化后的残液通过降液管流入下层塔板，重新受热汽化，如此重复，直至到达下层塔板。最终，脂肪酸与难挥发的残渣及易挥发的有气味物质得以分离。

中和反应在反应塔内进行，由于无甘油的存在，不需要盐析、碱析等工序，其反应式为：

$$RCOOH + NaOH \longrightarrow RCOONa + H_2O$$

反应塔内温度保持为 110 ℃，压力维持在 0.28～0.35 MPa。脂肪酸由塔底进入，在循环过程中加入高浓度的碱和适量的电解质水溶液，碱的加入量由 pH 计自动控制。反应物在塔内循环，由于反应速度较快，在很短时间内即可完成。物质的量比控制在 20∶1 左右。借助塔内的压力，中和后的皂基直接喷入常压或减压干燥器内，部分水分在此过程中发生汽化。如果中和时加入 50%（质量分数）的浓碱液，可以得到脂肪酸质量分数为 78%～80% 的皂基，冷却后可直接用于制造香皂。若需要生产含脂肪酸 63%（质量分数）的皂基，中和时只需加入

30%（质量分数）的碱液即可。

三、肥皂生产工艺

肥皂中的皂基是最主要的去污活性物质，此外还可以添加一些辅助物质。现代肥皂制造通过配方优化实现理想去污效能与特殊功能需求的协同满足，针对不同应用场景实施差异化的配方设计，继而完成定向化生产。

肥皂的主要成分是脂肪酸钠，为了改进肥皂的性能，提高去污能力，调整肥皂中脂肪酸的含量，降低肥皂的成本，使织物留香等，通常在肥皂配制过程中还需要加入一定的填料和香精等其他组分。

水玻璃又称泡花碱，是肥皂中添加的填料之一，其中 $Na_2O : SiO_2$ 的比例为 1 : 2.44。它既可以在洗涤过程中对污垢起到分散和乳化作用，又能使肥皂光滑细腻，硬度适中。但是，水玻璃添加过多会使肥皂收缩变形、冒霜。

钛白粉即二氧化钛，也是常见的一种填料，它可以增加肥皂的白度，改善真空压条皂发暗的现象，为肥皂增添光泽，同时还能降低肥皂成本。一般添加量为 0.1%～0.2%（质量分数）。

碳酸钠可以提高肥皂硬度，中和部分未反应完的游离酸，一般添加量为 0.5%～3.0%（质量分数），通常与水玻璃溶液混合均匀后一起加入。

荧光增白剂是肥皂中常用的增白染料，添加量一般为 0.03%～0.2%（质量分数）。肥皂中也要添加一定的色素以掩盖原料的不洁感，肥皂中加入的色素以黄色为主，常用的黄色色素为酸性金黄 G，也称酸性皂黄。此外，部分肥皂也会采用蓝色色素。

为了防止肥皂在硬水中与钙、镁等金属离子生成不溶于水的皂垢，降低表面活性作用，同时为了减少皂垢凝聚使织物泛黄发硬，失去光泽和美感，通常在肥皂中添加钙皂分散剂。它也是一种表面活性剂，有较大的极性基团，并能与肥皂形成混合胶束，从而防止肥皂遇钙、镁离子后形成疏水性的脂肪酸钙胶束，即皂垢。常用的钙皂分散剂有椰子油酰单乙醇胺、烷基酰胺、聚氧乙烯醚硫酸盐、牛油甲酯磺酸钠等表面活性剂，对钙皂都有分散作用。

肥皂中通常也需要添加一些香精。普通肥皂添加香精只是为了遮掩原料不好的气味，只需要一般的香精即可；而在高级肥皂中，则要求香精的留存时间要长，加入香精的质量要好，气味浓郁，用量一般为 0.3%～0.5%（质量分数）。

肥皂的生产过程一般以皂基为原料，辅助一些填料和香精。其生产工艺就是先将皂基、填料、香精按配方比例加入调和设备中，于 70～80 ℃调和 15～20 min，然后压进冷板车，用冷水冷却至 45～50 ℃，取出大块皂片，送到真空出条机出条，再将条状皂块切块，最后打印商标，进行包装，即为产品。其生产工艺流程如图 3-3-3 所示。

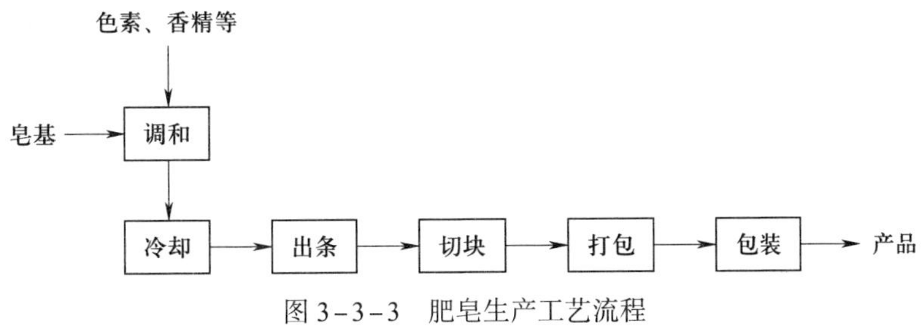

图 3-3-3　肥皂生产工艺流程

四、香皂生产技术

香皂是常用的人体清洁用品，对其质量的要求一般高于肥皂，应具备以下基本性能：含游离碱少，对皮肤刺激小；外形美观，储存后不收缩；在水中溶解能力适度，在温水中易崩解；泡沫细腻丰富，稳定性好；去污力适当，使用后皮肤感觉良好，并持久留香。

随着生活水平的提高，人们对香皂性能、外观等要求不断提高。香皂中除了含有脂肪酸盐外，还添加填料、香料、多脂剂等，以重点改善香皂的性能，满足市场需要。

1. 不透明香皂

其主要组成包括皂基、填料、多脂剂、杀菌剂、香精、抗氧化剂、螯合剂等。

填料是为了改善香皂的白度、透明度，掩盖原料的颜色所加入的添加剂，对香皂的外观质量影响较大。常用的填料主要有钛白粉与荧光增白剂、染料与颜料两大类。钛白粉的作用与在肥皂中一样，主要是增加香皂的白度，降低其透明度，特别在白色香皂中使用最广泛。也可以用氧化锌代替，但效果略差，加入量为 0.025%～0.20%（质量分数）。荧光增白剂可吸收光线中的紫外线，与黄光互补，使香皂皂体具有增白效果，通常加入量不超过 0.20%（质量分数）。

日常生活中，香皂颜色丰富多彩，赏心悦目，吸引消费者。生产中加入着色剂，调整香皂的色彩。通常用染料为香皂整体着色，用颜料为皂体局部着色。常用的染料与颜料有多种，可单独使用，也可混合使用，加入量为 1.0%～5.0%（质量分数）。

有时为了杀死皮肤表面聚集的细菌，对表皮层进行消毒，在香皂中需要加入杀菌剂。常用的杀菌剂有秋兰姆、过碳酸钠，加入量为 0.5%～1.0%（质量分数）。目前也可选择杀菌祛臭的中草药代替。

香精可以掩盖原料的不良气味，又可以使香皂散发清新怡人的香味，受到人们的青睐。常用的香精类型有花香型、果香型、清香型、檀香型、力士型等，加入量为 1.0%～2.5%（质量分数）。香皂用香应注意选择留香时间长、耐碱、遇光不变色、与香皂颜色一致的香精。

为了阻止香皂中含有的不饱和脂肪酸被氧、光、微生物等氧化，产生酸败等现象，需要加入一定的抗氧化剂，加入量为 1.0%～1.5%（质量分数），常用的抗氧化剂有水玻璃、2,6-二叔丁基对甲基酚等。

为了防止香皂中带入的微量金属对皂体的自动催化氧化，常加入金属螯合剂 EDTA，加入量为 0.1%～0.2%（质量分数）。

不透明香皂的生产工艺与肥皂非常相似，一般以皂基为主要原料，经过配料、研磨、出条、切块、打印、包装等工序完成。其生产工艺流程如图 3–3–4 所示。

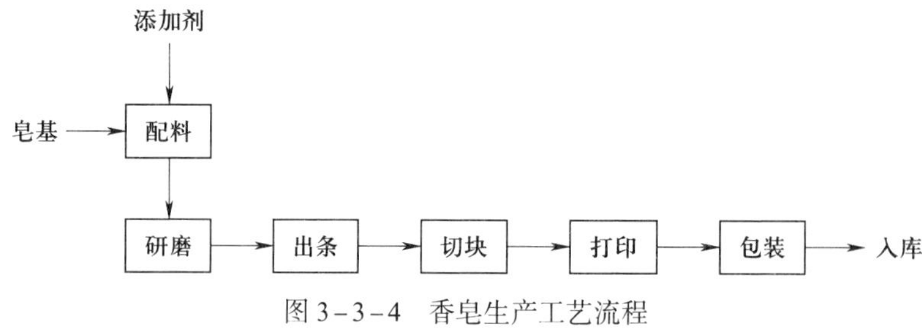

图 3–3–4　香皂生产工艺流程

2. 透明香皂

透明香皂外观呈透明状，晶莹剔透。据研究，透明香皂的结晶非常微细，其微细程度小于可见光的波长，因此光线能透过。

透明香皂的制备方法有直接皂化不盐析法、中和后加多元醇法和研压式转化法三种。直接皂化不盐析法是采用椰子油、橄榄油、蓖麻油等含不饱和脂肪酸较多的混合油脂为原料，该混合油脂凝固点在 35～38 ℃，不经过盐析，生成的甘油留存在皂基中有助于透明。还可添加多元醇、蔗糖、乙醇等极性强的有机溶剂作为透明剂，也可加入结晶细化剂提高透明度。透明香皂所用的原料必须纯度高，否则会引起混浊。而且为了保证产品的质量，结晶过程须非常缓慢。

中和后加多元醇法首先让脂肪酸与碱中和，然后加入多元醇，将皂基溶解在多元醇中而透明。制备工艺包括：将 A 相加热到 88 ℃，然后将 B 相中的氢氧化钠与水混合搅拌并加热到 88 ℃，将 B 相混合液慢慢滴加到 A 相中，搅拌 0.5 h，使之完全皂化，再加入 C 相，最后加入白糖慢慢调节，并快速冷却。

研压式转化法生产的产品一般为半透明香皂，其脂肪酸含量较高，一般在 70%（质量分数）左右。通过多次机械研磨、挤压等加工，使原来不透明的皂基晶型转变成透明状态的晶型。这类皂基一般不加入多元醇、蔗糖、乙醇等透明剂，因此呈半透明状。但与透明香皂相比，它较硬、耐用，价格便宜，通常用作高级香皂。

3. 其他皂

目前香皂的品种趋向于多样化、专用化，如老年人专用、婴儿专用、护肤类、杀菌类等香皂和液体香皂产品。

（1）浮皂是一种密度较小，能浮在水面上的香皂。皂体中含有许多细微的气泡，配方与一般的香皂相近，但制造过程有些特别。一种方法是在开始冷却时，先将空气或氮气与皂基一起送入混合机内，在高速搅拌下，使细小的气泡分散在皂基中，再注框冷却，即成为内含许多微气孔的浮皂。另一种方法是在固体香皂中部放置一个由石膏、塑料或多孔聚合物注成的空心模芯。

（2）药皂，也称为祛臭皂，是在皂体中添加酚类、硫黄、中草药等药物，可洗去附在皮肤上的污垢和细菌，并利用杀菌剂阻止本身无菌的汗液被细菌分解成有气味的物质。这些药物必须具备能长期祛臭、广谱杀菌、易与皂体的其他添加剂良好相溶、对皮肤低刺激等特点。早期生产的药皂以甲酚等作为杀菌剂，有不愉快的气味，对皮肤有刺激性。目前药皂中都用无臭味、刺激性低的双酚类杀菌剂，对革兰氏阳性菌有很好的杀菌作用，一般用量为0.1%～1.5%（质量分数）。

（3）大理石花纹皂和条纹皂是一种外观很像大理石或彩色条纹的香皂，它改进了传统单色香皂的视觉效果，给人耳目一新的感觉，因此在市场上也占有一席之地。这种香皂的生产主要借助于固－固混合技术和固－液混合技术。前者是将两种以上含有不同染料的、黏度相同的皂基按比例缓慢挤入挤压机，形成不同条纹的产品；后者则是将皂基引入压条机，将配制好的液体染料从压条机的其他固定入口定位导入，着色后获得预期效果。一般染料含量为1.0%～5.0%（质量分数），染料附着在染料载体和表面活性剂的混合液中，具有良好的分散性和黏度。常用的染料载体为可溶性纤维素衍生物。

（4）复合皂主要是在皂基中加入一定量的钙皂分散剂和其他助洗剂等添加剂，使复合皂在硬水中不形成皂垢，提高了皂类抗硬水能力和洗涤去污能力。一般复合皂中皂基的质量分数为50%左右，钙皂分散剂的质量分数为3%～5%。

（5）液体皂中一般脂肪酸质量分数为30%～35%，是以脂肪酸钾皂与其他表面活性剂复配后，加入一定的增溶剂、稳泡剂、护肤剂、螯合剂、香精等添加剂，形成介于皂类与洗涤剂产品之间的产品，俗称皂基沐浴液。它与复合皂一样兼具皂类和洗涤剂的优点，其生产工艺、设备简单，对皮肤刺激性小，很受市场欢迎。

目标检测

一、单项选择题

1. 皂化反应除了生成脂肪酸盐外，还生成（　　）。

A. 水　　B. 甘油

C. 水＋甘油　　D. 脂肪酸

2. 皂属于（　　）表面活性剂。

A. 阳离子型　　B. 阴离子型

C. 非离子型　　D. 两性

3. 肥皂和香皂中最主要的具有去污作用的活性物质是（　　）。

A. 抗氧化剂　　B. 香精

C. 填料　　D. 皂基

4. 油脂的皂化值是用（　　）皂化油脂，1 g油脂完全皂化所消耗碱的毫克数为油脂的皂化值。

A. NaOH　　B. KOH

C. 氨水　　D. $Ca(OH)_2$

5. 极性（　　）的有机溶剂能抑制皂的水解，加入后可制备透明香皂。

A. 强　　B. 弱

C. 中等　　D. 为零

二、多项选择题

1. 香皂和肥皂中的填料是为了（　　）。

A. 改善白度　　B. 降低透明度

C. 提高脂肪酸盐含量　　D. 掩盖原料的颜色

2. 透明香皂中的透明剂主要有（　　）。

A. 乙醇　　B. 蔗糖

C. 白糖　　D. 多元醇

3. 目前市场上香皂的香精类型主要有（　　）。

A. 花香型　　B. 果香型

C. 清香型　　D. 檀香型

4. 中和法制皂基第一步是先将脂肪水解，水解产物一般包括（　　）。

A. 水　　B. 甘油

C. 碱　　D. 脂肪酸

5. 油脂是否适合用来制造皂基，主要指标包括（　　）。

A. 相对密度　　B. 凝固点　　C. 皂化值

D. 酸值　　E. 碘值

三、思考题

1. 简述不透明香皂的生产过程。

2. 简析肥皂生产过程中盐析的作用是什么？

3. 肥皂的基本组成有哪些？各起什么作用？

任务四　化妆品生产技术

学习目标

1. 了解化妆品的定义、分类、作用、性能要求及发展趋势。

2. 掌握化妆品配方组成及其功能。

3. 掌握化妆品的一般生产技术及典型化妆品的生产流程。

任务引入

中国化妆品体系不仅传承着诸多经典验方，更凝聚着丰富的民间实践智慧。以“猪油柿叶膏”为例，该制剂作为传统美白淡斑外用产品，其配方组成兼具原料易得性、经济性及生态友好性优势——柿科植物叶提取物与动物脂基质的协同配伍，曾在特定历史时期广受认可。

传统制备工艺包含以下关键步骤：将柿叶经日晒干燥后粉碎为100目细粉，按比例与精炼猪油混合后采用水浴加热法持续熬制4 h，经粗滤后通过冷凝成型工艺制备膏体。但此古法所得产物存在基质黏稠度高、油相占比过大导致的肤感油腻等技术缺陷。现代改良工艺通过引入低温萃取技术提取柿叶活性成分，并配合乳化体系调控油水相比例，有效改善了制剂铺展性与吸收性。

阅读上述材料，讨论下列问题，记录结果，并与同学分享：

1. 请分析一下“猪油柿叶膏”的优点和缺点。

2. 请认真学习本节课内容，课后利用所学知识，对“猪油柿叶膏”的配方进行适当改进，有条件的话制作一瓶面霜送给自己的母亲。

相关知识

一、化妆品基本概念

1. 定义

以涂擦、喷洒或者其他类似方法，散布于人体的皮肤、毛发、指甲、口唇等任何表面部位，以达到清洁、消除不良气味、护肤、美容和修饰目的的日用化学品。

2. 分类

化妆品的种类繁多，形式多样，按照我国化妆品生产、销售和有关化妆品法规实施情况，化妆品一般可分为护肤类、发用类、美容（彩妆）类、口腔类、芳香类、气雾剂类、特殊用途类。

3. 作用

化妆品的作用可以概括为以下五个方面。

（1）清洁作用

祛除皮肤、毛发、口腔和牙齿上的脏物，以及人体分泌与代谢过程中产生的不洁物质，如清洁霜、洁面乳、净面面膜、清洁用化妆水、泡沫浴液、洗发水、牙膏等。

（2）保护作用

保护皮肤及毛发等，使其滋润、柔软、光滑、富有弹性，以抵御寒风、烈日、紫外线辐射等损害，增加分泌机能活力，防止皮肤皲裂、毛发枯断，如雪花膏、冷霜、润肤霜、防裂油膏、乳液、防晒霜、润发油、发乳、护发素等。

（3）营养作用

补充皮肤及毛发生理所需营养，以维持其健康状态，防止脱发，如人参霜、维生素霜、珍珠霜等各种营养霜，营养面膜，生发水，药性发乳，药性头蜡等。

（4）美化作用

美化皮肤及毛发，使之增加魅力，散发香气，如粉底液、粉饼、香粉、胭脂、唇膏、发胶、摩丝、染发剂、烫发剂、眼影、眉笔、睫毛膏、香水等。

（5）防治作用

预防或治疗皮肤、毛发、口腔和牙齿等部位影响外表或功能的生理病理现象，如雀斑霜、粉刺露、抑汗剂、祛臭剂、生发水、痱子水、药物牙膏等。

二、化妆品的基本性能要求及发展趋势

1. 基本性能要求

人们对化妆品提出了越来越高的要求，化妆品已从单一功能向多功能发展，许多产品在性能和应用方面已没有明显界线，同一剂型产品可以具有不同的性能和用途，而同一使用目的的产品也可制成不同的剂型。化妆品基本性能要求主要包括以下几个方面。

（1）安全性

化妆品几乎每天都要用于健康的皮肤，因此必须保证长期使用对人体的安全性，即无毒性、无刺激性、无诱变致病作用。化妆品的安全性试验常做毒性检测与刺激性检测。

（2）稳定性

考虑最终使用阶段和货架寿命，要求化妆品在胶体化学性能方面和微生物存活方面能保持长期的稳定性，在有效期内不变质。

（3）舒适性

化妆品必须色香兼备且有良好的使用舒适感，使人们乐意使用。根据使用功能可进一步细分为美容类和芳香类。美容类产品强调美学上的润色；芳香类产品则在整体上赋予身心舒适的感觉。

（4）有效性

化妆品的功效性是指其实际的使用效果。根据皮肤组织的生理需要和病理的改变，选择添加具有相应功效的物质，使产品兼具效果和保健效用。例如，防晒剂具有防晒功能，育发产品具有育发功能等。

另外，化妆品需要符合一系列的质量标准，包括基础标准、安全卫生标准、功效评价标准、安全性评价标准、测定方法标准、卫生检验方法标准、产品质量标准和原料标准等。

2. 发展趋势

我国化妆品的发展经历了以下几个阶段：20 世纪 80 年代以前处于起始阶段，研究重点是怎样制造产品。改革开放后，国外化妆品开始进入中国市场，同时将国外的先进技术带入中国，中国化妆品进入了发展阶段。20 世纪 90 年代后，经过十几年的发展，中国化妆品市场逐步规范化，化妆品的安全性、有效性受到了极大的重视，并在这些方面取得了很好的发展。在 20 世纪末期，皮肤学、药理学、生理学、生物学等已开始渗透到化妆品学科中，高安全性并具有一定生理功效的化妆品正逐步被消费者接受。21 世纪化妆品科技正迈向与人体生理机

制深度协同的新阶段，深度融合现代生物医学与工程科学成果，涵盖生物合成技术、精细分离工艺、基因编辑平台等前沿领域，推动化妆品向精准化、功能化方向演进。

从国内外十几家大型化妆品公司21世纪发展策略看，普遍重视提高化妆品的天然性、安全性及有效性，利用天然活性物质延缓皮肤衰老、促进肌肤生发等将是化妆品研究的热点和永恒主题。

（1）抗衰老化妆品

现代细胞生物学与分子生物学研究表明，皮肤衰老呈现双重调控机制：内源性遗传程序性衰老与外源性环境因素诱导的加速性衰老。前者属于不可逆的生理进程，后者则通过氧化应激、光损伤等分子途径加剧组织衰退。针对外源性衰老的可干预特性，开发防护与修复技术已成为化妆品科学与皮肤医学研究的重点领域。未来抗衰老天然活性化妆品需整合以下生物学功能：促进表皮角质形成细胞分化更替、构建多层次保湿屏障、高效清除自由基氧化损伤、调控蛋白酶活性以减少结构蛋白降解、激活细胞外基质蛋白合成通路等分子级作用机制。

（2）高效防晒化妆品

随着环境恶化和人们对紫外线防范意识的增强，高安全性、高效防晒和抗污染化妆品也将成为今后热点之一。目前科学家们正在大力寻找具有防晒和抗污染的活性成分，将来的防晒成分将以天然活性物质与纳米级 TiO_2、ZnO 代替目前的化学防晒剂。

（3）疗效型化妆品

疗效型的化妆品已成为市场热点，未来开发安全、天然、活性的疗效型化妆品将大有可为，如中草药美白祛痘类化妆品、中草药防脱发和育发化妆品等，将成为人们追求的时尚。

（4）皮膜化妆品

皮膜化妆品是指涂抹在皮肤上能产生一种皮膜样的物质的一种复合材料，它相当于在人的皮肤上再附加一层新的仿真皮肤膜，这层皮肤膜除了担负皮肤一部分功能（如抵挡风沙尘土以及病菌病毒侵蚀）外，还能弥补皮肤的不足，例如，能使汗毛孔等通道适当变小，减少有害物质和病菌等入侵的机会，却不影响发挥原有的功能。皮膜的成膜材料取自于动物表皮、丝、毛以及植物提取液等，与皮肤具有较好的相容性。在环境日益恶化的今天，发展皮膜化妆品是大有可为的。

另外，男性化妆品、婴幼儿化妆品、运动化妆品、“绿色”化妆品等也会逐步受到人们的青睐，值得关注。

三、化妆品配方及其功能

1. 化妆品的原料

化妆品的原料种类繁多，性能各异。按化妆品原料的性能及用途，可以将化妆品原料分为基质原料和辅助原料两大类。基质原料是化妆品的主体原料，在各种化妆品的配方中所占比例较大，是起主要功能作用的原料。辅助原料主要是对化妆品的成型、稳定起到重要作用，能赋予化妆品色、香以及其他特性和功能。辅助原料虽然在化妆品的配方中所占比例较小，但地位却很重要。基质原料包括油脂类原料、蜡类原料、烃类原料、粉类原料、溶剂、香料等。

油脂类和蜡类是护肤的主要成分，其可以使皮肤柔软光滑，起到滋润、保湿的作用；粉类主要用于遮盖、爽滑、收敛、吸收等作用；溶剂常用乙醇和水，在护肤品中起到溶解、杀菌、清凉等作用；香料是赋香成分，可以清心明目，产生一种舒适愉快的感觉，提升化妆品的感官体验。

化妆品的辅助原料主要包括乳化剂、助乳化剂、色素、防腐剂、滋润剂、收敛剂、发泡剂、pH 值调节剂等。乳化剂可以使化妆品稳定，其中阳离子型乳化剂具有杀菌防腐作用；助乳化剂对乳化剂有辅助作用，同时也可以调节化妆品的 pH 值；色素可以改善化妆品的外观，并赋予化妆品一定的颜色，提升感官质量；防腐剂可以延长化妆品的保质期和寿命；滋润剂可以抑制细菌产生，防止油脂类成分氧化分解；收敛剂起滋润保水、收敛皮肤毛孔及汗腺等作用；发泡剂能调节化妆品的泡沫；pH 值调节剂用来调节化妆品的 pH 值；其他成分可以赋予化妆品某种特殊功能，如抗过敏、减少斑点、防止出汗过多、增白、防臭、抗静电等。

2. 化妆品配方及作用分析

（1）润肤乳配方

润肤乳是较常见的化妆品之一，通常具有一定的功能，如保湿、柔肤、美白等。其中，保湿是最基本、最常见的功能。因此，配方中保湿剂是最主要的成分，一般占 5%～15%（质量分数）。其配方一般由补水成分、保湿成分及一定的油性成分等组成。配方设计应根据产品功能、乳化类型以及皮肤结构进行合理设计。表 3－4－1 是润肤乳典型的配方实例。

表 3－4－1　润肤乳典型的配方实例（按质量分数计 /%）

组成	含量	组成	含量
蜂蜡	0.5	三乙醇胺	1.0
液体石蜡	2.0	乙醇	5.0
甘油	4.0	防腐剂	适量
硬脂酸	1.0	香精、色素	适量
十二烷基硫酸钠	1.0	水	余量

润肤乳乳化类型一般为 O/W 型（水包油型），表面活性剂一般以非离子型和阴离子型为主，安全性高。高端的产品常使用蛋白质作为表面活性剂。

（2）膏、霜类化妆品配方

膏、霜类化妆品属于固态化妆品，主要是用来保持皮肤的水油平衡，补充水分，使皮肤保湿、柔软、光滑等。也有其他功能，如清洁霜（膏）、按摩霜（膏）、防晒霜、粉底霜（液）等。因其组成中大部分是水，油而不腻。使用时，水分蒸发后在皮肤上形成一层油膜，能抑制皮肤表皮水分的过量蒸发，对防止皮肤干燥、开裂或粗糙，保持皮肤的柔软起到重要作用。

根据其乳化类型和油分的量，习惯上将其大致分为面霜、冷霜等类别。面霜一般由水和硬脂酸在碱性条件下进行乳化，一般由硬脂酸、水、碱、香精以及保湿剂等成分组成。有时

也加入非离子型表面活性剂，以降低碱性并改善其性能。表 3－4－2 是润肤霜典型的配方实例。

表 3－4－2　润肤霜典型的配方实例（按质量分数计 /%）

组成	含量	组成	含量
白油	10.0	凡士林	3.0
二甲基硅油	4.0	十二烷基硫酸钠	1.0
棕榈酸异丙酯	4.0	甘油	8.0
硬脂酸	2.0	防腐剂	适量
1618 醇	2.0	香精	适量
单甘酯	1.0	水	余量

（3）精华类化妆品配方

精华类产品主要有精华露、精华霜等，由营养成分、护肤成分、柔肤成分等构成。其原料也是由油性成分和水性成分构成。表 3－4－3 是精华露典型的配方实例。

表 3－4－3　精华露典型的配方实例（按质量分数计 /%）

甲组分		乙组分		丙组分	
组成	含量	组成	含量	组成	含量
丙二醇	10.0	亚硫酸氢钠	0.2	防腐剂	适量
EDTA 二钠盐	0.05	甘草提取物	6.0	香精	适量
1,3 丁二醇	5.0	曲霉酵素混合物	8.0	水	余量
纯化水	余量	L- 乳酸钠	6.0	—	—
内皮素拮抗剂	0.02	防腐剂	适量	—	—
维生素 C	2.0	香精	适量	—	—

（4）水类化妆品配方

水类化妆品有香水、古龙水、花露水、化妆水等。前三种统称为香水或芳香类化妆品，主要是以酒精作为基质原料，加入较多的香精香料和少量色素。

化妆水含有大量营养物质，可调节皮肤水分和油分，达到清洁、润肤、柔肤和收敛等作用，一般由营养成分、保湿剂、表面活性剂、功能性或治疗性物质（如具有收敛、美白、祛斑、增白、祛痘、杀菌等作用的中药或植物提取物）等组成。化妆水按其功能可分为洁肤水、收敛水和柔肤水等。表 3－4－4 是收敛水典型的配方实例。

表 3－4－4　收敛水典型的配方实例（按质量分数计 /%）

组成	含量	组成	含量
玫瑰油	0.2	甘油	8.0
95% 乙醇	20.0	白及提取物	2.0
柠檬油	0.3	纯化水	余量
苯酚磺酸锌	0.2	—	—

（5）粉类化妆品配方

粉类化妆品一般不含油相，主要由粉体原料配合构成。市面上一般有香粉、粉底乳、粉底霜和粉饼等产品。粉类化妆品主要有遮盖皮肤缺陷或不良气味、吸收皮肤油脂或分泌物（如汗等）等作用。在香粉中加入适量脂肪类化合物可得加脂香粉。

香粉主要由粉料、色素、香精等组成。表 3-4-5 是香粉典型的配方实例。

表 3-4-5　　香粉典型的配方实例（按质量分数计 /%）

组成	含量	组成	含量
滑石粉	50.0	硬脂酸锌	15.0
氧化锌	15.0	碳酸钙	15.0
大米淀粉	3.0	香精、颜料	适量

粉饼组成与香粉相似，由粉体、胶黏剂、保湿剂（少量）、防腐剂、抗氧化剂等组成。胶黏剂有水溶性和油溶性两种，常见的水溶性胶黏剂有阿拉伯胶、羧甲基纤维素钠盐（CMC），油溶性胶黏剂有十六醇、硬脂酸单甘酯、角鲨烷、羊毛脂及其衍生物、蜂蜡、液体石蜡等。保湿剂有甘油、丙二醇、山梨醇等。表 3-4-6 是粉饼典型的配方实例。

表 3-4-6　　粉饼典型的配方实例（按质量分数计 /%）

组成	含量	组成	含量
滑石粉	50.0	羊毛脂	0.5
氧化锌	8.0	十六醇	1.5
硬脂酸锌	5.0	CMC	0.06
碳酸镁	5.0	防腐剂	适量
碳酸钙	10.0	香精	适量
高岭土	10.0	颜料	适量
白油	4.0	去离子水	余量

粉底乳又称粉底蜜，可直接用手涂抹于脸上，具有容易涂抹、不油腻等优点，适合于社交场合的定妆使用。粉底液是将粉料添加在乳液中制成，由粉料、油脂、水三相经乳化而成。与单纯的乳液相比，其稳定性相对较差，对配方和工艺的要求也较高。在颜料选用、油相组成、乳化剂的选用、乳化方法以及胶体的利用上，还有许多问题需要深入研究和探讨。表 3-4-7 是粉底乳典型的配方实例。

表 3-4-7　　粉底乳典型的配方实例（按质量分数计 /%）

组成	含量	组成	含量
滑石粉	10	白油	4.0
氧化锌	5.0	丁二醇	2.0

续表

组成	含量	组成	含量
高岭土	5.0	丙二醇	2.0
钛白粉	5.0	三乙醇胺	0.9
大米淀粉	2.0	纯化水	余量
羧甲基纤维素钠	0.06	香精	适量
甘油	5.0	蜂蜡	0.5
十二烷基硫酸钠	2.0	液体石蜡	2.0

粉底霜主要用于美容化妆前的打底，使妆容不易脱散，也可用于美容化妆后的显影和定妆。它能够遮盖皮肤的不良颜色或缺陷，有效调节肤色。表 3–4–8 是粉底霜典型的配方实例。

表 3–4–8　粉底霜典型的配方实例（按质量分数计 /%）

组成	含量	组成	含量
鲸蜡醇	5.0	丙二醇	3.6
二甲硅油	2.0	丁二醇	2.4
异硬脂酸异丙酯	5.0	丙烯酸酯聚合物	3.0
硬脂酸酯	1.2	乳化剂（PEG–20）	1.8
钛白粉	8.0	三乙醇胺	0.9
铁黄	0.6	纯化水	余量
铁红	0.2	防腐剂	适量

四、化妆品生产工艺

1. 一般化妆品的生产工艺

与一般的精细化学品相比，化妆品生产工艺相对简单。生产中主要是不同性质物料的混合和乳化过程，很少有化学反应发生，常采用间歇式批量生产，主要包括混合、乳化、分离、干燥、成型、装填及清洁等工序。

（1）混合与搅拌

化妆品是由动物、植物、矿物中提取的原料经过复配而成的专用化学品。以粉体为主的化妆品，需要粉碎机、混合机以及与油性成分相拌的拌和机。对于乳膏类的乳化产品，需要将水、油、乳化剂加以混合并进行乳化。

（2）乳化技术

乳化技术是化妆品生产过程中最重要且最复杂的技术。在化妆品原料中，既有亲油成分，如油脂、脂肪酸、酯、醇、香精、有机溶剂及其他油溶性成分；也有亲水成分，如水、酒精；还有钛白粉、滑石粉等粉体成分。要使它们混合均匀，若仅采用简单的混合搅拌方式，即便延长搅拌时间，也难以达到理想的分散效果，必须采用良好的乳化技术。

（3）分离与干燥

对于液态化妆品，主要生产工艺是乳化；而对于固态化妆品，则涉及分离、干燥等单元操作。在产品制作的后期阶段，还需要进行成型处理、装填和清洁。分离操作包括过滤和筛分。过滤是滤出液态原料中的固体杂质，生产中采用的设备有重力过滤器和真空过滤机。筛分是筛去固态化妆品中粗的杂质，得到符合粒度要求的均匀细物料，常用设备有振动筛、旋转筛等。干燥则是除去固态粉料、胶体中的多余水分，另外清洁后的包装瓶子也需干燥，常用设备有厢式干燥器、轮机式干燥器等。

2. 膏、霜、乳、精华类化妆品的生产工艺

乳化技术是膏、霜、乳、精华类化妆品生产的核心工艺及技术。这类化妆品中常含有油溶性成分和水溶性成分，生产过程中需要将它们制成均匀的乳化体系。乳化工艺一般包括：先制备均匀的油相和水相体系，再采用一定的乳化剂和乳化设备，制备成均匀的乳化体。其生产工艺流程如图 3-4-1 所示。

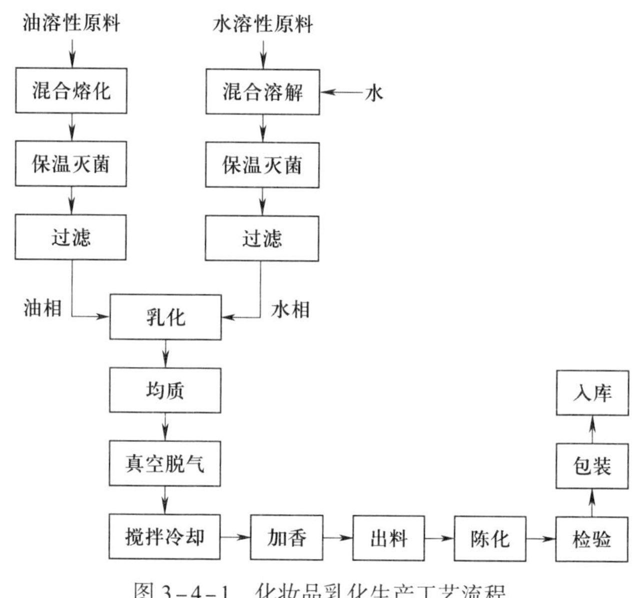

图 3-4-1　化妆品乳化生产工艺流程

常见的乳化设备有真空乳化器、乳化搅拌锅和胶体磨等。

真空乳化器是现代化妆品生产过程中常用的设备。在密闭条件下操作，真空度为 93.3～98.7 kPa，其优点有：可使奶液、膏霜中的气泡降至最低，增加产品表面光洁度；减少氧化反应，增加产品的白度；避免杂菌污染，且采用灭菌高压空气出料或胶体泵出料；中心轴底部装有均质器搅拌，转速可达 10 000 r/min，制备出的膏体颗粒小、均匀、细腻。

乳化搅拌锅的锅体一般采用耐腐蚀搪瓷乳化锅或不锈钢材料，通常情况下采用间歇操作。物料由上部锅盖加料口加入，在搅拌器的作用下迅速混合并进行乳化。一般采用夹套加热，制备好的乳剂从底部出料口放出。

胶体磨能快速地同时将液体、固体、胶体粉碎成微粒状，并进行混合、乳化。

3. 水状化妆品生产工艺

水状化妆品包括香水、花露水、古龙水以及各种化妆水等，其生产工艺较其他化妆品简单。其生产工艺流程如图 3–4–2 所示。

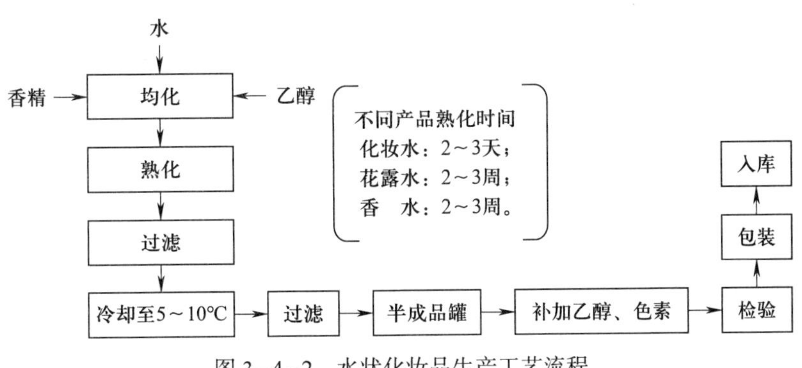

图 3–4–2　水状化妆品生产工艺流程

4. 粉类化妆品生产技术

粉类化妆品是一定粒度的固体粉质原料以粉状或饼状形式包装的化妆品，其主要作用是调节皮肤色调，消除面部油光，防止油腻皮肤过分光滑和黏腻，吸收汗液和皮脂，增强化妆品的持续性，产生滑嫩、细腻、柔软的肤感。这就要求香粉要具有遮盖力、黏附性、滑爽性和吸收性四大特点。由于粉类化妆品中一般无油脂成分，原料都是各种粉质材料，一般不需要乳化过程。其生产工艺流程如图 3–4–3 所示。

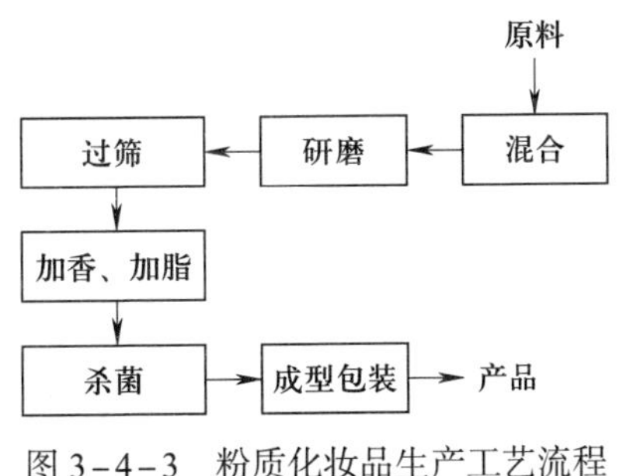

图 3–4–3　粉质化妆品生产工艺流程

目标检测

一、单项选择题

1. 按化妆品原料的性能及用途，化妆品的原料分为（　　）。

A. 基质原料和辅助原料　　B. 有效原料和辅助原料

C. 基质原料和填料　　D. 基质原料和稳定剂

2.（　　）是霜、乳类化妆品生产的关键技术。

A. 混合技术　　B. 乳化技术

C. 分离技术　　D. 干燥技术

3. 粉类化妆品的技术不包括（　　）。

A. 混合技术　　B. 乳化技术

C. 分离技术　　D. 干燥技术

二、多项选择题

1. 一般要求粉类化妆品要具有（　　）特点。

A. 遮盖力　　B. 黏附性

C. 滑爽性　　D. 吸收性

2. 化妆品的主要功效包括（　　）。

A. 清洁作用　　B. 保护作用

C. 营养作用　　D. 美化作用

E. 防治作用

3. 对化妆品基本性能要求有（　　）。

A. 安全性　　B. 稳定性

C. 舒适性　　D. 有效性

4. 化妆品辅助原料的作用主要是（　　）。

A. 对化妆品的成型、稳定起到重要的作用

B. 赋予产品色、香

C. 降低成本

D. 赋予产品其他特性珠功能

三、思考题

1. 简述化妆品的发展方向。

2. 人们对化妆品基本性能的要求主要有哪些？

3. 通过查阅资料，写出1～2个膏霜类化妆品的配方。

项目总体评价

一、复习项目内容，补充完成思维导图。

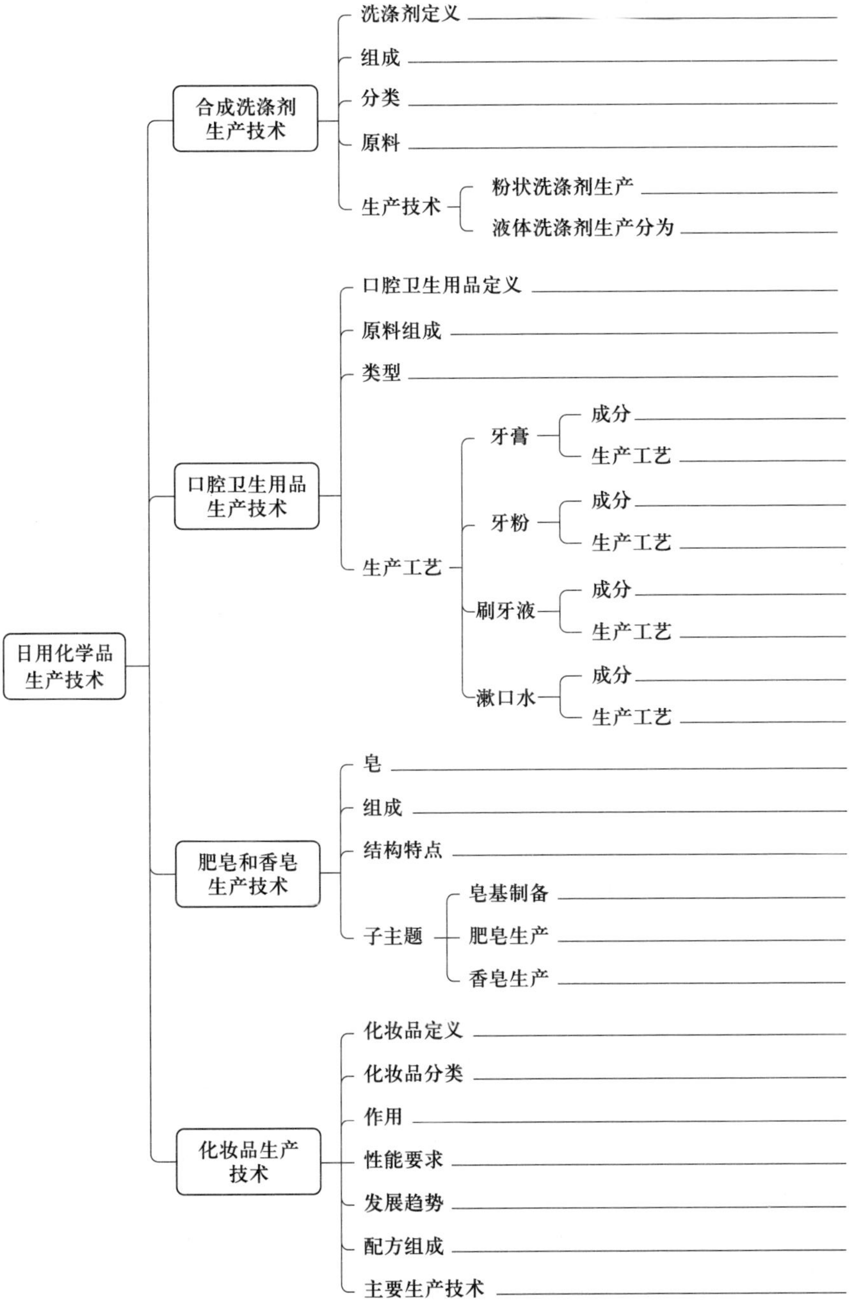

- 日用化学品生产技术
  - 合成洗涤剂生产技术
    - 洗涤剂定义 ________
    - 组成 ________
    - 分类 ________
    - 原料 ________
    - 生产技术
      - 粉状洗涤剂生产 ________
      - 液体洗涤剂生产分为 ________
  - 口腔卫生用品生产技术
    - 口腔卫生用品定义 ________
    - 原料组成 ________
    - 类型 ________
    - 生产工艺
      - 牙膏
        - 成分 ________
        - 生产工艺 ________
      - 牙粉
        - 成分 ________
        - 生产工艺 ________
      - 刷牙液
        - 成分 ________
        - 生产工艺 ________
      - 漱口水
        - 成分 ________
        - 生产工艺 ________
  - 肥皂和香皂生产技术
    - 皂 ________
    - 组成 ________
    - 结构特点 ________
    - 子主题
      - 皂基制备 ________
      - 肥皂生产 ________
      - 香皂生产 ________
  - 化妆品生产技术
    - 化妆品定义 ________
    - 化妆品分类 ________
    - 作用 ________
    - 性能要求 ________
    - 发展趋势 ________
    - 配方组成 ________
    - 主要生产技术 ________

二、项目成果制作。

小组协作完成实训任务，并完成实训工单。

实训工单

<table>
<tr><td>小组成员</td><td colspan="3"></td><td>实训地点</td><td colspan="2"></td></tr>
<tr><td>产品名称</td><td colspan="3">洗衣液的配制</td><td>生产量</td><td colspan="2"></td></tr>
<tr><td rowspan="5">配方及原料准备</td><td>组成</td><td>质量分数 /%</td><td>作用</td><td>组成</td><td>质量分数 /%</td><td>作用</td></tr>
<tr><td>AES</td><td>3</td><td>活性成分，去污、洗涤作用</td><td>氢氧化钾</td><td>8</td><td>洗涤助剂</td></tr>
<tr><td>AEO-9</td><td>3</td><td>活性成分，去污、洗涤作用</td><td>荧光增白剂</td><td>0.2</td><td>增白作用</td></tr>
<tr><td>6501</td><td>2</td><td>洗涤助剂</td><td>香精、色素</td><td>适量</td><td>加香、增色</td></tr>
<tr><td>LAS</td><td>3</td><td>洗涤助剂</td><td>水</td><td>余量</td><td>溶剂</td></tr>
<tr><td>仪器准备</td><td colspan="6"></td></tr>
<tr><td>操作步骤</td><td colspan="6">1. 按计算量，用直接称样法称取 KOH，并加蒸馏水溶解；
2. 用递减称样法称取 LAS，加入上述溶液中；
3. 70 ℃左右搅拌反应 10 min，取样用 pH 试纸测 pH 值在 7～9，如果结果有偏离，用酸溶液或碱溶液进行适当调节；
4. 用递减称样法分别称取 6501、AES、AEO-9，加入上述反应液中，搅拌乳化，直至溶液透明清亮无颗粒或絮状物质存在，开始计时，继续搅拌乳化 20 min；
5. 按计算量加入防腐剂，搅拌均匀；
6. 出料脱沫，冷却至 45 ℃左右加适量香精、色素进行感观调整；
7. 继续冷却至常温即得产品，称量，计算收率。</td></tr>
<tr><td>工艺参数控制</td><td colspan="6"></td></tr>
<tr><td rowspan="2">数据记录</td><td colspan="2">实际产量</td><td></td><td>收率</td><td colspan="2"></td></tr>
<tr><td colspan="2">产品外观</td><td></td><td>颜色</td><td colspan="2"></td></tr>
</table>

项目四

合成材料助剂生产技术

项目导学

材料、能源和信息是当代科学技术发展的三大支柱，其中材料是一切技术发展的物质基础，是当代国民经济各部门、尖端科技领域、国防建设以及人民生活不可或缺的原材料。为了满足对合成材料性能的多样化要求，合成材料助剂成为必不可少的重要精细化学品。

合成材料助剂是在某些合成材料或其制品的生产和加工过程中添加的，用以改善生产工艺、提高产品的性能或赋予产品某些特定功能的各种辅助化学品。尽管合成材料助剂的用量较少，但其作用却十分显著，能够改善材料的多方面性能与功能，对材料工业的发展具有不可估量的推动作用。

课程思政

“无心插柳”与新材料的诞生

1905 年，美国化学家贝克兰有一次将苯酚和甲醛置于烧瓶中，以酸作为催化剂，进行加热反应。他发现烧瓶内的反应物逐渐变成了黄色的胶状物，这种胶状物类似于桃树、松树上的树脂，紧紧地黏附在烧瓶壁上。贝克兰多次尝试用水冲洗，但始终无法将其洗净。随后，他尝试用高温烘烤，希望能使其熔融，然而出乎意料的是，烘烤后胶状物竟然变成了硬块。这一情况给了贝克兰一个灵感，他想，这种物质既不怕水，又不熔融，或许可以制成一种优良的材料。

因此，他在人类历史上首次以小分子化合物为原料，通过纯粹的化学方法合成了塑料。他所发现的这种塑料不仅是合成塑料的先驱，而且时至今日，其应用仍然十分广泛，继续被科学家们改良成不同功能的新材料。

阅读上述材料，讨论下列问题，记录结果，并与同学分享：

1. 试分析贝克兰成功发明塑料的关键科学思维。

2. 请讨论解决问题的方法主要有哪些?

3. “无心插柳”的塑料发明史对你有何启示?请说一下你将来在生产或科学实验中怎么做。

任务一　认识合成材料助剂

学习目标

1. 了解合成材料助剂的定义及分类。
2. 掌握合成材料助剂的作用及特点。
3. 了解合成材料助剂效果的影响因素。

任务引入

高分子材料及助剂

高分子材料亦称为聚合物材料，按照来源可分为天然高分子材料和合成高分子材料。天然高分子材料均源自生物体内，包括天然橡胶、纤维素、蚕丝等。合成高分子材料则是指采用结构和相对分子质量已知的单体为原料，通过一定的聚合反应制得的聚合物，涵盖塑料、合成纤维、胶黏剂、涂料、合成橡胶这五大基础类材料，以及其他高分子复合材料。在现代材料科技发展的背景下，高分子材料通常特指合成高分子材料。

高分子材料化学助剂是指为改善高分子材料的加工性能、提升物理机械性能或赋予高分子材料某种特定应用性能而添加到目标高分子材料体系中的各种辅助化学药品。这类化学药品通常又被称为化学助剂、聚合物助剂或高分子材料助剂等。根据基础材料的不同，高分子材料化学助剂可分为塑料助剂、化学纤维助剂、胶黏剂助剂、涂料助剂、橡胶助剂等，广泛应用于不同行业。

阅读上述材料，讨论下列问题，记录结果，并与同学分享:

1. 什么是高分子材料化学助剂?
2. 高分子材料化学助剂的作用主要有哪些?

相关知识

一、合成材料助剂基本概念

1. 定义

合成材料助剂简称助剂，是指为改善生产工艺条件，提高产品质量或赋予产品某种特殊性能，在合成材料或制品的生产、加工过程中，所添加的各种辅助化学品。大部分合成材料助剂是在加工过程中添加到材料或产品中，因此合成材料助剂也常被称为添加剂或配合剂。

合成材料助剂品种繁多，用途广泛。塑料、纤维、橡胶等合成材料，以及纺织、印染、涂料、农药、造纸、皮革、食品、石油炼制等工业部门，都需要使用功能各异的助剂。

2. 分类

根据应用对象的不同，合成材料助剂主要分为塑料助剂、橡胶助剂和合成纤维助剂三大类。在各类合成材料助剂中，还可以根据其具体作用再细分为小类。另外一种较为通用的分类方法是按助剂功能进行分类，可分为以下几类。

（1）稳定化助剂

合成材料在储存、加工和使用过程中，会受到光、热、氧、辐射、微生物和机械疲劳等因素的影响，从而发生老化变质。为防止或延缓材料老化变质而添加的助剂，称为稳定化助剂。其种类众多，包括热稳定剂、抗氧化剂、光稳定剂、杀菌剂等。

（2）改善加工性能助剂

在聚合物加工过程中，常因聚合物的热降解、黏度以及其与加工设备和金属之间的摩擦力等因素，导致加工困难。为此，常加入助剂以改善其加工性能。这一类助剂包括润滑剂、脱模剂、软化剂、塑解剂等。

（3）功能性助剂

这类助剂可以改善材料存在的缺点或不足，或赋予材料一些新的功能。主要包括以下几种。

①改善机械性能助剂。合成材料的力学性能包括抗张强度、硬度、刚性、热变形性、冲击强度等。一般情况下，合成材料的力学性能不能满足生产要求，为此常加入功能性助剂以改善其力学性能，使其达到国家或行业规定的标准，如硫化剂、硫化促进剂、抗冲击剂、偶联剂、改性剂、填充剂等。

②柔软化和轻质化助剂。在塑料，特别是聚氯乙烯加工中，需要大量添加功能性助剂以增加塑料的可塑性和柔软性；在生产海绵橡胶和泡沫塑料时，则需要添加功能性助剂，如增塑剂、发泡剂等。

③难燃助剂。也称阻燃剂，能使合成材料在火焰中只能缓慢燃烧，而一旦脱离火源，则可立即熄灭。此外，由于许多合成材料在燃烧时会产生大量烟雾，因此还需要添加烟雾抑制剂。

（4）改善表面性能和外观的助剂

有用于防止塑料和纤维加工和使用中产生静电危害的抗静电剂；有用于防止塑料薄膜内壁形成雾滴而影响透光的防雾剂；有用于橡胶和塑料着色的着色剂。在纤维纺织品中添加柔软剂，可以改善其表面光滑柔软；添加硬挺剂，则能使织物平整挺直而不变形等。这类合成材料助剂主要包括抗静电剂、防雾剂、着色剂等。

二、合成材料助剂作用

要使材料实现其功能性和达到预期的应用效果，合成材料助剂是不可或缺的关键物质。

合成材料助剂的用量虽然不多，但其作用却十分显著，甚至能够使一些原本因性能缺陷较大或加工困难而几乎失去应用价值的聚合物，转变为具有宝贵价值的材料。

合成材料助剂的作用非常大，且对材料性能的改善是多方面的。它可以优化生产工艺，提升材料的质量；可以赋予材料多种新的性能，通过合成材料助剂对聚合物进行改性，使制品具备某些特殊的功能或特性；可以改善加工条件，提高加工效率；还可以改进制品的整体性能，延长其使用价值和寿命。

同时，值得注意的是，合成材料助剂和材料之间存在着相互依存的关系。一般来说，聚合物只有配备了适当的合成材料助剂，才能真正地成为符合要求的材料。反之，如果没有多种多样的合成材料助剂相配合，即便拥有再多再好的聚合物（如树脂、生胶和合成纤维），也无法加工成实际所需的各种材料。

三、影响合成材料助剂效果的因素

1. 合成材料助剂与聚合物的配伍性

化妆品组方配伍性既包含组分间的物理化学相容性，也涉及生物活性层面的相互作用。在复配体系中，原料间的相互作用主要表现为协同增效与拮抗抑制两种作用模式。

合成材料助剂必须长期、稳定、均匀地存在于材料与各种制品中才能发挥其作用，因此，合成材料助剂应与聚合物具有相当好的相容性。合成材料助剂与聚合物的相容性主要与它们的结构有关。根据“相似相容原理”，极性强的合成材料助剂与极性强的聚合物相容性好，极性弱的合成材料助剂与极性弱的聚合物相容性好，而极性强的合成材料助剂与极性弱的聚合物相容性较差，极性弱的合成材料助剂与极性强的聚合物相容性也不好。

在生产过程中，常需要同时使用多种合成材料助剂。不同合成材料助剂共处于一个聚合物体系（合成材料）中，彼此之间会产生影响。一种合成材料助剂的存在可使另一种合成材料助剂的作用增强，则它们之间具有协同作用；反之，一种合成材料助剂削弱了另一种合成材料助剂的原有效能，则它们之间具有相抗作用。在设计材料配方时，应尽量避免合成材料助剂间的相抗作用，充分发挥协同作用。另外，还应防止不同合成材料助剂之间可能发生的化学反应或引起变质、变色等不良后果。

2. 合成材料助剂的耐久性

在聚合物加工和使用过程中，合成材料助剂会有部分损失，其功能逐渐消减甚至丧失。合成材料助剂损失主要通过挥发、被萃取和迁移三条途径。挥发性大小取决于合成材料助剂本身的结构，如相对分子质量大，挥发性较低，则耐久性较好。当制品在使用过程中需要与某种液体接触时，合成材料助剂在该液体中的溶解度越高，则合成材料助剂越容易被该液体萃取。因此，在选择合成材料助剂时，需要考虑材料的使用环境。迁移是指合成材料助剂由制品转移到周围物质的过程。合成材料助剂的损失不仅会导致制品性能变差，同时还可能污染环境。

3. 合成材料助剂对加工条件的适应性

某些聚合物的加工条件较为苛刻，如加工温度高、时间长等。因此，必须考虑合成材料

助剂能否适应这些加工条件。主要考虑合成材料助剂在高温条件下的稳定性，即要求合成材料助剂在加工温度下不分解变质、不挥发、不升华等。此外，还需要考虑合成材料助剂对加工设备、模具、管路等的腐蚀作用。

4. 制品用途对合成材料助剂的影响

合成材料助剂的效果常常受到制品最终用途的影响，因此，制品的用途是选用合成材料助剂的重要依据。合成材料助剂的加入可能会影响制品的外观、颜色、气味、毒性以及电性能、热性能、光学性能、耐候性、污染性等，从而影响制品的用途。如有毒的合成材料助剂绝对不允许应用于接触食品、药品及儿童玩具等制品。

合成材料助剂的应用与选择是一个复杂的技术问题。在实际生产中，选择合成材料助剂时需要考虑材料的使用环境，并综合考虑以上因素。有时也可以通过改进配方来提升其使用效果。

目标检测

一、单项选择题

1.（　　）是选择合成材料助剂的重要依据。

A. 产品最终用途　　　　B. 合成材料助剂耐久性

C. 合成材料助剂配伍性　　　　D. 适应性

2. 根据相似相溶原理，极性强的合成材料助剂与（　　）聚合物相容性较好。

A. 极性弱　　　　B. 极性中等

C. 极性强　　　　D. 以上都对

3. 合成材料助剂与聚合物之间的关系说法错误的是（　　）。

A. 良好的合成材料助剂应与聚合物有相当好的相容性

B. 合成材料助剂和聚合物是相互依存的关系

C. 聚合物只有具备适当的合成材料助剂和加工技术，才能有广泛用途

D. 聚合物可以不用任何合成材料助剂就能很好发挥功效

二、多项选择题

1. 合成材料助剂配合中的相互影响主要包括（　　）。

A. 相抗作用　　　　B. 协同作用

C. 相加作用　　　　D. 相减作用

2. 合成材料助剂在合成材料中必不可少，能起到（　　）功效。

A. 改善生产工艺条件　　　　B. 提高产品质量

C. 赋予产品某种特殊性能　　D. 使生产流程多样化

3. 选择合成材料助剂时主要考虑（　　）。

A. 配伍性　　B. 耐久性

C. 对加工条件的适应性　　D. 产品的最终用途

E. 合成材料助剂配合中的协同与相抗作用

4. 加工条件对合成材料助剂的要求主要是高温，即要求助剂在加工温度下（　　）。

A. 不分解变质　　B. 不挥发

C. 不升华　　D. 不腐蚀

5. 改善加工性能的合成材料助剂主要有（　　）。

A. 润滑剂　　B. 脱模剂

C. 软化剂　　D. 塑解剂

三、思考题

1. 简述合成材料助剂的选择和应用中应注意的问题。
2. 合成材料助剂按功能不同分为哪几类?
3. 简述合成材料助剂的主要作用。

任务二　增塑剂生产技术

学习目标

1. 了解增塑剂的基本定义、分类、选择要求。
2. 掌握增塑剂的作用机理及结构与性能。
3. 了解增塑剂主要品种及其性能特点。
4. 掌握典型增塑剂的生产原理及生产工艺。

任务引入

橡胶生产工艺通常以生胶为原料，包括塑炼、混炼、压延、硫化等工序。其中，塑炼的目的是将具有弹性的橡胶转变为具有塑性的橡胶。

塑炼可分为机械塑炼法和化学塑炼法两种。机械塑炼法主要利用开放式炼胶机、密闭式炼胶机和螺杆塑炼机等设备的机械破坏作用来实现。化学塑炼法则是借助化学增塑剂的作用，引发并促进橡胶大分子链的断裂。在实际生产中，这两种方法往往结合使用，以提高塑炼效果。在塑炼过程中，还会加入增塑剂（如五氯硫酚等），以缩短塑炼时间，提高塑炼效率。

可塑性对橡胶制品的性能有直接影响。可塑性主要根据混炼胶的工艺性能和制品的性能

要求来确定。一般来说，用于涂胶、浸胶、刮胶、擦胶的胶料，其可塑性宜高一些；用于模压的胶料，其可塑性宜低一些；用于压出的胶料，其可塑性则介于两者之间。

阅读上述材料，讨论下列问题，记录结果，并与同学分享：

1. 塑炼目的是什么？
2. 化学塑炼时加增塑剂的作用是什么？

相关知识

一、增塑剂基本概念

1. 定义和分类

塑性是指物质在应力作用下发生永久变形的性质。在合成材料中添加的，能增加其塑性、柔韧性或膨胀性的合成材料助剂，被称为增塑剂。

增塑剂的主要作用是削弱聚合物分子间的范德华力，从而增加聚合物分子链的移动性，并降低其结晶性，即提高塑性。增塑剂用途广泛，主要应用于聚氯乙烯树脂，同时还应用于纤维素、聚醋酸乙烯、ABS、聚酰胺、聚丙烯酸酯、聚氨基甲酸酯、聚碳酸酯、不饱和聚酯、环氧树脂、酚醛树脂、醇酸树脂、三聚氰胺树脂以及某些橡胶。

增塑剂可依据不同的标准进行分类，目前常用的有以下四种分类方法：①按增塑剂与树脂的相容性分，可分为主增塑剂和辅助增塑剂，通常将与树脂高度相容的增塑剂定为主增塑剂；②按增塑剂分子结构分，可分为单体型和聚合型，单体型增塑剂的相对分子质量在300～500，聚合型增塑剂的相对分子质量则在1 000～6 000；③按增塑剂特性及使用效果分，可分为通用型和专用型；④按化学结构分，可分为苯二甲酸酯、脂肪二元酸酯、脂肪酸单酯、二醇脂肪酸酯、磷酸酯、环氧化物、聚酯、含氯化合物等。其中，最常见的分类方法是按化学结构分类。

2. 选择要求

增塑剂通常为高沸点的液体或低熔点的固体，且以液体为主。选择使用时，需主要考虑以下几项要求。

（1）与聚合物具有良好的相容性

相容性是指增塑剂在聚合物分子链间处于稳定状态下相互掺混的性能，这是增塑剂最基本的条件，以确保增塑剂与聚合物之间形成长期、稳定的均相体系，充分发挥其增塑作用。

（2）塑化效率高

塑化效率是指树脂达到某一柔软程度时所需的增塑剂添加量。塑化效率是一个相对概念，通常以邻苯二甲酸二辛酯（DOP）作为基准。通过比较其他增塑剂的相对效率，可以评估不同增塑剂的塑化效果。当相对效率小于1.0时，表示该增塑效果较好；而当相对效率大于1.0时，则表示相对于邻苯二甲酸二辛酯（DOP），该增塑剂的增塑效果较差。

（3）低挥发性

增塑剂一般是蒸气压较低的高沸点液体，但在加热和储存过程中，仍会有部分增塑剂从制品表面挥发到环境中，导致制品性能下降。因此，增塑剂的挥发性越低越好。

（4）耐溶剂萃取性能好

制品在使用过程中通常会接触到水、油、有机溶剂等物质，这些物质可能会对增塑剂产生萃取作用，导致增塑剂从聚合物中被萃取出来，使制品性能下降，甚至造成其他不良影响。大多数增塑剂的耐油、耐溶剂萃取性能较差。

（5）不迁移性

制品中的增塑剂不应向所接触的介质迁移，否则可能会引起软化、发黏、表面龟裂等现象。

（6）耐老化性好

耐老化性主要是指对光、热、氧、辐射等的耐受力。由于增塑剂在聚合物中的添加量较大，因此增塑剂的耐老化能力直接影响塑化制品的耐老化性。一般具有直链烷基的增塑剂比较稳定，而烷基支链多的增塑剂耐热性相对较差。环氧系列增塑剂具有良好的耐候性，可防止制品加工时着色，并具有良好的耐热、耐光性。

（7）耐寒性能好

增塑剂的耐寒性与其结构有直接关系。一般相容性较好的增塑剂耐寒性较差。分子中带有环状结构的增塑剂耐寒性不佳，而具有直链烷基结构的增塑剂耐寒性较好；烷基链越长，耐寒性能越好；支链增多，耐寒性下降。这是因为低温下具有环状结构与支链结构的增塑剂在分子间运动时黏度阻力较大。

（8）具有阻燃性或难燃性

合成材料在许多场合要求具有阻燃性或难燃性，因此添加的增塑剂也应具有阻燃性或难燃性。在增塑剂中，氯化石蜡、氯化脂肪酸酯和磷酸酯都具有阻燃性，特别是磷酸酯的阻燃性很强。

除此之外，增塑剂还应考虑电绝缘性能和耐霉菌性能，尽可能无色、无味、无毒，具有良好的耐化学和耐污染性，且价格低廉。

二、增塑剂的机理、结构与性能

1. 增塑剂的机理

当增塑剂添加到聚合物中后，增塑剂分子会插入到聚合物分子链之间，削弱聚合物分子链之间的引力，从而增加聚合物分子链的移动性，降低聚合物分子链的结晶度，使聚合物的塑性得以增加。由此可见，聚合物分子链之间的作用力和结晶性实际上是对抗塑性的主要因素，这取决于聚合物的化学结构与物理结构。

2. 增塑剂的结构

增塑剂的塑化效果主要与相容性有关。相容性是指增塑剂在聚合物分子链之间处于稳定状态下相互掺混的性能，是增塑剂最主要的条件。增塑剂与聚合物的相容性与增塑剂自身的极性以及二者结构的相似性有关。一般来说，极性相近且结构相似的增塑剂与聚合物的相容性较好。

烷基碳原子数为4～10个的邻苯二甲酸酯作为主增塑剂时，与聚氯乙烯的相容性良好。但随着碳原子数的增加，其相容性会急速降低。因此，工业上使用的邻苯二甲酸酯类增塑剂的碳原子数通常不超过13个。不同结构的烷基其相容性次序为：芳环＞脂环族＞脂肪族。脂肪族二羧酸酯、聚酯、环氧化合物和氯化石蜡与聚氯乙烯的相容性较差，一般作为辅助增塑剂使用。

对于聚氯乙烯树脂的增塑剂，其分子结构应满足以下几个要求：相对分子质量在300～500；具有2～3个极性较强的基团；非极性部分和极性部分保持一定的比例；分子形状呈直链或少分支。

3. 增塑剂的性能

常温下，多数聚合物处于玻璃状的脆性状态。当加入适宜的增塑剂后，其玻璃化温度可以下降到使用温度以下，此时材料会呈现出较好的柔韧性、可塑性、回弹性和耐冲击强度等特性，从而可以加工成具有实用价值的产品或制品。

三、主要品种及功能

1. 苯二甲酸酯类

化学结构通式为：

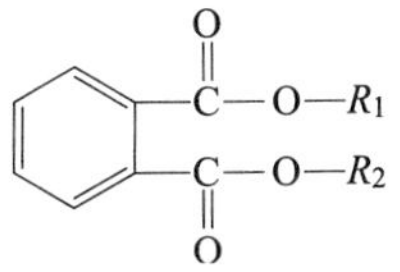

$$C_6H_4\begin{cases}\overset{O}{\overset{\|}{C}}-O-R_1\\ \underset{O}{\underset{\|}{C}}-O-R_2\end{cases}$$

通常，苯二甲酸酯类是一类高沸点的酯类化合物。按其化学结构，苯二甲酸酯类可分为邻苯二甲酸酯类、间苯二甲酸酯类和对苯二甲酸酯类，其中邻苯二甲酸酯类应用最为广泛。

苯二甲酸酯类的生产工艺相对简单，原料价格低廉，成本较低，品种繁多，产量巨大，几乎占据了增塑剂市场的80%以上，是工业增塑剂中的主导品种。特别是随着聚氯乙烯的广泛应用，苯二甲酸酯作为增塑剂能够赋予其优异的性能，满足多种应用需求。同时，由于其用量巨大，特别是在软聚氯乙烯制品中的应用，使得苯二甲酸酯类成为增塑剂工业大规模生产的核心品种系列。

2. 脂肪族二元酸酯

化学结构通式为：

$$OR_1-\overset{O}{\overset{\|}{C}}-(CH_2)_n-\overset{O}{\overset{\|}{C}}-OR_2$$

式中 n 一般为2～11，即由丁二酸至十三烷二酸酯化所得，R_1 与 R_2 一般为 C_4～C_{11} 烷基或环烷基，可以相同也可以不同。生产中常用长链二元酸、短链二元酸分别与长链一元醇进行酯化反应，使产物总碳数在18～26之间，以保证增塑剂与树脂获得较好的相容性和低挥发性。我国这一系列产品主要有癸二酯二丁酯（DBS），己二酸二（2-乙基）己酯等，其产量约占90%，耐寒性最好，但价格较贵，因而限制了使用。

3. 磷酸酯

化学结构通式为：

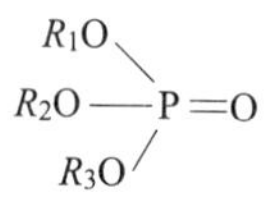

$$
\begin{array}{l}
R_1O \diagdown \\
R_2O - P = O \\
R_3O \diagup
\end{array}
$$

磷酸酯由三氯氧磷或三氯化磷与醇或酚通过酯化反应制得。磷酸酯与聚氯乙烯、纤维素、聚乙烯、聚苯乙烯等多种树脂以及合成橡胶具有良好的相容性，其特点在于具备良好的阻燃性和抗菌性，尤其是单独使用时效果更佳。此外，磷酸酯的挥发性较低，抗抽出性能也优于邻苯二甲酸酯类，多数磷酸酯还具备耐菌性和耐候性。然而，其缺点是价格相对较高，耐寒性较差，且大多数磷酸酯的毒性较大，特别是磷酸三甲苯酯（TCP）不能用于与食品直接接触的材料中。磷酸二苯辛酯是唯一被允许用于食品包装的磷酸酯。另外，含卤磷酸酯均作为阻燃剂使用。

芳香族磷酸酯的低温性能较差，而脂肪族磷酸酯的许多性能与芳香族磷酸酯相似，但低温性能却有显著提升。在磷酸酯中，磷酸三甲苯酯（TCP）的产量最大，其次是磷酸甲苯二苯酯，磷酸三苯酯位居第三，它们多用于需要难燃性的场合。在脂肪族磷酸酯中，磷酸三辛酯较为重要。

4. 环氧化合物

作为增塑剂的环氧化合物主要包括环氧化油、环氧单酯和环氧四氢邻苯二甲酸酯三大类，它们的分子中都含有环氧基团，主要用于聚氯乙烯中，以改善制品对热和光的稳定性。环氧化合物不仅对聚乙烯具有增塑作用，而且能使聚氯乙烯链上的活泼氯原子稳定化，从而阻滞聚氯乙烯的连续分解。当环氧化合物与金属离子稳定剂同时使用时，将产生协同作用，使效果更为显著。因此，环氧化合物的这种特殊作用也是其在塑料工业中发展较快的一个原因。在聚氯乙烯的软制品中，只需加入质量分数为 2%～3% 的环氧化合物，就可明显改善制品对热和光的稳定性。在农用薄膜中，加入质量分数为 5% 的环氧化合物就可大大改善其耐候性。此外，环氧化合物的毒性较低，被允许用作食品和医药制品的包装材料。

5. 聚酯类增塑剂

聚酯类增塑剂属于聚合型增塑剂，它是由二元酸和二元醇缩聚而制得，其化学结构通式为：

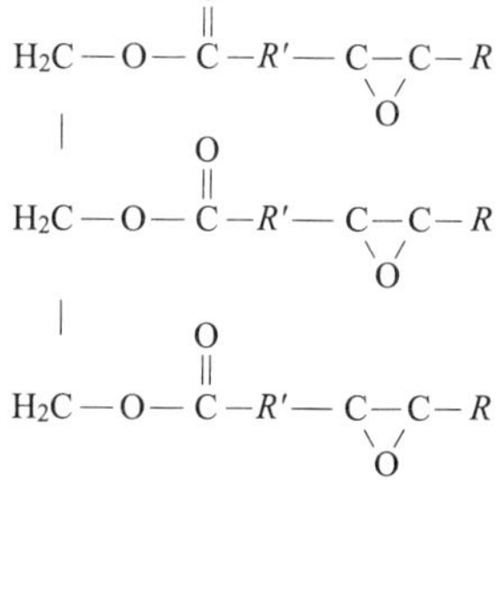

$$
\begin{array}{l}
H_2C-O-\overset{\displaystyle O}{\overset{\|}{C}}-R'-\underset{\diagdown O \diagup}{C-C}-R \\
| \\
H_2C-O-\overset{\displaystyle O}{\overset{\|}{C}}-R'-\underset{\diagdown O \diagup}{C-C}-R \\
| \\
H_2C-O-\overset{\displaystyle O}{\overset{\|}{C}}-R'-\underset{\diagdown O \diagup}{C-C}-R
\end{array}
$$

聚酯类增塑剂挥发性小、迁移性低、耐久性卓越，且可作为主增塑剂单独使用，主要应用于对耐久性要求较高的制品中。然而，其价格相对较高，因此在多数情况下会与其他增塑剂配合使用。聚酯类增塑剂的应用领域十分广泛，既适用于聚氯乙烯树脂，也可用于丁苯橡胶、丁腈橡胶以及压敏胶、热熔胶、涂料等多种材料。

6. 含氯增塑剂

含氯增塑剂能作为增塑剂的含氯化合物，其最主要的产品是氯化石蜡，其次为含氯脂肪酸酯等。它们具有良好的电绝缘性和阻燃性，但与聚氯乙烯树脂的相容性较差，热稳定性也不佳，因此一般作为辅助增塑剂使用。

氯化石蜡是指 C_{10}～C_{30} 的正构混合烷烃经过氯化得到的产物，其含氯量（质量分数）在 40%～70%，存在液体和固体两种形态。根据含氯量（质量分数）的不同，可分为 40 氯化石蜡（含氯量40%）、50氯化石蜡（含氯量50%）、60氯化石蜡（含氯量60%）、70氯化石蜡（含氯量 70%）等几种。其中，50 氯化石蜡可作为增塑剂使用，而 70 氯化石蜡则可作为阻燃剂使用。

低含氯量的氯化石蜡制品与聚氯乙烯树脂的相容性较差，而含氯量高的氯化石蜡由于黏度较大，也会影响塑化效率和加工性能。此外，氯化石蜡对光、热、氧的稳定性较差，长时间在光和热的作用下会发生分解，产生氯化氢，并伴随着氧化、断链和交联反应的发生。

7. 其他增塑剂

除以上增塑剂外，还有力学性能好、抗皂化能力强、迁移性低、电性能优良、耐候性佳的烷基磺酸类增塑剂，耐热性和耐久性均表现良好的丁烷三羧酸酯增塑剂，耐寒性和耐水性出色的氧化脂肪族二元酸酯增塑剂，耐寒性优异的多元醇酯增塑剂，耐热性突出的环烷酸酯增塑剂，以及无毒环保的柠檬酸酯增塑剂等。

四、邻苯二甲酸二辛酯（DOP）生产工艺

1. 原理

邻苯二甲酸二辛酯（DOP）主要由相应的醇和苯酐进行酯化反应。其反应式为：

$$C_6H_4(CO)_2O + ROH \longrightarrow C_6H_4(COOR)(COOH) + ROH \rightleftharpoons C_6H_4(COOR)_2 + H_2O$$

第一步反应是不可逆的，常温就可进行，第二步反应是可逆反应，必须在催化剂和加热条件下才可进行。氢离子对酯化反应有很好的催化作用，酯化反应最常用的催化剂是硫酸和对甲苯磺酸等。此外也可用磷酸、过氯酸、苯磺酸、甲基磺酸以及铝、铁、钙等氧化物与金属盐等。生产中用过量醇作为带水剂，也可外加带水剂，如苯、甲苯等。

2. 原料

主要原料为苯酐和辛醇，苯酐的质量分数一般≥99.3%。

3. 生产工艺

邻苯二甲酸酯类增塑剂的生产可采用一步法和两步法两种工艺。一步法是将原料与催化剂等同时加入反应器中，使两个反应步骤在同一设备内依次完成。两步法则是将两个反应步骤分开，在两个不同的反应器内进行，其中仅在第二个反应器内加入催化剂。一步法工艺主要涵盖酯化、中和、水洗、分离、精制等工序，其生产工艺流程如图 4-2-1 所示。

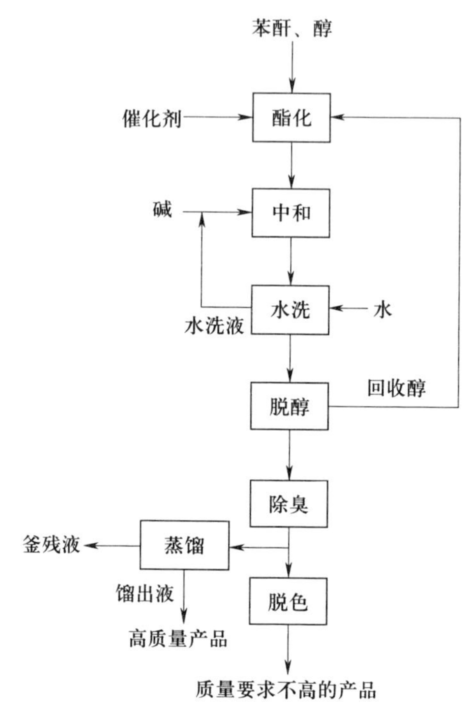

图 4-2-1　邻苯二甲酸酯类增塑剂一步法生产工艺流程

（1）酯化

该过程为液相反应，当生产规模不大时，采用间歇操作较为有利。间歇式反应器为具备搅拌和换热功能的釜式反应设备，为了防腐和确保产物纯度，可选用搪瓷反应釜。当产量较大时，则采用连续操作的反应器，如管式反应器、釜式反应器和塔式反应器等。

（2）中和

反应结束后，反应混合物中因残留苯酐和未反应的单酯而呈酸性，若使用酸性催化剂，则酸值更高，必须加入碱液进行中和。常用的碱液为 3%～4%（质量分数）的碳酸钠溶液，浓度过低可能导致中和不完全，增加醇的损失和废水量；浓度过高则可能与酯发生皂化反应。中和过程中的副反应包括碱与酸性催化剂的反应、纯碱与单酯的反应、纯碱与酯的皂化反应等。为减少副反应的发生，应控制中和温度不超过 85 ℃。此外，副反应产物单酯钠盐具有强乳化作用，特别是在温度低、搅拌剧烈或反应混合物密度与碱水相近的情况下更易发生乳化。此时可采用加热、静置或加盐等方法破乳。中和反应为放热反应，通常采用连续中和方式，一般使用串联阶梯式装置。

（3）水洗

水洗的目的是除去粗酯中夹带的碱液和钠盐等杂质，以防止粗酯在后续工序高温作业时引起泛酸和皂化。国外常采用去离子水进行水洗，以减少金属离子型杂质，提高体系电阻率。在一般情况下，经过两次水洗后，反应液呈中性。当不采用催化剂或采用非酸性催化剂时，可以省略中和与水洗两道工序。

（4）分离

也称脱醇，采用水蒸气蒸馏的方法将醇与酯分离。醇是与水共沸的溶剂，在蒸馏过程中先与水同时被蒸出，再进行分离。因此，醇也被称为带水剂。

（5）精制

当使用酸性催化剂时，为获得高质量的产品，需采用真空蒸馏进行精制。其特点是温度低，反应物热稳定性好，但设备投资较大。对于某些使用质量要求不高的产物，通常只需先加入脱色剂进行微量杂质吸附精制，再经过滤将吸附剂除去即可。

目标检测

一、单项选择题

1. 工业增塑剂中最主要的品种是（　　）。

A. 苯二甲酸酯类　　B. 磷酸酯

C. 脂肪族二元酸酯　　D. 聚酯类增塑剂

2. 按增塑剂的（　　）分类，可将增塑剂分为单体型和聚合型。

A. 化学结构　　B. 特性和使用效果

C. 分子结构　　D. 树脂的相容性

3. 下列不属于磷酸酯的缺点是（　　）。

A. 价格贵　　B. 耐寒性差

C. 毒性大　　D. 挥发性低

二、多项选择题

1. 增塑剂的主要作用有（　　）。

A. 增加塑性　　B. 柔韧性

C. 膨胀性　　D. 硬度

2. 环氧化合物助剂主要用在聚氯乙烯中，下列说法中正确的是（　　）。

A. 对聚乙烯有增塑作用

B. 可以使聚氯乙烯链上的活泼氯原子稳定化

C. 与金属离子同时使用，产生协同作用

D. 可以改善制品对热和光的稳定性

3. 聚酯类增塑剂特点是（　　）。

A. 挥发性小　　B. 迁移性小

C. 耐久性优异　　D. 价格便宜

4. 氯化石蜡的缺点主要有（　　）。

A. 低含氯量制品与聚氯乙烯树脂相容性差

B. 高含氯量的黏度大

C. 抗严寒性能不好

D. 对光、热、氧的稳定性差

5. 中和伴有副反应发生，减少副反应的方法有（　　）。

A. 控制温度不超过 85 ℃　　B. 采用加热、静置或加盐对副产物进行破乳

C. 采用串联阶梯式连续中和　　D. 控制碱浓度在 3%～4%（质量分数）

三、思考题

1. 什么是增塑剂？简述增塑机理。

2. 简述增塑剂的性能及其要求。

3. 绘制邻苯二甲酸酯类增塑剂的一步法生产工艺流程简图。

任务三　阻燃剂生产技术

学习目标

1. 了解阻燃剂的基本定义、分类、选择要求。

2. 了解阻燃剂的作用机理。

3. 掌握阻燃剂主要品种及其性能特点。

4. 掌握典型阻燃剂的生产原理及生产工艺。

任务引入

火灾爆炸事故频频发生，给人们的生命和财产安全带来了极大的危害，火灾防范工作亟须加强。

怎样才能有效预防火灾的发生呢？目前，预防火灾的方法主要有限制可燃物、减少助燃物、消除火源以及加强安全管理与监督等。其中，限制可燃物的方法之一是通过使用不燃或难燃的材料来代替可燃或易燃的材料，例如，使用难燃材料作为建筑物的结构或装饰材料。

另一种限制可燃物的方法是在可燃物表面涂覆一层不燃或难燃的涂料。这些能够抑制或延滞燃烧而自己不燃或难燃的材料被称为阻燃材料。那么，阻燃材料为何能阻燃？原来，科学家们在材料中添加了一种特殊的助剂，这种助剂能够提高材料的抗燃性，阻止材料被引燃，并抑制火焰的传播，这种助剂就是阻燃剂。

近年来，国外研究开发出了一种阻燃-交联剂，如美国FMC公司开发的四溴邻苯二甲酸二烯丙酯（DATBP）产品，就是一种含有多功能双键的溴系阻燃剂，它同时具有阻燃和交联的双重功能。我国研制的二烯丙基溴丙基异氰酸酯（DABC）也是一种具有多功能双键的阻燃-交联剂。

阅读上述材料，讨论下列问题，记录结果，并与同学分享：

1. 请简述消防安全的重要性。

2. 精细化工能为消防安全工作提供什么保障服务？

3. 请解释什么是阻燃材料。

相关知识

一、阻燃剂基本概念

1. 定义和分类

用以提高材料抗燃性的助剂称为阻燃剂，即能阻止材料被引燃及抑制火焰传播的助剂。主要用于制备阻燃材料，包括合成高分子材料和天然高分子材料（如塑料、橡胶、纤维、木材、纸张、涂料等）。

阻燃剂的主要作用是降低合成材料的易燃性，防止火灾发生，减少经济损失。含有阻燃剂的材料不能成为不燃材料，它们在大火中仍能燃烧，但可防止小火发展成灾难性的大火，即只能降低火灾危险，而不能完全消除火灾危险。

按阻燃剂与被阻燃基材的关系，阻燃剂可分为添加型与反应型两大类。添加型阻燃剂是在被阻燃基材的加工过程中加入的，与基材及基材中的其他组分不发生化学反应，只是以物理方式分散于基材中而赋予其阻燃性，多用于热塑性高聚物。反应型阻燃剂是在被阻燃基材的加工过程中加入的，或者作为高聚物的单体，或者作为硫化剂参与聚合反应，成为高聚物的结构单元，从而赋予高聚物阻燃性，多用于热固性高聚物。

按阻断元素种类分，阻燃剂常分为卤系、有机磷系及卤-磷系、磷-氮系、锑系、铝-镁系、无机磷系、硼系、钼系等。目前，在工业上用量最大的阻燃剂是卤化物、磷酸酯、氧化锑、氢氧化铝及硼酸锌等。

另外，阻燃剂也可分为有机阻燃剂和无机阻燃剂两大类。

2. 选择要求

（1）阻燃效率高，获得单位阻燃效能所需的用量少。

（2）本身低毒或基本无毒，燃烧时生成的有毒和腐蚀性气体及烟量尽可能少。

（3）与被阻燃基材相容性好，不易迁移和渗出。

（4）具有足够高的热稳定性，在被阻燃基材的加工温度下不分解，但分解温度也不宜过高，以 250～400 ℃为宜。

（5）不恶化阻燃基材的加工性能和最终产品的物理–机械性能及电气性能。

（6）具有可接受的紫外线稳定性和光稳定性。

（7）原料来源充足，制造工艺简便，价格低廉。

理论上，阻燃剂最好能满足上述所有要求，但实际上这几乎是不可能的。因此，在选择实用的阻燃剂时，通常是在满足基本要求的前提下，在其他要求间寻求最佳平衡。

二、阻燃剂机理

阻燃剂的阻燃机理，按阻燃方式来分，大致可以分为气相阻燃、凝聚相阻燃、抑制链反应阻燃、中断热交换阻燃以及协效阻燃等。

（1）气相阻燃主要是通过阻燃剂受热分解产生大量不燃气体，隔离空气或稀释可燃气体，从而发挥阻燃功效。

（2）凝聚相阻燃是阻燃剂在聚合物表面形成固相耐热阻燃阻隔层或黏稠的液态物质，隔绝燃烧过程中可燃物的析出和空气的进入，阻止火焰继续燃烧，从而起到阻燃作用。

（3）抑制链反应阻燃是阻燃剂通过分解形成的气态产物，如溴化氢等，捕获合成材料产生的自由基，阻止合成材料的分解，抑制链式反应，从而发挥阻燃作用。

（4）中断热交换阻燃是通过阻燃剂分解产生的水进行吸热反应，吸收聚合物燃烧产生的部分热量，降低可燃物表面温度和聚合物分解速度，从而实现阻燃。

（5）协效阻燃是通过协同效应增强阻燃效果的阻燃方式。

实际生产中的阻燃剂本身并无法严格地归为某一种阻燃机理，阻燃过程中通常是多种阻燃机理同时发挥作用。

三、主要品种及功能

阻燃剂主要产品包括磷系阻燃剂、卤素阻燃剂和无机阻燃剂。

1. 磷系阻燃剂

主要分为磷酸酯类和含卤磷酸酯两类，均属于添加型阻燃剂。磷酸酯类有磷酸二苯异辛酯（ODP）、磷酸三乙酯（TEP）等，其结构为：

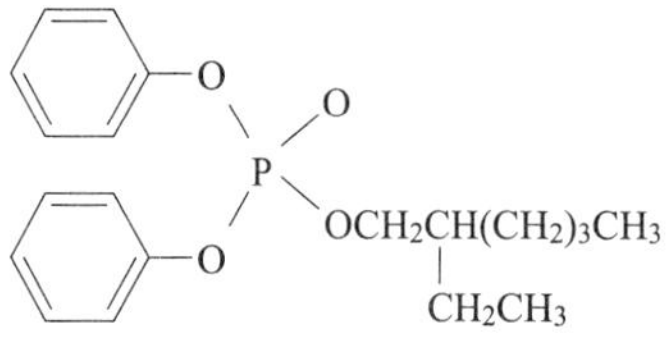

$(C_6H_5O)_2P(=O)OCH_2CH(CH_2CH_3)(CH_2)_3CH_3$

磷酸二苯异辛酯

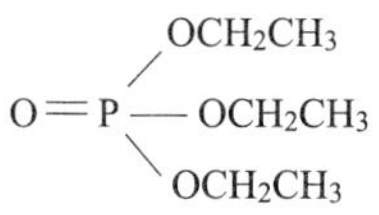

$O=P(OCH_2CH_3)_3$

磷酸三乙酯

其中，磷酸二苯异辛酯（ODP）几乎能与所有工业用树脂相容，与聚氯乙烯（PVC）相容性尤佳，且挥发性低、耐候性和耐寒性好，是唯一允许用于食品包装材料的磷酸酯类阻燃剂。

含卤磷酸酯分子中同时含有卤素和磷，两者具有协同阻燃效果，因此阻燃性能优异，是一类优良的添加型阻燃剂。主要品种包括磷酸三（2,3－二氯丙基）酯、Antiblaze19、（2,4,6－三溴苯酚）磷酸三酯以及专用于聚氨酯的含磷多元醇，结构如下图所示：

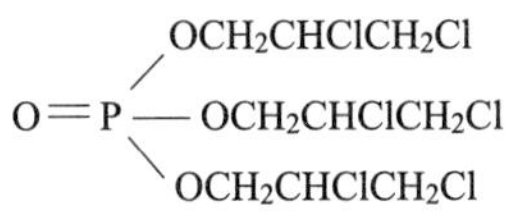

$O{=}P(OCH_2CHClCH_2Cl)_3$

磷酸三（2,3－二氯丙基）酯

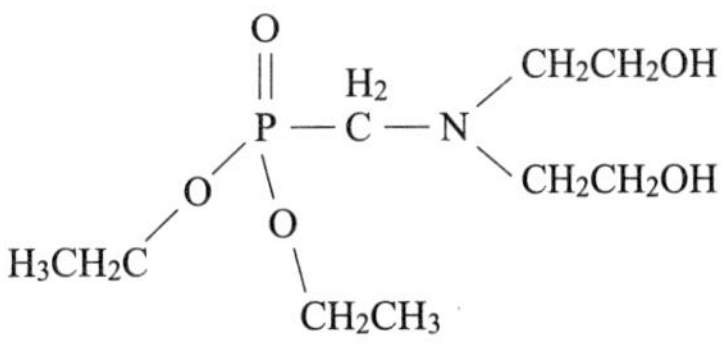

$(H_3CH_2CO)(CH_3CH_2O)P(=O)-CH_2-N(CH_2CH_2OH)_2$

Antiblaze19

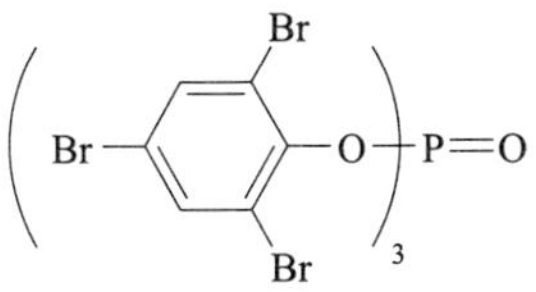

$(2,4,6\text{-}Br_3C_6H_2O)_3P{=}O$

（2,4,6－三溴苯酚）磷酸三酯

磷酸三（2,3－二氯丙基）酯是一种应用广泛的添加型阻燃剂，其挥发性小，耐油性和耐水性均佳，阻燃效能高。适用于软质和硬质聚氨酯泡沫塑料、聚氯乙烯、环氧树脂、不饱和聚酯、酚醛树脂等。在聚氯乙烯（PVC）中添加 10%（质量分数）本品即可实现自熄，在聚氨酯泡沫塑料中添加 5%（质量分数）本品即可自熄，添加 10%（质量分数）本品则可达到离火自灭或不燃的效果。

Antiblaze19 是涤纶的耐久性阻燃整理剂，特别适用于 100% 涤纶织物，阻燃效果显著，毒性低。同时也可用于棉、人造丝、合成纤维等材料的阻燃处理，添加量仅需 1%（质量分数）即可产生良好的阻燃效果，但成本相对较高。

三（2,4,6－三溴苯酚）磷酸酯具有抗静电、增塑和防老化等多重功效，稳定性好，抗冲击性能优异，阻燃效果极强。主要用于各种树脂和工程塑料的阻燃处理。

2. 卤素阻燃剂

卤素阻燃剂是阻燃剂中的一个重要系列，其中溴化物在阻燃剂中占据特别重要的地位。氯化聚乙烯有两类产品，一类含氯 35%～40%（质量分数），另一类含氯 68%（质量分数）。氯化聚乙烯无毒，且由于是聚合材料，因此作为阻燃剂使用时，不会降低塑料的物理力学性能，其耐久性也表现良好。本品可作为聚烯烃、ABS 树脂等材料的阻燃剂。

3. 无机阻燃剂

无机阻燃剂主要是元素周期表中ⅤA、ⅦA 和ⅢA 族元素的化合物，包括氮、磷、锑、铋、铝等元素的化合物，此外，硅和钼的化合物也具有阻燃作用。无机阻燃剂的产品种类繁多，包括三氧化锑、胶体五氧化二锑、氢氧化铝、氢氧化镁、二氧化钼、三氧化钼、二钼酸铵、钼酸锌、钼酸钙、八钼酸铵、硼酸、硼砂、偏硼酸钡、氟硼酸钠、低水合硼酸锌、碳酸钙、多聚磷酸铵、磷酸二氢铵、磷酸锌等。其中，三氧化二锑和氢氧化铝是占据主导地位的无机阻燃剂。

无机阻燃剂的特点在于毒性低，燃烧过程中不产生腐蚀性气体，热稳定性好，不挥发、不析出，具有持久的阻燃效果。同时，无机阻燃剂价廉且原料来源丰富。

四、阻燃剂生产工艺

一般来说，无机阻燃剂的生产工艺相较于有机阻燃剂的生产工艺要简单。

1. 氯化石蜡 70 的生产工艺

氯化石蜡是以 C_{10}～C_{30} 的正构烷烃为原料，经过氯化取代反应制得的产物总称。每种产品均为混合物，因此其化学式和相对分子质量均为平均值，商品的牌号通常依据氯的含量来命名，如氯化石蜡 42、氯化石蜡 52、氯化石蜡 70 等。氯化石蜡 42 和氯化石蜡 52 主要用作聚氯乙烯的辅助增塑剂，而氯化石蜡 70 则用作阻燃剂。

石蜡的氯化属于自由基反应，其氯化方法包括热氯化法、光氯化法、光催化氯化法等。在工艺上，已由间歇操作转变为连续操作，其化学反应可用下式表示。

$$C_{25}H_{52} + 7Cl_2 \longrightarrow C_{25}H_{45}Cl_7 + 7HCl\uparrow$$

氯化石蜡 42 和氯化石蜡 52 为液态产品，因此在氯化过程中无须使用溶剂。可先直接使用活性白土对固体石蜡烃类进行脱色精制，然后在加热熔融状态下通入氯气进行反应，经吹风脱除氯化氢后干燥，最后经压滤得到产品。我国采用的氯化方法包括塔式冷却催化氯化法、釜式自然循环冷却催化光氯化法、釜式强制外循环冷却光氯化法、釜式塔式冷却热氯化法和釜式热氯化法等五种。

氯化石蜡 70 为粉末状固体产品，在氯化过程中，通常使用四氯化碳作为溶剂，采用光氯化法或光催化氯化法。但四氯化碳会消耗大气中的臭氧层，为保护环境，针对氯化石蜡 70 的生产又开发了水悬浮相氯化法。

原料主要为石蜡和液氯。石蜡的规格要求为：异构烷烃质量分数$<1\%$，芳烃质量分数$<100\times10^{-6}$，不饱和度$<0.5\%$。液氯的质量分数$>99\%$。生产中原料的消耗定额一般为：石蜡 0.315 t，液氯 1.44 t。

在氯化石蜡 70 生产操作过程中，将预氯化为 42%（质量分数）左右的氯化石蜡在表面活性剂存在的情况下，悬浮于 6～8 mol/L 的盐酸中，油水体积比为 1.1～1.4 : 1。在紫外光照射下，于 150～180 ℃和 0.3～2.0 MPa 的条件下通入氯气进行氯化反应。反应液经过冷却、固化、研磨、洗涤、过滤、干燥后得到产品，氯化石蜡 70 生产工艺流程如图 4-3-1 所示。此法要求设备具有耐腐蚀、耐高温、密封耐压的特性。我国已建成多套千吨级的间歇操作装置，但连续氯化法的技术要求较高，有待进一步研究和开发。

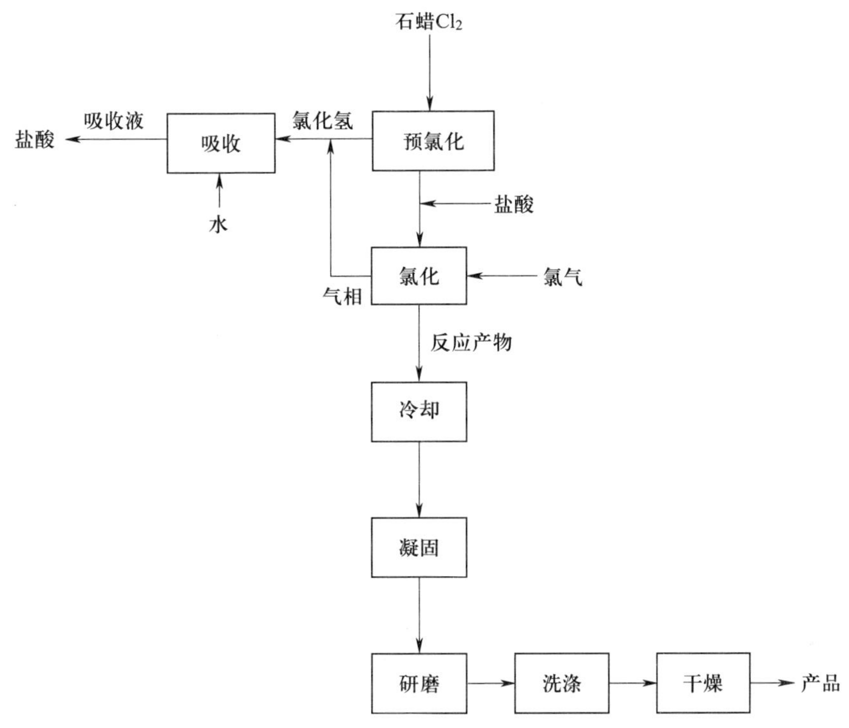

图 4-3-1　氯化石蜡 70 生产工艺流程

2. 十溴联苯醚生产技术

十溴联苯醚分子式为 $C_{12}Br_{10}O$，相对分子质量为 959，呈白色或淡黄色粉末状，产品中溴的质量分数为 83.3%，熔点范围在 306～310 ℃，其溶解度较小，具有良好的热稳定性，是一种无毒、无污染的阻燃剂。

生产十溴联苯醚的主要原料为联苯醚和液溴。工业原料的规格要求为：联苯的凝固点在 26～27 ℃之间，含水量低于 3×10^{-5}（质量分数）；溴的纯度高于 99.5%（质量分数），含水量低于 1.5×10^{-5}（质量分数）。原料的定额消耗一般为：联苯醚 0.18 t，溴 1.40 t。

十溴联苯醚的生产工艺通常有两种：一种是在惰性有机溶剂中进行溴化反应，但这种方法在工业上应用不多；另一种方法是采用过量溴化法，其优点在于操作简便，产品含溴量高，热稳定性好，因此国内外普遍采用这种方法。催化剂选用无水三氯化铝，为确保其活性，要求联苯醚的含水量在 3×10^{-5}（质量分数）以下，液溴的质量分数在 99.5% 以上，且含水量在 1.5×10^{-5}（质量分数）以下。操作时，先将催化剂无水三氯化铝溶解在溴中，然后向反应器内的溴中滴加联苯醚进行反应。溴化过程中逸出的副产物溴化氢气体用水进行吸收，随后通入氯气进行再氧化，以回收溴并循环利用。溴化反应结束后，先将过量的溴蒸出，再用碱进行中和处理，经过过滤、洗涤、干燥等工序，即可得到产品。其生产工艺流程如图 4-3-2 所示。

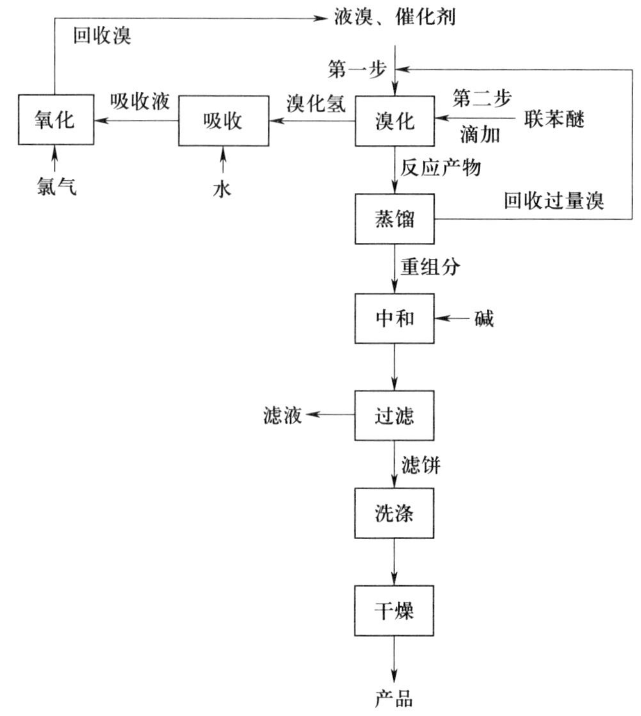

图 4-3-2　十溴联苯醚生产工艺流程

目标检测

一、单项选择题

1. 以物理方式分散于基材中而赋予基材以阻燃性的是（　　）阻燃剂。

A. 独立型　　B. 复合型　　C. 反应型　　D. 添加型

2. 主要用于各种树脂和工程塑料的阻燃剂的是（　　）。

A. 磷酸甲苯二苯酯　　B. 磷酸三苯酯

C. 三（2,4,6- 三溴苯酚）磷酸酯　　D. 氯化石蜡

3. 主要通过阻燃剂受热分解产生大量不燃性气体隔离空气或水蒸气，对于可燃气体进行稀释而发挥阻燃功效的是（　　）。

A. 气相阻燃　　B. 凝聚相阻燃

C. 抑制链反应阻燃　　D. 协效阻燃

4. 氯化石蜡用作阻燃剂时，氯含量（质量分数）应为（　　）。

A. 45%　　B. 50%　　C. 60%　　D. 70%

二、多项选择题

1. 阻燃剂主要产品有（　　）。

A. 磷系阻燃剂　　B. 卤素阻燃剂

C. 无机阻燃剂　　D. 其他阻燃剂

2. 无机阻燃剂的特点是（　　）。

A. 毒性低　　B. 热稳定性好

C. 阻燃效果持久　　D. 原料来源丰富

3. 十溴联苯醚的生产工艺一般有（　　）两种。

A. 惰性有机溶剂　　B. 过量溴介质

C. 不用溶剂　　D. 水介质

三、思考题

1. 什么是阻燃剂？选择要求有哪些？

2. 简述阻燃剂的主要作用。

3. 绘制氯化石蜡 70 的生产工艺流程。

任务四　抗氧化剂生产技术

学习目标

1. 了解抗氧化剂的定义、分类、选择要求。
2. 掌握抗氧化剂主要品种的性能及应用。
3. 掌握典型抗氧化剂品种的生产工艺。

任务引入

塑料是三大合成材料之一，在生产生活中有着广泛的应用。但塑料制品容易发生氧化，主要表现为变黄、变脆、表面出现裂纹等，这会影响其使用效果和应用范围。

塑料制品氧化的主要原因包括氧气、日光（特别是紫外线）照射以及高温等。塑料中的分子在与氧气接触时会发生化学反应，导致材料老化、变脆等现象。紫外线辐射会破坏塑料的分子链，使其发生分解，进而导致塑料氧化和变色。在高温环境下，塑料长时间受热会使分子链断裂，从而导致塑料变质和颜色发生变化。

目前，应对塑料氧化的措施主要包括添加抗氧剂、调整材料组成、降低使用环境温度以及改善使用环境等。其中，添加抗氧剂是最常用的一种方法，它可以有效防止塑料受到氧化的影响，从而延长塑料的寿命。

阅读上述材料，讨论下列问题，记录结果，并与同学分享：

1. 引起塑料氧化的原因主要有哪些？

2. 塑料氧化后性能和使用会受影响吗？

3. 防止塑料氧化的方法有哪些？

相关知识

一、抗氧化剂基本概念

1. 定义

抗氧化剂是指能减缓高分子材料自动氧化反应速度的物质。在橡胶行业中，抗氧化剂也称为防老剂。

抗氧化剂主要应用于塑料、橡胶领域，同时也广泛用于石油、油脂及食品工业中。

2. 选择要求

随着塑料及其他高分子材料的用量增长，抗氧化剂的需求量亦相应增加。抗氧化剂的选择及其用量，与聚合物的类型、加工条件、应用环境以及抗氧化剂本身的性能（如抗氧化效率、挥发性、相容性、毒性等）密切相关。

3. 影响抗氧化效果的因素

（1）聚合物结构

不同结构的聚合物具有不同的抗氧化能力，在选择抗氧化剂时，应充分考虑这种差异。线性结构的聚合物相较于支链结构的聚合物，具有较大的抗氧化能力。

（2）热影响

热的影响极为重要。温度每上升 10 ℃，氧化速度大约提高 1 倍。100 ℃时的氧化速度将是室温（20 ℃）时的 256 倍。因此，经常在较高温度下工作的塑料制品，必须选择高温性能优良的抗氧化剂品种。二氢喹啉及吖啶类抗氧化剂在高温下具有良好的抗氧化能力，而受阻酚抗氧化剂的耐高温性能相对较差。

（3）疲劳影响

考虑到疲劳影响以及由此产生的热造成的加速氧化作用，必须选用耐热性好的抗氧化剂。

（4）金属离子

微量存在的变价金属离子，如铜、锰、铁等，会加速聚合物的氧化。应采用金属离子钝化剂进行抑制处理。

（5）臭氧

大气中的臭氧与塑料分子中的双键反应迅速。可以采用石蜡及微晶蜡的物理防护方法，以及添加抗臭氧剂的化学防护方法进行防护。

4. 分类

抗氧化剂的分类方法很多，按其反应机理不同，可分为链终止型抗氧化剂和预防型抗氧化剂两类。链终止抗氧化剂也称主抗氧化剂，预防型抗氧化剂也称辅助型抗氧化剂或过氧化氢分解剂；按相对分子质量差异来分，可分为低分子抗氧化剂和高分子抗氧化剂等；按用途来分，可分为塑料抗氧化剂、橡胶抗氧化剂以及石油抗氧化剂、食品抗氧化剂等；按化学结构来分，主要有胺类、酚类、含硫化合物和有机金属盐等。其中，最常见的是按化学结构进行分类。

二、抗氧化剂机理、结构与性能

按其反应机理的不同，抗氧化剂可分为链终止型抗氧化剂和预防型抗氧化剂两类。链终止型抗氧化剂的作用机理可以分为自由基捕获体、电子给予体和氢给予体三类。自由基捕获体能与自由基发生反应，使之不再引发新的反应，或由于其加入而使自动氧化反应趋于稳定。电子给予体通过给出电子与自由基结合，从而使自由基消失，在一定条件下具有抑制氧化的作用。具有反应性的仲芳胺和受阻酚等抗氧化剂，可以与聚合物竞争自由基，从而降低聚合物的自动氧化反应速率。

预防型抗氧化剂能够消除自由基的来源，抑制或延缓引发反应的发生。这类抗氧化剂包括过氧化物分解剂和金属离子钝化剂。过氧化物分解剂能与过氧化物发生反应，并使其生成稳定的非自由基产物，从而有效消除自由基。金属离子钝化剂则能与金属离子形成稳定的螯合物，防止重金属离子对高聚物产生引发氧化作用。

三、主要品种及功能

1. 酚类抗氧化剂

酚类抗氧化剂可分为单酚、双酚和多酚等，其低毒、无污染、不变色。烷基酚的合成主要通过酚的烷基化反应，即芳环上的C－烷化。最重要的烷化剂是烯烃，其次是卤烷、醇、醛和酮。由生产实践可知，用烯烃对酚类进行C－烷化时，若使用质子酸、路易斯酸、酸性氧化物等作为催化剂，烷基优先进入酚的对位；若使用三苯酚铝类作为催化剂，则烷基优先选择进入酚羟基的邻位；若使用丙烯酸酯作为烷化剂，则需用醇钾或醇钠作为催化剂。

烷基单酚主要有抗氧化剂BHT，即2,6－二叔丁基－4－甲酚，其抗氧化效果好，价格便宜，性质稳定，安全可靠，且易于解决环境污染问题。在美国、西欧和日本，BHT分别占酚类抗氧化剂的30%、40%和50%。其生产既可以采用间歇操作，也可以采用连续操作，即连续进行酚的烷基化、中和与水洗，后处理则与间歇法相同。合成反应为：

$$\text{OH-C}_6\text{H}_4\text{-CH}_3\,(H_3C) + 2CH_2{=}C(CH_3)_2 \xrightarrow{H_2SO_4} \text{2,6-}[C(CH_3)_3]_2\text{-4-}CH_3\text{-C}_6\text{H}_2\text{OH}$$

另一个有代表性的单酚类抗氧化剂为抗氧化剂1076，化学名为β－（4－羟基－3,5－二叔丁基苯基）丙酸正十八碳醇酯。它先由苯酚和异丁烯烷基化制得2,6－二叔丁基苯酚（1），再在碱性条件下用丙烯酸甲酯进行C－烷化，生成β－（3,5－二叔丁基－4－羟基苯基）丙酸甲酯（2），最后与十八醇进行酯交换，制得抗氧化剂 1076。其反应式为：

$$\text{OH-C}_6\text{H}_5 + 2CH_2{=}C(CH_3)_2 \xrightarrow{H_2SO_4} \underset{(1)中间产物}{(CH_3)_3C,\ OH,\ C(CH_3)_3,\ H_3C} + H_2C{=}CHC(=O){-}OCH_3 \xrightarrow{碱性催化剂} \underset{(2)中间产物}{(CH_3)_3C,\ OH,\ C(CH_3)_3,\ H_2C{-}CH_2{-}C(=O){-}OCH_3} + CH_3(CH_2)_{17}OH \xrightarrow{甲醇钠} \underset{(3)最终反应产物}{(CH_3)_3C,\ OH,\ C(CH_3)_3,\ CH_2CH_2C(=O){-}O(CH_2)_{17}CH_3}$$

双酚类抗氧化剂的典型代表有亚烷基双酚及其衍生物，其合成方法是先将酚类烷基化，在酚羟基的邻位引入一个或两个较大的基团（通常是叔丁基），制得阻碍酚，再与醛作用制得亚烷基双酚。代表品种有抗氧化剂 2246，它是通用型抗氧化剂之一，具有挥发性小、不着色、不污染、不喷霜等优点，可用于多种工程塑料、天然橡胶、合成橡胶等。其合成反应为：

$$\text{OH},\ CH_3 \text{(对甲酚)} + H_2C{=}C(CH_3)_2 \xrightarrow{Al} \text{OH},\ C(CH_3)_3,\ CH_3 \xrightarrow[\triangle]{HCHO,H_2SO_4} (H_3C)_3C,\ HO,\ CH_3{-}\overset{H_2}{C}{-}HO,\ C(CH_3)_3,\ CH_3$$

多酚类抗氧化剂主要有亚烷基多酚及其衍生物和三嗪阻碍酚两类。亚烷基多酚及其衍生物的代表品种有抗氧化剂 1010、抗氧化剂 CA 等。

2. 胺类抗氧化剂

胺类抗氧化剂主要用于橡胶生产，其效果一般比酚类抗氧化剂更有效，可用作链终止剂或过氧化物分解剂。可分为醛胺类、酮胺类、二芳基仲胺类、对苯二胺类、二苯胺类、脂肪胺类等。目前橡胶工业常用的抗氧化剂有以下几种。

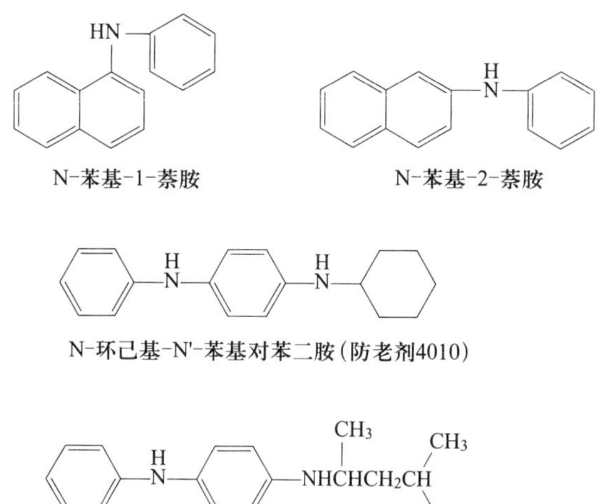

N-苯基-1-萘胺　　N-苯基-2-萘胺

N-环己基-N'-苯基对苯二胺（防老剂4010）

防老剂4020

3. 含磷抗氧化剂

塑料用含磷抗氧化剂主要是亚磷酸酯，它作为氢化过氧化物分解剂和自由基捕捉剂发挥抗氧化作用。其他还有亚磷酸盐和亚磷酸盐的络合物，它们具有低毒性、无污染、挥发性小等优点，是一类主要的辅助抗氧化剂。典型品种如抗氧化剂 168，它是一种性能优异的亚磷酸酯抗氧化剂，抗萃取性强，对水解作用稳定，并能显著提高制品的光稳定性。它可与多种酚类抗氧化剂复合使用。抗氧化剂 168 由 2,4－二叔丁基苯酚与氯化磷直接反应制备。其合成反应为：

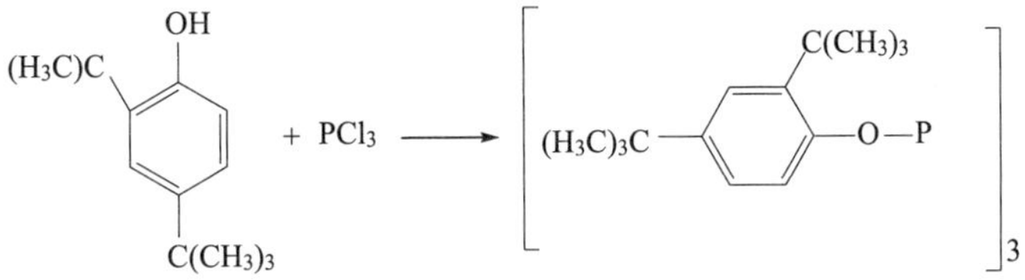

OH, $(H_3C)C$, $C(CH_3)_3$ $+ PCl_3 \longrightarrow$ $[(H_3C)_3C$—⟨苯环⟩—O—P, $C(CH_3)_3]_3$

4. 硫代酯抗氧化剂

硫代酯是一类常用的辅助抗氧化剂，主要产品是硫代二丙酸酯类。它们一般由硫代二丙酸和脂肪醇进行酯化反应而成。代表品种有硫代二丙酸月桂醇酯和硫代二丙酸十八碳醇酯。硫代二丙酸月桂醇酯的合成方法是将丙烯腈与硫化钠水溶液反应制得硫代二丙烯腈，再用硫酸水解，然后与月桂醇酯化得硫代二丙酸月桂酸酯，合成反应为：

$$2CH_2CHCN+2H_2O+Na_2S \longrightarrow S(CH_2CH_2CN)_2+2NaOH$$

$$S(CH_2CH_2CN)_2+H_2SO_4+4H_2O \longrightarrow S(CH_2CH_2COOH)_2+(NH_4)_2SO_4$$

$$S(CH_2CH_2CN)_2+2C_{12}H_{25}OH \longrightarrow S(CH_2CH_2COOC_{12}H_{25})_2+H_2O$$

四、抗氧化剂的生产工艺

1. 防老剂 4010 生产工艺

防老剂 4010，化学名称为 N－环己基－N′－苯基对苯二胺。纯品为白色粉末，暴露于空气中颜色逐渐加深。密度 1.29 g/cm^3，熔点 115 ℃，易溶于苯，难溶于油，不溶于水。防老剂 4010 为高效抗氧化剂，特别适用于天然橡胶和合成橡胶制品。它广泛应用于飞机、汽车、自行车的外胎、电缆和其他橡胶制品，也可用于燃料油中。

防老剂 4010 的生产一般是用 4－氨基二苯胺与环己酮先在高温下缩合，然后从甲酸中还原，再经汽油溶液结晶、过滤、洗涤、干燥、粉碎后制备而成。

4－氨基二苯胺与环己酮的缩合反应式为：

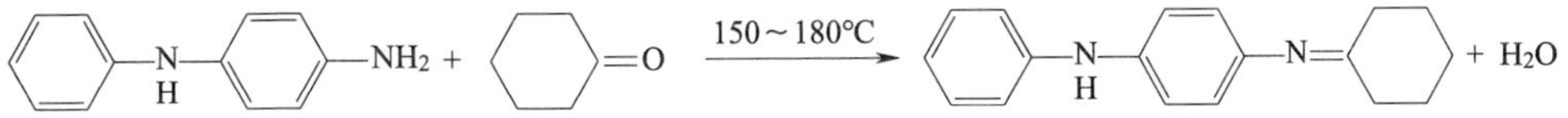

⟨苯环⟩—NH—⟨苯环⟩—NH_2 + ⟨环己酮⟩=O $\xrightarrow{150\sim180℃}$ ⟨苯环⟩—NH—⟨苯环⟩—N=⟨环己基⟩ + H_2O

甲酸还原过程的反应式为：

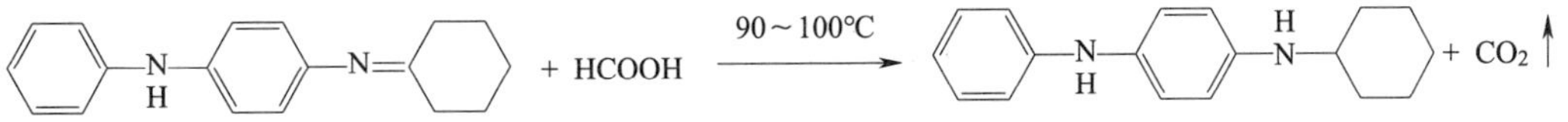

⟨苯环⟩—NH—⟨苯环⟩—N=⟨环己基⟩ + HCOOH $\xrightarrow{90\sim100℃}$ ⟨苯环⟩—NH—⟨苯环⟩—NH—⟨环己基⟩ + $CO_2\uparrow$

原料主要包括 4－氨基二苯胺、环己酮、甲酸，溶剂为汽油。4－氨基二苯胺的熔点为 68 ℃，环己酮的体积分数在 97.5% 以上，甲酸体积分数在 85% 以上，汽油选用 120 号。原料消耗定额一般为：4－氨基二苯胺 0.93 t，环己酮 0.62 t，甲酸 0.274 t，汽油 0.45 t。

其工艺操作过程是先将规定量的4-氨基二苯胺和环己酮加入配制釜中，搅拌并升温至110 ℃后脱去部分水，然后打入缩合釜中进一步升温至150 ℃继续脱水，直到缩合反应结束。冷却物料后，送入还原釜。当温度降至90 ℃时，滴加甲酸进行还原。还原结束后，将物料抽入含有120号溶剂汽油的结晶釜中，进行冷却结晶。待结晶完毕，放料进行吸滤、洗涤、抽干，湿料再送去干燥、粉碎，即得产品。防老剂4010生产工艺流程如图4-4-1所示。

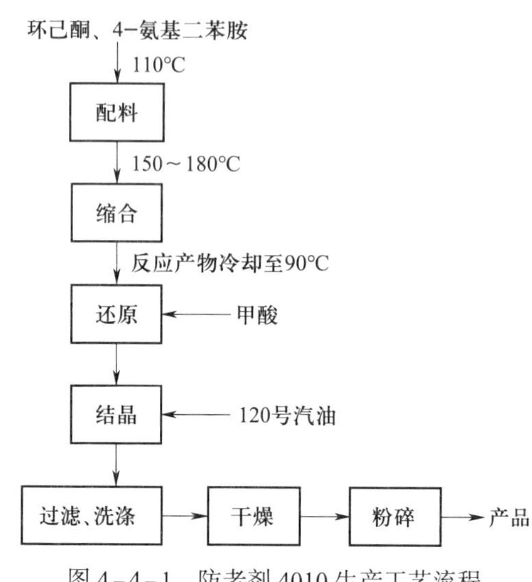

图4-4-1　防老剂4010生产工艺流程

2. 防老剂BLE生产工艺

防老剂BLE是二苯胺与丙酮的高温缩合物，为暗褐色黏稠液体，易溶于丙酮、苯、三氯甲烷等有机溶剂，微溶于汽油，不溶于水；无毒，储存稳定性好，是通用性防老剂，适用于天然橡胶和合成橡胶，用于各种轮胎、管带制品，对抗热、抗氧、抗曲绕、耐磨等均有良好的效果。

防老剂BLE是由二苯胺和丙酮在苯磺酸的催化作用下，于240～250 ℃下进行缩合反应生成含一个氮原子的杂环化合物。主要原料是二苯胺、丙酮和苯磺酸，其中二苯胺质量分数≥98%，丙酮质量分数≥98%，苯磺酸质量分数≥89%。原料消耗定额一般为：二苯胺0.85 t，苯磺酸0.03 t，丙酮0.35 t。

生产时先将二苯胺与苯磺酸在熔化釜中加热熔化，再送入缩合釜中并不断滴加丙酮，在240～250 ℃下进行缩合脱水反应，直到反应完全。然后将缩合物料送进蒸馏釜中进行蒸馏，常压蒸馏出过量丙酮，经冷却回收后作为原料循环使用。最后减压蒸馏出产品，釜内残存物集中数釜后进行排渣处理。其生产工艺流程如图4-4-2所示。

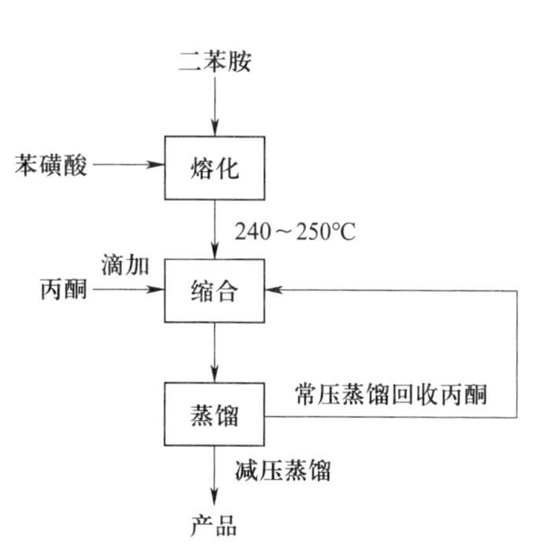

图4-4-2　防老剂BLE生产工艺流程

目标检测

一、单项选择题

1. 胺类抗氧化剂主要用于（　　）中。

A. 橡胶　　B. 塑料

C. 合成纤维　　D. 都可以

2. 防老剂 4010，化学名称为（　　）。

A. 2,6– 二叔丁基 –4– 甲酚　　B. N– 环己烷基 –N′– 苯基对苯二胺

C. 4– 氨基二苯胺　　D. 二苯胺

3. 抗氧化剂按（　　）不同可分为链终止型抗氧剂和预防型抗氧剂两类。

A. 用途　　B. 反应机理

C. 功能　　D. 化学结构

4. 防老剂 4010 为高效抗氧化剂，生产中一般用（　　）作为溶剂。

A. 四氯化碳　　B. 乙酸乙酯

C. 苯　　D. 120 号汽油

二、多项选择题

1. 防老剂 BLE 生产的主要原料有（　　）。

A. 二苯胺　　B. 丙酮

C. 苯磺酸　　D. 苯

2. 下列关于含磷抗氧化剂的说法中正确的有（　　）。

A. 具有低毒性　　B. 不污染

C. 挥发性小　　D. 是辅助型抗氧

3. 下列关于抗氧化剂 BHT 说法中错误的有（　　）。

A. 分子式为 2,6– 二叔丁基 –4– 甲酚

B. 抗氧化效果好，但价格较贵

C. 其稳定性、安全性都不好

D. 易于解决环境污染问题

4. 影响抗氧化剂效果的因素主要有（　　）。

A. 聚合物结构　　B. 热影响　　C. 疲劳影响

D. 金属离子的影响　　E. 臭氧的影响

三、思考题

1. 什么是抗氧化剂？按化学结构不同可分为哪几类？
2. 绘制防老剂 4010 的生产工艺流程图。
3. 生产防老剂 4010 的主要原料有哪些？含量为多少？

任务五　硫化剂生产技术

学习目标

1. 了解硫化剂的定义、分类及应用。
2. 掌握硫化剂主要品种的性能。
3. 掌握典型硫化剂品种的生产原理、工艺流程、复配应用。

任务引入

橡胶在未经硫化时，分子间没有交联，其化学结构基本上属于线型或轻度支链型的大分子，因而缺乏良好的物理力学性能，没有实用价值。然而，当橡胶经过硫化，其结构变为三维网状结构，性能有了本质上的改变，大大提高了弹性、硬度、拉伸强度、抗张强度等一系列物理力学性能，大幅提升了实用性。

橡胶生产过程中，将线型橡胶转变为立体三维网型结构橡胶的化学过程称为硫化，凡能使橡胶分子发生硫化作用的物质叫硫化剂。硫化过程使橡胶分子间发生了交联，因此橡胶的硫化也被称为交联。

阅读上述材料，讨论下列问题，记录结果，并与同学分享：

1. 什么是硫化？什么是硫化剂？
2. 为什么橡胶硫化也称为交联？
3. 橡胶硫化的作用有哪些？

相关知识

一、硫化剂基本概念

1. 定义和分类

将线型高分子转变成网状结构的立体型高分子的过程称为交联或硫化。凡能使高分子化合物发生交联的物质就是硫化剂（也称交联剂）。除某些热塑性橡胶外，天然橡胶与各种合成橡胶几乎都需要添加硫化剂进行硫化，特别是不饱和树脂，更需要进行硫化处理。

硫化剂按其作用机制不同可分为交联引发剂、交联催化剂、交联固化剂等。但通常，硫化剂按化学结构不同可分为硫黄及硫黄给予体、有机过氧化物、胺类、醌类和树脂类等。

2. 选择应用

橡胶硫化时，一般除硫化剂外，还需要加入硫化促进剂、活性剂等助剂，才能很好地完成硫化过程。工业上统称这些助剂为硫化体系助剂。另外，有时为了避免早期硫化导致的焦烧现象，还需要加入防焦剂等。

二、主要品种及功能

1. 硫化剂

（1）硫黄及硫黄给予体

硫黄是橡胶最重要的硫化剂，其价格低廉，易于制备。用于硫化的硫黄要求不含酸，不含 SO_3。硫黄的溶解性随胶料而异，易溶解于天然橡胶或丁苯胶中，在顺丁胶及丁腈胶中，室温下难溶解。工业中使用的硫黄主要有六种，即硫黄粉、沉淀硫黄、胶体硫、不溶性硫黄、表面处理的硫黄、硫黄与其他物质的混合物。

另外，由烷烃的二卤化物与多硫化钠反应制得的多硫聚合物也常用于要求卓越抗油性和抗溶剂的合成橡胶的硫化。烷基苯酚的一硫化物和二硫化物可用于二烯类橡胶硫化。这类硫化橡胶不喷霜，抗张强度高，耐热性能优良。

（2）有机过氧化物

有机过氧化物结构可看作是过氧化氢的一端或两端氢原子被有机基团置换的衍生物。主要有氢化过氧化物、二烷基过氧化物、二酰基过氧化物、过氧酯和酮过氧化物。

过氧化物交联剂可交联大多数聚合物，特别是不能用硫黄等物质交联的饱和或低饱和聚合物。交联产物压缩永久变形小，无污染，但过氧化物易受其他助剂的影响，防老剂和填充剂对其交联有阻化作用，会降低交联效果。另外，过氧化物交联需要在无氧状态下进行反应，以避免由于氧的存在而促进聚合物氧化造成主链断裂。使用有机过氧化交联剂不能添加酸性填料，因为有机过氧化物在酸性介质中易分解。过氧化物交联剂的主要品种有叔丁基过氧化氢、异丙苯过氧化氢、二叔丁基过氧化氢、二异丙苯过氧化氢、过氧化二苯甲酰、过氧化二月桂酰、过氧化苯甲酸叔丁酯等。

（3）胺类

主要是含有两个或两个以上胺基的胺类，如乙二胺、己二胺、三（1,2－亚乙基）四胺、四（1,2－亚乙基）五胺、亚甲基双邻氯苯胺等，可用作氟橡胶、聚氨酯橡胶的硫化剂以及环氧树脂固化剂。

（4）醌类

特别适用于丁基橡胶，常用的品种有对醌二肟和二苯甲酰对醌二肟等。

（5）树脂类

常用的是烷基苯酚甲醛树脂，是橡胶有效的硫化剂，特别适用于丁基橡胶。溴甲基苯酚甲醛树脂也可用于橡胶硫化。

2. 硫化促进剂

硫化促进剂可以加快硫化速度、缩短硫化时间、降低硫化温度、减少硫化剂用量以及改善硫化橡胶力学性能等，简称促进剂。常用的硫化促进剂为有机化合物。按照物质化学结构分类的方法，可将硫化促进剂分为二硫代氨基甲酸盐、秋兰姆类、噻唑类、黄原酸盐、次黄酰胺类。

（1）二硫代氨基甲酸盐

二硫代氨基甲酸盐活性高、硫化速度快，可在常温下硫化，一般用于快速硫化或低温硫化，用量为 0.5%～1%（质量分数），其主要品种是锌盐。

（2）秋兰姆类

秋兰姆类属于硫黄给予体。硫黄给予体是指在硫化温度下能释放出活性硫的含硫化合物，在使用时，在较低的温度下起不了硫化作用，只有当温度升高释放出活性硫后才开始硫化，因而操作安全，不会发生焦烧。另外，这种硫黄给予体硫化与普通硫黄硫化不同，它形成的单硫醚和双硫醚的交联多，而多硫醚交联少。这样得到的硫化橡胶有较好的耐热和耐老化性能。此外，硫黄给予体作为硫化促进剂与硫黄并用时，具有良好的促进作用。

硫黄给予体主要有秋兰姆类和含硫吗啉衍生物两类。秋兰姆类主要品种为二硫化四甲基秋兰姆，秋兰姆类除用作硫化促进剂外，还可以作为二烯类橡胶的硫化剂。其硫化特点是硫化橡胶具有优良的耐热性和耐油性。为了提高硫化效果，通常在胶料中同时添加氧化锌和硬脂酸，这样硫化橡胶耐热、耐老化，且压缩永久变形小。

含硫吗啉衍生物主要是二硫化吗啉和 4－（2－苯并噻唑二硫代）吗啉。前者用于二烯类橡胶、丁基橡胶和三元乙丙胶等，其硫化橡胶性能比硫黄硫化橡胶好；后者操作安全性更高，硫化后胶耐老化性能好。

（3）噻唑类

分子中含有噻唑环的促进剂是最重要的硫化促进剂之一，具有硫化速度快、应用范围广泛、无污染、硫化橡胶耐老化性能好等优点。常用的品种有促进剂 M、促进剂 M2、促进剂 DM 等。

三、硫化体系助剂生产技术

1. 二硫化吗啉生产工艺

二硫化吗啉是常见的硫化剂，呈白色或淡黄色粉末状，熔点为 120 ℃。除用作二烯橡胶的硫化剂外，还可用作丁基橡胶、三元乙丙橡胶的硫化剂。在硫化温度下，它会分解放出活性硫，其质量分数约为 27%。在交联过程中，它主要形成单硫键，具有不喷霜、不污染、分散性好等优点。其合成方法是由吗啉与二氯化硫在碱性条件下于有机溶剂中反应而成。

操作时，先将用作溶剂的汽油及少量水加入反应釜中，再加入吗啉并搅拌均匀。然后将二氯化硫、汽油及氢氧化钠溶液同时均匀滴加到反应釜内，其中氢氧化钠的滴加应稍早于二氯化硫，并先滴加完。滴加完毕后，补充加水，继续搅拌 30 min。接着，将反应物进行抽滤，滤液进行汽油与水相分离并回收汽油；滤渣转入离心机内进行洗涤，最后干燥得到产品。其生产工艺流程如图 4－5－1 所示。

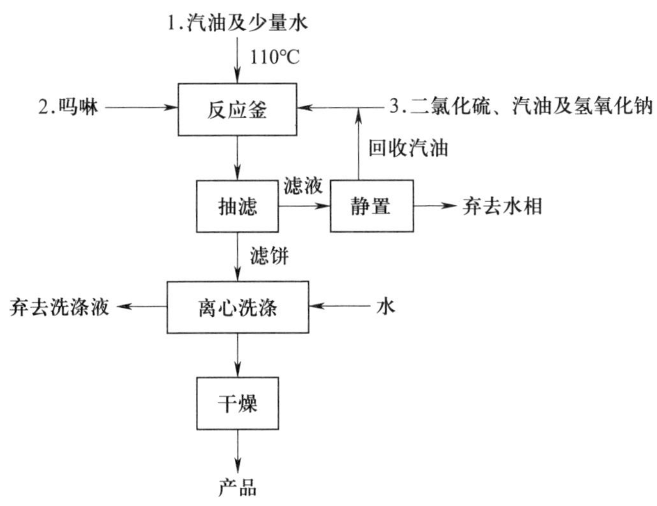

图 4-5-1　二硫化吗啉生产工艺流程

2. 硫化促进剂 NOBS 生产技术

橡胶多采用硫化促进剂 NOBS，其化学名称为 2-（4-吗啉硫基）苯并噻唑，纯品为淡黄色粉末，熔点为 80～86 ℃，易溶于二氯甲烷、丙酮，溶于苯、四氯化碳、乙酸乙酯、乙醇，微溶于汽油，不溶于水，遇热易分解。它为橡胶工业广泛应用的迟效性促进剂，其性质与促进剂 CZ 相近，但焦烧时间更长，操作更安全，且硫化橡胶的物理性能及老化性能更优越，主要用于制造轮胎、内胎、胶鞋、胶带等。

生产硫化促进剂 NOBS 的主要原料是促进剂 M、吗啉和次氯酸钠。其中，促进剂 M 的化学名称为 2-巯基苯并噻唑，简称 MBT，相对分子质量为 167.25。外观为淡黄色粉末，质量分数在 97% 以上，熔点为 170 ℃，灰分< 0.3%（质量分数），溶于丙酮、醋酸乙酯、二氯甲烷、乙醇及氢氧化钠和碳酸钠等碱性溶液，微溶于苯，不溶于水和汽油。可燃，呈粉尘状时有爆炸危险，低毒，LD_{50} 值为 5 000 mg/kg。吗啉外观为无色油状液体，质量分数≥ 97%，熔点为 126～129 ℃，灰分< 1%（质量分数），相对密度为 0.999 8 g/cm^3。次氯酸钠外观为黄绿色液体，有效氯的质量分数≥ 14.5%。原料消耗定额为：促进剂 M 0.840 t，次氯酸钠 0.310 t，吗啉 0.700 t。

在带搅拌的溶解罐内，先加入质量分数为 60% 的吗啉水溶液，并加入一定量的促进剂 M。待其溶解后，经过滤后送入缩合反应釜内。再向缩合釜中逐次滴加质量分数为 14.5% 的次氯酸钠溶液。反应完毕后，经离心分离、水洗、干燥、粉碎、筛分即得产品。橡胶用硫化促进剂 NOBS 生产工艺流程如图 4-5-2 所示。

3. 促进剂 DM 生产工艺

促进剂 DM 化学名称为二硫化二苯并噻唑，纯品为浅黄色针头状晶体，相对密度为 1.50 g/cm^3；室温下微溶于苯、二氯甲烷、四氯化碳、丙酮等，不溶于水、乙酸乙酯、碱和汽油等；其粉尘有爆炸危险，遇明火可燃。它为橡胶通用型促进剂，广泛用于各种橡胶；但硫化温度较高，一般为 130 ℃，当温度达到 140 ℃以上时活性增加，具有显著的后效性，不易

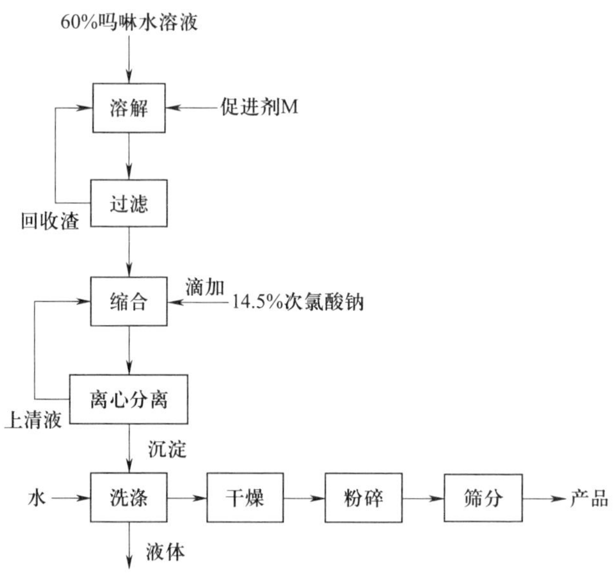

图 4-5-2　橡胶用硫化促进剂 NOBS 生产工艺流程

早期硫化，操作安全，适用于天然橡胶、合成橡胶和再生胶等橡胶制品。该硫化促进剂具有易分散、不污染、使硫化橡胶老化性能优良的特点，可用于制造轮胎、胶管、胶带、胶鞋、胶布等制品。在氯丁胶中加入质量分数为 1% 的促进剂 DM，可起到增塑效果，并且在高温、低温下均有延缓氯丁胶硫化的作用，因此可作为氯丁胶的防焦剂。

生产促进剂 DM 的主要原料是 2-巯基苯并噻唑和亚硝酸钠，原料消耗定额为：2-巯基苯并噻唑 1.08 t，亚硝酸钠 0.210 t。

生产过程中，先将 2-巯基苯并噻唑和亚硝酸钠加入反应釜中，启动搅拌器，并滴加硫酸。在一氧化氮存在下，通入干净的空气进行氧化反应，可得粗品。再经水洗、离心脱水、干燥、筛分等工序，即得产品。橡胶用促进剂 DM 生产工艺流程如图 4-5-3 所示。

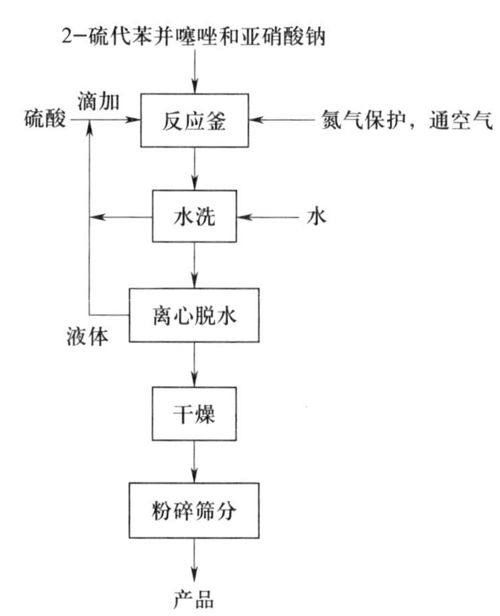

图 4-5-3　橡胶用促进剂 DM 生产工艺流程

目标检测

一、单项选择题

1. 下列化合物中不能作为硫化促进剂的是（　　）。

A. 秋兰姆类　　B. 噻唑类

C. 硫代氨基甲酸酯　　D. 黄原酸盐

2. 过氧化物交联需要在（　　）下进行反应，以避免聚合物氧化造成主链断裂。

A. 有氧状态　　B. 无氧状态　　C. 酸性条件　　D. 碱性条件

3. 秋兰姆化合物除用作硫化促进剂外，可以作为二烯类橡胶的（　　）。

A. 硫化剂　　B. 防焦剂　　C. 增塑剂　　D. 硫化促进剂

4. 二硫化吗啉是由吗啉与氯化硫在（　　）下于有机溶剂中反应制成。

A. 中性条件　　B. 酸性条件　　C. 碱性条件　　D. 以上都可以

5.（　　）主要是含有两个或两个以上胺基的胺类。

A. 胺类硫化剂　　B. 硫化促进 NOBS

C. 秋兰姆化合物　　D. 噻唑类胶联剂

二、多项选择题

1. 下列可作为有机过氧化物硫化剂有（　　）。

A. 氢化过氧化物　　B. 二烷基过氧化物

C. 二酰基过氧化物　　D. 过氧酯类

2. 生产橡胶用硫化促进 NOBS 的主要原料为（　　）。

A. 促进剂 M　　B. 吗啉　　C. 次氯酸钠　　D. 过氧酯类

3. 关于硫黄的下列说法中正确的有（　　）。

A. 硫黄是橡胶最重要的硫化剂

B. 用于硫化的硫黄要求不含酸，不含 SO_3

C. 硫黄易于溶解天然橡胶或丁苯橡胶

D. 硫黄价格低廉，易于制备

4. 下列关于橡胶用硫化促进 NOBS 说法正确的有（　　）。

A. 易溶于二氯甲烷、丙酮，溶于苯、四氯化碳、乙酸乙酯、乙醇

B. 微溶于汽油，不溶于水，遇热易分解

C. 为橡胶工业广泛应用的迟效性促进剂

D. 硫化橡胶的物理性能及老化性能更优越

5. 硫化体系用助剂主要包括（　　）。

A. 硫化剂　　B. 硫化促进剂　　C. 防焦剂　　D. 活性剂

三、思考题

1. 什么是硫化剂？按化学结构分类，硫化剂可分为哪几类？
2. 什么是硫化促进剂？按化学结构可分为哪几类？
3. 简述硫化促进剂 NOBS 生产过程。

任务六　热稳定剂和光稳定剂生产技术

学习目标

1. 了解热稳定剂主要品种性能及应用。
2. 掌握热稳定剂主要品种生产原理及生产工艺。
3. 了解光稳定剂主要品种性能及应用。
4. 掌握光稳定剂主要品种生产原理及生产工艺。

任务引入

解决高分子材料的降解是材料科学的一大难题，很多高分子材料在加工与使用过程中要经过高温过程，高分子材料会变脆、变硬，发生热降解，影响其寿命和使用范围，还会带来一定的安全隐患。在材料中添加耐热助剂是一种有效防止高分子材料热降解的方法。

耐热助剂即热稳定剂，是为防止高分子材料在加工过程中因热和机械剪切作用而降解所加入的一类物质。它能使制品在长期使用过程中抵御热、光和氧的破坏。对于耐热性差、容易产生热降解的聚合物，在加工时必须通过添加热稳定剂的方法来提高其耐热性能。最典型的例子是聚氯乙烯。

阅读上述材料，讨论下列问题，记录结果，并与同学分享：

1. 热稳定剂的作用有哪些？
2. 高分子材料热降解的危害有哪些？
3. 什么是热稳定剂？

相关知识

一、热稳定剂

热稳定剂是为防止高分子材料在加工过程中因热和机械剪切作用而降解，所加入的一类物质。

热稳定剂按化学结构可分为脂肪酸皂类、有机锡稳定剂、有机辅助稳定剂以及复合稳定剂等四大类。

1. 脂肪酸皂类

脂肪酸皂类也称为金属皂，主要是 C_8～C_{18} 脂肪酸的钡、镉、铅、钙、锌、镁、锶等金属盐。常用的脂肪酸有硬脂酸、月桂酸、棕榈酸等。这几种金属均属于元素周期表中第ⅡA 族元素。钡、钙、镁等主族元素金属的皂类初期稳定作用较小，但长期耐热性好；而镉、锌等金属的皂类初期稳定作用大，长期耐热性差。因此，这两类金属的皂类通常是配合使用的。钡皂和镉皂相配合，广泛应用于聚氯乙烯软质制品，特别是软质透明制品；钙皂和锌皂主要用于软质制品。

2. 有机锡稳定剂

有机锡稳定剂通式为 $RmSnY_{4-m}$，其中 R 是烃基，如甲基、正丁基等；Y 是通过氧原子或硫原子与 Sn 连接的有机基团。根据 Y 的不同，有机锡稳定剂可分为三种类型。①脂肪酸盐型：Y 基团为 $-O-\overset{\overset{\displaystyle O}{\|}}{C}-R$；②马来酸盐型：$Y$ 基团为— $-O-\overset{\overset{\displaystyle O}{\|}}{C}-\overset{H}{C}=\overset{H}{C}-\overset{\overset{\displaystyle O}{\|}}{C}-O-H$；③硫醇盐型：$Y$ 基团为 $-SnR$，$-SnCH_2COOR$，作为热稳定剂的主要有二甲基锡、二正丁基锡和二正辛基锡的脂肪酸盐、马来酸盐、马来酸单酯盐、硫酸盐、硫醇羧酸盐等。有机锡是一种高效热稳定剂，其最大优点是具有高度透明性、突出的耐热性以及耐硫化污染；缺点是价格较贵，因此使用量相对较少。

3. 有机辅助稳定剂

这类稳定剂本身稳定作用较小或没有直接稳定作用，但与主稳定剂并用时，可以发挥良好的协同效果，称为辅助稳定剂。其中主要有环氧化物（如环氧大豆油、环氧脂肪酸酯等）和亚磷酸酯等。

4. 复合稳定剂

复合稳定剂是一种液体复配物，其主要成分是金属盐，其次配合包括有机酸、亚磷酸酯、抗氧化剂和溶剂等多种组分。从盐的种类来看，有锡钡通用型、钡锌耐硫化污染型、钙锌无毒型以及钙锡和钡锡复合物等类型。有机酸也有多种，如合成脂肪酸、油酸、环烷酸、辛酸以及苯甲酸、水杨酸、苯酚、烷基酚等。亚磷酸酯可采用亚磷酸三苯酯、亚磷酸三异辛酯、三壬基苯基亚磷酸酯等。抗氧化剂可用双酚 A 等。溶剂则采用矿物油、液体石蜡以及高级醇或增塑剂等。配方不同，可以生产出多种性能和用途的不同牌号产品。

液体复合稳定剂从配方上看，与树脂和增塑剂的相容性较好，透明性好，不易析出，用量较少，使用方便。用于软质透明制品时，比有机锡便宜，耐候性好。用于增塑剂时，黏度稳定性高。其缺点是缺乏润滑性，因此常与金属皂和硬脂酸配合使用。这样可使软化点降低，但长期储存可能不稳定。

现在以有机锡稳定剂为例说明热稳定剂的生产工艺。一般是先制备卤代烷基锡，然后与氢氧化钠反应变成氧化烷基锡，最后与羧酸或马来酸酐、硫醇等反应，即可得到有机锡的脂肪酸盐、马来酸盐、硫醇盐等。整个过程中，卤代烷基锡的合成最为关键。

合成卤代烷基锡的方法一般有格利雅法和直接法。格利雅法是将卤代烷与镁作用，先制得卤代烷基镁（格利雅试剂），再与四氯化锡反应，即可制得二卤二烷基锡。直接法是先用卤代烷与金属锡直接反应制成二卤二烷基锡。然后将其与氢氧化钠水溶液反应，得到氧化二烷基锡。最后将氧化二烷基锡与脂肪酸反应，即可制得有机锡稳定剂。如二月桂酸二丁基锡的合成反应为：

$$2C_4H_9I + Sn \longrightarrow (C_4H_9)_2SnI_2$$

$$(C_4H_9)_2SnI_2 + 2RCOONa \longrightarrow (C_4H_9)_2Sn(OOCR)_2 + 2\,NaI$$

主要的原料包括锡锭、碘、红磷、正丁醇等。其中，锡锭的质量分数在 99.5% 以上，碘的质量分数在 99.5% 以上，红磷的质量分数在 97.5% 以上。正丁醇的相对密度为 0.81 g/cm^3，沸点为 114～119 ℃。

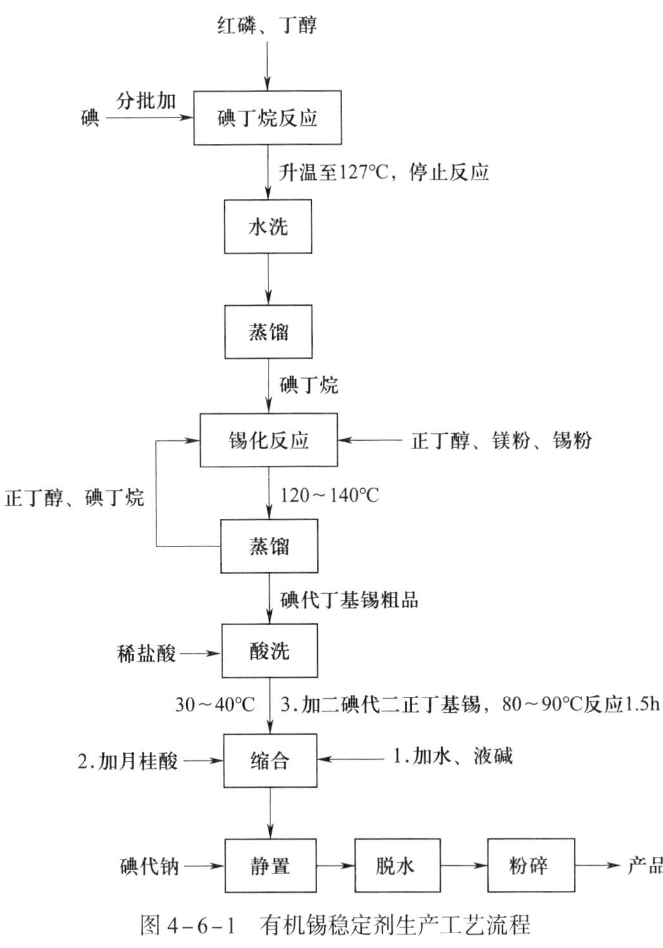

图 4-6-1　有机锡稳定剂生产工艺流程

有机锡稳定剂生产过程一般是在常温下先将红磷和丁醇投入碘丁烷反应釜，然后分批加入碘。将反应温度逐步升高，当温度达到 127 ℃左右时停止反应，水洗、蒸馏得到精制碘丁烷。再将规定配比的碘丁烷、正丁醇、镁粉、锡粉加入锡化反应釜内，在强烈搅拌下于 120～140 ℃反应，蒸出正丁醇和未反应的碘丁烷，得到碘代丁基锡粗品。该粗品在酸洗釜内用稀盐酸于 60～90 ℃洗涤，得到精制二碘代二正丁基锡。在综合釜中加入水、液碱，升温到 30～40 ℃时逐渐加入月桂酸，加完后再加入二碘代二正丁基锡，于 80～90 ℃反应 1.5 h。然后静置 10～15 min，分出碘代钠。将反应液送往脱水釜减压脱水、冷却、压滤，即得产品。有机锡稳定剂生产工艺流程如图 4-6-1 所示。

二、光稳定剂

光稳定剂，也称紫外光稳定剂，是加入高分子材料中能抑制或减缓氧化过程的物质。

常用的光稳定剂根据其稳定机理的不同可分为紫外线吸收剂、光屏蔽剂、紫外线猝灭剂和自由基捕获剂等。

紫外线吸收剂是目前应用最广泛的一类光稳定剂，按其结构可分为水杨酸酯类、二苯甲酮类、苯并三唑类、取代丙烯腈类、三嗪类等。工业上应用最多的为二苯甲酮类和苯并三唑类。

水杨酸类　　二苯甲酮类　　苯并三唑类

光屏蔽剂是指能够吸收或反射紫外线的物质，通常多为无机颜料或填料，主要有炭黑、二氧化钛、氧化锌、锌钡白等。

紫外线猝灭剂主要是金属络合物，如二价镍络合物等，常与紫外线吸收剂并用，起协同稳定作用。

自由基捕获剂是一类具有空间位阻效应的哌啶衍生物类稳定剂，主要为受阻胺类。其稳定效能比上述光稳定剂高几倍，是目前公认的高效光稳定剂。

UV－327 属苯并三唑类紫外线吸收剂，化学名称为 2－（2′－羟基 －3′,5′－二叔丁基苯基）－5－氯苯并三唑。其为淡黄色粉末，熔点在 151 ℃以上，不溶于水，微溶于乙醇，易溶于苯及甲苯。能强烈地吸收波长为 300～400 nm 的紫外线，化学稳定性好，挥发性极小，与聚烯烃的相容性好，可耐高温加工。有优良的耐洗涤性能，特别适用于聚丙烯纤维。本品在聚乙烯中用量为 0.2～0.4 份，在聚丙烯中用量为 0.3～0.5 份，还可用于聚甲基丙烯酸甲酯、聚氨酯和多种涂料。本品与抗氧化剂并用，有优良的协同作用。

UV－327 生产原料主要是对氯邻硝基苯胺、异丁烯和 2,4－二叔丁基苯酚。对氯邻硝基苯胺质量分数在 70% 以上，异丁烯质量分数在 90% 以上，而 2,4－二叔丁基苯酚的质量分数在 99% 以上，其凝固点在 40.4 ℃以上。

原料消耗定额为：对氯邻硝基苯胺 2.5 t，2,4－二叔丁基苯酚 2 t，异丁烯 1.77 t。

UV－327 一般先将对氯邻硝基苯胺与 2,4－二叔丁基苯酚偶合，然后加锌还原制得，其反应式为：

$$H_2N-C_6H_3(NO_2)-Cl + NaNO_2 + 2HCl \longrightarrow CN{=}N-C_6H_3(NO_2)-Cl + NaCl + 2H_2O$$

$$CN{=}N-C_6H_3(NO_2)-Cl + HO-C_6H_3(C(CH_3)_3)-C(CH_3)_3 \xrightarrow{\text{NaOH，甲醇}} Cl-C_6H_4-N{=}N-C_6H_2(OH)(C(CH_3)_3)_2 + NaCl + H_2O$$

$$\text{(Cl-C}_6\text{H}_4\text{-N=N-C}_6\text{H}_2\text{(OH)(C(CH}_3)_3)_2) \xrightarrow[40\sim50^\circ C]{\text{锌粉，乙醇}} \text{(Cl-苯并三唑-N-C}_6\text{H}_2\text{(OH)(C(CH}_3)_3)_2) + 2ZnO$$

先将苯酚、铝屑及甲苯加入催化剂反应釜中，于（145 ± 5）℃时，通入热的气态异丁烯，压力一般控制在 1.0～1.4 MPa。所得反应物在烷化水洗釜中用水洗去除氢氧化铝，蒸去大部分甲苯后，再在减压蒸馏釜中进行减压蒸馏，收集 2,4－二叔丁基苯酚。在重氮化槽中，先将对氯邻硝基苯胺于低温下进行重氮化反应，然后与 2,4－二叔丁基苯酚在偶合反应釜中于 0～5 ℃进行偶合，溶剂为甲醇。反应混合物经过滤后，在还原反应釜中以乙醇为溶剂，用锌粉进行还原，得到粗品。再于重结晶釜中用乙酸乙酯进行净化提纯，趁热过滤，弃去锌渣，冷却后过滤，水洗，烘干处理即得产品。UV－327 光稳定剂生产工艺流程如图 4－6－2 所示。

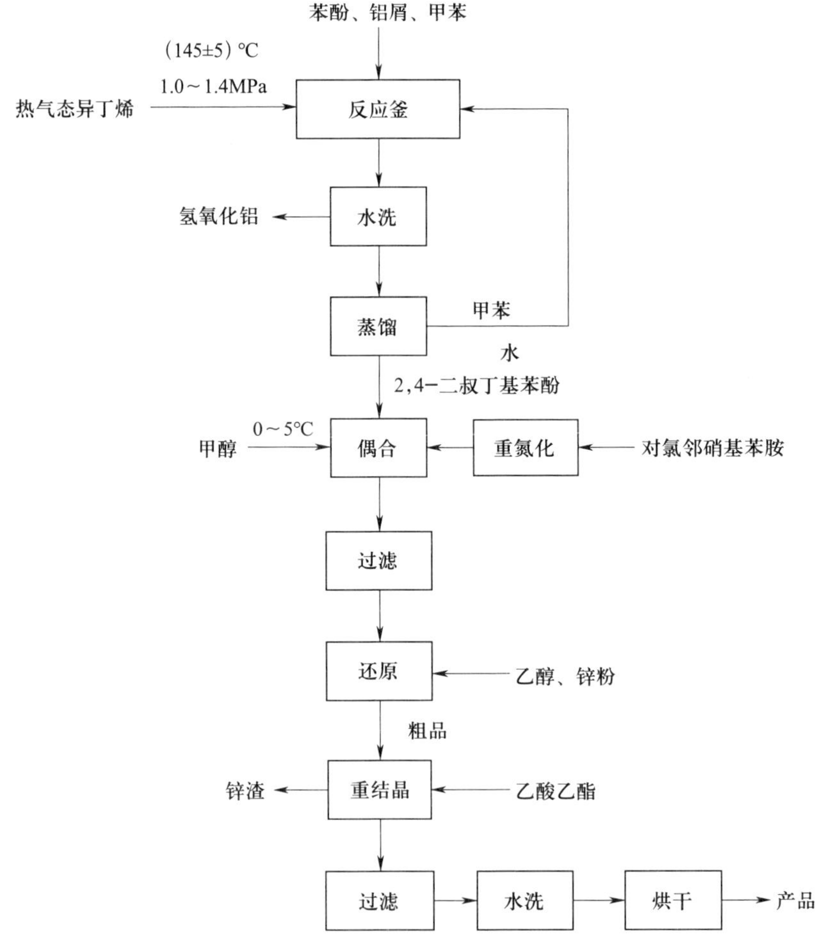

图 4－6－2　UV－327 光稳定剂生产工艺流程

目标检测

一、单项选择题

1. 防止高分子材料在加工过程中由于热和机械剪切所引起的降解，而加入的一类物质是（　　）。

A. 热稳定剂　　B. 光稳定剂　　C. 紫外线吸收剂　　D. 光屏蔽剂

2.（　　）是目前应用最广泛的一类光稳定剂。

A. 紫外线猝灭剂　　B. 光屏蔽剂　　C. 紫外线吸收剂　　D. 自由基捕获剂

3. 常用的光稳定剂根据（　　）不同可分为紫外线吸收剂、光屏蔽剂和紫外线猝灭剂、自由基捕获剂等。

A. 稳定机理　　B. 化学结构　　C. 分子结构　　D. 用途性质

4. 不是有机锡稳定剂优点的是（　　）。

A. 有高度透明性　　B. 突出的耐热性　　C. 耐硫化污染　　D. 价格贵

二、多项选择题

1. UV－327 生产原料主要是（　　）。

A. 对氯邻硝基苯胺　　B. 异丁烯　　C. 苯酚　　D. 硫酸

2. 复合稳定剂的说法中正确的有（　　）。

A. 与树脂和增塑剂的相容性较好

B. 透明性好，不易析出，用量较少，使用方便

C. 一般用于软质透明制品，比有机锡便宜

D. 耐候性好，用于增塑剂时黏度稳定性高

3. 有机锡稳定剂可分为（　　）。

A. 脂肪酸盐型　　B. 硫醇盐型　　C. 磷酸盐型　　D. 马来酸盐型

4. 紫外线吸收剂是目前应用最广泛的一类光稳定剂，工业上应用最多的为（　　）。

A. 水杨酸酯类　　B. 二苯甲酮类　　C. 取代丙烯腈类　　D. 苯并三唑类

三、思考题

1. 什么是热稳定剂？按化学结构不同分为哪几大类？

2. 光稳定剂按机理不同可以分为哪几大类？各有什么特点？

3. 简述紫外线吸收剂的生产工艺流程。

任务七　其他助剂生产技术

学习目标

1. 了解发泡剂主要品种性能。
2. 掌握发泡剂典型产品生产原理及工艺。
3. 了解润滑剂主要品种性能及应用。
4. 了解抗静电剂主要品种性能及生产工艺。

任务引入

聚氯乙烯与环境保护

随着塑料在人们生活、生产中的应用越来越广泛，人们发现其带来的白色污染正在威胁着人们的健康与环境。如何生产出可降解的各种功能性塑料，成为现代塑料生产的一个重要课题。另一方面，有些地方使用的聚氯乙烯又希望其不要降解或降解速度慢一些，以保证其寿命与安全性能等。

通过研究发现，影响聚氯乙烯降解的因素包括分子链结构、氧含量、氢含量、临界尺寸、增塑剂等。

聚乙烯在脱去 HCl 后形成双键，或在氯乙烯进行自由基聚合时在聚氯乙烯（PVC）分子链末端产生双键，这些双键在很大程度上会使聚合物热稳定性下降。另外，热降解过程中的变色现象与反应中生成的共轭双键有关。随着 HCl 脱出量的增加，聚氯乙烯（PVC）的颜色会越来越深。

氧的存在对聚氯乙烯的热降解能起到加速脱氯化氢的作用。降解后链段长度分布变短，导致聚合物褪色，相对分子质量下降。氯化氢对降解过程起催化作用，同时对变色也有一定的影响。

阅读上述材料，讨论下列问题，记录结果，并与同学分享：

1. 头脑风暴，除了学过的这些助剂外，材料还可能会需要什么性能？需要什么助剂赋予材料这些性能？

2. 怎样减少材料对环境的影响？

相关知识

一、发泡剂

泡沫塑料主要是以聚苯乙烯、聚氨酯、聚乙烯等为基材的树脂配以发泡剂所形成的泡沫体。

发泡剂是一类能使在一定黏度范围内的液态或塑性状态的塑料、橡胶形成微孔结构的物质，它们可以是固体、液体或气体。

原则上，凡不与基体树脂发生化学反应，并能在特定条件下产生无害气体的物质，都能作为发泡剂。选择发泡剂的依据是发泡剂的分解温度、气体产生量、分解产物特性等。发泡剂按气体形成的机理分为物理发泡剂与化学发泡剂，按发泡剂的分子组成分为无机发泡剂与有机发泡剂。

化学发泡剂是一种无机的或有机的热敏性化合物，在一定温度下会热分解，产生一种或几种气体，从而使聚合物发泡。产生发泡气体有两种方法：一种方法是气体从聚合物的基体中自身产生，另一种方法是采用化学发泡剂来产生发泡气体。

化学发泡剂包括无机化学发泡剂和有机化学发泡剂两种，无机化学发泡剂主要包括碳酸铵、碳酸氢铵和碳酸氢钠等；有机化学发泡剂主要包括亚硝基化合物、偶氮化合物和磺酰肼类等。亚硝基化合物主要用于橡胶中，偶氮化合物和磺酰肼类则主要用于塑料中。

有机化学发泡剂是目前工业上使用最广泛的发泡剂，它们的分子在热作用下很容易断裂而放出氮气，从而起到发泡的作用。其主要优点是在聚合物中分散性好，分解温度范围较窄，易于控制，发泡率高；主要缺点是易燃。工业上实际使用的有机化学发泡剂主要是偶氮二甲酰胺、偶氮二异丁腈、二偶氮氨基苯等。

偶氮二甲酰胺可通过水合肼（由尿素制备）和尿素反应，先缩合生成氢化偶氮化合物，然后进行氧化制得，其反应式为：

$$NH_2—NH_2 \cdot 7H_2O + H_2SO_4 \longrightarrow NH_2—NH_2 \cdot H_2SO_4 + 7\,H_2O$$

$$NH_2—NH_2 \cdot H_2SO_4 + 2NH_2CONH_2 \longrightarrow NH_2CONH—NHCONH_2 + (NH_4)SO_4$$

$$NH_2CONH—NHCONH_2 + Br_2 \longrightarrow NH_2CONH=NHCONH_2 + 2HBr$$

$$2HBr + Cl_2 \longrightarrow 2HCl + Br_2$$

$$NH_2CONH—NHCONH_2 + Cl_2 \longrightarrow NH_2CONH=NHCONH_2 + 2HCl$$

因此，主要的生产原料包括尿素、氢氧化钠、氯气和硫酸。其中尿素是工业品级别，氢氧化钠质量浓度为 30%，氯气的体积分数在 99.0% 以上，硫酸使用体积分数为 98% 的浓硫酸。原料消耗定额一般为：尿素 2.35 t，氢氧化钠 3.36 t，硫酸 2.45 t。

生产中先用尿素与次氯酸钠及氢氧化钠在适宜温度（如 100 ℃）下反应生成水合肼，将水合肼投入缩合釜内与硫酸反应形成硫酸肼，再与尿素进行缩合反应。然后在氧化罐内，将缩合物与溴化钠在酸性介质中混合，通入氯气进行氧化，再经水洗、离心分离、干燥等工序即得产品。

二、润滑剂

凡是能改善塑料或橡胶在加工成型时流动性的物质称为润滑剂。通常按化学结构将润滑剂分为以下五大类。

1. 脂肪酸及其金属皂类

这是一类来源丰富、价格低廉、应用广泛的润滑剂，主要包括硬脂酸及硬脂酸的钙、镁、铅、钡盐等，该类润滑剂兼有热稳定作用。

2. 酯类

主要为硬脂酸酯及柠檬酸酯类，如硬脂酸丁酯、单硬脂酸甘油酯、三硬脂酸甘油酯、柠檬酸三（十八醇）酯等。

3. 酰胺类

主要为高级脂肪酸酰胺及其衍生物，有硬脂酰胺类、油酸酰胺、亚甲基双硬脂酰胺、N,N′–乙二基双硬脂酰胺等。其中 N,N′–乙二基双硬脂酰胺是一种优良的润滑剂，具有抗结性和抗静电性。

4. 烃类

用作润滑剂的烃类是一些相对分子质量在 350 以上的脂肪烃，包括石蜡、合成石蜡、低相对分子质量的聚乙烯蜡及矿物油等。

5. 有机硅类

主要为有机硅氧烷，如聚二甲基硅氧烷（硅油）、聚二乙基硅氧烷（乙基硅油）、聚甲基苯基硅氧烷等，主要用作脱模剂。

三、抗静电剂

抗静电剂是添加在树脂中或涂覆在塑料制品、合成纤维表面，以防止静电危害的一类化学助剂。抗静电剂的作用是将体积电阻高的高分子材料表面层电阻率降低到 10 Ω 以下，从而减轻高分子材料在加工过程中的静电积累。

抗静电剂主要是一些表面活性剂，按使用方法不同可以分为外部抗静电剂和内部抗静电剂。目前在纤维工业中使用的抗静电剂主要有五种基本类型，即胺的衍生物、季铵盐、磷酸盐、硫酸酯以及聚乙二醇的衍生物等，总计 100 多个品种。此外，导电性良好的炭黑、金属粉末、金属盐、金属氧化物等偶尔也可作为塑料和纺织制品的抗静电剂使用。

常用的抗静电剂有阴离子抗静电剂、阳离子型抗静电剂、两性离子型抗静电剂。抗静电剂 P 是烷基磷酸酯二乙醇胺盐，属于阳离子型抗静电剂，为棕黄色黏稠膏状物，易溶于水及有机溶剂。在纺织工业中，用作涤纶、丙纶等合成纤维纺织油剂的组分之一，起抗静电作用，一般用量为油剂总量的 5%～10%（质量分数）。在塑料工业中，可用作抗静电剂。

抗静电剂 P 可通过脂肪醇与五氧化二磷先进行磷酸化反应，再用二乙醇胺中和制得。生产原料主要包括脂肪醇、五氧化二磷、二乙醇胺等，其中脂肪醇的羟值为 370～385，五氧化二磷质量分数在 95% 以上，二乙醇胺为工业品级别。原料消耗定额一般为：脂肪醇 0.38 t、五氧化二磷 0.18 t、二乙醇胺 0.52 t。

在生产中，先在搪玻璃反应釜中加入脂肪醇，启动搅拌器，向夹套中通入冷却水，于 40 ℃下逐渐加入五氧化二磷进行磷酸化反应，然后在 50～55 ℃下保温反应 3 h，在 20 ℃下用二乙醇胺中和至 pH 值在 7～8，趁热包装即得产品。抗静电剂 P 生产工艺流程如图 4–7–1 所示。

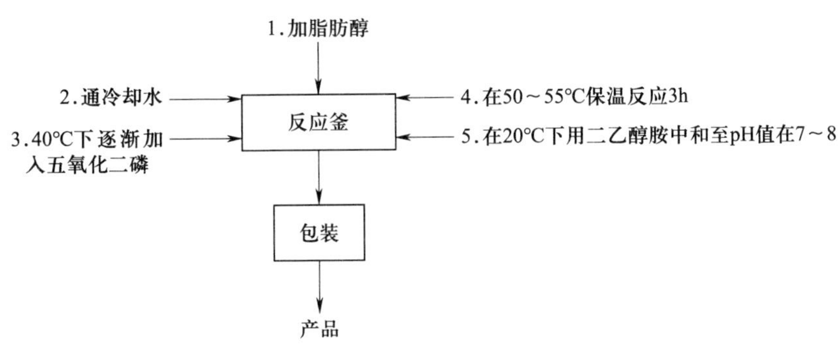

图 4-7-1　抗静电剂 P 生产工艺流程

目标检测

一、单项选择题

1. 凡是能改善塑料或橡胶在加工成型时的（　　）的物质称为润滑剂。

A. 流动性　　B. 柔韧性　　C. 电阻值　　D. 硬度值

2. 发泡剂按（　　）分为物理发泡剂与化学发泡剂。

A. 性质　　B. 化学结构

C. 气体形成的机理　　D. 来源

3. 抗静电剂 P 生产中，搪玻璃反应釜的夹套中是用来（　　）的。

A. 加热　　B. 冷却　　C. 保温　　D. 以上都对

4. 下列主要用于橡胶的发泡剂是（　　）。

A. 亚硝基化合物　　B. 偶氮化合物　　C. 磺酰肼类　　D. 碳酸铵

二、多项选择题

1. 下列能用于纤维工业抗静电剂的是（　　）。

A. 胺的衍生物　　B. 季铵盐　　C. 磷酸盐　　D. 硫酸酯

2. 通常按化学结构将润滑剂分为（　　）。

A. 脂肪酸及其金属皂类　　B. 酯类

C. 酰胺类　　D. 有机硅类

3. 下列属于无机化学发泡剂的是（　　）。

A. 碳酸铵　　B. 碳酸氢铵　　C. 碳酸氢钠　　D. 亚硝基化合物

三、思考题

1. 试述常用的抗静电剂的主要品种以及抗静电 P 的主要特征。

2. 简述偶氮二甲酰胺的生产工艺流程。
3. 画出抗静电剂 P 生产工艺流程简图。

项目总体评价

一、复习项目内容，补充完成思维导图。

二、项目成果制作。

小组协作完成实训任务，并完成实训工单。

实训工单

<table>
<tr><td>小组成员</td><td colspan="3"></td><td>实训地点</td><td colspan="2"></td></tr>
<tr><td>产品名称</td><td colspan="3">塑料助剂品种调研</td><td>日期</td><td colspan="2"></td></tr>
<tr><td rowspan="5">配方及原料准备</td><td>组成</td><td>质量分数 / %</td><td>作用</td><td>组成</td><td>质量分数 / %</td><td>作用</td></tr>
<tr><td></td><td></td><td></td><td></td><td></td><td></td></tr>
<tr><td></td><td></td><td></td><td></td><td></td><td></td></tr>
<tr><td></td><td></td><td></td><td></td><td></td><td></td></tr>
<tr><td></td><td></td><td></td><td></td><td></td><td></td></tr>
</table>

项目五

食品添加剂生产技术

项目导学

食品添加剂是为了保持食物的新鲜度、改善口感和颜色而添加的物质，是现代食品生产中必不可少的精细化学品。其种类繁多，主要包括抗氧化剂、防腐剂、调味剂和乳化剂等。不同的食品添加剂有不同的使用要求和用途。

课程思政

味精和鸡精是人们生活中最常见的食品添加剂，在日常烹饪中占据着重要的地位，它们可以提升菜品鲜味，增强食物风味，促进唾液分泌，改善食欲，缓解神经衰弱等，同时可参与人体蛋白质的合成过程。然而，关于它们的安全性，一直存在着不少争议和误解。

味精的主要成分是谷氨酸钠，其鲜味来源于谷氨酸根离子。许多天然食材中也含有丰富的谷氨酸，因此味精并非完全是人工合成的化学物质，食用味精生产一般以淀粉质、糖质为原料，经过微生物发酵工艺制成。联合国粮食及农业组织和世界卫生组织等权威机构已经证实，在适量的情况下，食用味精是安全的。

鸡精则是一种复合调味料，其成分比味精复杂得多，包括味精、食用盐、鸡肉或鸡骨的粉末等。鸡精不仅含有谷氨酸钠，还添加了其他增鲜和增香的成分，具有鸡的鲜味和香味，其生产一般以味精、食用盐、鸡肉或鸡骨的粉末或其他浓缩抽提物、呈味核苷酸二钠及其他辅料为原料，添加或不添加香辛料或食用香料等增香剂，经混合、干燥加工而成。

在烹饪过程中适量添加味精或鸡精对健康成年人来说是安全的。然而，无论是味精还是鸡精，都不宜过量摄取。过量的谷氨酸钠可能会与血液中的锌结合，导致人体缺锌。锌是人体必需的微量元素，对生长发育、免疫等生理活动至关重要。此外，过多摄取谷氨酸钠还可能导致人体内的钠离子过量，从而增加患高血压的风险。

阅读上述材料，讨论下列问题，记录结果，并与同学分享：

1. 分析食品添加剂味精和鸡精的作用。
2. 怎样使用食品添加剂味精和鸡精才能保证安全？
3. 在食品添加剂生产和使用过程中，我们应该担起什么样的责任与使命？

任务一　食品添加剂认知

学习目标

1. 了解食品添加剂定义、功能与分类。
2. 掌握食品添加剂的生产管理和使用要求。
3. 掌握食品添加剂使用标准。
4. 了解食品添加剂的发展趋势。

任务引入

《食品安全国家标准　食品添加剂使用标准》（GB 2760—2024）【节选】

一、范围

本标准规定了食品添加剂的使用原则、允许使用的食品添加剂品种、使用范围及最大使用量或残留量。

二、术语和定义

1. 食品添加剂

为改善食品品质和色、香、味，以及为防腐、保鲜和加工工艺的需要而加入食品中的人工合成或者天然物质。食品用香料、胶基糖果中基础剂物质、食品工业用加工助剂、营养强化剂也包括在内。

2. 最大使用量

食品添加剂使用时所允许的最大添加量。

3. 最大残留量

食品添加剂或其分解产物在最终食品中的允许残留水平。

相关知识

一、食品添加剂基本概念

1. 定义

食品添加剂是现代食品工业生产加工中不可或缺的重要精细化学品，在食品工业中具有举足轻重的地位，可以说，没有食品添加剂，现代食品工业将难以维系。目前，世界各国对食品添加剂的定义尚未统一。《中华人民共和国食品安全法》中将其定义为：为改善食品品质和色、香、味以及为防腐、保鲜和加工工艺的需要而加入食品中的人工合成或者天然物质。

2. 功能与作用

食品添加剂具有特定的功能，其主要作用包括改善食品的色泽、香气和味道，增加食品的营养价值，提升食品品质，优化加工条件，防止食品腐败变质，以及延长食品的保质期。然而，食品添加剂不能用于掩盖食品本身的变质、腐败等缺陷。

食品添加剂已成为支撑现代食品工业的重要基石，世界各国批准使用的食品添加剂品种日益增多，其使用水平已成为衡量各国现代化程度的重要标志之一。美国是目前全球食品添加剂产值最高的国家，其销售额、品种数量均位居世界前列。根据《食品安全国家标准　食品添加剂使用标准》（GB 2760—2024）中，我国允许使用的食品添加剂分为二十三大类，共 2 397 种。

3. 分类

食品添加剂有多种分类方式，其中主要按来源和功能进行划分。

（1）按来源来分，食品添加剂可分为天然和人工合成两大类。其中，直接来源于动物、植物、微生物或通过生物化学方法生产的食品添加剂称为天然食品添加剂；而通过化学方法生产的食品添加剂则称为人工合成食品添加剂。目前，所使用的食品添加剂中，大部分是人工合成的。

（2）按功能来分，根据《食品安全国家标准　食品添加剂使用标准》（GB 2760—2024），食品添加剂被分为二十三大类，共 2 397 种。具体包括酸度调节剂、抗结剂、抗氧化剂、漂白剂、膨松剂、胶姆糖基础剂、着色剂、护色剂、乳化剂、酶制剂、增味剂、面粉处理剂、被膜剂、水分保持剂、防腐剂、稳定剂、凝固剂、甜味剂、增稠剂、食用香料、营养强化剂、加工助剂以及其他类别。

二、生产管理和使用要求

食品添加剂一般不属于食品的正常营养成分，且具有一定毒性。长期或不合理使用，可能会对人体产生毒害作用，特别是人工合成食品添加剂。历史上曾发生过多起因不合理使用食品添加剂而引发的食品安全事件。因此，食品添加剂的使用和生产应接受主管部门的监督与指导。在我国，食品安全监管涉及多个部门，形成了一套多层次、多部门的监管体系，其中国家市场监督管理总局负责监督与管理食品工厂的生产与使用、新产品质量标准检测等工作。食品添加剂的生产、检测、使用必须严格遵守相关法律法规，严格控制使用范围和使用量，并且不得用于掩盖食品变质、腐败等缺陷。

对食品添加剂的要求包括以下几个方面：①应进行充分的毒理学鉴定，确保在允许使用的范围内长期摄入对人体无害；②对食品的营养成分不应有破坏作用，也不应影响食品的质量及风味等特性；③应有助于食品的生产、加工、制造及储运过程，具有保持食品营养价值、防止腐败变质、增强感官性能及提高产品质量等作用，并应在较低的使用量下取得显著效果，但不得用于掩盖食品变质、腐败等缺陷；④最好在达到使用效果后能被去除而不进入人体；⑤添加于食品后应能被准确分析鉴定出来；⑥价格应合理，原料来源应丰富，使用方便，易于储运和管理。

三、使用标准

理想的食品添加剂应有益无害，然而有些食品添加剂，特别是人工合成食品添加剂，往往具有一定的毒性。这种毒性不仅由物质本身的结构与性质所决定，还与浓度、作用时间、接触途径与部位、物质的相互作用以及机体机能状态等因素有关。只有当其达到一定浓度或剂量时，才会显示出毒害作用。因此，食品添加剂的使用应在严格控制下进行，即应严格遵守食品添加剂的使用标准。

食品添加剂的使用标准是确保其安全使用的定量指标，包括允许使用的食品添加剂品种、使用范围、使用目的（即工艺效果）以及食品中的最大使用量。食品添加剂在食品中的最大使用量是使用标准的主要数据，这一标准是依据充分的毒理学评价和食品添加剂使用情况的实际调查而制定的。

评价食品添加剂的毒性（或安全性）时，第一个常用指标是 ADI 值（即每日允许摄入量）。ADI 值是指人类终生每日随同食物、饮水和空气摄入某种外源化学物质而对健康不引起任何可观察到损害作用的量。这一数值是通过对小动物（如大鼠、小鼠等）进行近乎一生的毒性实验，取得动物最大无作用量（MNL 值），取其 1/100～1/500 来确定的。

评价食品添加剂毒性（或安全性）的第二个常用指标是 LD_{50} 值（即半数致死量，亦称致死中量）。LD_{50} 值是粗略衡量急性毒性高低的一个指标，它是指使感染动物半数发生死亡所需要的最少细菌数或毒素量，其单位通常以 mg/kg（体重）来表示。毒性与半数致死量的关系见表 5-1-1。

表 5-1-1　毒性与半数致死量的关系

毒性程度	LD_{50}（大鼠经口）	对人致死推断量
极大	< 1 mg/kg（体重）	≈ 50 mg
小	501～5 000 mg/kg（体重）	200～300 g

不同动物以及不同的给予方式，对于同一受试物质的 LD_{50} 值均可能存在差异，有时这种差异还可能相当大。在试验食品添加剂的 LD_{50} 值时，主要是测定其经口的半数致死量。一般而言，如果某种物质对多种动物的毒性较低，那么它对人的毒性也可能相对较低；反之，如果某种物质对多种动物的毒性较高，那么它对人的毒性也可能相对较高。

四、发展趋势

1. 天然食品添加剂

绿色食品是当前食品工业发展的一大潮流，人们对食用色素、防腐剂等食品添加剂的安全问题日益关注。大力发展天然色素、天然防腐剂等天然食品添加剂，既有益于消费者的健康，又能促进食品工业的发展。

2. 生物食品添加剂

近年来，人们逐渐认识到，天然食品添加剂一般具有较高的安全性能，因此其应用越来越广泛。但由于自然界的植物、动物、微生物生长周期较长，生产效率相对较低。采用现代生物技术生产天然食品添加剂，不仅可以显著提高生产效率，还能生产出一些新型食品添加剂，如红曲色素、乳酸链球菌素、黄原胶、溶菌酶等。

3. 大力开发专用型食品添加剂

不同的应用场合往往需要不同性能的食品添加剂或食品添加剂组合。研究开发专用的食品添加剂或食品添加剂组合，可以充分发挥食品添加剂的潜力，简化加工工艺，提高产品质量，并降低生产成本。

4. 高分子型食品添加剂

增甜剂多数是天然的或改性天然水溶性高分子化合物。其他食品添加剂中，除了少数生物高分子化合物，基本上都是小分子化合物。实践表明，若能将普通食品添加剂高分子化，可以提高食品安全性，降低热值，并使效用更加持久。

5. 复配技术

实践表明，许多食品添加剂进行复配后，可以产生增效作用或浮现出一些新功能。研究食品添加剂的复配技术，不仅可以减少食品添加剂的用量，还可以进一步改善食品的品质，提高食品的食用安全性。

6. 新生产工艺

许多传统的食品添加剂使用效果良好，但生产成本高，产品价格昂贵，因此推广应用受到限制，迫切需要研究开发出一些节省能源、降低原材料消耗的新工艺路线。例如，甜菊糖苷采用大孔树脂吸附生产工艺后，产品质量和生产成本都有了很大的改善，这对甜菊糖苷的推广应用起到了很好的促进作用。

目标检测

一、单项选择题

1. 食品添加剂最重要的指标是（　　）。

A. 毒性（安全性）　　B. 高效性
C. 经济性　　D. 使用性
2. 直接来源于动物、植物、微生物和通过生物化学方法生产的食品添加剂为（　　）。
A. 合成食品添加剂　　B. 天然食品添加剂
C. 生物合成添加剂　　D. 人工合成添加剂
3. 按（　　）来分，食品添加剂可分为天然食品添加剂和人工合成食品添加剂。
A. 应用特性　　B. 化学结构
C. 用途　　D. 来源
4. 食品添加剂不能用来（　　）。
A. 改善食品质量　　B. 方便加工
C. 掩盖食品变质、腐败等缺陷　　D. 延长保存期

二、多项选择题

1. 食品添加剂在食品中的最大使用量是使用标准的主要数据，依据（　　）制定。
A. 充分的毒理学评价实验　　B. 耐久性
C. 添加剂使用情况的实际调查　　D. 产品的最终用途
2 . 关于 LD_{50} 值的说法中正确的有（　　）。
A. 是半数致死量或致死中量　　B. 可以粗略衡量急性毒性高低
C. LD_{50} 值越高急性毒性越大　　D. 单位是 mg/kg（体重）
3 . 评价食品添加剂安全性（毒性）的标准包括（　　）。
A. ADI 值　　B. MNL 值
C. LD_{50} 值　　D. LD_{100} 值

三、思考题

1. 简述食品添加剂的发展趋势。
2. 生产管理与使用过程中对食品添加剂的具体要求有哪些？
3. 按其功能来分，食品添加剂可以分为哪几类？

任务二　食品防腐剂生产技术

学习目标

1. 了解食品防腐剂的定义、分类。
2. 掌握食品防腐剂的典型品种及特点。

3. 掌握食品防腐剂典型品种的生产原理及生产工艺。

任务引入

食品防腐是确保食品安全与延长保质期的关键。烟熏防腐是古代劳动人民发现的一种有效的食品防腐技术，特别是对肉制品来说，可大大延长其保质期，同时可增加其风味和色泽，提升其感官品质。

烟熏的防腐原理主要有五个方面：一是烟熏过程中产生的烟气中含有多种具有杀菌防腐作用的成分；二是烟熏使蛋白质变性形成保护膜；三是烟熏过程中脱水从而抑制微生物的生理活动，同时表层盐浓度显著增加，进一步增强了防腐效果；四是烟熏过程中高温的杀菌作用；五是烟熏中的酚类物质不仅具有抑菌作用，还能防止脂肪氧化，延长食品的保质期。

在现代食品工业中，具有抑制或杀灭细菌，防止食品氧化变质，延长食品的储存期和保质期的物质称为食品防腐剂。

阅读上述材料，讨论下列问题，记录结果，并与同学分享：

1. 食品防腐的作用有哪些？
2. 分析食品防腐的途径。
3. 什么是食品防腐剂？

相关知识

一、食品防腐剂基本概念

1. 定义

食品防腐剂是一类能够抑制微生物活动，防止食品腐败和变质，从而延长储存期和保鲜期的食品添加剂。

2. 分类

食品防腐剂按化学组成来分，可以分为有机防腐剂、无机防腐剂、生物防腐剂等；按来源来分，则可分为化学防腐剂和天然防腐剂。由于化学防腐剂价格低廉且相对安全，因此普遍应用于食品中。

3. 常见品种

我国目前常用的食品防腐剂主要有四类，即苯甲酸及其盐类、山梨酸及其盐类、丙酸及其盐类、对羟基苯甲酸酯等，这些基本属于有机防腐剂的范围。此外，化学防腐剂（如 SO_2 等）、天然防腐剂（如制造啤酒用的酒花等）也被广泛使用。

（1）苯甲酸又称安息香酸，是一种常用的有机防腐剂。它能抑制微生物细胞呼吸酶的活性，在酸性条件下防腐效果好，pH 值为 3.0 时抗菌效果最强，对多种微生物都有效。苯甲酸进入人体后，大部分与甘氨酸化合生成马尿酸，剩余部分与葡萄糖醛酸化合而解毒，并全部从尿中排出，不在人体内蓄积。

COOH　　　　COONa

苯甲酸　　　苯甲酸钠

（2）山梨酸化学名为2,4－己二烯酸，其结构式为 $CH_3CH{=}CHCH{=}CH{-}COOH$。它能与微生物酶系统中的巯基结合，破坏酶系，是一种酸性防腐剂。随着pH值升高，其防腐效果会降低。山梨酸及其钠盐、钾盐是一种新型食品添加剂，能抑制细菌、霉菌和酵母菌的生长，防腐效果显著。作为一种不饱和脂肪酸，它在体内可以直接参与脂肪代谢，被氧化为二氧化碳和水，因此几乎无毒性，是各国普遍使用的一种较安全的食品防腐剂。

（3）丙酸是一种类似醋酸的液体，是国内外允许使用的酸性防腐剂，西方国家早已普遍使用。由于它是人体新陈代谢的正常中间物，故无毒性，其ADI值不加限制。丙酸主要用于面包及糕点的制作。丙酸盐具有相同的防腐效果，可以是钙盐或钠盐，通过分解为丙酸而发挥作用。丙酸及其盐的最大使用量规定为5 g/kg，其最小抑菌浓度在pH值为5.0时是0.01%（质量分数），pH值为6.5时是0.5%（质量分数）。

（4）对羟基苯甲酸酯商品名为尼泊金酯，是对羟基苯甲酸与低碳醇所生成的酯。国内外已商品化的有对羟基苯甲酸的甲酯、乙酯、丙酯、丁酯、异丙酯等。国内使用较多的是对羟基苯甲酸甲酯、对羟基苯甲酸乙酯、对羟基苯甲酸丙酯。对羟基苯甲酸甲酯是国内外广泛应用的食品防腐剂之一，主要用于脂肪产品、乳制品、饮料、酱油、高脂肪含量的面包和糖果等。其ADI值为0～10 mg/kg，LD_{50}值为5～17 g/kg。特点是毒性低，能在非酸性条件下使用，因此具有一定的实用价值。影响食品防腐剂效果的因素主要包括pH值、食品染菌程度、溶解分散状况、加热协同作用、多种食品防腐剂共用等。

二、生产工艺

1. 苯甲酸生产工艺

苯甲酸的工业生产方法主要有甲苯氧化法、苄基氯水解法和邻苯二甲酸酐水解法等，以下是甲苯氧化法的生产工艺。

甲苯在催化剂作用下与空气氧化生成苯甲酸，该反应为液－气两相参与的非均相反应。苯甲酸再与碳酸钠溶液中和，生成苯甲酸钠。其反应为：

$$C_6H_5{-}CH_3 + O_2 \longrightarrow C_6H_5{-}COOH \xrightarrow{Na_2CO_3} C_6H_5{-}COONa$$

工业上常采用在高温、加压条件下进行连续液相氧化，有完全氧化法和部分氧化法两种。催化剂用量为100～150 mg/L，反应温度根据两种方法的氧化程度不同而有所差异。完全氧化法采用的催化剂是乙酸钴，另外加溴化钠作为促进剂。反应温度为200 ℃，压力为3 MPa，甲苯转化率可达 99%，氧化反应收率可达 96%，精馏后总收率也可达 91%，产品质量分数高达 99.5% 以上。但溴化物会腐蚀设备，对氧化塔材料要求较高，因此工业上普遍采用部分氧化法。部分氧化法的催化剂与前面相同，但不需要促进剂。反应温度和压力较完全氧化法低，分别为 150～170 ℃和 1 MPa。

甲苯和催化剂由反应塔底部进入，空气经过净化后由反应塔侧下部进入。甲苯在反应塔内进行氧化反应，当反应液达到连续出料所要求的指标浓度时，由塔顶进入常压蒸馏塔。低沸物中未反应的甲苯及中间产物苯甲醇等，经洗涤塔回收后返回氧化反应塔。尾气经过活性炭吸附后放空。生成物先进入汽提塔，苯甲酸由塔底出料，再进入冷却、结晶等工序，制得苯甲酸产品。

苯甲酸进入中和塔，加入碳酸钠水溶液进行中和，再进行精制即可得到苯甲酸钠产品。精制过程包括脱色、过滤、浓缩、结晶、干燥、粉碎等工序。苯甲酸和苯甲酸钠生产工艺流程如图 5-2-1 所示。

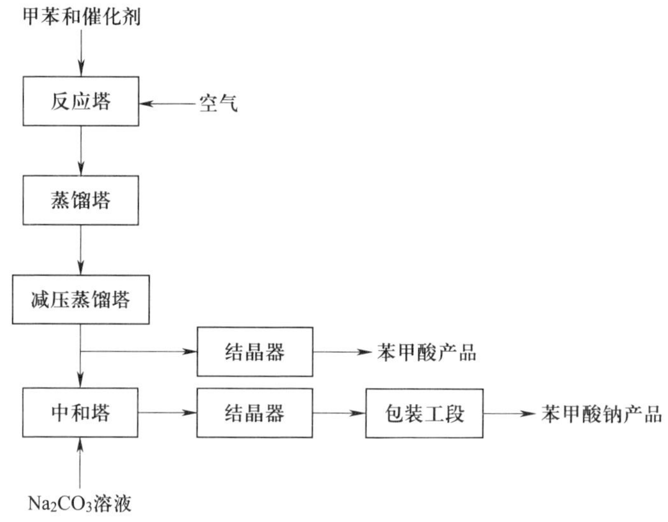

图 5-2-1　苯甲酸和苯甲酸钠生产工艺流程

2. 对羟基苯甲酸酯类生产工艺

对羟基苯甲酸酯类的生产工艺一般分为两步：中间体对羟基苯甲酸的合成以及对羟基苯甲酸的酯化。

（1）中间体对羟基苯甲酸的合成

对羟基苯甲酸的合成方法主要有邻羟基苯甲酸热传位法、对磺酰胺苯甲酸碱熔焙烧法和酚钾直接羧化法等，酚钾直接羧化法反应式为：

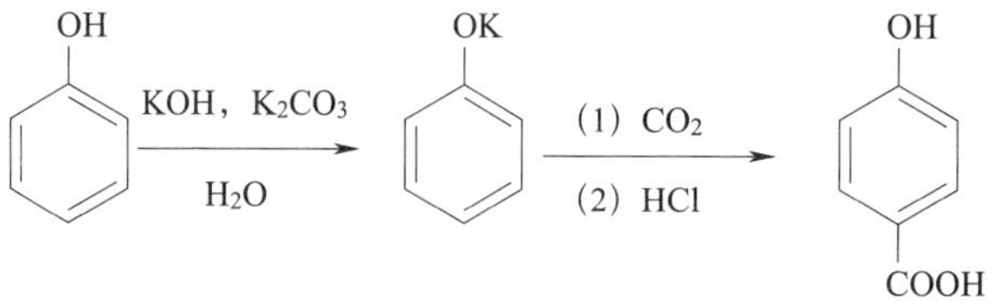

$$C_6H_5OH \xrightarrow[H_2O]{KOH,\ K_2CO_3} C_6H_5OK \xrightarrow[(2)\ HCl]{(1)\ CO_2} HOC_6H_4COOH$$

（2）对羟基苯甲酸的酯化

对羟基苯甲酸与不同的醇反应可以生成相应的酯。以对羟基苯甲酸乙酯为例，其合成方法是以对羟基苯甲酸和无水乙醇为原料，醇与酸的质量配比为 4∶1。在常用的催化剂硫酸存在下，控制反应温度为 75～85 ℃，使反应在回流状态下进行，持续反应 12 h，酯化反应式为：

$$HO-C_6H_4-COOH + ROH \longrightarrow HO-C_6H_4-COOR$$

酯化反应结束后，进行精制、包装后即得产品。精制过程为向反应产物中加入质量分数为 3% 的氢氧化钠水溶液，经中和以除去残留的酸性催化剂。随后，将反应产物溶解于体积分数为 5% 的乙酸热溶液中，加入活性炭进行脱色处理，持续 30 min。之后趁热进行过滤，滤饼先用去离子水洗涤，然后在 70～80 ℃的温度下进行干燥，最后粉碎得到产品。对羟基苯甲酸酯生产工艺流程如图 5-2-2 所示。

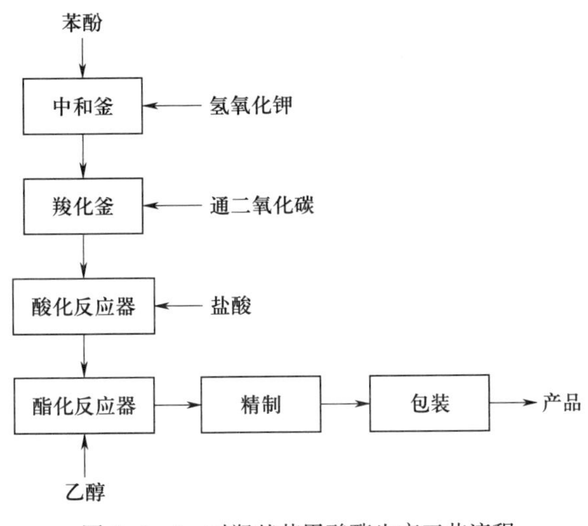

图 5-2-2　对羟基苯甲酸酯生产工艺流程

为加速酯化反应的进行，通常采用硫酸作为催化剂，同时加入能与水形成共沸物的物质，利用共沸精馏法将生成的水从反应体系中引出，以提高反应物的转化率。但在生产固体酯时较少采用此法，而是采用过量低碳醇的方法，以达到提高主要原料转化率的目的。此外，硫酸的用量也远远大于一般催化剂的用量，硫酸可以与反应生成的水结合形成水合物，使平衡向右移动，从而提高转化率。使用硫酸等质子型催化剂具有价格低廉、酯的产率较高的优点，但是它们对设备的腐蚀较为严重。与其他酯化产品类似，对羟基苯甲酸酯类的开发也集中在加快反应速度和提高转化率等方面。目前，工业生产正试图改用固体酸等作为催化剂，并采用分子筛进行脱水以提高转化率，从而达到简化生产流程的目的。

3. 山梨酸及其盐生产工艺

目前，山梨酸的生产方法包括丁烯醛–乙烯酮综合法、丁烯醛–丙酮缩合法、丁烯醛–丙二酸溶剂法、山梨醛微生物氧化法、丁二烯法、乙酸法等。山梨酸钾及山梨酸钠等盐类是由山梨酸先与相应的碱或碳酸盐水溶液反应制备，再经精制而成，其操作过程与苯甲酸钠的制备类似。

（1）丁烯醛–丙酮生产工艺

以丁烯醛和丙酮为原料，采用 $Ba(OH)_2 \cdot 8H_2O$ 作为催化剂，在 60 ℃下先进行醛酮交叉缩合反应，缩合成 3,5–二烯–2–庚酮，然后用次氯酸钠氧化，再与氢氧化钠（或氢氧化钾）反应得到山梨酸钠（或山梨酸钾）。用硫酸酸化后得到山梨酸产品，收率可达 90% 以上。同时，该过程会获得副产物三氯甲烷。其反应式为：

$$CH_3CH{=}CHCHO + CH_3-\overset{\overset{\displaystyle O}{\|}}{C}-CH_3 \xrightarrow{Ba(OH)_2 \cdot 8H_2O} CH_3CH{=}CHCH{=}CH\overset{\overset{\displaystyle O}{\|}}{C}CH_3$$

$$CH_3CH{=}CHCH{=}CH\overset{\overset{\displaystyle O}{\|}}{C}CH_3 + NaClO \longrightarrow CH_3CH{=}CHCH{=}CH\overset{\overset{\displaystyle O}{\|}}{C}CCl_3 + NaOH$$

$$CH_3CH{=}CHCH{=}CH\overset{\overset{\displaystyle O}{\|}}{C}CCl_3 + NaOH \longrightarrow CH_3CH{=}CHCH{=}CH\overset{\overset{\displaystyle O}{\|}}{C}ONa + CHCl_3$$

$$CH_3CH{=}CHCH{=}CH\overset{\overset{\displaystyle O}{\|}}{C}ONa + H_2SO_4 \longrightarrow CH_3CH{=}CHCH{=}CH\overset{\overset{\displaystyle O}{\|}}{C}OH + Na_2SO_4$$

在强碱催化剂和较高的反应温度下，丁烯醛容易发生自身缩合反应生成一定量的聚醛树脂。因此，生产中一般采用丙酮过量以降低丁烯醛的浓度，从而达到控制反应速度的目的。目前，我国多采用此工艺生产山梨酸和山梨酸盐。

催化剂通常是三氟化硼、氧化锌、氯化铝及硼酸等，也有使用水杨酸在 150 ℃下加热处理丁烯醛和丙酮的情况。

（2）丁烯醛–丙二酸生产工艺

以丁烯醛和丙二酸为原料，在溶剂吡啶中使用稀硫酸作为催化剂进行反应，得到丁烯醛–丙二酸加成产物。其反应式为：

$$CH_3CH{=}CHCHO + CH_2(COOH)_2 \longrightarrow CH_3CH{=}CHCH{=}CHCOOH$$

生产过程中，首先向反应器依次加入丁烯醛、丙二酸和溶剂吡啶，其质量配比为 1.0 : 1.42 : 1.42。在室温下搅拌 1 h，然后缓慢加热至 90 ℃，进行脱羧反应 4 h。反应完毕后，降温至 10 ℃以下，慢慢加入 10%（体积分数）稀硫酸，并控制温度不超过 20 ℃，直至反应物呈弱酸性，pH 值为 4～5。冷却结晶 12 h，过滤，结晶用水洗涤得到山梨酸粗品。再用粗品质量的 3～4 倍的 60%（体积分数）乙醇进行重结晶，得到山梨酸产品。若需制备钾盐，用碳酸钾或氢氧化钾中和即可得到山梨酸钾。但是，本法山梨酸的收率不高，仅 30% 左右。丁烯醛–丙二酸生产工艺流程如图 5–2–3 所示。

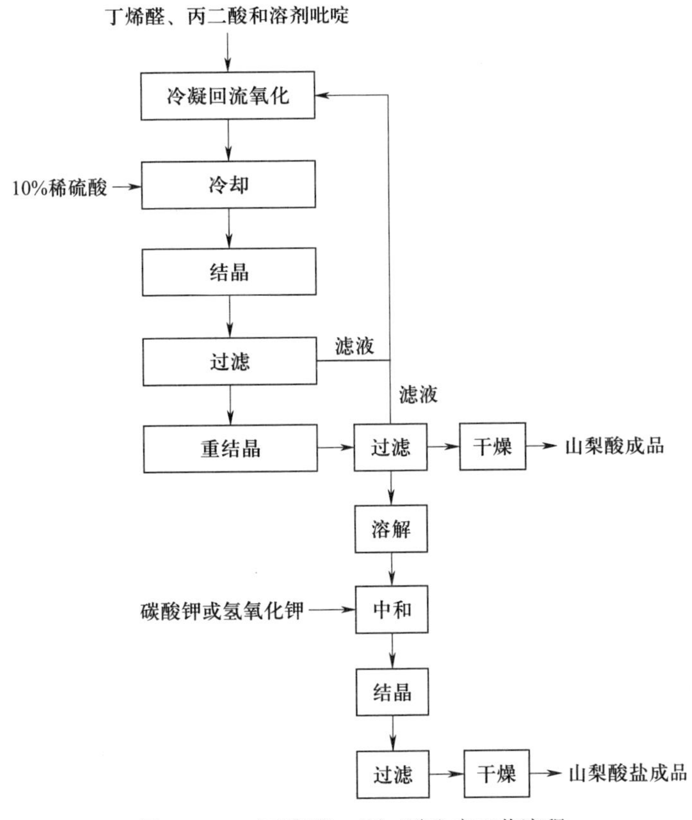

图 5-2-3　丁烯醛 - 丙二酸生产工艺流程

目标检测

一、单项选择题

1. 酸性条件下防腐效果不好的是（　　）。

A. 山梨酸及其盐类　　B. 丙酸及其盐类

C. 苯甲酸及其盐类　　D. 对羟基苯甲酸酯

2. 食品防腐剂按（　　）可以分为有机防腐剂、无机防腐剂及生物防腐剂等。

A. 分子结构　　B. 化学组成

C. 来源　　D. 用途

3. 对羟基苯甲酸酯类商品名为（　　）。

A. 安息酸酯　　B. 尼泊金酯

C. 山梨酸酯　　D. 对羟基苯甲酸酯

4. 对羟基苯甲酸酯化中常用的催化剂是（　　）。

A. 磷酸　　B. 盐酸　　C. 硫酸　　D. 硝酸

二、多项选择题

1. 食品防腐剂是（　　）的一类食品添加剂。

A. 抑制微生物活动　　B. 防止食品腐败和变质

C. 延长储存期和保鲜期　　D. 改善食品加工工艺

2. 对羟基苯甲酸酯类的合成一般分为（　　）。

A. 中间体对羟基苯甲酸的合成　　B. 对羟基苯甲酸酯化

C. 中和　　D. 水洗

3. 苯甲酸的工业生产方法主要有（　　）。

A. 甲苯氧化法　　B. 苄基氯水解法

C. 邻苯二甲酸酐水解法　　D. 苯氧化法

4. 丙酸盐具有相同的防腐效果，可以是（　　）。

A. 钙盐　　B. 钠盐

C. 镁盐　　D. 铜盐

三、思考题

1. 什么是食品防腐剂？

2. 影响防腐效果的因素有哪些？

3. 简述苯甲酸的合成工艺。

任务三　抗氧化剂生产技术

学习目标

1. 了解抗氧化剂的定义、分类及应用范围。

2. 掌握典型抗氧化剂品种的合成原理。

3. 掌握典型抗氧化剂的生产工艺。

任务引入

茶多酚的发现

茶叶中富含茶多酚，这是一种具有抗氧化、抗菌、降血脂等多种功能特性的天然成分。随着茶多酚产量和质量的不断提高，很多企业开始涉足茶多酚相关产品的生产，如将茶多酚

添加到食品、保健品中，以利用其抗氧化特性延长产品保质期、增强产品保健功效。茶多酚的发现并非一帆风顺，它背后蕴含着科学家们坚持不懈的探索精神以及对真理的执着追求，其中还有一段十分精彩且发人深省的故事。

19 世纪末，当时的科学界对于茶叶的成分研究还处于相对初级的阶段。一位年轻的科学家，在偶然品尝茶叶时，对茶叶那独特的苦涩味道和清新香气产生了浓厚的兴趣。他不禁好奇，到底是什么物质赋予了茶叶如此独特的风味呢？

带着这份好奇，这位科学家踏上了漫长而艰辛的研究之旅。他从最基础的茶叶成分提取实验做起，收集了大量不同品种、不同产地的茶叶样本。在简陋的实验室里，他日复一日地进行着复杂的化学分离和分析工作。然而研究初期，由于茶叶中的成分极为复杂，各种有机化合物相互交织在一起，想要从中准确找出那种能够代表茶叶独特性质的关键物质，就如同大海捞针一般。

多次的实验失败并没有让这位科学家灰心丧气。他不断查阅各种相关的文献资料，与其他领域的科学家交流探讨，试图从不同的角度去破解茶叶成分的奥秘。在这个过程中，他不仅面临着实验技术上的瓶颈，还遭遇了来自同行的质疑和外界的压力。有人认为他在做一件几乎不可能完成的事情，劝他放弃这个看似渺茫的研究方向。

但是，这位科学家并没有被这些负面声音所干扰，他坚信自己的直觉和对科学的判断。经过无数次的尝试和失败后，终于，在一次偶然的实验操作中，他采用新的分离方法，发现了一种在以往研究中未曾被重点关注的物质。经过进一步的分析和鉴定，证实这种物质就是我们现在所熟知的茶多酚。

茶多酚的发现，不仅为茶叶的研究开辟了新的领域，也让人们对茶叶的健康功效有了更深入的科学认识。而这位科学家的故事，也成了科学界的一段佳话，激励着后来无数的科研工作者在探索未知的道路上勇往直前。

阅读上述材料，讨论下列问题，记录结果，并与同学分享：

1. 茶多酚有什么作用?

2. 从科学家对茶多酚的发现过程中，你看到了哪些优秀的品质？这些品质对我们的学习和生活有什么启示?

》相关知识

一、概述

1. 食品氧化

食品氧化是一个复杂的化学过程。在光、热、酶或某些金属离子的作用下，食品尤其是油脂或含油脂食品中的易氧化成分，如不饱和脂肪酸甘油酯会与空气中的氧气发生氧化反应，生成过氧化物，进而继续分解，产生具有酸臭味的物质（如醛、酮、醛酸、酮酸等），导致食品腐败。

防止食品氧化变质的方法有物理法和化学法。物理法是指对食品原料、加工和储运环节采取低温、避光、隔氧或充氮密封包装等措施；化学法是指在食品中添加抗氧化剂。

凡能将油脂氧化产物分解为稳定物质的物质，均可作为抗氧化剂，用以阻止食品氧化或延长食品保存期。抗氧化剂是一类重要的食品添加剂，主要用于防止油脂及富脂食品的氧化酸败，提高这类食品的稳定性，延长其储存期与保质期。

2. 分类

（1）按溶解性可分为油溶性抗氧化剂和水溶性抗氧化剂两大类。油溶性抗氧化剂能够均匀地分布在油脂中，对油脂及含油脂的食品具有良好的抗氧化作用。油溶性抗氧化剂的主要品种有丁基羟基茴香醚（BHA）、二丁基羟基甲苯（BHT）、没食子酸丙酯（PG）、叔丁基对苯二酚（TBHQ）、2,4,5－三羟基苯丁酮（THBP）和乙氧喹（EMQ）等。水溶性抗氧化剂的主要品种有维生素 C（L－抗坏血酸）及其钠盐、异抗坏血酸及其钠盐。

（2）按来源可分为天然抗氧化剂和合成抗氧化剂。

3. 使用范围

抗氧化剂广泛应用于各种加工食品中，主要用于食用油脂、富脂饼干、早餐谷物、汤粉、速煮面、冷冻或干制鱼贝类等食品中。

二、抗氧化剂的生产工艺

1. 丁基羟基茴香醚

丁基羟基茴香醚生产方法主要包括对羟基茴香醚法、对苯二酚法、对氯苯酚法、对氨基苯甲醚法等。

（1）对羟基茴香醚法

对羟基茴香醚法以羟基茴香醚（或对羟基茴香醚的前体）和叔丁醇为原料，生产丁基羟基茴香醚，这是工业生产中最常用的一种方法。其反应式为：

$$HO\text{-}C_6H_4\text{-}OCH_3 + (CH_3)COH \longrightarrow HO\text{-}C_6H_3(C(CH_3)_3)\text{-}OCH_3 + HO\text{-}C_6H_3(C(CH_3)_3)\text{-}OCH_3$$

该生产工艺以磷酸或硫酸作为催化剂，环己烷作为溶剂，在 80 ℃左右进行 C－烷化反应 1～2 h，制得 2－叔丁基－4－羟基茴香醚和 3－叔丁基－4－羟基茴香醚。反应结束后，将所得产物先用质量分数为 10% 的氢氧化钠溶液进行中和，然后送入回收塔蒸馏回收溶剂环己烷以供循环使用。将回收塔的釜液送入精馏塔进行水蒸气蒸馏，产物与水一起馏出，经过冷凝、冷却后，析出粗产品。接着进行精制，将粗产品用乙醇－水溶液进行溶解，经过滤、结晶、重结晶、分离、干燥等步骤，即可制得食品添加剂丁基羟基茴香醚产品。对羟基茴香醚法生产丁基羟基茴香醚生产工艺流程如图 5－3－1 所示。

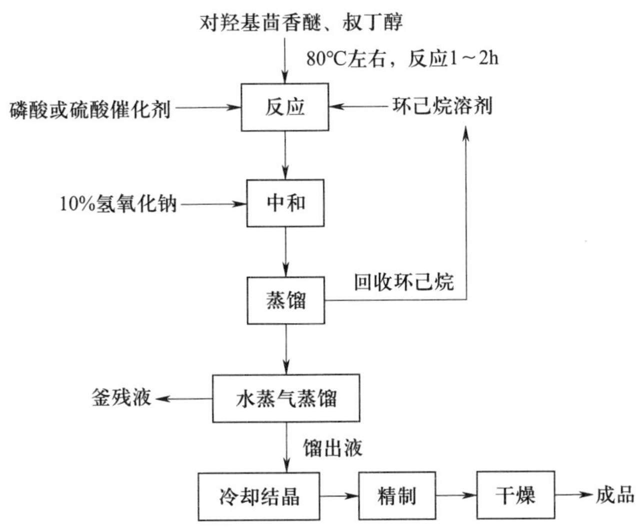

图 5-3-1　对羟基茴香醚法生产丁基羟基茴香醚工艺流程

（2）对苯二酚法

其反应式为：

$$\text{HO-C}_6\text{H}_4\text{-OH} + (CH_3)COH \xrightarrow{H^+} \text{(OH)}_2\text{C}_6\text{H}_3\text{-}C(CH_3)_3 \longrightarrow \text{OH, OCH}_3\text{-C}_6\text{H}_3\text{-}C(CH_3)_3 + \text{OH, OCH}_3\text{-C}_6\text{H}_3\text{-}C(CH_3)_3$$

对苯二酚法以对苯二酚和叔丁醇为原料，以磷酸或硫酸作为催化剂，在 90 ℃左右进行醇对酚的 C-烷化反应 1.5～2.5 h，得到 2-叔丁基对苯二酚，同时产生副产物 2,5-二叔丁基对苯二酚。经过中和、结晶等操作，先分离出 2-叔丁基对苯二酚，再将其与硫酸二甲酯在碱性条件下，控温在 40 ℃左右进行氧 - 烷化反应 1～2 h，得到叔丁基对苯二酚的烷氧衍生物。将烷氧化合物进行分离、精制、干燥等单元操作，即得到食品添加剂丁基羟基茴香醚。对苯二酚法生产丁基羟基茴香醚工艺流程如图 5-3-2 所示。

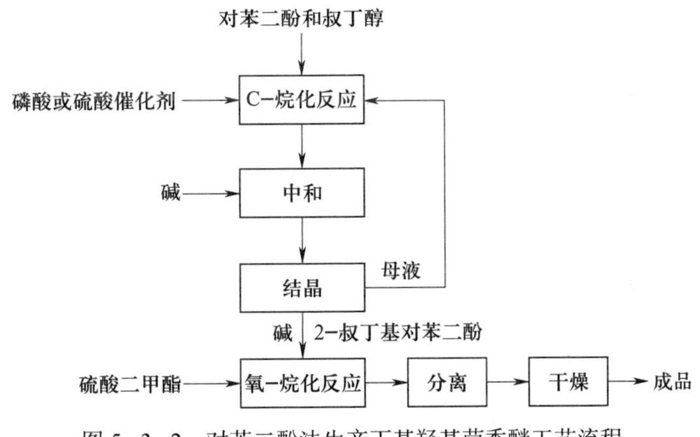

图 5-3-2　对苯二酚法生产丁基羟基茴香醚工艺流程

2. 没食子酸丙酯

一般先采用没食子酸与丙醇进行酯化反应，然后用活性炭脱色，再经乙醇重结晶制得没食子酸丙酯纯品。没食子酸丙酯纯品一般为白色或浅黄褐色晶体，或呈乳白色针状结晶。它难溶于水，但易溶于乙醇、乙醚、丙二醇等有机溶剂，微溶于棉籽油、花生油、猪油等油脂。没食子酸丙酯对油脂的抗氧化作用较 BHA 和 BHT 强，与柠檬酸等增效剂并用时，其抗氧化作用更强。若与 BHA 和 BHT 并用，同时加增效剂，则抗氧化作用最强。其反应式为：

$$(HO)_3C_6H_2\text{—}COOH + CH_3CH_2CH_2OH \xrightarrow{H_2SO_4} (HO)_3C_6H_2\text{—}\overset{O}{\overset{\|}{C}}OCH_2CH_2CH_3$$

3. 茶多酚

茶多酚是一种天然抗氧化剂，是茶叶中多酚类物质的总称。它为白色粉末状物质，易溶于水，可溶于乙醇、丙酮、乙醚、乙酸乙酯等有机溶剂，不溶于油脂，对酸、热均表现出稳定性。主要化合物结构为：

OH, OH, R, O

其生产方法一般包括有机溶剂法、离子沉淀法两种。

（1）有机溶剂法

提取原料一般采用绿茶，有机溶剂可选用三氯甲烷、乙酸乙酯等。先将绿茶粉末用热水或体积分数为 85% 的乙醇溶液浸提三次，合并浸提液后过滤。滤液先经过真空浓缩，再用三氯甲烷萃取浓缩液，以脱除其中的咖啡碱和色素等成分，并回收这些物质。水层则先用 3 倍容量的乙酸乙酯进行萃取，使茶多酚转移到乙酸乙酯溶液中，再经真空浓缩、干燥，得到茶多酚粗品，同时回收溶剂以再利用。茶多酚粗品经过凝胶柱层析等精制提纯步骤，最终得到茶多酚精品。其工艺流程如图 5-3-3 所示。

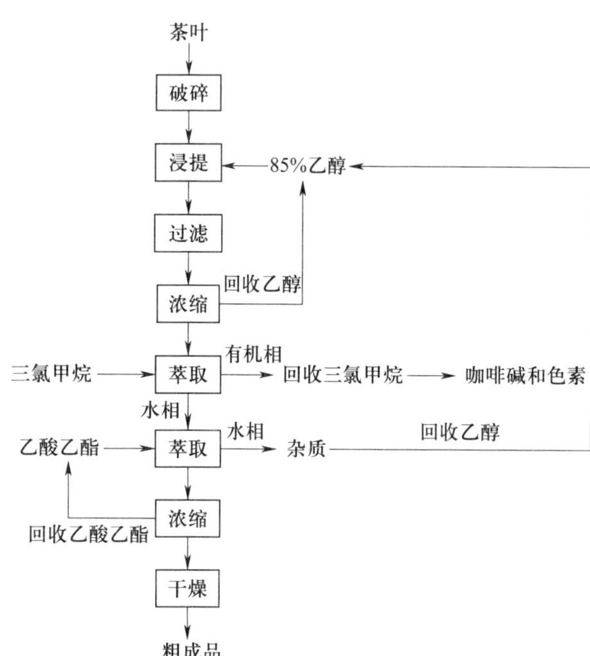

图 5-3-3　有机溶剂法提取茶多酚工艺流程

特点：此法收率较低，溶剂消耗量大，回收溶剂能耗也较大，但工艺相对简单，是目前使用较为广泛的一种工业路线。

（2）离子沉淀法

先将绿茶粉末加入 10～20 倍的100 ℃

沸水中，搅拌浸提 30 min，然后过滤。向提取液中加入相当于原来茶叶质量 1/2 的氯化钙，用体积分数为 5% 的氨水调节 pH 值至 7.0～8.5，使茶多酚完全沉淀，再用离心机进行离心分离。向分离得到的沉淀物中加入 6 mol/L 的盐酸，直至完全溶解得到酸溶液。再向酸化液中加入活性炭和硅藻土混合吸附剂，然后用等体积的乙酸进行萃取、分离，保留萃取相，脱去溶剂后进行真空浓缩干燥，可得质量分数大于 98% 的近似白色的精晶态茶叶天然抗氧化剂——茶多酚。其工艺流程如图 5–3–4 所示。

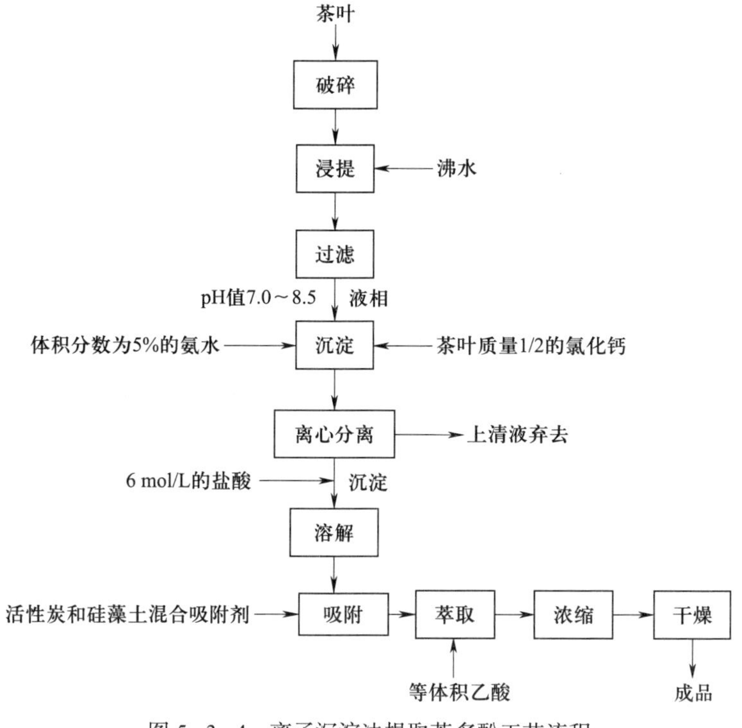

图 5–3–4　离子沉淀法提取茶多酚工艺流程

特点：此法所得产品质量分数较高，可达 95% 以上，但工艺操作要求严格，三废处理量也较大。

目标检测

一、单项选择题

1. 抗氧化剂按（　　）可分为油溶性抗氧化剂和水溶性抗氧化剂两大类。

A. 化学结构　　B. 溶解性　　C. 功能　　D. 用途

2. 下列不是油溶性抗氧化剂是（　　）。

A. 二丁基羟基甲苯（BHT）　　B. 丁基羟基茴香醚（BHA）

C. 叔丁基对苯二酚（TBHQ） D. 维生素 C

3. 下列关于没食子酸丙酯的说法中不正确的是（ ）。

A. 易溶于水，不溶于有机溶剂

B. 对油脂的抗氧化作用较 BHA 和 BHT 强

C. 与柠檬酸等增效剂并用，抗氧化作用更强

D. 与 BHA 和 BHT 并用效果最好

4.（ ）可以均匀地分布在油脂中，对油脂及含油脂的食品具有很好的抗氧化作用。

A. 天然抗氧化剂 B. 合成抗氧化剂

C. 水溶性抗氧化剂 D. 油溶性抗氧化剂

二、多项选择题

1. 丁基羟基茴香醚生产方法主要包括（ ）等。

A. 对羟基茴香醚法 B. 对苯二酚法

C. 对氯苯酚法 D. 对氨基苯甲醚法

2. 抗氧化剂的使用范围有（ ）。

A. 食用油脂 B. 富脂饼干 C. 早餐谷物 D. 冷冻或干制鱼贝类

3. 生产中可用于茶多酚提取的有机溶剂有（ ）。

A. 三氯甲烷 B. 苯 C. 乙酸乙酯 D. 乙醚

4. 防止食品氧化变质的物理法主要是对食品原料、加工和储运环节采取（ ）。

A. 低温 B. 避光 C. 隔氧 D. 充氮密封包装

5. 下列（ ）能产生酸臭味引起食品腐败的物质。

A. 醛 B. 酮 C. 醛酸 D. 酮酸

三、思考题

1. 将下列抗氧化剂与代号、类型相连接。

维生素 C	PG	
二丁基羟基甲苯	BHA	油溶性抗氧化剂
丁基羟基茴香醚	EMQ	
2,4,5- 三羟基苯丁酮	TBHQ	
没食子酸丙酯	VC	水溶性抗氧化剂
乙氧喹	THBP	
叔丁基对苯二酚	BHT	

2. 什么是抗氧化剂？主要类别有哪些？

任务四　调味剂生产技术

学习目标

1. 了解调味剂主要品种及特点。
2. 掌握酸味剂的生产原理及工艺。
3. 掌握甜味剂的生产原理及工艺。
4. 掌握增味剂的生产原理及工艺。

任务引入

调味剂是指在饮食、烹饪和食品加工中广泛应用的，用于改善食物的味道并具有去腥、解腻、增香、增鲜等作用的产品。

调味剂能增加菜肴的色、香、味，满足消费者的感官需要，促进食欲，有益于人体健康。从广义上讲，调味剂包括咸味剂、酸味剂、甜味剂、增味剂和辛香剂等，像食盐、酱油、醋、味精、糖、八角、茴香、花椒、芥末等都是调味剂。

阅读上述材料，讨论下列问题，记录结果，并与同学分享：

1. 什么是调味剂？
2. 调味剂的作用主要有哪些？

相关知识

一、酸味剂

以赋予食品酸味为主要目的的食品添加剂总称为酸味剂，也叫酸化剂。其主要作用是提高食品的酸度、改善食品风味、促进消化吸收，此外还兼有抑菌、护色、缓冲、螯合、凝聚、凝胶、促进发酵等作用。常用的酸味剂有柠檬酸、乳酸、磷酸、醋酸、酒石酸、富马酸、苹果酸等。下面重点介绍柠檬酸和苹果酸。

1. 柠檬酸

柠檬酸是酸味剂中用量最多的一种，是存在于柠檬、柚子、柑橘等水果中的天然酸味剂的主要成分。其酸味强烈但柔和爽口，具有良好的防腐性能，能抑制细菌增殖。同时，它还具有很强的螯合金属离子的能力，对抗氧化剂有增效作用。

柠檬酸可以从水果中提取，也可以用化学法合成或发酵法生产，目前工业生产以发酵法为主。

（1）发酵法

发酵法以淀粉类物质为原料，由原料处理、菌种扩大培养、发酵和后处理几个主要工序组成。后处理包括提取、纯化等步骤。发酵法生产柠檬酸工艺流程如图 5-4-1 所示。

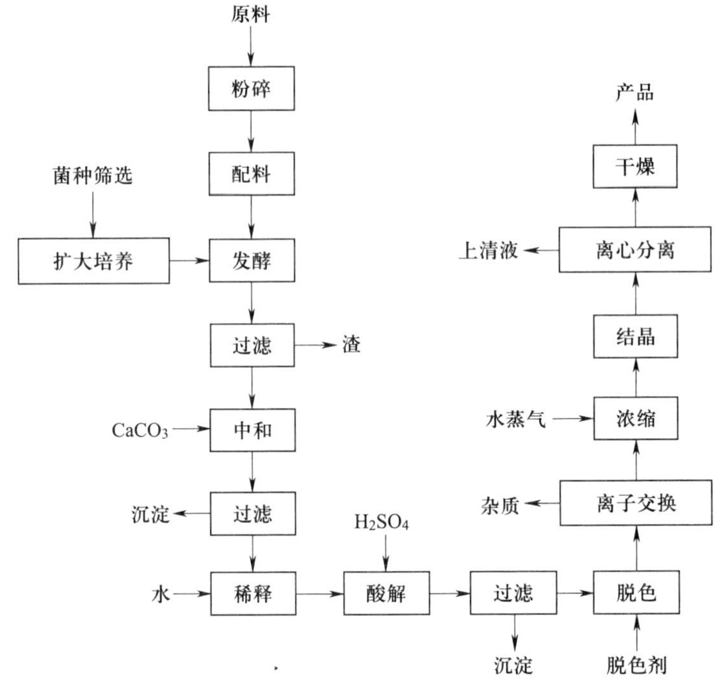

图 5-4-1　发酵法生产柠檬酸工艺流程

（2）提取法

提取法常以柠檬、橙子、橘子、苹果等柠檬酸含量较高的水果为原料。为了降低生产成本，常采用落地果、质量差的果、碎果等不能直接食用的次果。先把水果榨汁，然后放置发酵、沉淀，加入石灰乳，取沉淀的柠檬酸钙。再用硫酸进行交换分解后精制，得到产品柠檬酸。此法成本较高，但在考虑生态果园时，提取法制取柠檬酸是一种综合利用的方式。提取法生产柠檬酸工艺流程如图 5-4-2 所示。

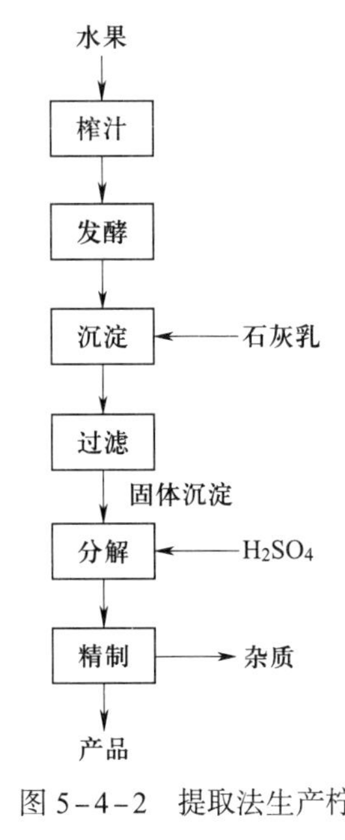

图 5-4-2　提取法生产柠檬酸工艺流程

（3）化学合成法

化学合成法常用草酸和乙酸与烯酮经缩合反应制得柠檬酸。此法工艺复杂，成本高，安全性较低，因此很少使用。其反应式为：

$$HOOC-\overset{\overset{\Large O}{\|}}{C}-CH_2COOH + H_2C=C=O \longrightarrow HO-\underset{\underset{\Large CH_2COOH}{|}}{\overset{\overset{\Large CH_2COOH}{|}}{C}}-COOH$$

柠檬酸钾也是常用的食品添加剂，可用柠檬酸和氢氧化钾或碳酸钾为原料制得。柠檬酸钾在食品工业中用作酸度调节剂、稳定剂、凝固剂以及品质改良剂等。柠檬酸制柠檬酸钾的反应式为：

$$\begin{array}{c} CH_2COOH \\ | \\ HO-C-COOH \\ | \\ CH_2COOH \end{array} + KOH \longrightarrow \begin{array}{c} CH_2COOK \\ | \\ HO-C-COOK \\ | \\ CH_2COOK \end{array}$$

2. 苹果酸

苹果酸的化学名称为2-羟基丁二酸，其结构有三种形式，即D-苹果酸、L-苹果酸、DL-苹果酸。它在苹果中含量最高，天然存在的苹果酸都是L-苹果酸，为无色结晶或粉末，无臭，略带有刺激性的爽快酸味，微有苦涩感，其酸味较柠檬酸强。

苹果酸的制备工艺一般有天然提取法、生物转化法和化学合成法三种。天然提取法是将未成熟的苹果、葡萄、山楂、樱桃、五味子等的果汁煮沸，加入石灰水，生成钙盐沉淀，处理后分离得到L-苹果酸。天然提取法产量较低，局限性大，受原料限制。化学合成法是目前生产苹果酸的主要方法，化学合成法根据原料不同可分为苯催化氧化法和糠醛氧化法两种，工业上一般使用化学合成的DL-苹果酸产品。下面重点介绍化学合成法。

（1）苯催化氧化法

苯催化氧化法是将苯催化氧化为顺丁烯二酸，再在加热条件下与水蒸气作用，经过分离制得DL-苹果酸。其反应原理为：

$$C_6H_6 \xrightarrow[V_2O_5]{+O_2} \text{(顺丁烯二酸酐)} \xrightarrow{+H_2O} \begin{array}{l} CH-COOH \\ \| \\ CH-COOH \end{array} \xrightarrow{+H_2O} \begin{array}{l} HO-CH-COOH \\ \quad\;\; | \\ \quad\;\; CH_2-COOH \end{array}$$

工业生产中，以苯为主原料，五氧化二钒为催化剂，在沸腾床或固定床中，350 ℃下先经空气氧化成顺丁烯二酸酐。然后用水吸收合成顺丁烯二酸。再在1MPa下加热至160～200 ℃，与水蒸气反应10 h生成苹果酸。将反应液浓缩、冷却、结晶、干燥得DL-苹果酸。苯催化氧化法生产苹果酸工艺流程如图5-4-3所示。

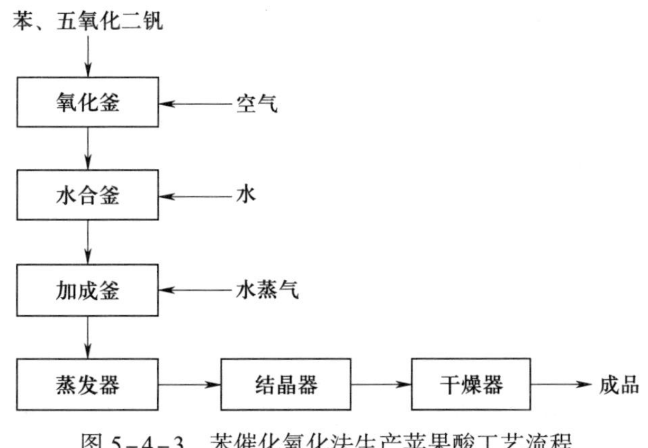

图5-4-3　苯催化氧化法生产苹果酸工艺流程

（2）糠醛氧化法

糠醛氧化法是由戊醛与稀酸作用经水解、脱水和蒸馏制得糠醛，在钒催化剂作用下气相氧化生成顺丁烯二酸酐，再水解生成丁烯二酸，加温加压生成 DL－苹果酸。反应原理如下式所示，其工艺与苯氧化法相似。

$$\text{(O)CHO} \xrightarrow[V_2O_5]{O} \text{O=C-O-C=O} \xrightarrow{H_2O} \text{COOH, COOH} \xrightarrow{H_2O} \text{HO—COOH, COOH}$$

同时，还可通过生物合成法生产苹果酸，生物合成法也可称为生物转化法或发酵法，主要用来制备 L－苹果酸。例如，可采用葡萄糖类原料通过霉菌发酵直接生产苹果酸；也可用糠类物质为原料，先由根霉菌发酵成富马酸等，再由酵母等菌类转化成苹果酸。另外，以酒石酸为原料，使用氢碘酸进行还原也可以制备苹果酸。

苹果酸的酸味柔和且持久性长，预计在新型食品和饮料中，全部或大部分取代柠檬酸，将会有较大的用途。

二、甜味剂

甜味剂是能赋予食品甜味的一类食品添加剂，甜味剂有很多分类方法，按其来源可以分为天然甜味剂和合成甜味剂两大类。天然甜味剂有蔗糖、淀粉糖浆、果糖、葡萄糖、麦芽糖、甘草甜素、甜菊糖苷、罗汉果提取物等，以及从植物中提取的糖醇类，如山梨醇、木糖醇等。合成甜味剂有邻苯甲酰磺酰亚胺（糖精）、环己烷氨基磺酸钠（甜蜜素）、天门冬酰苯丙氨酸甲酯（阿斯巴甜）、乙酰磺胺酸钾（安赛蜜）等，具有低热量、高甜度的特点。

甜味剂按生理代谢特性还可以分为营养性甜味剂和非营养性甜味剂。营养性甜味剂是指参与机体代谢并产生能量的甜味物质，如蔗糖、淀粉糖浆、果糖、葡萄糖、山梨醇、木糖醇等。非营养性甜味剂是指不参加机体代谢，不产生能量的甜味剂，如甜叶菊提取物（甜菊糖苷）、甜蜜素、糖精、天门冬酰苯丙氨酸甲酯（阿斯巴甜）等。

天然的非营养性甜味剂日益受到重视，是甜味剂的发展趋势。目前应用较广的天然非营养性甜味剂主要有甘露醇、甜叶菊糖苷、阿斯巴甜及安赛蜜等。

1. 甘露醇

甘露醇为无色或白色针状结晶或粉末，无臭味，没有吸湿性，具有清凉甜味，甜度为蔗糖的 57%～72%。旋光度为 +23°～+24°，熔点为 166 ℃，相对密度为 1.489（20 ℃），沸点为 290～295 ℃。可溶于冷水，较多地溶于热水，易溶于吡啶和苯胺，不溶于醚。水溶液呈现弱酸性，是山梨糖醇的异构体。

甘露醇的生产方法有化学合成法和电解还原法。

（1）化学合成法

化学合成法是由 D－甘露糖经催化加氢或用硼氢化钠还原制得甘露醇。其反应式为：

```
         O
        //
        C—H
        |
  HO—C—H                              CH2OH
        |                               |
  HO—C—H         H2/Ni           HO—C—H
        |      ————————→                |
   H—C—OH       NaBH4            HO—C—H
        |                               |
   H—C—OH                         H—C—OH
        |                               |
       CH2OH                      H—C—OH
                                        |
                                       CH2OH
```

生产中将 200 kg 蔗糖配制成质量分数为 50% 的水溶液，加入 0.6 kg 体积分数为 98% 的浓硫酸，在 85 ℃下水解成葡萄糖和果糖，用碱中和后，以雷尼镍作催化剂，在氢压力 4.9～17.7 MPa、温度 50～150 ℃的条件下，剧烈搅拌进行加氢反应。此时，葡萄糖转化为山梨糖醇，果糖转化为大致等量的山梨糖醇和甘露醇。先将反应产物过滤，用活性炭脱色，再用离子交换树脂处理。将所得糖液浓缩，缓慢冷却结晶，经离心分离、干燥后得产品。

（2）电解还原法

在溶解锅中加入蔗糖，并加蒸馏水加热溶解后过滤。先升温至 85 ℃，加入浓硫酸搅拌，于 85 ℃保温 45 min，然后立刻冷却，同时加入无水硫酸钠作为导电介质。当温度降低到 20～25 ℃时，用 5%（质量分数）氢氧化钠中和至 pH 值为 4.0，并稀释待用。电解前调节糖液 pH 值至 7.0，在电解槽中以表面涂汞的铅极为阴极，以铅极为阳极，阳极置于一用素烧瓷片制成的隔膜中，隔膜中放 1 mol/L 硫酸。通电电解后，用氢氧化钠中和，精制后得产品。工艺流程如图 5-4-4 所示。

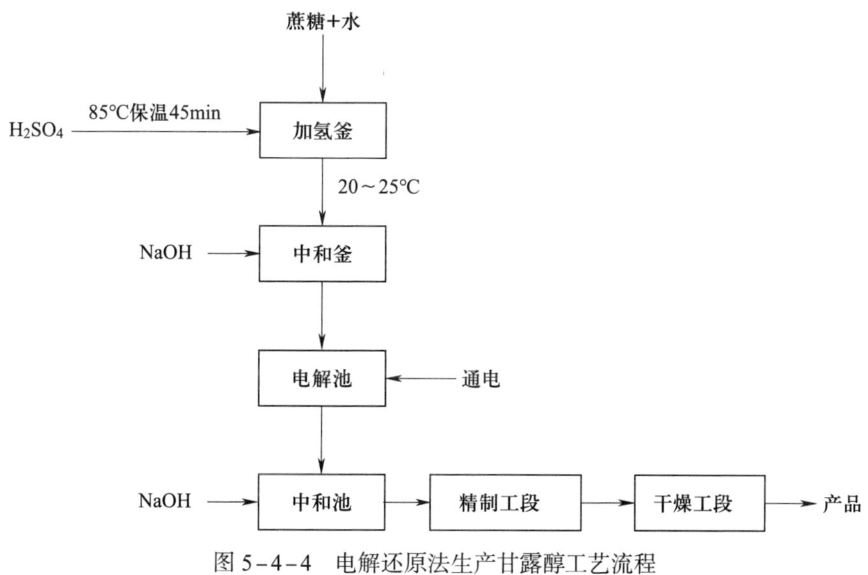

图 5-4-4 电解还原法生产甘露醇工艺流程

2. 甜叶菊糖苷

甜叶菊糖苷化学结构式为：

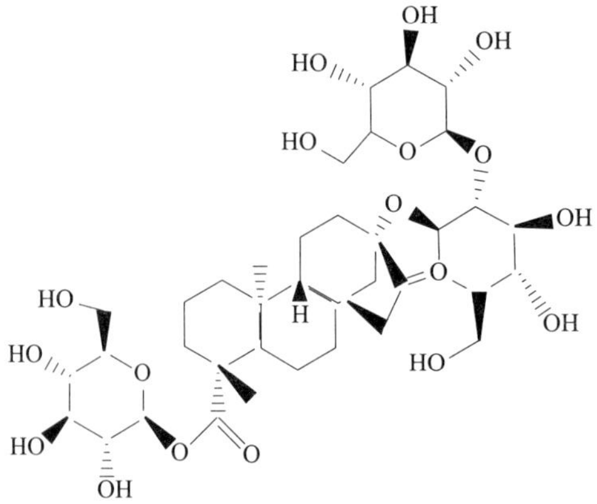

甜叶菊糖苷为白色的结晶性粉末，有清凉甜味，甜度为蔗糖的200～300倍。它是最甜的天然甜味物质之一，由于甜度高且不含热量，深受各国消费者欢迎，在饮料、糕点、烟草、医药、牙膏、啤酒、酱制品等领域有着广泛的应用。

目前主要是从甜叶菊中提取甜叶菊糖苷，提取方法包括醇提法和水提法两种，也可以用萃取法。

（1）醇提法

采用一定浓度的乙醇溶液，将干燥的甜叶菊叶片浸泡提取数次，合并提取液，加入乙醚，析出甜叶菊糖苷沉淀，过滤，滤液回收乙醚、乙醇。滤饼为粗品，用甲醇重结晶，活性炭脱色处理，趁热过滤，冷却结晶，离心分离，滤液回收甲醇，滤饼干燥后得产品。

（2）水提法

对于较小量的生产，国内主要采用较为合理和经济的方法，即水提法，成本低、工艺简单、效果尚可。水提法用冷水或热水作为提取溶剂，因此包括冷水提取法和热水提取法两种。

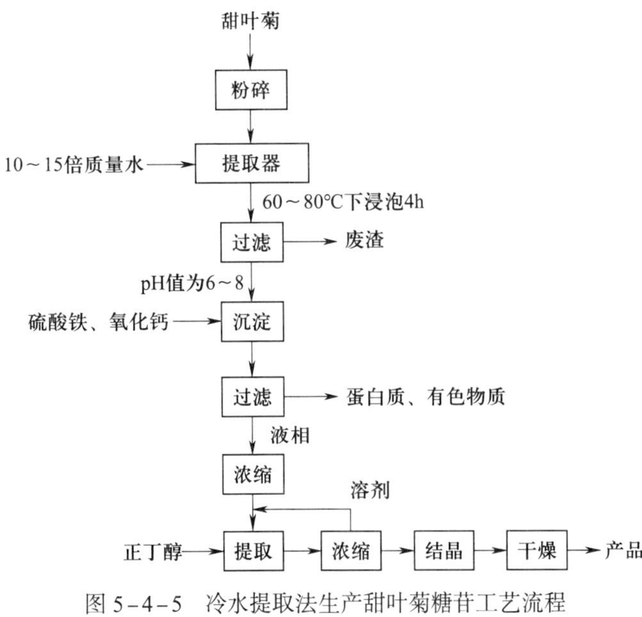

图5-4-5　冷水提取法生产甜叶菊糖苷工艺流程

①冷水提取法。先将干甜叶菊经粉碎后加入提取器中，加入10～15倍质量的干净水，在60～80 ℃下浸泡4 h，然后过滤。在pH值为6～8的条件下，用硫酸铁、氧化钙将滤液中的蛋白质、有色物质等杂质去除后，再进行过滤。滤液经蒸发浓缩后，用正丁醇进行提取。先将提取液经真空浓缩至1/5的体积，然后结晶、过滤、干燥，得到黄色粗品。粗品再用甲醇溶解，过滤后重结晶，干燥后可得产品。冷水提取法生产甜叶菊糖苷工艺流程如图5-4-5所示。

②沸水提取法。先将粉碎的干甜叶菊用20倍质量的水蒸煮（抽提）40 min，然后过滤。滤液中加入适量氧化钙粉末，过滤后再向滤液中加入适量硫酸铁溶液，再次过滤。滤液加热浓缩后，加入体积分数为95%的乙醇，过滤。滤液经离子交换树脂处理脱色、脱盐，处理液经浓缩回收乙醇后得到淡褐色浸膏。将浸膏加入体积分数为5%的甲醇溶液中进行重结晶，经离心分离回收溶剂后得到结晶体。在55～60 ℃条件下进行真空干燥，经粉碎、筛分、包装后得到白色晶体产品。沸水提取法生产甜叶菊糖苷工艺流程如图5-4-6所示。

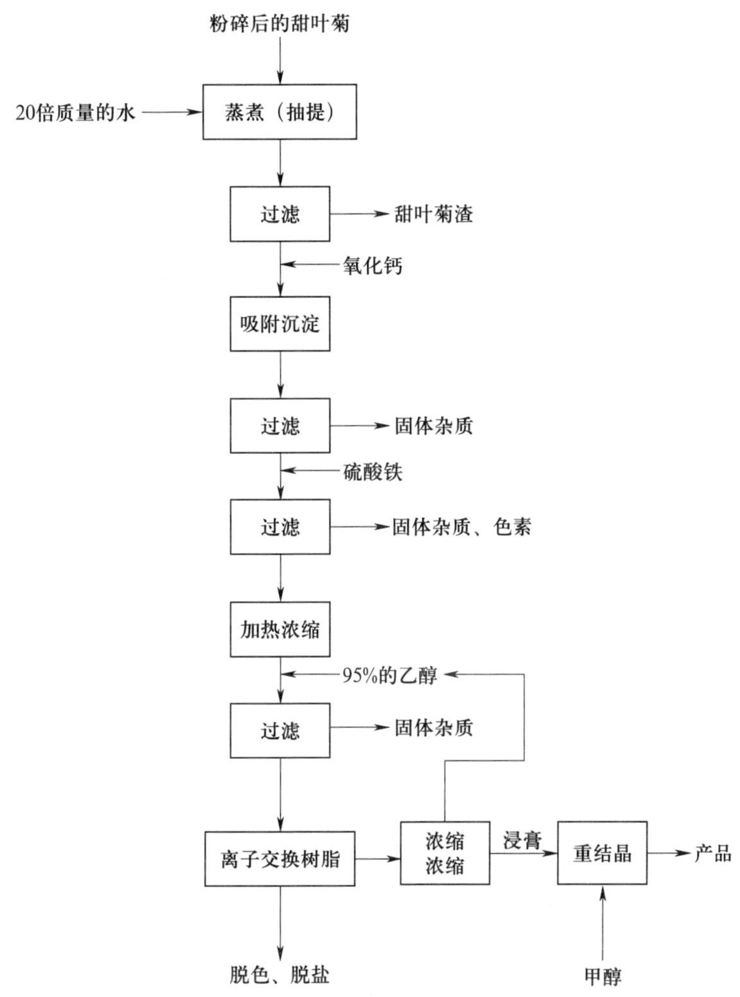

图5-4-6　沸水提取法生产甜叶菊糖苷工艺流程

3. 阿斯巴甜

阿斯巴甜又称天冬甜素、天门冬酰苯丙氨酸甲酯，俗称甜味素，化学名称为N-L-α-天冬氨酰-L-苯丙氨酸甲酯，是一种二肽化合物，通常为白色晶体或粉末，微溶于水和乙醇，在水中不稳定易分解失去甜味，温度过高时，则发生环化也会失去甜味，用于食品时其加工温度不能超过200 ℃。

阿斯巴甜是一种新型低热、稳定性较好、安全性高、味道纯正、营养性的甜味剂，具有强烈甜味，且甜味与砂糖相似，甜度为蔗糖的100～200倍。它是糖尿病、高血压、肥胖症和心血管疾病患者的低糖、低热量保健食品的理想甜味剂，可用于糖果、面包、水果、罐头和特种饮料等。

阿斯巴甜的生产方法主要有化学合成法、酶合成法和基因工程法三种。目前广泛使用的是化学合成法。国内各生产厂家采用的合成路线不完全一致，但合成原理基本相同：以L–天门冬氨酸和L–苯丙氨酸为主要原料进行合成，采用甲酰基保护氨基法、苄基甲酰基保护氨基法和酶法等。

（1）甲酰基保护氨基法

甲酰基保护氨基法生产阿斯巴甜的反应式为：

$$HCOOH + \underset{CH_2COOH}{\underset{|}{NH_2CHCOOH}} \xrightarrow{AC_2O} \text{(}H_2C—C(=O)—O—C(=O)—CH(HN—CHO)\text{, 环状酸酐)} + 2H_2O$$

$$\text{酸酐(}H_2C—C(=O)—O—C(=O)—CH—HN—CHO\text{)} + C_6H_5—\overset{H_2}{C}—\underset{H}{\overset{NH_2}{C}}—COOH \longrightarrow OHC—NHCH(CH_2COOH)—\overset{O}{\overset{\|}{C}}—\overset{H}{N}—\underset{H}{C}(H_2C—C_6H_5)—CHOOH + OHC—NHCH—COOH\ (H_2C—\underset{\overset{\|}{O}}{C}H—\overset{H}{N}—\overset{H}{C}(H_2C—C_6H_5)—CHOOH)$$

在反应釜中，先加入适量氧化镁作为催化剂，再加入体积分数为95%的甲酸、乙酐、L–天门冬氨酸，升温至50 ℃，搅拌下反应2.5 h后，加入异丙醇，于48～50 ℃下反应1.5 h后，冷却至室温。向体系中加入乙酸甲酯和L–苯丙氨酸、乙酸，在室温下反应4.5 h，反应完毕后，真空蒸馏至物料温度达65 ℃，得到N–甲酰基–L–天冬氨酰–L–苯丙氨酸。然后加入质量分数为35%的盐酸、甲醇于60 ℃水解1 h，脱去甲酰基，于常压70～75 ℃下蒸馏除去甲醇、酯等组分。之后再加入甲醇、酸加热进行酯化反应，反应结束后加入盐酸，生成α–APM盐酸盐，经抽滤、中和、精制得产品。

（2）苄基甲酰基保护氨基法

在反应釜中，加入质量分数为14%的碳酸氢钠溶液，搅拌下加入L–天门冬氨酸，用质量分数为10%的氢氧化钠调节pH值至9.5，缓慢加入苄基甲酰氯，升温至25 ℃，搅拌下反应1 h后，用甲苯萃取，再用盐酸中和至pH值为1，放置过滤，得到N–苄基甲酰天门冬氨酸酐。将制得的N–苄基甲酰天门冬氨酸酐加入异丙醇，于48～50 ℃下反应1.5 h后，冷却至室温。向体系中加入乙酸甲酯和L–苯丙氨酸、乙酸，在室温下反应4.5 h，反应完毕后，真空蒸馏至物料温度达65 ℃，得到N–苄基甲酰–L–天冬氨酰–L–苯丙氨酸。加入质量分数为35%的盐酸、甲醇于60 ℃水解1 h，脱去苄基甲酰基，于常压70～75 ℃下蒸馏除去甲醇、酯等组分。之后再加入甲醇、酸加热进行酯化反应，反应结束后加入盐酸，生成α–APM盐酸盐，经抽滤、中和、精制得产品。

三、增味剂

增味剂是指以赋予食品鲜味为主要目的的食品添加剂，也称为鲜味剂。具有增味作用的物质有氨基酸、核苷酸、有机酸、肽类、酰胺等。目前，应用得较为广泛的增味剂有L–谷氨酸钠、5′–肌苷酸二钠等。

1. L–谷氨酸钠

L–谷氨酸钠俗称味精，化学名称为L–氨基二酸单钠盐，常温下带一个结晶水，谷氨酸钠分子中有手性碳原子，因此其结构有D型、L型、DL型三种异构体，其结构式为：

$$\underset{\displaystyle NH_2}{\underset{|}{HOOC}}-CH_2-CH_2-CH_2-COONa\cdot H_2O$$

L–谷氨酸钠的生产方法主要有水解法、发酵法、化学合成法。

（1）水解法

水解法是通过水解小麦中的面筋，产生谷氨酸，再加氢氧化钠中和调节pH值，游离出L–谷氨酸钠。水解法生产L–谷氨酸钠的反应式为：

$$H_2C=CHCN + CO + H_2 \longrightarrow NC-CH_2-CH_2-CHO$$

$$NC-CH_2-CH_2-\underset{\displaystyle NH_2}{\underset{|}{CH}}-CN + NaOH \xrightarrow{2MPa} NaOOC-CH_2-CH_2-\underset{\displaystyle NH_2}{\underset{|}{CH}}-COONa$$

$$NC-CH_2-CH_2-CHO + NH_3 + HCN \longrightarrow NC-CH_2-CH_2-\underset{\displaystyle NH_2}{\underset{|}{CH}}-CN$$

此法的生产成本太高。目前大部分L– 谷氨酸钠的生产主要采用发酵法。

（2）发酵法

以薯类、玉米、木薯的水解糖或糖蜜等为碳源，以尿素为氮源，在无机盐类、维生素等存在的情况下加入谷氨酸产生菌，在大型发酵罐中通气搅拌发酵，发酵温度为30～40 ℃，pH值为6.5～8.0，经30～40 h发酵后除去菌体，将发酵液中的谷氨酸提取出来，用氢氧化钠或碳酸钠中和，经脱色、除铁、真空浓缩、结晶、干燥后制得L–谷氨酸钠的结晶体，质量分数在99%以上。发酵法生产L–谷氨酸钠的反应式为：

$$C_6H_{12}O_6 \xrightarrow[\text{微球菌类}]{\text{空气},NH_3} HOOC-CH_2-CH_2-\underset{\displaystyle NH_2}{\underset{|}{CH}}-COOH \xrightarrow{NaOH} NaOOC-CH_2-CH_2-\underset{\displaystyle NH_2}{\underset{|}{CH}}-COOH$$

（3）化学合成法

化学合成法是用丙烯腈、丙烯醛、糠醛等为原料，合成谷氨酸钠。以丙烯腈为原料合成谷氨酸钠的反应过程为：

$$H_2C=CHCN + H_2 \longrightarrow CN-CH_2-CH_2-CHO$$

$$NC-CH_2-CH_2-CHO + NH_3 + HCN \longrightarrow NC-CH_2-CH_2-\underset{\displaystyle NH_2}{\underset{|}{CH}}-CN$$

$$HOOC-CH_2-CH_2-\underset{NH_2}{\underset{|}{CH}}-COOH \xrightarrow{NaOH} NaOOC-CH_2-CH_2-\underset{NH_2}{\underset{|}{CH}}-COOH$$

$$NaOOC-CH_2-CH_2-\underset{NH_2}{\underset{|}{CH}}-COONa + H_2SO_4 \longrightarrow HOONa-CH_2-CH_2-\underset{NH_2}{\underset{|}{CH}}-COOH$$

2. 5′-肌苷酸二钠

5′-肌苷酸二钠是具有特殊鲜味的食品添加剂，一般可作为汤汁和烹调菜肴的调味用，较少单独使用，与L-谷氨酸钠复合使用效果更佳。5′-肌苷酸二钠与L-谷氨酸钠复配可得到超鲜味精，特称为第二代味精或复合味精。

5′- 肌苷酸二钠的生产可以采用发酵法或核酸酶解法。

（1）发酵法

发酵法是以葡萄糖为碳源，加入肌苷菌种，发酵 48 h 后，用离子交换柱分离肌苷，经浓缩、冷冻结晶、干燥得肌苷，再将肌苷磷酸化得肌苷酸二钠。这一路线产率高，生产周期短，成本低，发酵条件易控制。磷酸化提供了廉价的核苷酸原料，且磷酸化产物单一，转化率高达 98% 以上。发酵法生产 5′-肌苷酸二钠工艺流程如图 5-4-7 所示。

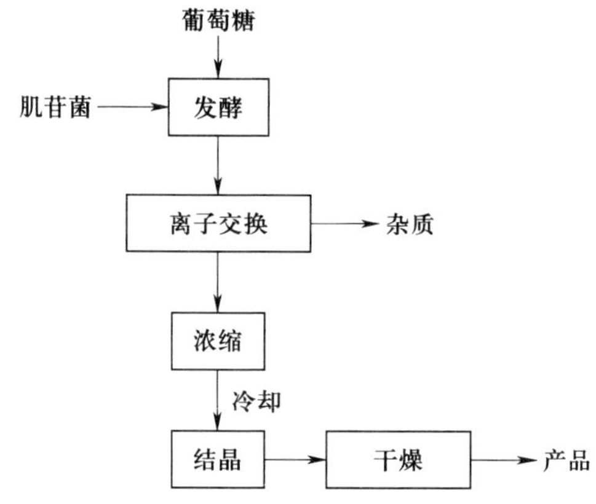

图 5-4-7　发酵法生产 5′- 肌苷酸二钠工艺流程

（2）核酸酶解法

核酸酶解路线是先用质量分数为 20% 的氢氧化钠溶液将质量分数为 0.5% 的核酸溶液的 pH 值调节至 5.0～5.6，然后升温至 75 ℃，加入质量分数为 10% 的 5′-磷酸二酯酶的粗酶液。在搅拌下于 70 ℃酶解 1 h 后，开始加热至沸腾进行灭酶处理 5 min，冷却后调节 pH 值至 1.5，除去杂质，得核酸酶解液。将核酸酶解液通过阳离子树脂分离洗脱，收集到的腺苷酸洗脱液，在脱氨酶的作用下能定量地脱去腺苷酸中嘌呤碱基上的氨基，转化为 5′-肌苷酸。加氨氧化溶液调节后，经减压浓缩、冷冻结晶，再经抽滤、干燥即得产品。核酸酶解法工艺路线虽然复杂，但生产操作较稳定，产率较高。

目标检测

一、单项选择题

1. 甜味剂按（　　）可以分为营养性甜味剂和非营养性甜味剂。

A. 化学结构　　B. 生理代谢特性

C. 作用　　D. 性质

2. 下列关于柠檬酸的说法中错误的是（　　）。

A. 存在于柠檬、柚子、柑橘等水果中

B. 酸味较弱，因此柔和爽口

C. 具有良好的防腐性能，能抑制细菌增殖

D. 有很强的螯合金属离子的能力，对抗氧化性具有增效作用

3. 甜度相当于蔗糖的 60% 左右的是（　　）。

A. 甜菊糖苷　　B. 阿斯巴甜

C. 5′- 肌苷酸二钠　　D. 甘露醇

4. 在水中不稳定易分解失去甜味的是（　　）。

A. 甜菊糖苷　　B. 阿斯巴甜

C. 5′- 肌苷酸二钠　　D. 甘露醇

二、多项选择题

1. 阿斯巴甜是（　　）患者的理想甜味剂。

A. 糖尿病　　B. 高血压　　C. 肥胖症　　D. 心血管疾病

2. 阿斯巴甜的生产方法主要有（　　）。

A. 化学合成法　　B. 水解法　　C. 酶合成法　　D. 基因工程法

3. 甜菊糖苷由于（　　）等特点受到各国消费者欢迎。

A. 安全　　B. 甜度高　　C. 不含热量　　D. 是最甜的天然甜味物质

4. 酸味剂中用量最多的一种是（　　）。

A. 柠檬酸　　B. 乳酸　　C. 富马酸　　D. 苹果酸

三、思考题

1. 简述柠檬酸的生产方法及特点。

2. 甘露醇的生产方法主要有哪几种？

3. 简述发酵法增味剂的生产过程。

任务五　食品乳化剂生产技术

学习目标

1. 了解食品乳化剂的定义、分类及作用功效。
2. 掌握食品乳化剂典型产品的生产原理。
3. 掌握食品乳化剂典型产品的生产工艺。

任务引入

蛋糕是一种常见的甜点，它香甜柔软，深受现代人们的喜爱。但你知道吗？蛋糕加工过程中，食品乳化剂是必不可少的一种食品添加剂。食品乳化剂在蛋糕制作中的作用主要包括以下几个方面。

（1）缩短打发时间：在搅打蛋糖混合液时，蛋糕食品乳化剂可以快速充气起泡，相比传统打蛋时间，可以缩短50%～70%，大大提高了生产效率。

（2）提高泡沫稳定性：食品乳化剂能够在面糊中形成保护性薄膜，稳定蛋糕面糊泡沫，防止外界因素如高温和碰撞对面糊的影响，确保面糊搅打完成后放置一段时间再烘烤也不会失去稳定性。

（3）增大蛋糕体积：食品乳化剂能使面糊泡沫更加细小且均匀，经过烘烤后蛋糕体积比不使用食品乳化剂的增加20%～30%，内部组织疏松，孔洞多而细小。

（4）延长保鲜期：食品乳化剂可以与淀粉形成复合体，防止淀粉老化，使蛋糕在保质期内保持湿润、柔软、不干硬。

（5）简化工艺：使用食品乳化剂后，可以将所有原辅料混合后一起搅打，简化生产工艺，降低对烘焙师的经验要求。

蛋糕食品乳化剂属于食品乳化剂，食品加工过程中能改善不溶组分之间表面张力，形成均匀分散或乳化体的添加剂称食品乳化剂。它能稳定食品的物理形态，改善食品组织结构、改良风味、口感和外观，食品色香味形协调，提高食品的品质和保存性质，并能简化加工过程，防止食品变质。

阅读上述材料，讨论下列问题，记录结果，并与同学分享：

1. 蛋糕食品乳化剂的作用有哪些？
2. 什么是食品乳化剂？
3. 食品乳化剂的作用有哪些？

相关知识

一、食品乳化剂基本概念

1. 定义

食品加工过程中能改善互不相溶的组分之间的表面张力，形成均匀分散体或乳化体的一类添加剂，称为食品乳化剂。《食品安全国家标准　食品添加剂使用标准》（GB 2760—2024）中，批准使用的食品乳化剂品种有 28 种。目前，国内外广泛应用的食品乳化剂为甘油脂肪酸酯、脂肪酸蔗糖酯、山梨醇酐脂肪酸酯、丙二醇脂肪酸酯、酪蛋白酸钠和磷脂等。

2. 分类

食品乳化剂属于表面活性剂，可以在油水界面定向吸附，起到稳定乳液和分散体系的作用。

（1）按是否能解离可分为离子型乳化剂和非离子型乳化剂。离子型乳化剂品种较少，主要有硬脂酸钠、磷脂和改性磷脂以及一些离子性高分子化合物，如黄原胶、羧甲基纤维素等。绝大多数的食品乳化剂属于非离子型乳化剂，如甘油酯类、山梨醇酯类、木糖醇酯类、蔗糖酯类和丙二醇酯类等。

（2）按相对分子质量大小，可分为小分子乳化剂和高分子乳化剂。常见的乳化剂为小分子乳化剂，如各种脂肪酸酯类乳化剂。高分子乳化剂主要是一些高分子胶，如纤维素醚、海藻酸丙二醇酯等。

3. 作用功效

食品乳化剂广泛用于改善乳化体中各组成之间的表面张力，使之形成均匀的分散体或乳浊液，从而改进食品的结构、口感、外观，以提高食品的保存性，有利于改善食品的品质，保持食品风味，延长保鲜期和改善食品的加工性能等。

食品乳化剂在食品工业中的作用是多重的，主要有乳化作用、润滑作用、调节黏度的作用、对淀粉类食品的柔软和保鲜作用、对面团的调理作用，可作为脂溶性色素、香料、强化剂的增溶剂。此外，在食品加工中也可以用作破乳剂（某些乳化剂具有此功能）。它还有一定的抗菌性，天然磷脂乳化剂还具有抗氧化作用等。

二、生产工艺

1. 大豆磷脂生产工艺

大豆磷脂又称大豆卵磷脂或磷脂，是生产大豆油的副产品，也是食品工业中用途最广的天然乳化剂。其主要成分是卵磷脂、脑磷脂和肌醇磷脂，此外还含有少量的油。磷脂类产品广泛存在于动植物中，是细胞膜的主要组成成分，在生物体内起着重要的生理作用。因油脂、脂肪酸的不同，脂肪酸磷脂的类型也不同。

大豆磷脂具有优良的乳化性、抗氧化性、分散性和保湿性，还能与淀粉和蛋白质结合，因此广泛用于烧烤食品、人造奶油、颗粒饮料等。它除了可用作乳化剂，还可用作增溶剂、润滑剂、脱模剂、黏度改良剂和营养强化剂等。大豆磷脂既是添加剂，也是食品成分，能降低胆固醇，在减轻神经紊乱症状方面有一定的疗效。

工业上通常用水合法生产大豆磷脂，包括水合、脱胶、脱水、脱色、干燥、精制等步骤，其工艺流程如图 5-5-1 所示。

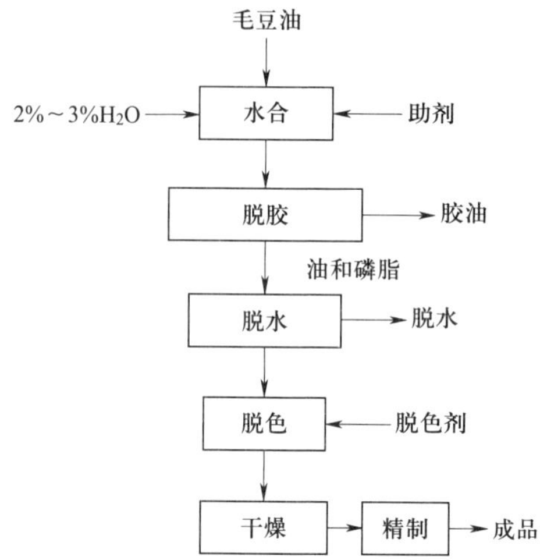

图 5-5-1　水合法生产大豆磷脂工艺流程

（1）水合、脱胶

水合及脱胶过程可以间歇操作也可以连续操作。常用的间歇操作是先将毛豆油加热到 70 ℃，然后加入 2%～3%（质量分数）的助剂，在油和水搅拌反应器内充分水化反应 30～60 min，之后将反应器的物料送入脱胶离心机。

助剂常用的是乙酸酐，它与磷脂反应生成某种乙酰化的磷酸酯乙醇胺。操作中要特别注意的是，水应尽量少加，以能使胶质沉淀为准。水如果过量，会使更多的油参与水化反应，从而引起不必要的损失，同时会影响磷脂的质量。

连续水合法脱胶是在管式反应器内进行的，即原料毛豆油经过油脂水化、磷脂分离、产品入库等工序，基本实现连续生产。投料方式是将水或水蒸气与油同时连续送入管式反应器，在管道中使油与水充分混合。连续水合法脱胶工艺具有高效、低能耗、质量稳定、操作方便、无污染和占地面积少等优点，但管式反应器及操作控制的技术要求较高。

（2）脱水

毛豆油脱胶后，经脱胶出来的油和磷脂，必须用增浓设备进行脱水处理，可以利用薄膜进行脱水。脱水操作分为间歇脱水和连续脱水。间歇脱水是在 65～70 ℃下真空蒸发；连续脱水则利用薄膜蒸发器，在 2.0～2.7 kPa 压力下于 115 ℃左右蒸发 2 min，最终获得的产品水分质量分数小于 0.5%。脱水后的胶状物必须迅速冷却至 50 ℃以下，以免颜色变深。由于胶状磷脂一般储存时间要超过几个小时，因此为了防止细菌腐败，常在湿胶中加入稀释的过氧化氢进行抑菌。

（3）脱色

为了获得较浅颜色的产品，还需要进行脱色处理。生产中通常加入一定量的过氧化物进

行脱色，如过氧化氢可减少棕色色素，对处理黄色十分有效；过氧化苯甲酰可减少红色色素，对处理红色更有效。上述两种脱色剂一起应用，可得到颜色相当浅的大豆磷脂产品。脱色温度为 70 ℃最适宜。此外，也有采用次氯酸钠和活性炭等物质进行脱色的。

（4）干燥

大豆磷脂的干燥方法有很多，其中分批干燥是最常用的方法，真空干燥是最适宜的方法。由于大豆磷脂在真空干燥时容易产生泡沫，因此操作上有一定难度，必须十分小心地控制真空度，并采用 3～4 h 较长时间的干燥。另外，薄膜干燥也是一种成功的干燥方法，它可以在冷却的情况下防止大豆磷脂变黑，并对除去脱色过程中加入的乙酸残存物也有良好的效果。

（5）精制

为了去除粗大豆磷脂中的油、脂肪酸等杂质，提高产品的纯度，需要进行精制。精制操作时，将粗大豆磷脂和丙酮按质量比为 1∶（3～5）的比例配制，在冷却的情况下进行搅拌，使油与脂肪酸溶于丙酮，磷脂沉淀，用离心机将其分离出来。分离出的磷脂中再加入丙醇，同样在搅拌下处理 2～3 次，直到磷脂搅拌成粉末状，除去大部分丙酮。再将粉末状磷脂揉松过筛，置于真空干燥器中干燥，真空度控制在 47.4 kPa 左右，在 60～80 ℃下干燥至无丙酮气味即可包装。除用丙酮进行精制外，也可用混合溶剂进行精制处理，混合溶剂的体积配比为：己烷∶丙酮∶水≈29.5∶68.0∶2.5，处理后的产品体积分数可达 99%。还可以用氯化钙、氯化铝等进行精制处理。

2. 山梨醇酐单油酸酯生产工艺

山梨醇酐单油酸酯的商品名为司盘（Span），我国食品国家标准批准使用的有司盘 20、司盘 65、司盘 80 等系列产品，其中应用量较大的主要是司盘 65 产品。山梨醇酐单油酸酯的基本结构式为：

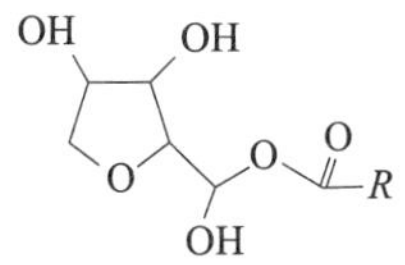

司盘 20、司盘 65、司盘 80 结构式分别为：

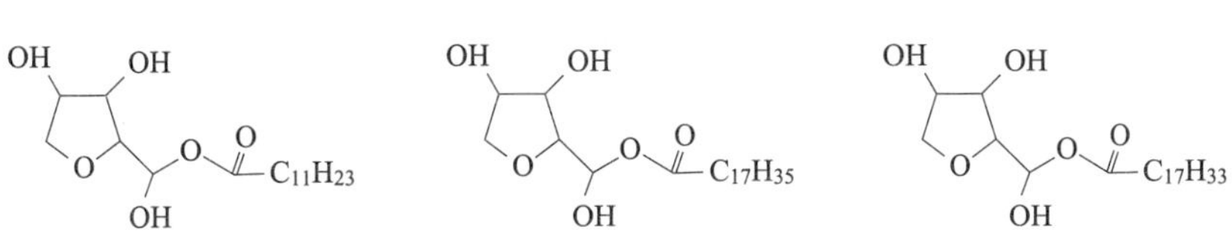

司盘20　　司盘65　　司盘80

司盘 65 是以葡萄糖在一定压力下还原而成的，反应式为：

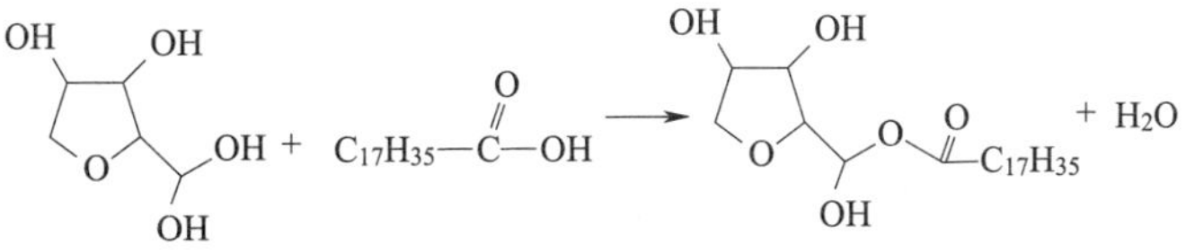

由于山梨醇酐单油酸酯生产所用原料充足、易得、价格便宜，生产工艺相对简单，且产品无毒无害，应用范围广，多年来世界各国都积极研究开发此类产品。

工业上，山梨醇酐单油酸酯生产工艺主要分为一步法和两步法两种。一步法是在一定压力下，由葡萄糖还原而成的山梨糖醇与脂肪酸直接加热进行酯化反应，此过程中山梨糖醇的脱水与脂肪酸的酯化同时进行；两步法则是先由山梨糖醇脱水生成山梨醇酐，再与脂肪酸酯化生成山梨醇酐脂肪酸酯。司盘 20、司盘 40 和司盘 60 的生产工艺基本相同。

一步法生产山梨醇酐单油酸酯工艺流程如图 5-5-2 所示。将等物质的量的山梨糖醇和脂肪酸及 0.1%（质量分数）的氢氧化钠加入反应器，在氮气保护下搅拌加热，于 200～220 ℃下反应，或者在 86.66～89.32 kPa 的真空度下反应一定时间，至混合物酸值达到要求后，冷却至 90 ℃左右，加入过氧化氢脱色 30 min，可得色泽较浅的产品，但一步法产品质量相对较差。

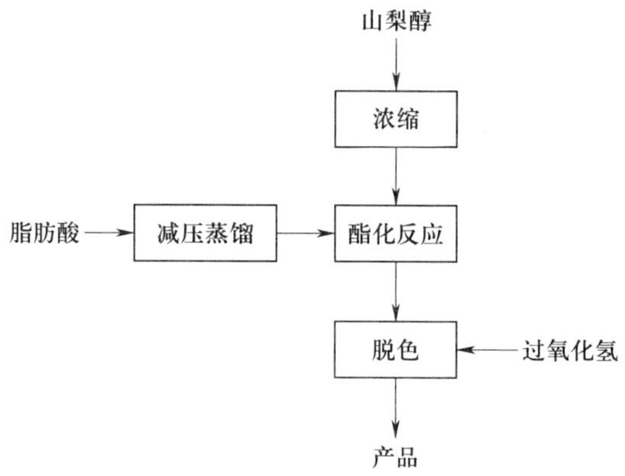

图 5-5-2　一步法生产山梨醇酐单油酸酯工艺流程

两步法是将脱水和酯化分开进行。山梨糖醇的脱水也称醚化，反应时先向山梨糖醇中加入少量的酸性催化剂，如碘酸、磷酸等，在 120 ℃及一定真空度下反应 3～4 h，至羟值符合要求为止。然后用碱中和催化剂，得到失水山梨糖醇。

向失水山梨糖醇中加入配比量的脂肪酸和催化剂，在 200 ℃下保温反应一定时间，即可得到产品。

另外，也可以采用分步催化法。首先将山梨糖醇在反应器中进行加热熔化，加入脱水剂，充氮气进行搅拌，于 210 ℃左右使山梨糖醇进行脱水反应。待脱水至一定时间后，加入脂肪酸和适量的酯化催化剂，在 210 ℃左右保温反应一段时间，即可得到产品。

分步催化法是在一步法基础上，运用了既具有抗氧化性能又能使山梨糖醇脱水的催化剂，并与其他催化剂相配合，研制开发出一套分步催化、连续生产司盘系列乳化剂的新工艺。此法同时具有一步法和两步法的优点，省去了传统的后处理脱色工序，操作简单，生产的产品在指标、色度和流动性上与其他产品相当。

目标检测

一、单项选择题

1. 大豆磷脂最适宜的干燥方法是（　　）。

A. 气流干燥法　　B. 真空干燥法

C. 直接干燥法　　D. 流化床干燥法

2. 大豆磷脂是（　　）乳化剂。

A. 天然　　B. 合成　　C. 极性强　　D. 以上都对

3. 为了防止细菌的腐败作用，常在湿胶中加入稀释的（　　）来抑菌。

A. 过氧化氢　　B. 硫酸　　C. 盐酸　　D. 维生素 C

二、多项选择题

1. 大豆磷脂具有优良的（　　）。

A. 乳化性　　B. 抗氧化性　　C. 分散性　　D. 保湿性

2. 司盘产品的特点是（　　）。

A. 用的原料充足、易得、价格便宜

B. 生产工艺简单，且产品无毒无害

C. 应用面广，多年来世界各国都积极研究开发此类产品

D. 司盘产品为蔗糖脂肪酸酯类乳化剂

3. 脱色过程可根据情况选用（　　）。

A. 过氧化氢　　B. 过氧化苯甲酰　　C. 次氯酸钠　　D. 活性炭

4. 连续水合、脱胶工艺的特点是（　　）。

A. 高功效　　B. 低能耗　　C. 质量稳定　　D. 无污染

5. 下列是目前国内外广泛使用的乳化剂主要有（　　）。

A. 甘油脂肪酸酯　　B. 脂肪酸蔗糖酯

C. 山梨醇酐脂肪酸酯　　D. 磷脂

三、思考题

1. 简述大豆磷脂的生产工艺。

2. 简述乳化剂的主要功能。

3. 简述一步法生产山梨醇酐单油酸酯工艺流程。

项目总体评价

一、复习项目学习内容，补充完成思维导图。

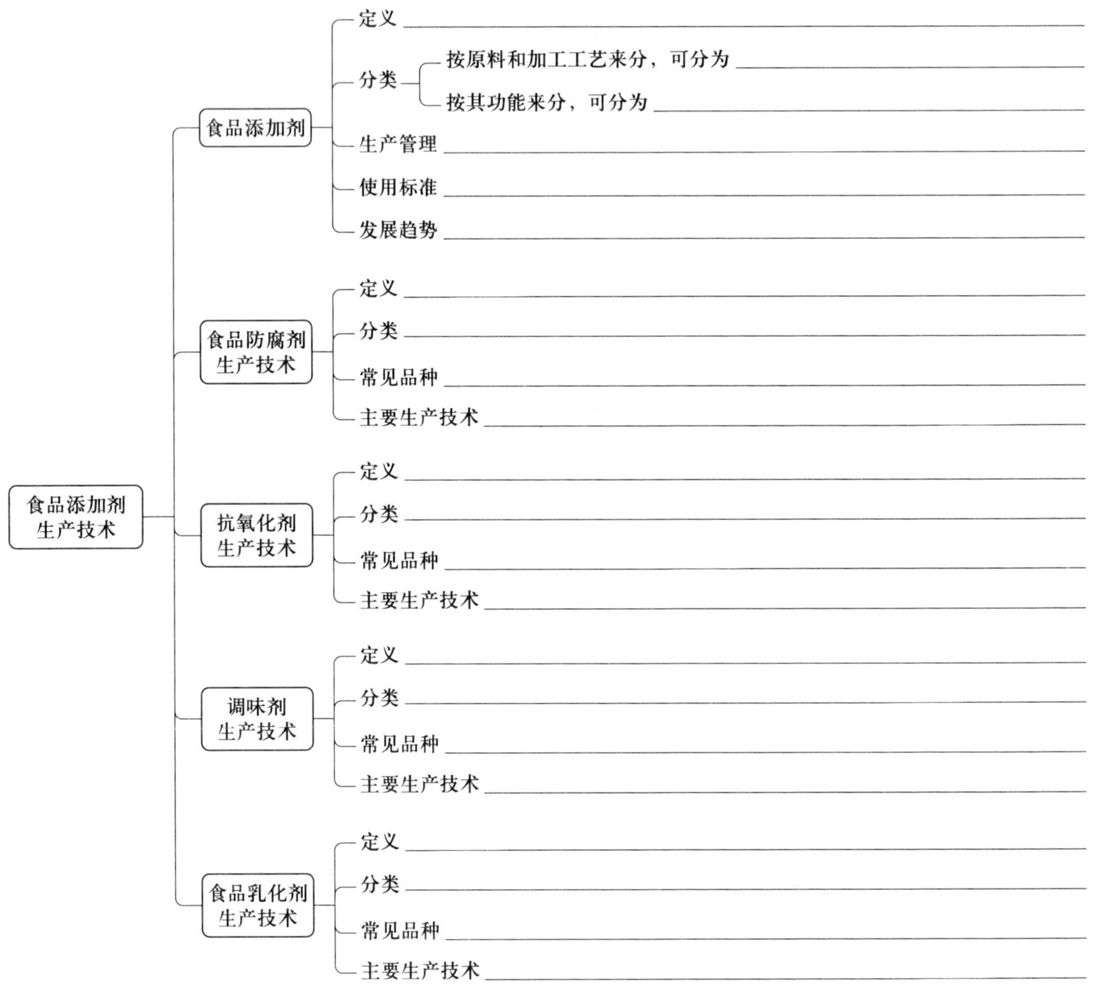

二、项目成果制作。

小组协作完成食品添加剂安全使用法律法规调研。

<table>
<tr><td>小组成员</td><td></td><td>实训地点</td><td></td></tr>
<tr><td>产品名称</td><td>食品添加剂安全使用法律法规调研</td><td>生产量</td><td></td></tr>
<tr><td rowspan="5">食品添加剂安全使用法律法规名称</td><td colspan="3"></td></tr>
<tr><td colspan="3"></td></tr>
<tr><td colspan="3"></td></tr>
<tr><td colspan="3"></td></tr>
<tr><td colspan="3"></td></tr>
<tr><td>重点内容记录</td><td colspan="3"></td></tr>
<tr><td>自己的思考</td><td colspan="3"></td></tr>
</table>

项目六

胶黏剂生产技术

项目导学

胶黏剂是一种复合材料，又称黏合剂、黏结剂等，通过黏附作用使被黏结物体结合在一起。它是一类重要的精细化学品，其应用范围非常广泛，在现代经济、国防技术、高精尖科技中发挥着重要作用。

课程思政

为什么万里长城永不倒?

长城在建造过程中使用了糯米作为胶黏剂。古代建筑工人在制作砂浆时，会先将糯米熬成汁液，然后与石灰等无机材料混合，制成所谓的“糯米砂浆”。这种砂浆因其超强的黏合性和耐久性，被用于长城等古代建筑的修建中，使得长城的部分墙体能够经受住时间和自然环境的考验，甚至现代机械也难以轻易破坏。

具体来说，糯米砂浆的组成包括熟石灰、糯米汁以及其他添加剂，其中糯米汁中的支链淀粉被认为是提供砂浆超强性能的关键因素。这种混合物不仅在我国古代被用于建造陵墓、宝塔和城墙，而且一些由糯米砂浆建成的建筑物至今仍保存完好，充分展现了其卓越的耐久性和稳定性。

阅读上述材料，讨论下列问题，记录结果，并与同学分享：

1. 糯米砂浆主要由哪些成分组成？其中起胶粘作用的成分是什么？

2. 糯米砂浆的应用提高了糯米的附加值，精细化工生产中提高产品附加值的途径有哪些？

3. 糯米汁用作胶黏剂是古代人民的一种创新，谈谈创新思维的来源主要有哪些？

任务一　认识胶黏剂

学习目标

1. 了解胶黏剂的定义、分类、作用及应用。
2. 掌握胶黏剂的配方组成及作用。
3. 掌握胶接原理及胶接工艺。
4. 了解胶黏剂选择的依据。

任务引入

在古代，有些人会利用鸡蛋清将碎瓷器黏合起来，这是一种修补技艺，在古代小说和民间传说中有相应的记载。

具体方法：首先需要将鸡蛋清分离出来，然后用棉棒蘸取鸡蛋清涂抹在瓷器破碎的边缘，再将瓷器拼合在一起。放置一段时间（如数小时或更长时间，视具体情况而定）后，瓷器会变得相对牢固，但其牢固程度可能无法承受非常大的外力。然而，如果在阳光下长时间照射，黏合处可能会因干燥过度而再次裂开。

原理：鸡蛋清黏瓷器的原理主要基于鸡蛋清中的蛋白质成分在干燥后形成的坚固物质。当鸡蛋清涂抹在瓷器的断裂面并干燥后，蛋白质会形成一种较为坚固的薄膜，从而起到黏合作用。虽然这种黏合方式在现代看来并不如现代胶水等胶黏剂科学有效，但在古代却是一种实用的修补方法。

鸡蛋清黏瓷器的做法反映了古代人们在没有现代胶黏剂的情况下，如何利用简单材料进行修补的智慧。此外，这种方法也在一定程度上体现了古代社会的一些生活现象和人们的创造智慧。

阅读上述材料，讨论下列问题，记录结果，并与同学分享：

1. 你知道生活中哪些胶黏剂?
2. 你在使用胶黏剂的时候遇到过哪些问题?

相关知识

一、胶黏剂基本概念

1. 定义

胶黏剂能使物体表面与另一表面黏结在一起，是一种复合型材料，作为使不同物质黏结成为一体的媒介。

2. 作用

胶黏剂主要起连接作用，不仅能很好地连接各种金属和非金属材料，还能实现性能相差悬殊的基材之间的良好连接。

3. 应用

胶黏剂是一种应用广泛的黏结材料，主要应用于木材加工、建筑、轻工、航空航天、交通运输、医药、电工电子和仪器仪表制造等行业。

4. 分类

（1）按基料分类，可分为无机胶黏剂和有机胶黏剂两种。以无机化合物为基料的是无机胶黏剂，以聚合物为基料的是有机胶黏剂。有机胶黏剂又分为天然胶黏剂与合成胶黏剂两大类，天然胶黏剂以动物胶、植物胶和矿物胶为主要基料，合成胶黏剂则以合成树脂、合成橡胶及复合材料为基料。

（2）按物理形态分类，胶黏剂常分为溶液型、乳液型、膏状或糊状型、固体型和膜状型五种，它们的比较分析见表 6-1-1。

表 6-1-1　　不同类型胶黏剂比较分析

类型	形成过程	特点
溶液型	将合成树脂或橡胶溶解在适当的溶剂中配成有一定黏度的溶液	目前大部分胶黏剂属于此类型
乳液型	将合成树脂或橡胶分散于水中，形成水溶液或乳液	无污染，发展较快
膏状或糊状型	将合成树脂或橡胶配成易挥发的高黏度的胶黏剂	主要用于密封和嵌缝等方面
固体型	也称热熔胶，将热塑性合成树脂或橡胶制成粒状、块状或带状等形式，加热时熔融涂布，冷却后固化	应用范围广泛，常用在道路标志、奶瓶封口或衣领衬里等
膜状型	将胶黏剂涂布于各种基材（纸、布等）上，呈薄膜状胶带，或直接将合成树脂或橡胶制成薄膜使用	—

（3）按用途分类，可分为结构胶黏剂、非结构胶黏剂和特种胶黏剂等。结构胶黏剂可用于受力结构件胶接，并能长期承受较大动、静负荷。非结构胶黏剂适用于非受力结构件胶接。特种胶黏剂用于某些特殊场合，提供独特用途。此外，近年来还出现了无污染胶黏剂等新品种。

5. 组成

胶黏剂是由多种材料按一定配方、比例组成的复合材料。其组成主要包括基料、固化剂、填料、增塑剂、增韧剂、稀释剂、偶联剂及其他助剂。

（1）基料

基料又称黏料，起黏结作用，是胶黏剂的主要组成成分，且为必要成分。基料主要是一些高分子聚合物，有天然和合成两种，天然聚合物如淀粉、蛋白质等，合成聚合物主要有合成树脂、合成橡胶及复合型高分子聚合物。目前大部分基料以人工合成聚合物为主。

（2）固化剂

固化剂又称硬化剂或熟化剂，是主要的配合材料。它能改善基料的性能，促进胶体固化，形成稳定胶膜。使用过程中，固化剂可直接与主体聚合物进行反应，或在催化剂作用下与主体聚合物进行反应，进入聚合物骨架，使分子间距、形态发生改变，从而改善胶黏剂的热稳定性、化学稳定性等。

（3）填料

填料用来降低胶黏剂固化过程的收缩率，改变热膨胀系数以及提高硬度、力学强度、导电性等。一般填料成本低廉，因此能整体降低胶黏剂成本。常见填料有石英粉、炭黑、银粉、磁粉、钛白粉、滑石粉、石棉绒等。

（4）增塑剂

增塑剂可降低高分子聚合物的玻璃化温度和熔融温度，改善胶层脆性，增进固化体系的塑性。其一般分为内增塑剂和外增塑剂两类，内增塑剂主要有聚硫橡胶、液体丁腈橡胶等，外增塑剂主要有邻苯二甲酸酯类、磷酸酯类等。

（5）增韧剂

增韧剂一般带有特殊官能团，可与聚合物骨架反应，直接进入分子中成为胶膜的一部分，改进胶黏剂脆性，提高胶层抗冲击强度和伸长率，从而改善胶黏剂的抗剪强度、剥离强度、低温性能和柔韧性等。

（6）稀释剂

稀释剂也称溶剂，能将固态基料物质溶解稀释成胶液。它能提高胶黏剂的润湿能力，使胶黏剂具有较好渗透力和流平性，改善黏结工艺。稀释剂分为活性稀释剂和非活性稀释剂，活性稀释剂分子中有活性基团，参与固化反应留存于胶膜中；非活性稀释剂只混合于胶黏剂体系中，降低体系黏度，在后续固化与干燥过程中除去。常用的稀释剂有烃类、酮类、酯类、卤烃类、醇醚类及强极性的砜类和酰胺类等。

稀释剂在胶黏剂中占比较大，选择时应重点考虑其溶解性能与挥发性能。根据相似相溶原理，应选择与高分子聚合物极性相同或相近的稀释剂。同时，为了保证施工过程顺利完成，提高胶黏效果，一般要求选择挥发速度适中的溶剂。

（7）偶联剂

偶联剂分子中有反应活性基团，可与被黏固体表面形成化学键，在两个表面之间起“架桥”作用，用来提高难黏或不黏表面间的黏合能力。常用偶联剂有硅烷及其衍生物。

（8）其他助剂

其他助剂主要有硫化剂、引发剂、增黏剂、防老剂、阻聚剂、防腐剂等。它们分别赋予胶黏剂不同性能，以满足实际使用要求。例如，防老剂可以延长胶黏剂的寿命，提高耐久性，避免胶层过快老化等。

特别注意，胶黏剂中并非都必须含有以上各种组分，基料是必不可少的组分，其他组分则视胶黏剂性能要求和工艺需要而定。胶黏剂各组分对性能的影响见表 6-1-2。

表 6-1-2　　胶黏剂各组分对性能的影响

组成变化	胶黏剂性能影响结果
聚合物相对分子质量提高	胶黏剂机械强度提高，黏度增加，低温韧性提高，但浸润速度减慢，不利涂胶
高分子的极性增加	胶黏剂内聚高，对极性附力提高，同时耐热性也会增加，但黏度增加，且耐水性下降
交联密度提高	胶黏剂的耐热性能提高，耐化学性和耐久性也会提高，蠕变减少，但延伸率下降，且低温脆性增加
增塑剂用量增加	胶黏剂抗冲击强度提高，黏度下降，但内聚强度下降后，蠕变增加，耐热性急剧下降
增韧剂用量增加	胶黏剂韧性增加，抗剥离强度提高，但内聚强度及耐热性缓慢下降
填料用量增加	胶黏剂有触变性，硬度和黏度都会增加，热膨胀系数、固化收缩率下降，成本低，但用量过多时胶黏剂变脆
偶联剂用量增加	黏附性提高，耐湿热老化性能也提高，但有时耐热性会下降

二、黏结原理和胶接工艺

1. 黏结原理

（1）吸附理论

吸附理论认为，胶接是由胶黏剂分子与被黏物之间的吸附力产生的。这种吸附不仅有物理吸附，有时也存在化学吸附。

黏合过程是，胶黏剂首先润湿物体表面，然后向被黏物表面移动、扩散和渗透，与被黏物表面形成物理化学结合，甚至机械结合等。表面张力小的物质易润湿表面张力大的物质。为了使被黏物表面易被润湿，需要清洗除去油污等物质，使被黏物更好地与胶黏剂接触。可通过在胶黏剂中加入某些表面活性剂以降低其表面张力，使胶黏剂分子带极性部分向被黏物表面移动。当距离小于 5×10^{-10} m 时，即可发生物理化学结合。这种结合可以是离子键、共价键和配位键等化学键，也可以是氢键和范德华力等。

（2）扩散理论

扩散理论认为，聚合物之间的黏合力主要来源于分子扩散作用，即两聚合物端头或链节相互扩散，导致界面消失，产生过渡区，从而达到黏结。胶黏剂与被黏物两者的溶解度参数越接近，黏结温度越高，时间越长，其扩散作用也越强，由扩散作用导致的黏结力也越高。这种理论最适合解释聚合物之间的胶接。

（3）双电层理论

双电层理论认为，胶黏剂与被黏结材料接触时，在界面两侧会形成双电层，如同电容器的两个极板，从而产生了静电引力。经实验测得，黏合功等于此电容瞬时放电能量。在聚合物膜与金属胶接等方面，静电理论占有一定的地位，但不能解释导电胶的作用和非极性黏合等现象。

（4）机械结合理论

物体表面肉眼看起来十分光滑，但经放大后，表面却十分粗糙，遍布沟壑，有些表面还有许多孔隙。胶黏剂渗透到这些凹凸沟壑或孔隙中，固化后就像许多小钩和榫头把胶黏剂和被黏物连接在一起。

2. 胶接工艺

胶接工艺包括胶黏剂选择、胶接接头设计、确定胶接工艺和固化胶接。

（1）胶黏剂选择

胶黏剂品种繁多，各有其应用范围和使用条件。要想获得较好的黏结效果，必须合理选择与使用胶黏剂。一般重点考虑以下几个方面的因素：被黏物的表面状况；胶接接头应用的场合；胶接过程有关的特殊要求；胶接效率及胶黏剂成本；被黏材料属性等。

（2）胶接接头设计

为了实现材料间良好胶接，除了要选择合适的胶黏剂，还要对胶接接头进行正确设计。胶接接头设计要避免应力集中，受力方向最好在胶接强度最大的方向上；胶接接头应合理增加胶接面积，提高胶接效果；同时，胶接接头设计需尽量保证胶层厚度一致，防止层间剥离。

（3）确定胶接工艺

胶接工艺就是利用胶黏剂把被黏物连接成整体的操作步骤。一般的胶接工艺包括表面修配与处理、涂敷偶联剂或胶黏剂底涂、涂布胶黏剂、表面合拢装配、固化黏结等。为了保证胶接顺利进行，获得胶接强度高、耐久性能好的胶接制品，通常需要对被黏结表面进行修配与处理。表面处理时需设法提高表面能，增加黏结的表面积，除去黏结表面上的污物及疏松层。表面处理的方法有物理法和化学法两种。其中，打磨、喷砂、机械加工等属于物理法；溶剂清洗、酸、碱或无机盐溶液处理、阳极氧化处理、等离子体处理等属于化学法。

（4）固化胶接

胶黏剂一般含有一定的溶剂，呈液体状态。胶层溶剂挥发后变成固态才具有胶接强度，实现胶接。通过适当方法使胶层由液态变成固态的过程称为固化胶接。固化胶接有物理和化学两种方法。

三、固化原理

按固化方式，可将胶黏剂划分为热熔胶黏剂、溶液胶黏剂、乳液胶黏剂和反应型胶黏剂，它们的固化形式各不相同。

1. 热熔胶黏剂固化

热熔胶黏剂固化是一个简单的热传递过程，即加热使胶熔化，涂胶后冷却即可黏合固化。此过程受环境温度影响很大，温度越低固化速度越快。为了使热熔胶黏剂充分润湿被黏物，必须严格控制熔融温度和晾置时间，对于基料具有结晶性的热熔胶黏剂来说，这一点尤其重要，否则因冷却过快会导致基料重结晶，进而影响黏结强度。

2. 溶液胶黏剂固化

溶液胶黏剂是将热塑性聚合物溶解于溶剂中制成的高分子溶液，分为水溶型和有机溶液型。其固化依赖于外层溶剂的挥发，固化速度与溶剂挥发速度有关，同时受环境温度、湿度、被黏物的致密程度与含水量、接触面大小等因素的影响。应选择特定溶剂或混合溶剂以调节固化速度。溶剂挥发性过强，会影响结晶速度与程度，甚至造成胶层结皮而降低黏结强度。此外，快速挥发会导致黏结处降温，对黏结强度也不利。溶剂挥发过慢，则固化时间长、效率低，还可能造成胶层中溶剂滞留，对黏结也不利。在使用溶液胶黏剂时，还应严格防范火灾和中毒现象。

3. 乳液胶黏剂固化

乳液胶黏剂是将聚合物胶体在水中分散成相对稳定的乳液体系。当乳液中的水分逐渐渗透到被黏物中并挥发时，胶粒浓度逐渐增大，从而因表面张力作用使胶粒凝聚而固化。环境温度对乳液凝聚影响很大，温度足够高时，乳液能凝聚成连续膜；温度太低时，则不能形成连续膜，黏结强度极差。不同聚合物乳液的最低成膜温度是不同的，因此在使用乳液胶黏剂时，一定要确保环境温度高于其最低成膜温度，否则黏结效果不佳。

4. 反应型胶黏剂固化

反应型胶黏剂的基料含有活性基团，在固化剂、引发剂及其他物理条件作用下可发生聚合、交联等化学反应而固化。例如，环氧树脂、聚氨酯类胶黏剂多使用固化剂进行固化；第二代丙烯酸结构胶、不饱和聚氨酯胶等常用引发剂引发固化；一些酚醛脲醛树脂胶则可用酸性催化剂催化固化。

四、胶黏剂选用依据

1. 被黏结材料的种类和性质

黏结多孔且不耐热材料可选用水基、溶液胶黏剂，对表面致密且耐热材料可选用反应型热固胶黏剂，难黏物料可选用乙烯–醋酸乙烯共聚物或环氧树脂类胶黏剂。

2. 被黏结材料应用场合

应用场合，主要指被黏结材料受力的大小、种类、持续时间、使用温度、冷热交变周期以及介质环境等。对黏结强度要求不高的场合，可选用价廉的非结构型胶黏剂；对黏结强度要求高的场合，则选用结构型胶黏剂；在要求耐热和抗蠕变的场合，可选用能固化生成三维网状结构的热固性树脂胶黏剂；在冷热交变频繁的场合，应选用韧性好的橡胶–树脂胶黏剂；在要求耐老化的场合，应选用合成橡胶胶黏剂；对于导电、导磁、超高温、超低温等特殊要求的场合，则必须选择特种胶黏剂。

3. 黏结目的和用途

就黏结而言，它兼具连接、密封、固定、定位、修补、填充、堵漏、嵌缝、防腐、灌注、罩光以及满足特殊要求等多种功能。实际上在使用胶黏剂时，往往是某一方面用途占主导地位，所以应视具体情况和具体目的来选择胶黏剂。

4. 黏结工艺

胶黏剂不同，黏结工艺也不同。有的胶黏剂室温即可固化，有的需要加热固化，有的需要加压固化，有的则需要加温加压同时固化。选择胶黏剂时不能只考虑强度高、性能好，还要考虑工艺条件。工艺最简单的是室温固化的单组分胶黏剂。

5. 胶黏剂成本和来源

成本低、效果好、胶黏剂来源容易，且施工简便、经济，是选择胶黏剂时必须考虑的因素。

目标检测

一、单项选择题

1. 胶黏剂中起黏合作用的组分是（　　）。

A. 固化剂　　B. 基料　　C. 填料　　D. 偶联剂

2. 下列物质可作为增塑剂的是（　　）。

A. 邻苯二甲酸酯类　　B. 玻璃纤维　　C. 间苯二胺　　D. 多异氰酸酯

3. 用于改善胶黏剂的机械性能和降低产品成本的是（　　）。

A. 固体剂　　B. 基料　　C. 填料　　D. 稀释剂

4. 使胶黏剂有较好的渗透力，改善胶黏剂的工艺性能的是（　　）。

A. 固体剂　　B. 基料　　C. 填料　　D. 稀释剂

5. 按（　　）分类，胶黏剂可以分为无机胶黏剂和有机胶黏剂两种。

A. 外观　　B. 基料　　C. 物理形态　　D. 用途

二、多项选择题

1. 按用途分类，胶黏剂可分为（　　）。

A. 结构胶黏剂　　B. 非结构胶黏剂　　C. 特种胶黏剂　　D. 热塑性胶黏剂

2. 胶黏剂中增韧剂可以（　　）。

A. 改进胶黏剂的脆性　　B. 提高胶层的抗冲击强度和伸长率

C. 改善胶黏剂的抗剪强度、剥离强度　　D. 改善胶黏剂的低温性能和柔韧性

3. 考虑胶黏剂应用场合，下列选择正确的有（　　）。

A. 黏结强度要求不高的要选用非结构胶黏剂

B. 黏结强度要求不高的要选用结构胶黏剂

C. 要求耐热和抗蠕变的场合，选用热固性树脂胶黏剂

D. 冷热交变频繁的场合，选用橡胶－树脂胶黏剂

三、思考题

1. 什么是胶黏剂？主要组成有哪些？各组分的作用是什么？

2. 如何选择胶黏剂？

3. 简述胶接工艺。

任务二　合成树脂胶黏剂生产技术

学习目标

1. 了解热固性树脂胶黏剂的特点。
2. 掌握热固性树脂胶黏剂典型品种的生产原理及工艺。
3. 了解热塑性树脂胶黏剂主要产品性能及应用。
4. 掌握热塑性树脂胶黏剂生产原理及工艺。

任务引入

502 胶水主要用于日常生活和工业生产中的黏结工作，能够黏附大多数常见材料，包括塑料、橡胶、玻璃等。在实际应用中，如需黏玻璃制品、塑料器皿或橡胶小配件等场景，502 胶水都能发挥出色的黏结力。

502 胶水适用于众多场景。①塑料类制品：对于日常使用的塑料类制品，如玩具塑料盒、塑料瓶等，502 胶水可以快速实现黏结，具有良好的适用性。②橡胶类制品：在一些需要修补或黏合的橡胶类制品，如轮胎、橡胶管等，使用 502 胶水也能实现牢固地黏合。③玻璃制品：对于玻璃制品的修补和黏结，502 胶水同样是不错的选择，如玻璃器具、镜子等。④金属表面：虽然 502 胶水主要用于非金属材料的黏结，但在金属表面也能提供一定的黏性，尤其在金属表面处理粗糙的情况下。

使用 502 胶水时需注意操作环境，避免在潮湿或高温条件下使用。此外，由于不同材料的特性各异，使用前建议先进行小范围测试，以确保黏合效果和持久性。同时，应避免皮肤直接接触 502 胶水，以防刺激。除了上述常见材料的黏结，502 胶水在一些特定领域也有应用，如电子工业中的线路板固定、模型制作中的细节修复等。这些领域对材料的黏结有较高要求，502 胶水都能够满足这些要求。

阅读上述材料，讨论下列问题，记录结果，并与同学分享：

1. 生活中你用过 502 胶水吗？
2. 你知道 502 胶水的黏合原理吗？

相关知识

一、热塑性树脂胶黏剂生产工艺

热塑性树脂胶黏剂以热塑性树脂为基料，产品一般为液态，可通过溶剂挥发、熔体冷却、聚合反应等方式，变成热塑性固体而达到黏结目的，包括聚乙酸乙烯乳液胶黏剂、丙烯酸酯及其衍生物、聚乙烯醇类胶黏剂等。其力学性能、耐热性和耐化学性相对较差，但使用方便，有较好的适应性，是较为常用的胶黏剂。

1. 聚乙酸乙烯乳液胶黏剂

聚乙酸乙烯乳液胶黏剂是热塑性树脂胶黏剂中产量最大的品种，价格便宜，适用于纸张、木材、纤维、陶瓷、塑料薄膜和混凝土等材料的黏结，其共聚物结构式为：

$$\left[\begin{array}{c} CHCH_2 \\ | \\ OOCCH_3 \end{array}\right]_n$$

聚乙酸乙烯酯由乙酸乙烯出发，用过氧化物或偶氮二异丁腈作为引发剂，通过聚合反应制得，其反应式为：

$$H_2C{=}CHCOOCH_3 \longrightarrow \left[\begin{array}{c} CHCH_2 \\ | \\ OOCCH_3 \end{array}\right]_n \xrightarrow{+H_2O} \left[\begin{array}{c} CHCH_2 \\ | \\ OH \end{array}\right]_n$$

聚醋酸乙烯无臭、无味、无毒，基本上无色透明。其玻璃化温度为 25～28 ℃，热膨胀系数为 8.6×10^3。

2. 丙烯酸酯及其衍生物

丙烯酸酯类包括丙烯酸及其酯类、甲基丙烯酸及其酯类，以及在分子结构上包含丙烯酸酯基团的大链化合物。丙烯酸酯聚合物的结构式为：

$$\left[\begin{array}{c} R_1 \\ | \\ CH_2C \\ | \\ COOR_2 \end{array}\right]_n$$

丙烯酸酯胶黏剂无色透明，成膜性优良，能在室温下快速固化，使用便捷，黏结强度高，耐一般酸碱腐蚀，耐老化性能好，适用于多种材料的黏结。

丙烯酸酯作为胶黏剂时，较少使用单一聚合物，通常采用共聚物（如甲基丙烯酸甲酯、乙酯、丁酯等）相互配合使用，或与醋酸乙烯、丙烯腈、甲基丙烯酸酯以及其他能交联的官能性单体共聚，这类共聚物可用来配制乳液型丙烯酸酯胶黏剂，代表性丙烯酸酯共聚物的聚合反应为：

$$x\,CH_2{=}\begin{array}{c} H \\ C \\ | \\ COOR \end{array} + y\,CH_2{=}\begin{array}{c} COOCH_3 \\ | \\ C \\ | \\ CH_3 \end{array} + z\,CH_2{=}\begin{array}{c} COOR' \\ | \\ CH \end{array} \longrightarrow \left[CH_2-\begin{array}{c} H \\ C \\ | \\ COOR \end{array}\right]_x + \left[CH_2-\begin{array}{c} CH_3 \\ | \\ C \\ | \\ COOCH_3 \end{array}\right]_y + \left[CH_2-\begin{array}{c} H \\ C \\ | \\ COOR' \end{array}\right]_z$$

3. 聚乙烯醇类胶黏剂

聚乙烯醇通常为白色粉末状，能溶于水，是一种水溶性高分子聚合物。随着聚合物中羟基含量的增加，其溶解度也会相应增大，其聚合物结构式为：

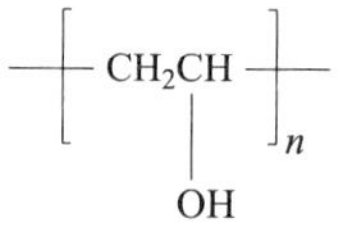

$$\left[\begin{array}{c} CH_2CH \\ | \\ OH \end{array} \right]_n$$

乙烯醇性质不稳定，因此聚乙烯醇难以直接由单体合成制得，通常是通过聚乙酸乙烯酯在甲醇或乙醇溶液中，以氢氧化钠作为催化剂进行水解反应而制得。聚乙酸乙烯酯的水解反应为：

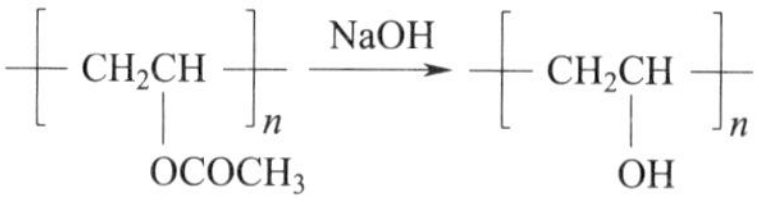

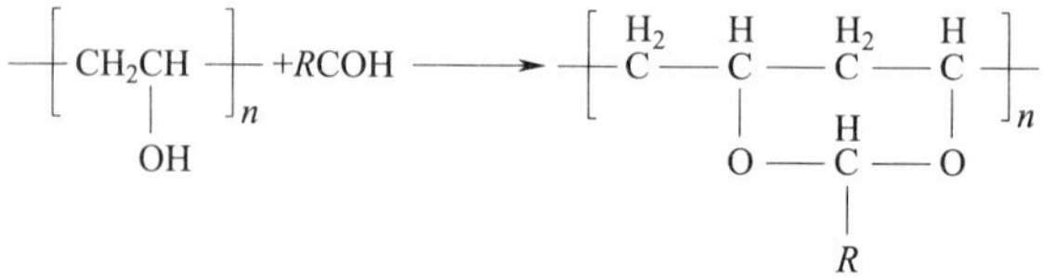

$$\left[\begin{array}{c} CH_2CH \\ | \\ OCOCH_3 \end{array} \right]_n \xrightarrow{NaOH} \left[\begin{array}{c} CH_2CH \\ | \\ OH \end{array} \right]_n$$

$$\left[\begin{array}{c} CH_2CH \\ | \\ OH \end{array} \right]_n + RCOH \longrightarrow \left[\begin{array}{c} \overset{H_2}{C} - \overset{H}{C} - \overset{H_2}{C} - \overset{H}{C} \\ \quad\ | \qquad\qquad | \\ \quad\ O - \overset{H}{C} - O \\ | \\ R \end{array} \right]_n$$

聚乙烯醇胶黏剂通常为水溶液形式。一般在搅拌的条件下，将聚乙烯醇溶于 80～90 ℃的热水中，即可得到产品胶液。在胶液中，还需要添加填料、增塑剂、防腐剂以及熟化剂等辅助添加剂，共同组成胶黏剂的配方，以使胶黏剂具有更好的性能。

聚乙烯醇分子中含有大量羟基，亲水性大，单纯以聚乙烯醇作为胶黏剂，其耐水性差，一般采用化学改性法提高其耐水性。工业生产中将聚乙烯醇与醛类化合物缩聚生成聚乙烯醇缩醛类化合物，缩聚反应过程为：

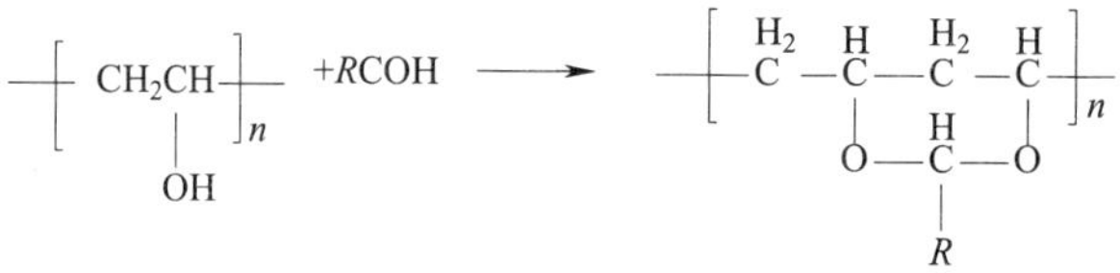

$$\left[\begin{array}{c} CH_2CH \\ | \\ OH \end{array} \right]_n + RCOH \longrightarrow \left[\begin{array}{c} \overset{H_2}{C} - \overset{H}{C} - \overset{H_2}{C} - \overset{H}{C} \\ \quad\ | \qquad\qquad | \\ \quad\ O - \overset{H}{C} - O \\ | \\ R \end{array} \right]_n$$

二、热固性树脂胶黏剂生产工艺

热固性树脂胶黏剂以热固性树脂为基本原料，加热时，液态树脂通过聚合反应交联形成网状结构，转化为不溶性固体，从而实现黏结目的。其特点在于黏附性能优良、机械强度高，具备很强的耐热性和耐化学性，且其产量庞大、应用范围广泛，但耐冲击性和弯曲性能相对较差。主要包括酚醛树脂胶黏剂、环氧树脂胶黏剂、聚氨酯胶黏剂等。

1. 酚醛树脂胶黏剂

酚醛树脂是胶黏剂工业中最早使用的合成树脂之一，由其制备的酚醛树脂胶黏剂具有强大的黏合力，耐高温性能突出，且价格相对低廉，至今仍被大量应用于木材加工工业。通过柔性聚合物改性的酚醛树脂胶黏剂，如酚醛－缩醛胶黏剂、酚醛－丁腈胶黏剂，在金属结构胶接领域占据重要地位，被广泛应用于飞机、汽车和船舶等工业领域。

酚醛树脂胶黏剂的主要基料为酚醛树脂，酚醛树脂的结构式为：

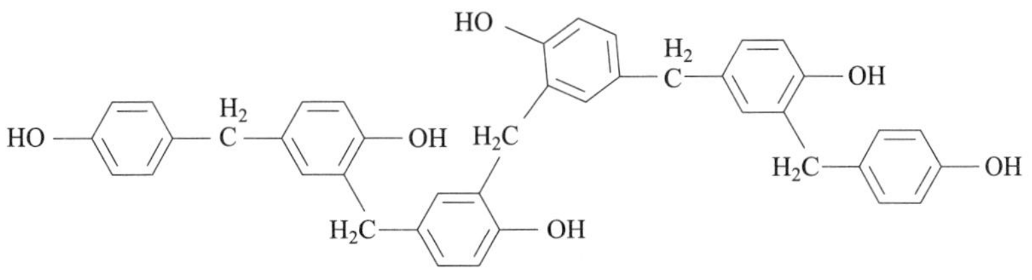

酚醛树脂由酚和醛缩合而成。酚主要包括苯酚、甲基苯酚、苯甲酚和间苯二酚等；醛主要包括甲醛和糠醛。苯酚和甲醛的反应在酸性或碱性催化条件下进行。pH 值在 1～4 时，其反应速率与 H^+ 浓度成正比，生成线性产物；pH 值大于 5 时，其反应速率与 OH^- 浓度成正比，且生成热固性产物；pH 值在 4～5 时，反应速率最低。

工业上使用的酚醛树脂主要分为线性和热固性两大类，其生产过程存在显著差异。

（1）线性酚醛树脂的合成过程如下。

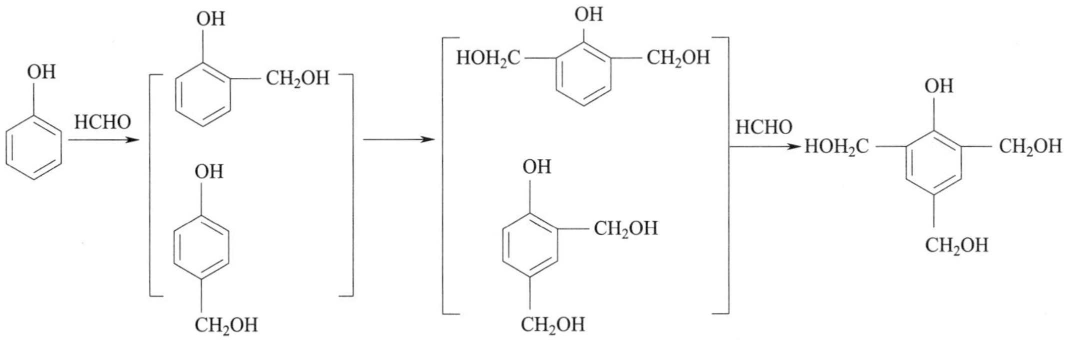

（2）热固性酚醛树脂的合成过程如下。

第一步：加成反应（生成羟甲基苯酚）

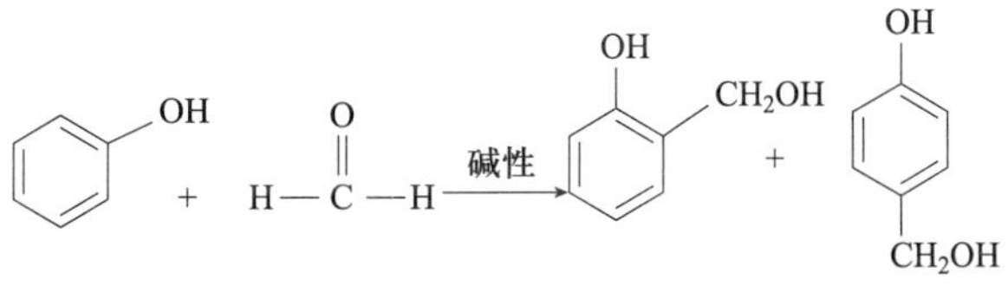

第二步：缩聚反应（生成亚甲基键和醚键）

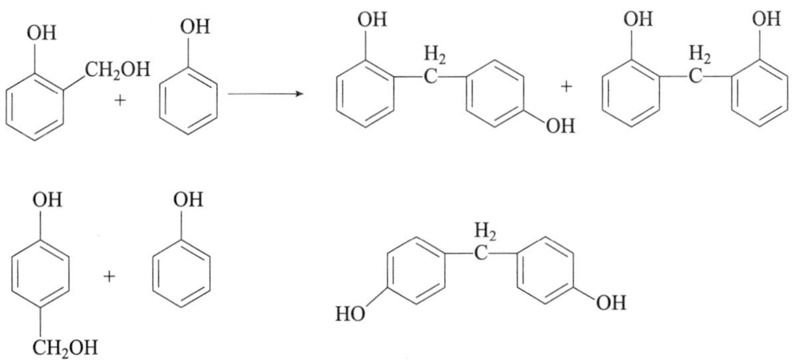

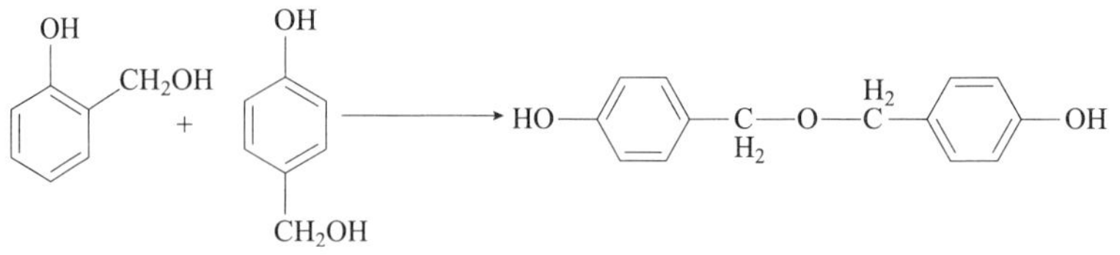

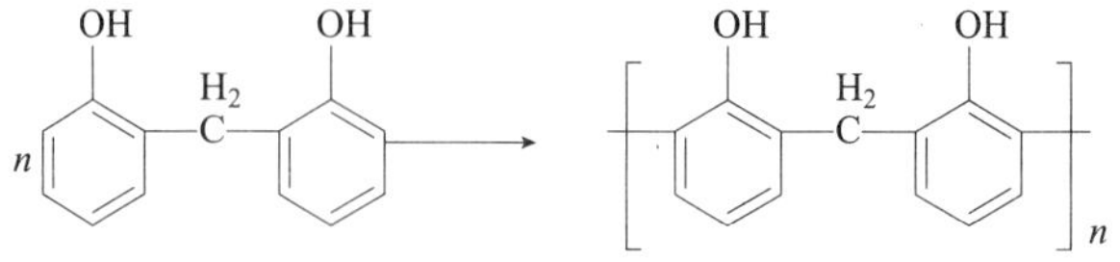

2. 环氧树脂胶黏剂

环氧树脂是指能发生交联聚合反应的多环氧化物。由这类树脂配成的胶黏剂，具有许多优良的化学性能，黏合力特别强，既可胶接金属材料，也可胶接非金属材料，俗称“万能胶”。

早期的环氧树脂胶黏剂主要是在各类已固化的环氧树脂中添加铝粉等填料制成。为了降低其脆性，发展了采用低分子聚酰胺类固化剂和聚硫橡胶进行改性的环氧胶黏剂，后来又出现了采用酚醛树脂固化的耐高温胶黏剂以及经聚酰胺改性的高剥离强度环氧胶黏剂。随着生产技术的不断改进，环氧树脂胶黏剂的应用范围越来越广，已成为现代航空、航天飞行器等制造中不可或缺的黏结材料。

环氧树脂胶黏剂的基料部分是环氧树脂，环氧树脂的品种、牌号众多，其中双酚 A 缩水甘油醚型环氧树脂是最重要的一类，其产量占总产量的 90% 以上，其结构式为：

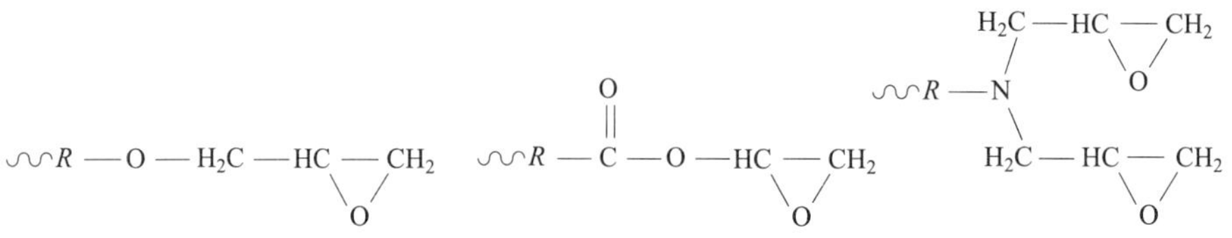

缩水甘油醚型环氧树脂　　缩水甘油酯环氧树脂　　缩水甘油胺型环氧树脂

环氧树脂胶黏剂的基本配方中，环氧树脂是主要黏结材料，必须搭配固化剂才能硬化定型，通常会添加少量的增韧剂、稀释剂、填料等。固化剂对固化后的产物性能具有显著影响，因此，在配制环氧树脂胶黏剂时，必须精心选择合适的固化体系，这一固化过程通常是通过化学反应来完成的。固化剂的类型多样，主要包括胺类固化剂、酸酐类固化剂以及树脂类固化剂等。胺类固化剂通过活泼氢与环氧基起反应使树脂固化，反应式为：

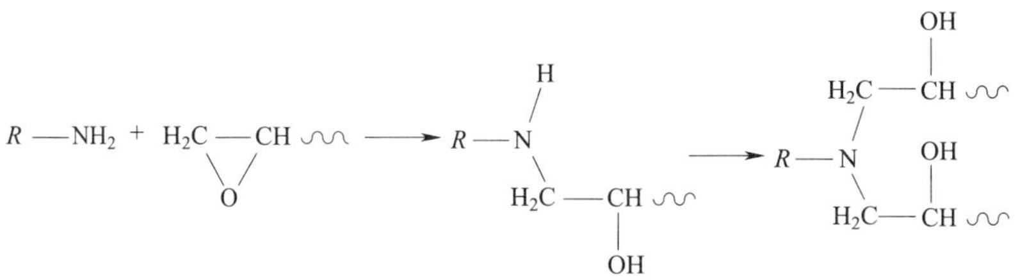

环氧树脂胶黏剂的主要产品包括糊状环氧树脂胶黏剂和膜状环氧树脂胶黏剂。糊状环氧树脂胶黏剂制造成本低、易形成膜状，便于机械化施胶，但剥离强度不及膜状环氧树脂胶黏剂。

糊状环氧树脂胶黏剂有室温固化和加热固化两种产品。室温固化的糊状环氧树脂胶黏剂产品通常以低分子聚酰胺为固化剂。加热固化的糊状环氧树脂胶黏剂中常用的固化剂有芳香胺、咪唑类固化剂和双氰胺。以芳香胺为固化剂的胶黏剂，固化温度为 150～170 ℃；以咪唑类化合物为固化剂的胶黏剂，固化温度为 80～140 ℃，可用于胶接钢或硬铝。

产品通常做成双组分并单独包装，一个组分是树脂，另一组分是固化剂；也有部分产品做成单组分包装。单组分包装的糊状环氧树脂胶黏剂主要以双氰胺为固化剂，固化温度为 160～180 ℃，但保质期相对较短，室温下储存期大约半年。若加促进剂，其固化温度可降至 120 ℃，但储存期会缩短。

膜状环氧树脂胶黏剂的特点是具有更高的剥离强度、更好的韧性和更长的抗疲劳性能，安全可靠，寿命长。因此，这类胶黏剂通常用于航空及航天飞行器的制造过程。

膜状环氧树脂胶黏剂中，一般采用高相对分子质量的线性聚合物、高相对分子质量的环氧树脂或低相对分子质量高官能化环氧树脂。其典型产品有环氧－聚酰胺胶黏剂和环氧－丁腈胶黏剂等。环氧－聚酰胺胶黏剂以高相对分子质量的线性聚酰胺为基料，但普通的聚酰胺不能与环氧树脂混溶，一般采用共聚或酰胺基部分羟甲基化的聚酰胺。固化剂通常采用双氰胺。

在航空领域中，最重要的被黏材料是铝合金。在 150 ℃以上高温环境下进行固化，容易引起铝合金发生晶间腐蚀。当前，趋向于采用中温固化的体系，并添加促进剂使固化温度降低到 120 ℃。但胶膜在常温下储存期较短，为了延长有效期或保质期，胶膜应在低温下保存。

3. 聚氨酯胶黏剂

以多异氰酸酯和多元醇为主体的胶黏剂，聚氨酯是具有氨基甲酸酯键的聚合物，通常由多异氰酸酯与多元醇反应制得。多异氰酸酯与多元醇的反应式为：

$$n\mathrm{OCN}R\mathrm{NCO} + n\mathrm{HO}R'\mathrm{OH} \longrightarrow \left[\mathrm{CNH}R\mathrm{NHCO}R'\mathrm{O}\right]_n$$

多异氰酸酯可以是甲苯二异氰酸酯（TDI）、二苯甲烷－4,4′－二异氰酸酯（MDI）、六亚甲基－1,6－二异氰酸酯（HDI）等。常见的多元醇是端羟基聚酯多元醇和聚醚多元醇。

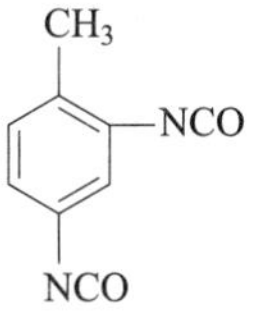

甲苯-2,4-二异氰酸酯 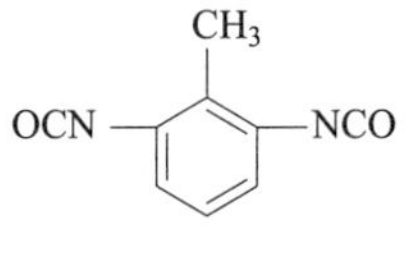　　甲苯-2,6-二异氰酸酯 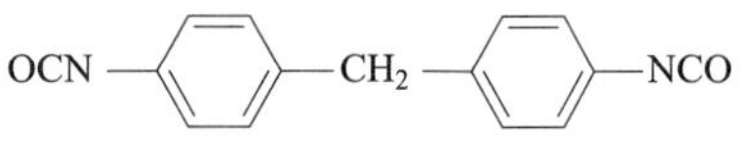　　二苯基甲烷-4,4′-二异氰酸酯

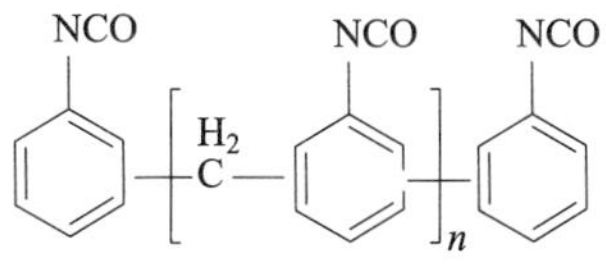

$$\mathrm{OCN}-(\mathrm{CH_2})_6-\mathrm{NCO}$$

多亚甲基多苯基异氰酸酯　　六亚甲基-1,6-己二异氰酸酯

聚氨酯胶黏剂因原料品种和配比的不同，可制得具有不同性能的产品。例如，101 聚氨酯胶黏剂是由线性聚酯与异氰酸酯共聚，生成端羟基的线性聚氨酯弹性体，再与适量溶剂配制成 A 组分；而 B 组分则是由羟基化合物与异氰酸酯的反应物组成，该组分为端异氰酸酯基预聚体。

根据 A 和 B 两组分的不同配比，可以适用于不同材料的黏结，如纸张、皮革、木材、金属等。使用时，先按配比将 A、B 胶液混合均匀，涂于材料表面并晾干，片刻后即可贴合。在室温下固化 5～6 d；若加温固化，则可缩短固化时间，100 ℃下固化 1.5～2 h；130 ℃下固化仅需 0.5 h。

目标检测

一、单项选择题

1. 酚醛树脂是由酚和醛缩合而成的产物，最常用的原料是（　　）。

A. 甲基苯酚和甲醛　　B. 苯甲酚和甲醛　　C. 间苯二酚和糠醛　　D. 苯酚和甲醛

2. 下列不是热固性树脂优点的是（　　）。

A. 强度相对较低　　B. 耐热性较差　　C. 耐化学性不好　　D. 较柔软、易弯曲

3. 酚醛树脂用苯酚和甲醛合成过程中，pH 值在（　　）时，反应速率最低。

A. =1～4　　B. ＞5　　C. =4～5　　D. ＜1

4. 现代航天航空飞行器的制造中应用最多的胶黏剂是（　　）。

A. 环氧树脂胶合剂　　B. 聚氨酯胶黏剂

C. 酚醛树脂胶黏剂　　D. 脲醛树脂胶黏剂

5. 热塑性树脂胶黏剂中产量最大的品种是（　　）。

A. 聚醋酸乙烯及其共聚物胶黏剂　　B. 丙烯酸酯及其衍生物胶黏剂

C. 聚乙烯醇类胶黏剂　　D. 聚氨酯胶黏剂

二、多项选择题

1. 热固性树脂的特点主要是（　　）。

A. 黏附性好　　B. 机械强度高　　C. 耐化学性强　　D. 抗蠕变性好

2. 糊状环氧树脂胶黏剂产品一般为双组分包装，即将（　　）分开包装。

A. 溶剂　　B. 基料　　C. 固化剂　　D. 填料

3. 聚乙酸乙烯酯生产中常用的引发剂有（　　）。

A. 聚醋酸　　B. 过氧化物　　C. 偶氮二异丁腈　　D. 以上都不是

4. 工业上用的酚醛树脂有（　　）两大类。

A. 线性　　B. 热固性　　C. 热塑性　　D. 环状

三、思考题

1. 什么是热塑性树脂胶黏剂？

2. 什么是热固性树脂胶黏剂？

3. 简述酚醛树脂胶黏剂生产工艺流程。

任务三　橡胶胶黏剂生产技术

学习目标

1. 了解橡胶胶黏剂的定义、分类及特点。
2. 掌握橡胶胶黏剂的主要产品及生产工艺。

任务引入

橡胶是一种高弹性聚合物，具有高弹性、绝缘性、气密性、耐油、耐高温或低温等优异性能，广泛应用于工业、农业、国防、交通及日常生活等多个领域。合成橡胶除了可以用来大量制造轮胎，还可以用来制造很多工业产品，其中，橡胶胶黏剂就是一种常见的工业产品。

橡胶胶黏剂是高分子胶黏剂的一个重要分支，其优点是：具有良好的黏附性能；胶接接头强度高、韧性大，具有优良的挠曲性、抗振动性和较低的蠕变性，适用于动态下的和不同膨胀系数材料之间的胶接；胶接过程成膜性良好，使用方便等。

橡胶胶黏剂可用于橡胶、塑料、织物、皮革、木材等材料的黏结，广泛应用于机械、交通、建筑、纺织等行业。

阅读上述材料，讨论下列问题，记录结果，并与同学分享：

1. 橡胶的主要性能有哪些?
2. 分析橡胶胶黏剂的优点。
3. 橡胶胶黏剂应用范围有哪些?

相关知识

一、橡胶胶黏剂基本概念

1. 定义

橡胶胶黏剂是以橡胶或弹性体为基料，配以适当的助剂和溶剂配制而成的胶黏剂。产品有胶液、胶膜、胶带等多种形式，其中胶液分为溶液型、乳液型和预聚体型等。

2. 分类

橡胶胶黏剂主要分为结构型橡胶胶黏剂和非结构型橡胶胶黏剂两大类。结构型橡胶胶黏剂又分溶剂胶液型和胶膜胶带型，它们多为复合体系；非结构型橡胶胶黏剂可分为溶液型和乳液型，以溶液型橡胶胶黏剂为主。

橡胶胶黏剂又分为非硫化型和硫化型两种。生胶经充分塑炼后，直接溶于有机溶剂中，即制得非硫化型橡胶胶黏剂，其价格低廉，但强度较差。硫化型橡胶胶黏剂则是在塑炼后的生橡胶中加入硫化剂、硫化促进剂、补强剂、增黏剂、抗氧化剂等添加剂，经混炼后溶于有机溶剂中制得，其性能较好，应用范围较广。

橡胶胶黏剂还可分为天然橡胶胶黏剂和合成橡胶胶黏剂。其中，合成橡胶胶黏剂又可分为氯丁橡胶胶黏剂、丁腈橡胶胶黏剂、丁苯橡胶胶黏剂、丁基橡胶胶黏剂、聚氨酯橡胶胶黏剂、丙烯酸酯橡胶胶黏剂、硅橡胶胶黏剂等。

二、橡胶胶黏剂的主要品种及生产过程

1. 氯丁橡胶胶黏剂

氯丁橡胶胶黏剂的基料是氯丁橡胶，它由氯丁二乙烯（2－氯 －1,3－丁二烯）经乳液聚合而成。氯丁二乙烯的聚合反应式为：

$$nCH_2=\underset{\displaystyle H}{\underset{|}{C}}-\underset{\displaystyle Cl}{\underset{|}{C}}=CH_2 \longrightarrow \left[CH_2-\underset{\displaystyle H}{\underset{|}{C}}=\underset{\displaystyle Cl}{\underset{|}{CH}}-CH_2 \right]_n$$

氯丁橡胶胶黏剂综合性能优异，应用广泛且高效，是合成橡胶胶黏剂中产量最大、应用最广的品种之一。其特点是可在室温下冷却固化，且初黏力很大，黏结强度也高。它适用于黏结橡胶、皮革、织物、塑料、木材、纸制品、玻璃、陶瓷、混凝土等多种材料，因此氯丁橡胶胶黏剂也被称作“万能胶”。

氯丁橡胶胶黏剂除基料外，还包括硫化剂、硫化促进剂、补强剂、增黏剂、抗氧化剂等添加剂。

其工艺过程包括塑炼、混炼、溶解等步骤。在炼胶过程中，炼胶机的辊筒温度一般不超过40 ℃。通过塑炼，可以显著改变生胶的相对分子质量及分布，提高其内聚强度和黏合力。塑炼后，依次加入防老剂、氧化镁、填料等进行混炼，使之混合均匀。为防止其早期硫化焦烧，氧化锌和促进剂应在其他助剂与橡胶混炼一段时间后加入。混炼温度不宜超过 40 ℃，在混匀的前提下，应尽可能缩短混炼时间。混炼后，将所得胶料压成薄片、剪成碎片，先用少量溶剂浸泡 12～24 h，使其溶胀，然后加入剩余溶剂，使其完全溶解并混合均匀，最后进行包装。

2. 丁腈橡胶胶黏剂

丁腈橡胶胶黏剂的基料是丁腈橡胶，它是由丁二烯与丙烯腈通过乳液聚合的方法制得的。丁二烯与丙烯腈的聚合反应式为：

$$nCH_2=\overset{\displaystyle H}{C}-CN + mCH_2=\overset{\displaystyle H}{C}-\overset{\displaystyle H}{C}=CH_2 \longrightarrow \left[\overset{\displaystyle H_2}{C}-\overset{\displaystyle H}{C}=\overset{\displaystyle H}{C}-\overset{\displaystyle H_2}{C} \right]_m + \left[\overset{\displaystyle H_2}{C}-\underset{\displaystyle H}{\overset{\displaystyle CN}{\overset{|}{C}}} \right]_n$$

丙烯腈含量越高，丁腈橡胶胶黏剂的黏合力、抗张强度及硬度越高，耐油性和耐热性能也越好，但弹性会相应降低。根据共聚物中丙烯腈含量的不同，可以分为丁腈－18、丁腈－26、丁腈－40、液体丁腈－13 及羧基丁腈等类型。丁腈橡胶除单独使用外，还可以作为酚醛树脂及环氧树脂的改性剂，以及用于制备高强度胶黏剂。

丁腈橡胶胶黏剂中，除基料外，还需要添加硫化剂、硫化促进剂、补强剂、增黏剂、抗氧化剂等添加剂。产品分为单组分和双组分两种，单组分丁腈橡胶胶黏剂的固化需要加压、加温；双组分丁腈橡胶胶黏剂则可以在室温下固化。

3. 天然橡胶胶黏剂

天然橡胶是橡胶树上流出的胶乳，经过凝固、干燥等工序加工而成的弹性体，其主要成分为聚异戊二烯，是一种不饱和的天然高分子化合物，其结构式为：

$$\left[CH_2 - \underset{\underset{CH_3}{|}}{C} = \overset{H}{C} - CH_2 \right]_n$$

天然橡胶是由不同相对分子质量的聚异戊二烯组成的混合物，其平均相对分子质量在 7×10^5 左右。天然橡胶一般为线性、不饱和、非极性分子，属于结晶型橡胶，具有优良的弹性、高的机械强度、良好的电绝缘性和低温性能。但其缺点是耐油、耐溶剂性差，不耐高温、不耐老化。

天然橡胶胶黏剂生产工艺主要包括塑炼、混炼、切片溶解等过程。

（1）塑炼

塑炼是使橡胶大分子链断裂，由长变短，平均相对分子质量降低的过程。因此，生产中塑炼方法有机械塑炼法和化学塑炼法。促使大分子链断裂的因素有机械破坏和热氧化裂解两种。机械破坏是指在机械作用力下使大分子链断裂；热氧化裂解是指氧气对橡胶分子的化学降解作用。在机械塑炼过程中，这两种作用可能同时存在，但采用的塑炼方法和工艺条件不同，它们各自所起作用程度不同，所表现的塑炼效果也不一样。

（2）混炼

混炼是在炼胶机上将各种添加剂均匀地混合到生胶中的过程。混炼胶的胶料进一步加工与产品的质量有着决定性的影响。即使配方很好的胶料，如果混炼不好，也会出现添加剂分散不均匀，胶料可塑度过高或过低，易焦烧、喷霜等，使后续工艺不能正常进行，而且将导致制品性能下降。混炼方法通常分为开炼机混炼和密炼机混炼两种。开炼机混炼适用于制造小批量胶料的生产，有时也用于一些特殊胶料的制造；密炼机混炼则广泛用于大中型企业生产。

（3）切片溶解

混炼胶的溶解一般在带有强力搅拌的密封式溶解器中进行。首先将混炼胶剪成细碎的小块，投入溶解器中，倒入大部分溶剂，待胶料溶胀后，在室温下搅拌 8～24 h，使之溶解成均匀溶液，再加入剩余溶剂调配成所需浓度的胶液。根据橡胶特性，也可将仅经过塑炼的生胶和各种添加剂不经混炼直接加入溶剂中溶解，但这样制得的胶液储存稳定性较差。在生产中，先分别将松香溶解于四氯化碳中，虫胶溶于乙醇中，苯与丙酮混合均匀，然后将这三种混合液混合均匀，再加入生橡胶碎屑，搅拌至透明胶水即成。

天然橡胶胶黏剂，可用于橡胶、皮革、织物和金属等的黏结。所用的溶剂有汽油、苯、甲苯、二甲苯等。由于采用了有机溶剂，因此一般不需要添加硫化剂、防老剂及其他改性树脂等。

4. 丁苯橡胶胶黏剂

丁苯橡胶是由丁二烯和苯乙烯单体通过共聚反应得到的高分子聚合物。其反应式为：

$$p\,C_6H_5-CH=CH_2 + (m+n)\,CH_2=CH-CH=CH_2 \longrightarrow \left[CH_2-\overset{H}{C}=\overset{H}{C}-CH_2\right]_m + \left[CH_2-\underset{\underset{CH_2}{\overset{\|}{CH}}}{\overset{H}{C}}\right]_n + \left[CH_2-\underset{C_6H_5}{\overset{H}{C}}\right]_p$$

丁苯橡胶胶黏剂以丁苯橡胶为基料，其加入的添加组分类似于丁腈橡胶胶黏剂。与丁腈橡胶相比，丁苯橡胶缺少强极性基团，分子极性较小，因此其黏附性和耐油性都相对较差。它主要用于制备压敏型胶、密封胶等非结构性胶黏剂，适用于胶接橡胶、金属、织物、木材及纸张等材料。丁苯橡胶常被制成压敏胶和密封胶，是建筑工业中常用的通用胶。

生产过程是先将橡胶进行塑炼，再加入各种添加剂进行混炼，将得到的混炼胶切割成小块，最后溶解于适量的溶剂中即可。

目标检测

一、单项选择题

1. 在塑炼过程中，为了提高塑炼效果而加入一定的塑解剂是（　　）。

A. 机械塑炼　　B. 化学塑炼　　C. 物理塑炼　　D. 以上都是

2.（　　）是在炼胶机上将各种添加剂均匀地混到生胶中的过程。

A. 塑炼　　B. 混炼　　C. 切片　　D. 溶解

3. 将生胶经充分塑炼后，直接溶于有机溶剂中，就制得（　　）。

A. 共聚物胶黏剂　　B. 硫化型橡胶胶黏剂

C. 非硫化型橡胶胶黏剂　　D. 非共聚物胶黏剂

4. 根据共聚物中（　　）的含量，可以分为丁腈-18、丁腈-26、丁腈-40、液体丁腈-13 及羧基丁腈等。

A. 丁腈　　B. 丙烯腈　　C. 丁二烯　　D. 橡胶

5. 产量最大、应用最广的合成橡胶胶黏剂是（　　）。

A. 丁苯橡胶胶黏剂　　B. 氯丁橡胶胶黏剂

C. 丁腈橡胶胶黏剂　　D. 天然橡胶胶黏剂

二、多项选择题

1. 天然橡胶的溶剂有（　　）。

A. 汽油　　B. 苯　　C. 甲苯　　D. 二甲苯

2. 塑炼促使大分子链断裂的方式有（　　）。

A. 分解　　B. 机械破坏　　C. 加热固化　　D. 热氧化裂解

3. 下列关于丁苯橡胶胶黏剂的说法中错误的是（　　）。

A. 以丁苯橡胶为基料，加入适当的配合组分制成

B. 丁苯橡胶分子极性大

C. 黏附性和耐油性都较好

D. 主要用于制备压敏胶、密封胶等非结构性胶黏剂

4. 丙烯腈含量越高，所配制的胶黏剂的（　　）高。

A. 黏合力　　B. 抗张强度　　C. 硬度　　D. 弹性

5. 如果混炼不好，将会出现（　　）。

A. 添加剂分散不均匀　　B. 胶料可塑度过高或过低

C. 易焦烧、喷霜　　D. 制品性能下降

三、思考题

1. 简述橡胶胶黏剂生产工艺。

2. 丁腈橡胶胶黏剂的主要特点有哪些?

3. 简述氯丁橡胶胶黏剂生产工艺流程。

任务四　特种胶黏剂

学习目标

1. 了解特种胶黏剂的品种及特点。

2. 掌握特种胶黏剂使用要求。

任务引入

纳米双面胶，又称纳米胶带，是一种柔软透明、具有强黏合力的新式双面胶带。纳米双面胶通常由聚丙烯酸酯或聚氨酯等材料制成，之所以称为纳米双面胶，是因为其材料表面密布着大量纳米级微孔，这些微孔增强了胶带的吸附力，使其能够轻松黏附在各种物体表面上。

材质与特性：纳米双面胶由聚丙烯酸酯或聚氨酯等材料制成，具有黏弹性，能够渗入细小的不平整之处，与黏结表面充分贴合。同时，它还具有无痕撕除、可重复使用等特点。

优缺点：纳米双面胶相比传统双面胶更稳定、更牢固，即使在较高温度下也能保持稳定。它无毒无味，不会释放有害物质，且可重复使用多次，不会留下残留物。但是，纳米双面胶的固化时间相对较长，需要等待片刻才能达到最佳黏合效果。同时，对于某些表面，如纸张、布料、海绵等材质的黏合效果可能不如传统双面胶。

总之，纳米双面胶凭借其独特的材质和特性，在特定场合下能够提供更好的黏合效果和使用体验。

阅读上述材料，讨论下列问题，记录结果，并与同学分享：

1. 你了解纳米双面胶的哪些信息呢？
2. 你认为纳米双面胶和普通双面胶有哪些区别？

相关知识

一、压敏胶黏剂

压敏胶黏剂是指对压力敏感，只需施加接触压力就可以把两种不同材料胶接在一起的胶黏剂。其使用方法是将压敏胶黏剂涂在纸基、布基或塑料等薄型软性基材上，制成标签、胶带、胶片等压敏黏合制品。由于压敏型胶带使用最为方便，因此其发展也最为迅速。压敏型胶带由压敏胶胶黏剂、底涂剂、基材、背面处理剂和隔离纸等几个部分组成。

二、导电胶黏剂

导电胶黏剂是指固化或干燥后兼具导电和连接双重功能的特种胶黏剂，在电子工业领域广泛应用，可以将多种导电材料连接在一起，且不影响材料的导电效果，是一种新型的复合材料。

根据导电胶黏剂中导电粒子种类的不同，可分为银系导电胶黏剂、金系导电胶黏剂、铜系导电胶黏剂和炭系导电胶黏剂等；根据固化工艺特点的不同，可分为反应型导电胶黏剂、热熔型导电胶黏剂、高温烧结型导电胶黏剂、溶剂型导电胶黏剂和压敏型导电胶黏剂；根据基料成分化学类型的不同，可分为无机导电胶黏剂和有机导电胶黏剂；根据应用范围的不同，可分为一般导电胶黏剂和特种导电胶黏剂，其中，一般导电胶黏剂只对导电性和胶接强度有一定的要求，特种导电胶黏剂则除对导电性和胶接强度有要求外，还有其他特殊的要求，如耐高温、耐酸碱、瞬间固化、各向异性和透明度等。

导电胶黏剂是由基料、导电粒子以及增韧剂等组成的配合物，属于添加型复合材料，也可以认为是在胶黏剂中加入导电物质组成的特种胶黏剂。常用的导电粒子有金粉、银粉、铜粉、镍粉及石墨等，它们具有优良的导电性能和化学稳定性，在空气中不易氧化，是一种较为理想的导电粒子。虽然价位高，相对密度大，且在潮湿的环境中存在迁移现象，但仍是应用最广的导电粒子。

导电胶黏剂的作用是把导电粒子牢固地连成列，使导电胶黏剂具有稳定的导电性。导电胶黏剂常用的基料有环氧树脂、酚醛树脂、有机硅树脂等，除基料外，还要添加一些增韧剂等助剂来提高胶体的柔韧性和黏结强度。

导电胶黏剂内部的导电情况分为三种：一是导电粒子完全连接，连接的导电粒子相互接触形成一种电流通路；二是一部分导电粒子不完全连续接触，但在电压作用下，相距很远的导电粒子上的电子可通过导体之间的电子跃迁产生传导，从而能通过热振动越过势垒而形成

较大的隧道电流；三是部分导电粒子连接的隔离层较厚，形成绝缘层。

三、医用胶黏剂

医用胶黏剂是指在外科手术中用于止血，牙科、骨科等治疗中用于连接的一类胶黏剂，是一种生物医学工程材料。由于在人体这一特定的生物环境中使用，所以对胶黏剂的要求比较高。医用胶黏剂能直接连接生物体组织，具有足够的化学稳定性，黏结迅速且对人体无毒无害，操作简单，不妨碍生物体自身恢复。固化时产生的热量少，不易形成血栓，能简便地进行灭菌处理，且可以进行无菌保存。

医用胶黏剂可分为三大类：①适合皮肤、神经、肌肉、血管、黏膜的胶黏剂，也称软组织医用胶，如α－氰基丙烯酸酯胶黏剂、血纤维蛋白胶黏剂、聚氨酯系胶黏剂等；②适合黏结和固定牙齿、骨骼、人工关节用的胶黏剂，也称为硬组织胶黏剂，如骨水泥、聚甲基丙烯酸甲酯等；③医用压敏胶胶黏剂，是以丙烯酸树脂为主，添加天然橡胶或合成橡胶与增黏树脂的组合物。

医用胶黏剂广泛应用于皮肤、牙齿、关节和骨头等的黏结，以及人工器官和周围组织的黏结等。医用胶黏剂除了要考虑强度和温度，还要考虑生理环境的影响，包括体液、自由基、酶、细菌等引起的降解。一些医用胶黏剂具有特优的性能，例如，α－氰基丙酸－1,2－异亚丙基甘油酯，简称CAG，是医用快速生物降解的止血剂，其止血作用优于目前广泛使用的云南白药等。

四、光敏胶黏剂

光敏胶黏剂主要由光敏树脂、硫化剂、光敏剂、阻聚剂以及某些促进剂等组成，分为单组分和双组分两种。光敏胶黏剂的固化是在光的作用下，光敏剂产生游离基，使树脂和硫化剂进行交联聚合反应，生成网状的高分子化合物。光敏胶黏剂适用于透明材料的黏结，如有机玻璃、聚苯乙烯、聚碳酸酯和玻璃等；还可用于牙齿的黏结和修补，代替传统的银汞合金，简化牙科补牙操作工序，避免汞中毒；此外，还应用于印刷工业中的光刻板制作，以及印刷品的上光等。

五、厌氧胶黏剂

厌氧胶黏剂是一类性能独特的丙烯酸酯类胶黏剂，产品是一种单组分、无溶剂、室温固化的液体胶黏剂。它是一种引发（金属可以促进聚合作用，起媒介作用，使黏结牢固）和阻聚（大量氧抑制引发剂产生自由基）共存的平衡体系。它能够在氧气存在下以液体状态长期存在，隔绝空气后可在室温固化成为不熔的固体。由于黏合力强，密封效果好，使用方便，适合生产线使用，目前多作为锁固密封胶，如用来锁固间隙较大的螺栓，或用于金属与玻璃之间的密封。

厌氧胶黏剂包括单体、引发剂、促进剂、稳定剂、黏度调节剂等成分。最常用的单体是三缩四乙二醇双甲基丙烯酸酯，其分子式为$C_{16}H_{26}O_7$。厌氧胶黏剂常用的单体还有二异氰酸双甲基丙烯酸烷酯或环氧树脂双甲基丙烯酸酯。引发剂的作用是促进胶体固化，但添加后会使胶液的储存期缩短。促进剂能使引发剂加速分解。稳定剂的作用是延长胶液的储存期。为了配置各种黏度、规格和各种黏结强度的厌氧胶黏剂，配置中还要添加增塑剂、增稠剂等。配成的胶液需盛装于不透明的聚乙烯容器中，一般装容器容积的一半，并密闭储存。

六、密封胶黏剂

起密封作用的胶黏剂为密封胶黏剂，用于防止气体或液体的泄漏，防止灰尘、水分的浸入，以及防止机械振动、冲击损伤，同时具有隔声、隔热等功能，均属于密封的范畴。密封胶黏剂广泛应用于管理工程、建筑业、机械工业、电子工业等领域。液态密封胶黏剂主要有无机密封胶、环氧树脂密封胶、聚氨酯密封胶、尼龙密封胶、聚硫橡胶密封胶、氯丁橡胶密封胶等。液态密封胶黏剂的主要成分是各种液态或半固体聚合物。根据需要，可选用不同性能的聚合物，并选择一些相应的填料和添加剂。

密封胶黏剂的制备是利用三辊混炼机，按一定次序将树脂、橡胶、填料和防老剂等进行混炼而成。对于干性液态密封胶，需要先把硫化剂单独混炼成膏状，然后在使用之前再加入胶液中，混合均匀即可。

七、热熔胶黏剂

热熔胶黏剂一般由主体聚合物、增黏剂、增塑剂、蜡类、稳定剂、抗氧化剂及填料等组成。在各种类型热熔胶黏剂中，加入添加剂的品种及其作用基本是相同的。

聚合物是热熔胶黏剂的主要组成部分，赋予了热熔胶黏剂黏结强度和内聚力。热熔胶黏剂中使用较多的主要是乙烯与其他一些单体的共聚物、聚酯和聚氨酯等。

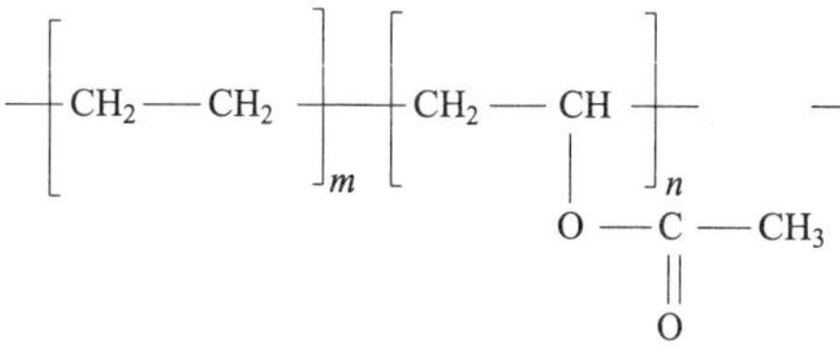

$$-\!\left[CH_2-CH_2\right]_m\!\!-\!\left[CH_2-\underset{\substack{|\\ O-\underset{\substack{\|\\ O}}{C}-CH_3}}{CH}\right]_n\!\!-$$

乙烯和乙酸乙烯共聚物（EVA树脂）

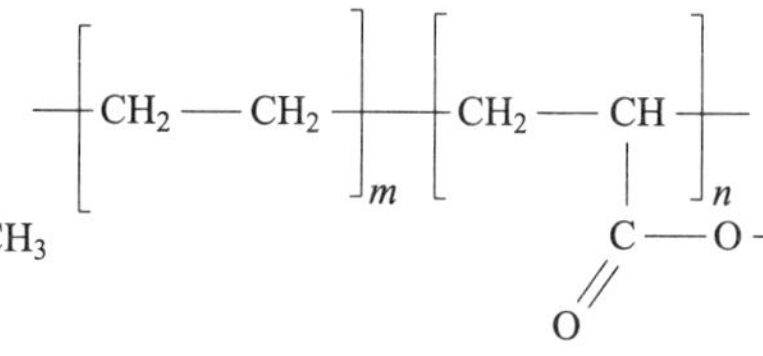

$$-\!\left[CH_2-CH_2\right]_m\!\!-\!\left[CH_2-\underset{\substack{|\\ \underset{\substack{/\!/\\ O}}{C}-O-CH_2-CH_3}}{CH}\right]_n\!\!-$$

乙烯和丙烯酯乙酯共聚物（EEA树脂）

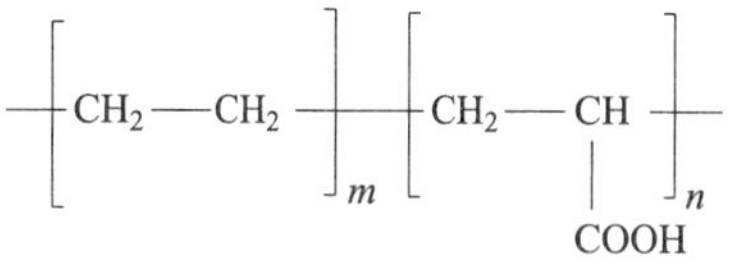

$$-\!\left[CH_2-CH_2\right]_m\!\!-\!\left[CH_2-\underset{\substack{|\\ COOH}}{CH}\right]_n\!\!-$$

乙烯丙烯酸共聚物（EAA树脂）

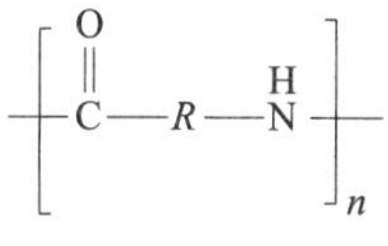

$$-\!\left[\overset{\substack{O\\ \|}}{C}-R-\overset{\substack{H\\ }}{N}\right]_n\!\!-$$

聚酰胺树脂

加入增黏剂可以降低主体聚合物的熔融温度，控制固化速度，改善润湿性和初黏性，从而提高黏附性能。常用的增黏剂有松香、萜烯树脂、古马隆树脂等，用量一般为30%～50%（质量分数）。

增塑剂的作用是使胶层具有柔韧性和耐低温性能。常用的增塑剂有邻苯二甲酸酯类和磷

酸酯类化合物。但用量不宜过多，否则会引起增塑剂迁移，导致黏结强度和耐热性降低。

除聚酯、聚酰胺等少数热熔胶黏剂不用蜡外，一般均需加入一定的蜡，其作用是降低熔融温度与黏度，防止自黏，改进操作性能，降低成本，防止胶黏剂渗透基体。常用的蜡有烷烃石蜡、微晶石蜡、聚乙烯蜡等。

稳定剂可以使热熔胶黏剂在熔融状态下具有较好的稳定性。常用的稳定剂是苯醌，用量一般为 0%～2%（质量分数）。

抗氧化剂的作用是防止热熔胶黏剂在高温熔融状态下发生热氧化和热分解，保持其性能稳定。常用的抗氧化剂有叔丁基对甲酚、苯甲酸钠、4,4′-双（6-叔丁基间甲酚）硫醚（RC）等，用量一般为 0%～1%（质量分数）。

加入填料的目的是防止渗胶，减小收缩率，同时增加胶黏剂的内聚强度，降低成本。常用的填料有碳酸钙、滑石粉、黏土、二氧化钛、硫酸钡、炭黑等，用量一般为 0%～5%（质量分数），不宜过多。

乙烯-醋酸乙烯共聚体是典型的无规则高分子化合物，其结晶性较小，极性和柔韧性较高。在加热熔融时具有良好的浸润性，在冷却固化时具有良好的挠曲性、抗应力开裂性和胶接强度。因此，乙烯-醋酸乙烯共聚体是十分理想的热熔胶黏剂基体。

乙烯-醋酸乙烯共聚体热熔胶黏剂主要用于包装、无线装订、家具装饰面和烯烃塑料等的胶接，适用于木材、纸张、塑料和金属等多种材料。

由多元酸和多元醇经过酯交换反应、酯化反应和缩聚反应制得的饱和线性热塑性树脂，加入增塑剂、增黏剂、填料、抗氧剂等便可制成聚酯热熔胶黏剂。常用的多元酸和多元醇有对苯二甲酸二甲酯、间苯二甲酸乙二醇和丁二醇等。聚酯热熔胶黏剂的性能与相对分子质量的大小有关，随着相对分子质量的增加，熔融黏度和熔点均有所提高。若在饱和聚酯的分子直链中引入苯基，将提高其熔点、抗张强度和耐热性；引入烷基和醚键将改善熔融黏度、挠曲性和柔韧性，但这种分子结构还具有高结晶性，浸润性和胶接强度较差等缺点。

随着科学技术的发展，世界各国在减少污染、节约能源、开发高性能胶黏剂方面进行了大量的研究开发工作，各种特殊胶黏剂应运而生。除上述介绍的胶黏剂外，还有许多具有各自特点的胶黏剂品种，如灌浆用胶黏剂、导电胶黏剂、导热胶黏剂、导磁胶黏剂、超低温胶黏剂、光学功能胶黏剂、水下固化胶、潜性固化胶、静电植绒胶黏剂、应变胶、制动胶等。

这些胶黏剂作为新型的连接材料和连接技术，在国民经济发展中正发挥着十分重要的作用。无论是在建筑工业、汽车工业、制鞋工业，还是人们的日常生活中，胶黏剂都有着广阔的发展前景，并日益受到重视。对胶黏剂技术的开发、革新和应用研究正不断深入，其发展方向是开发室温固化，具有极好的耐冲击、剪切和剥离强度，适用范围广，以及耐高温、无溶剂型的胶黏剂。

目标检测

一、单项选择题

1. 热熔胶黏剂是一种（　　）胶黏剂。

A. 热敏性　　B. 热稳性

C. 热塑性　　D. 热固性

2. 对压力敏感，只需用接触压力就可以把两种不同材料胶接在一起的胶黏剂是（　　）。

A. 热熔胶黏剂　　B. 密封胶黏剂

C. 厌氧胶黏剂　　D. 压敏胶黏剂

3. 适合生产线使用的特种胶是（　　）。

A. 热熔胶黏剂　　B. 密封胶黏剂

C. 厌氧胶黏剂　　D. 压敏胶黏剂

4. 适用于透明材料的黏结的胶黏剂是（　　）。

A. 热熔胶黏剂　　B. 光敏胶黏剂

C. 厌氧胶黏剂　　D. 压敏胶黏剂

5. 固化或干燥后兼具导电和连接双重功能的特种胶黏剂是（　　）。

A. 导电胶黏剂　　B. 医用胶黏剂

C. 热熔胶黏剂　　D. 密封胶黏剂

二、多项选择题

1. 医用胶黏剂可分为（　　）三大类。

A. 软组织医用胶　　B. 硬组织胶

C. 医用压敏胶胶黏剂　　D. 普通用胶

2. 特种胶黏剂的特主要体现在（　　）。

A. 特定的材料对象　　B. 需要特种黏结工艺

C. 特殊的性能要求　　D. 产品的最终用途

3. 热熔胶黏剂中一般要添加蜡，其作用是（　　）。

A. 降低熔融温度与黏度，防止自黏　　B. 改进操作性能

C. 降低成本　　D. 防止胶黏剂渗透基体

4. 厌氧胶黏剂的固化需要（　　）。

A. 室温　　B. 加热

C. 排除空气　　D. 隔绝氧气

三、思考题

1. 简述特种胶黏剂的主要品种及特点。
2. 简述医用胶黏剂选择时应考虑的因素。
3. 分析热熔胶黏剂的组成及作用。

项目总体评价

一、复习项目内容，补充完成思维导图。

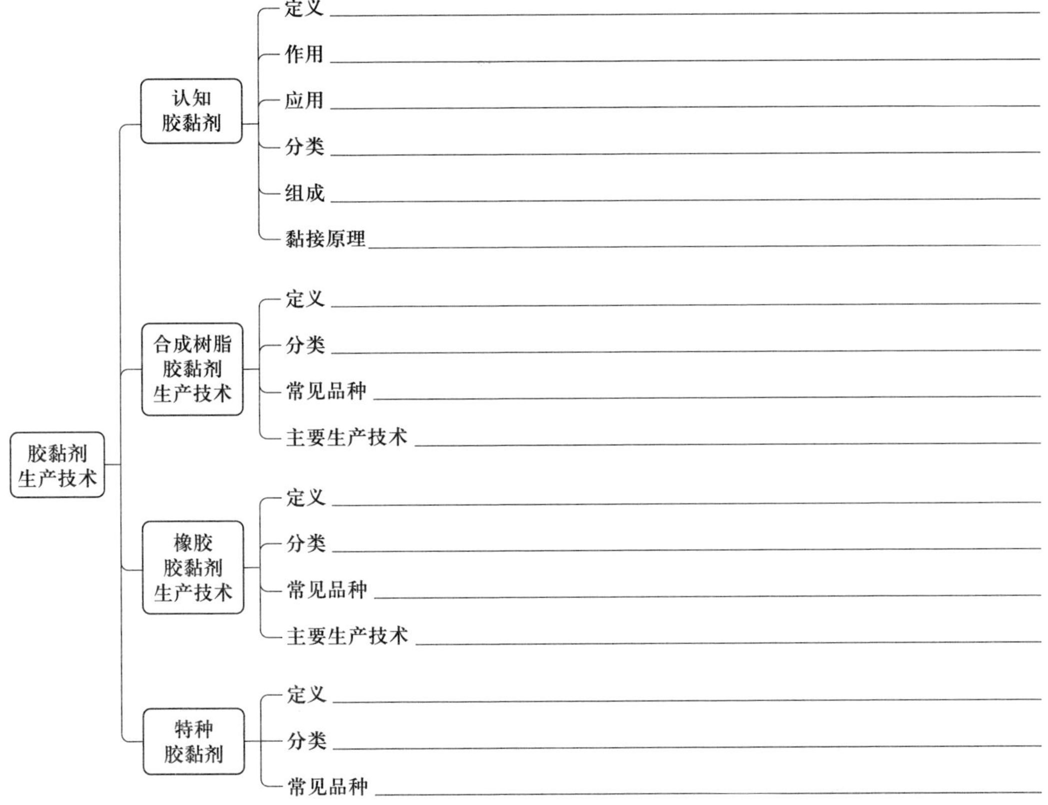

二、项目成果制作。

用胶黏剂和身边的垃圾制作一个工艺品进行废物利用，做一个环保小卫士。

<table>
<tr><td>小组成员</td><td colspan="3"></td><td>实训地点</td><td colspan="2"></td></tr>
<tr><td>工艺品名称</td><td colspan="3"></td><td>日期</td><td colspan="2"></td></tr>
<tr><td rowspan="5">胶黏剂组成分析</td><td>组成</td><td>质量分数 /%</td><td>作用</td><td>组成</td><td>质量分数 /%</td><td>作用</td></tr>
<tr><td></td><td></td><td></td><td></td><td></td><td></td></tr>
<tr><td></td><td></td><td></td><td></td><td></td><td></td></tr>
<tr><td></td><td></td><td></td><td></td><td></td><td></td></tr>
<tr><td></td><td></td><td></td><td></td><td></td><td></td></tr>
<tr><td>工具准备</td><td colspan="6"></td></tr>
<tr><td>胶接流程</td><td colspan="6"></td></tr>
<tr><td>产品评价</td><td colspan="6"></td></tr>
<tr><td>安全注意事项</td><td colspan="6"></td></tr>
</table>

项目七

涂料生产技术

》项目导学

涂料是指通过特定工艺涂覆在物体表面，能在一定条件下形成连续性薄膜，起到保护、装饰或其他特殊功能的一类液体或固体材料。因早期的涂料以植物油为主要原料，所以也被称作“油漆”。涂料作为一种重要的精细化学品，在我们的生产生活中发挥着多种功能，被广泛应用于工业、农业、国防、科研以及日常生活中。

》课程思政

中国漆器文化

用生漆涂抹在各种器物的表面上所制成的日常用具及工艺品、美术品等，通常被称为“漆器”。生漆是从漆树上割取的天然汁液，主要由漆酚、漆酶、树胶质以及水分等组成。用它作为涂料，具有耐潮、耐高温、耐腐蚀等特殊性能，而且可以调配出不同颜色的漆，色泽亮丽夺目。

中国漆器的发展历程是一部绚烂多彩的艺术史，从新石器时代的简朴生活用品到明清时期的精致工艺品，漆器不仅展现了古代中国人民的智慧与创造力，也对全球的漆器工艺产生了深远的影响。

中国漆器的历史可以追溯到新石器时代，距今已有七千多年的悠久历史，其主要发展阶段及特点见表 7-1-1。

表 7-1-1　　中国漆器主要发展阶段及特点

发展阶段	特点
新石器时代	河姆渡文化遗址中发现的朱漆木碗和朱漆筒，经过化学方法和光谱分析，其涂料为天然漆，成为迄今已知最早的漆器。这个时期漆器制造处于探索阶段，主要制作生活用品，漆色以红、黑两种单色为主，工艺仅有彩绘和镶嵌两种

续表

发展阶段	特点
先秦至夏代	夏代之后，漆器品种渐多，漆器工艺得到了广泛应用
春秋战国时期	在战国时期，漆器工艺出现了第一次繁荣，常见的日用器皿较多，造型多样，美观大方，以禽鸟形态制成的斗、杯、盒等，纹饰以凤鸟、蟠蛇、云纹为主。漆器业独领风骚，形成长达五个世纪的空前繁荣。庄子年轻时曾经做过管理漆业的小官，漆器生产规模已经很大，被国家列入重要的经济收入，这个时期漆器一般为髹朱饰黑或髹黑饰朱，图案优美
汉代	汉代开始出现了漆器金银镶嵌针刻技术，使漆器装饰更加细腻、华丽
唐至明清时期	唐代的漆器工艺达到了顶峰，国漆技艺和器具传到了日本、朝鲜以及更远的国度。螺钿、夹纻脱胎、金银平脱等多项高超髹漆技艺纷纷出世，制造的漆器使当时世界各国都为之躁动。 元明清时期漆器制造达到了又一高潮，官造、民间漆器生产同时并存，共同发展。元代的雕漆工艺取得了辉煌成就。明代的髹漆工艺全面发展，工艺技法已有十四大类，近四百个品种。清代在继承明代基础上又有进一步发展，某些品种在造型和制作技术上达到了登峰造极的境地
现代	现代漆器工艺仍然在传承，但现代漆器的制作和使用已经发生了很大变化，现代漆器在材料、技术和艺术表现上都有了新的发展

漆器是中国古代在化学工艺及工艺美术领域的重要发明。它起源于新石器时代，经过商周直至明清时期，工艺技术持续发展，达到了相当高的艺术水平。其中的炝金、描金等工艺品，对日本等地产生了深远的影响。

阅读上述材料，在表 7-1-2 中写下你的结果，并与同学分享：

表 7-1-2　　任务记录表

问题	你的答案	同学的答案
什么是漆器?		
请说明古代生漆的来源及主要组分。		
你认为中国漆器的影响都有哪些?		
你对中国古代劳动人民有什么感受?		

任务一　涂料认知

学习目标

1. 了解涂料的定义、作用、分类及命名。
2. 掌握涂料组成及配方。
3. 了解涂料成膜机理与不同涂料的成膜方式。
4. 掌握涂料的主要性能指标。
5. 掌握涂料生产的一般工艺过程。

任务引入

近年来，随着社会经济的快速发展，人们生活质量显著提升，环境保护与节能降耗的要求日益严格。涂料在经历了天然树脂、合成树脂的发展阶段后，正逐步迈向节约型的发展阶段。节约型涂料需遵循经济、效益、生态、能源四大原则，那些污染环境、危害健康的涂料将逐渐被淘汰，取而代之的是节约资源、能源且无污染的绿色涂料。因此，涂料的发展趋势是节能、环保、功能性强的绿色涂料，重点发展的品种包括水性涂料、高固含量涂料、粉末涂料、辐射固化涂料等，而涂料发展的核心原则仍是经济、效益、生态、能源。

相关知识

一、涂料组成

涂覆于物体表面，形成具有保护、装饰或特殊性能的固态涂膜的物质称为涂料。涂料是一种复合材料，其形态可以是液体也可以是固体。早期涂料主要以植物油为原料，因此早期也被称为“油漆”。随着石油化工和有机合成工业的不断发展，出现了许多新的原料，许多涂料不再使用植物油脂，“油漆”这一名词逐渐变得不够贴切，于是被“涂料”所取代。

涂料的组成中包含不挥发性组分和挥发性组分。当涂料涂布于物体表面后，其挥发性组分会逐渐挥发逸出，留下不挥发性组分固化成膜，起到保护、装饰或赋予特殊性能等作用。其中，不挥发性组分被称为成膜物质，而挥发性组分主要是溶剂。因此，涂料主要由成膜物质和溶剂组成，且成膜物质和溶剂均可由多种原料配制而成。涂料组成见表 7-1-3。

表 7-1-3　　涂料组成

组成	类型	种类	类别	典型代表	重要性
成膜物质（不挥发性组分）	主要成膜物质	油料	动物油	鲨鱼肝油、带鱼油、牛油等	必要
			植物油	桐油、豆油、蓖麻油等	
		树脂	天然树脂	虫胶、松香、天然沥青等	
			合成树脂	酚醛树脂、醇酸树脂、丙烯酸树脂、环氧树脂、聚氨酯树脂等	
	次要成膜物质	颜料	无机颜料	钛白、氧化锌、铬黄、铁蓝、炭黑等	非必要
			有机颜料	甲苯胺红、酞菁蓝、耐晒黄等	
			防锈颜料	红丹、锌铬黄、偏硼酸钡等	
			体质颜料	滑石粉、碳酸钙、硫酸钡等	
	辅助成膜物质	助剂	—	增塑剂、催干剂、固化剂、稳定剂、防霉剂、引发剂等	必要
溶剂（挥发性组分）	溶剂或稀释剂	溶剂	稀释剂	石油溶剂、苯、甲苯等	非必要

1. 成膜物质

成膜物质是指涂料中挥发性组分以外的所有物质（不挥发性组分），是涂料的基础，也称黏结剂、基料、漆料、漆基等。成膜物质是涂料最主要的成分，对涂料和涂膜的性能起决定性作用。可分为主要成膜物质、次要成膜物质、辅助成膜物质三类。

（1）主要成膜物质

主要成膜物质是单独能形成具有一定强度和功能的连续膜的物质，可以单独成膜，也可以与颜料等次要成膜物质共同成膜。它是涂料组成的基础，对涂料和涂膜的性能起决定性作用。主要成膜物质一般由油脂或树脂组成。

油脂是早期涂料的主要成膜物质，它具有原料易得、涂刷流动性好、伸缩性较佳等优点，但由于其耐酸、耐碱性差，不耐磨，干燥速度慢等缺点，逐渐被各种合成树脂所取代。涂料用油脂主要是各种植物油和动物油，其主要组成是甘油三脂肪酸酯，包括月桂酸、硬脂酸、软脂酸、油酸、亚油酸、亚麻酸、桐油酸等。根据它们的干燥性质，又可分为干性油（如桐油）、半干性油（如豆油）和不干性油（如蓖麻油）。

涂料用树脂包括天然树脂和合成树脂。用于涂料的天然树脂主要有松香及其衍生物、纤维素衍生物、氯化天然橡胶、天然沥青、虫胶等。其中，松香软化点低，成膜后光泽度、硬度较差，为克服这些不足，常将其先与石灰石、甘油、丁烯二酸酐反应制得松香衍生物，再与甘油炼成涂料，以改善其涂膜的硬度、光泽、耐水性等，可用于普通家具、门窗、金属制品的涂装。纤维素衍生物包括硝酸纤维素、醋酸纤维素以及乙基纤维素等，此类涂料干燥速度快，涂膜光泽好，硬度较高，耐磨性较好，但耐水性较差。氯化天然橡胶涂料的耐化学性、耐水性和耐久性较好，但耐高温和耐油性较差。天然沥青则一般用于制造各种金属及木材防腐涂料，其耐水性和耐化学性好。随着聚合工业的发展，合成树脂已成为目前涂料工业使用的主要成膜物质，常用的有酚醛树脂、醇酸树脂、丙烯酸树脂、环氧树脂、聚氨酯树脂等。

（2）次要成膜物质

次要成膜物质也是涂膜的重要组成部分之一，但不是必需组分。它不能离开主要成膜物质单独成膜（没有次要成膜物质的涂料也可以成膜），但其能改进涂料或涂膜的某些性能，增加涂料的品种与功能。涂料中的次要成膜物质一般指颜填料，是颜料和填料的统称。颜料通常是粉状、不溶于介质的有色物质，其作用主要有保护和装饰等，包括无机和有机两大体系。涂料中常用的颜料有白色颜料、黑色颜料、彩色颜料、金属颜料、防锈颜料、珠光颜料等。填料也称体质颜料，一般为白色或稍带颜色的一类颜料，其折射率小于1.7，主要用于增加涂料的白度和体质，降低涂料成本，提高涂料的物理化学性能，常用的有重晶石粉、碳酸钙、滑石粉、石英粉、瓷土等。

（3）辅助成膜物质

辅助成膜物质也称涂料用助剂，是指为改善涂膜或涂料的各种性能、延长储存期、扩大应用范围、方便施工等而添加的化学品。其用量一般很少，但也是必不可少的成分之一。其作用是改进生产工艺，改善使用条件，提高涂料质量，赋予涂料特定功能等。特别是在合成树脂涂料中，没有辅助成膜物质是不行的。辅助成膜物质水平已成为衡量涂料生产技术水平

的重要标志。常用的辅助成膜物质有引发剂、分散剂、消泡剂、乳化剂、增稠剂、触变剂、聚结剂、附着力促进剂、防浮色发花剂、抗胶凝剂、流平剂、防缩孔剂、防流挂剂、锤纹助剂、流动控制剂、防结皮剂、防沉淀剂、增塑剂、稳定剂、催干剂、阻燃剂、防霉剂等。

2. 挥发性组分

涂料中挥发性组分包括稀释剂和溶剂。常见的挥发性组分有水和各种有机溶剂，如石油溶剂、苯、甲苯、二甲苯、氯苯、松节油、乙酸乙酯、丙酮、环己酮、丁醇、乙醇等。一般用有机溶剂作稀释剂的称为溶剂型涂料；而用水作稀释剂的则称为水性涂料。

涂料用溶剂可分为真溶剂、助溶剂、冲淡剂和稀释剂。稀释剂主要是有机溶剂，用来稀释涂料，便于施工，通常是混合溶剂。不加入挥发性稀释剂的称为无溶剂型涂料；基料呈粉状且又不加入溶剂的称为粉末涂料。

一般来说，不是所有的涂料中都包含以上全部组分，如清漆中就没有次要成膜物质颜料和填料，粉末涂料中不含溶剂。

二、涂料的作用、分类与命名

1. 涂料的作用

涂料在生产生活中的作用很显著，包括保护作用、装饰作用、色彩标志作用、特殊功能作用四个方面。

（1）保护作用

很多材料（如金属、木材、水泥、文物等）长期暴露在空气中，会受到水分、气体、微生物、光照、恶劣使用环境等的作用而逐渐被毁坏，只有在表面涂上相应功能的涂料才能减缓材料的腐蚀，延长寿命。每年全世界因腐蚀而损坏的钢铁就占到产量的 1/4 左右，一座钢铁结构的桥梁，如果不进行防腐处理，只有几年寿命，但如果涂上合适的涂料，则可以使用上百年。恶劣环境中的化工设备与管道则更需要涂料来保护不被腐蚀，以延长设备、管道的寿命，降低生产成本。

（2）装饰作用

涂料品种、功能、色彩等都多种多样，为我们的生产与生活带来了极大的装饰效果。古代最早的涂料主要是用于器具的装饰，随着人们物质文化生活水平的不断提高，对商品的外表及包装档次要求越来越高，现代涂料更是将这种作用发挥得淋漓尽致。

（3）色彩标志作用

各种颜色的涂料可以用来传递信息，供人们进行辨别。化学品和危险化学品常用涂料作标志，以识别其性质及安全性等；交通运输的标志板和道路的划线标志，也常用不同颜色的涂料来表示，以保证交通有序与安全；化工管道也要用涂料涂成不同的颜色以便操作人员进行识别和操作，如蒸汽管道用红色涂料、上水管用绿色涂料、下水管用黑色涂料，真空管用黄色涂料等。

（4）特殊功能作用

涂料可以具有一些特殊功能，涂布上去后可使其他材料具有相关的功能，如隐形、杀虫杀菌、防腐防霉、隔热、抗冲击、抗静电或导电、绝缘等。

2. 涂料的分类

涂料种类和数量很多，分类方法各异，常见的分类方法有以下几种。

（1）按用途，可分为建筑涂料、电气绝缘涂料、汽车用涂料、船舶用涂料等。

（2）按作用，可分为打底漆、防锈漆、防火漆、耐高温漆、头道漆、二道漆等。

（3）按涂膜外观，可分为大红漆、有光漆、哑光漆、半哑光漆、皱纹漆、锤纹漆等。

（4）按成膜物质，可分为天然树脂漆类、醇酸树脂涂料、丙烯酸树脂涂料、聚氨酯涂料、环氧树脂涂料、聚乙烯树脂涂料、特种涂料等。这是目前最普遍的分类方法。

3. 涂料的命名

涂料产品按是否含有颜料，可分为清漆和色漆两种。清漆不含颜料，主要用于家具的涂装和色漆罩光，其涂膜干燥快，涂膜透明、光亮而坚硬，耐候性、耐油性较好，但耐水性较差。色漆是由成膜物质和一定数量的颜料及其他助剂，经研磨调配而成的有色涂料。色漆又分为底漆和面漆。底漆可分为头道底漆、腻子、二道底漆和防锈漆。头道底漆是涂装于物体表面的第一层涂料，要求能为第二层提供良好的附着基础，涂膜细密牢固，对金属表面具有防锈功能。腻子呈稠厚的糊状涂在头道底漆之上，用于填补被涂物体表面的缺陷，如空洞、缝隙等，干燥后打磨平整，提高物体表面的装饰性，要求牢固不裂，硬而易磨。打磨后的腻子表面粗糙、有小针眼，二道底漆可予以填补，二道底漆干后也要打磨平整。面漆具有遮盖和改变物体表面颜色等功能，在整个涂层中发挥主要装饰和保护作用。面漆主要是瓷漆，有白光、半光及无光等品种，其中有光色泽的品种数量最多。

（1）清漆命名

全名 = 成膜物质名称 + 基本名称。例如，醇酸瓷漆的命名为：

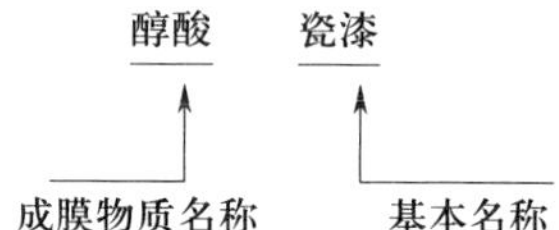

（2）色漆命名

全名 = 颜色或颜料名称 + 成膜物质名称 + 基本名称。例如，红醇酸瓷漆的命名为：

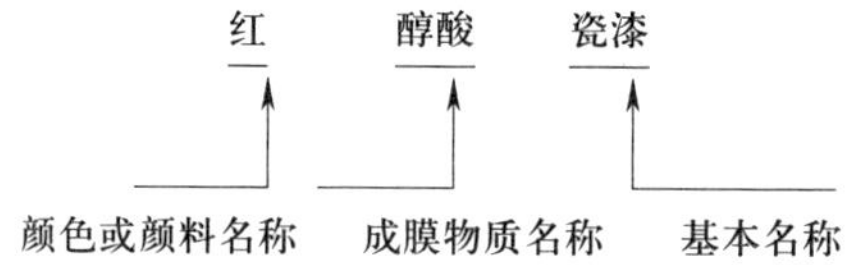

其中，颜色或颜料名称是指涂料颜色，如红、黄、白、黑、绿、紫、棕、灰等；成膜物质名称是指主要成膜物质，可适当简化，如聚氨酯树脂（聚氨酯）、环氧树脂（环氧）等；基本名称包括涂料的基本品种、特性和用途等，如清漆、瓷漆、底漆、汽车用漆等。

对于某些有专门用途和特殊性质的产品，必要时可以在成膜物质后面加以说明，如醇酸导电瓷漆。当涂料颜色对性能起显著作用时，可用颜料的名称代替颜色名称，如铁红、锌黄等。当涂料含有多种成膜物质时，选起主要作用的一种成膜物质命名，有时也选取几种成膜物质命名，主要成膜物质列于前，次要成膜物质列于后，如红环氧硝基瓷漆等。

涂料的型号分为三部分：第一部分是成膜物质，第二部分是基本名称，第三部分是序号，用以表示同类品种间的组成、配比或用途的不同。

辅助材料的型号分为两部分：第一部分是种类，第二部分是序号。

三、涂料的成膜机理

涂料成膜是将涂料转变为连续完整涂层的过程，是通过选择适当的涂装方法，按照严格的施工工艺完成的复杂物理化学过程。成膜方式包括物理成膜和化学成膜两种。物理成膜主要是溶剂挥发成膜和聚合物分散体系成膜；化学成膜包括单组分热固性涂料成膜、自由基聚合反应成膜、双组分涂料成膜等。

1. 物理成膜

靠涂料中液体蒸发而成膜的过程称为物理成膜，包括溶剂挥发成膜和聚合物分散体系成膜。将涂料溶解于一定的溶剂体系制备成固体组分小于50%（质量分数）的涂料，涂装后溶剂挥发固化成膜，这种成膜方式就是溶剂挥发成膜，它是溶剂型涂料成膜的主要方式。聚合物分散体系成膜是先将涂料分散在溶剂介质中，其中聚合物不溶于介质，以微粒状态稳定在介质中，成膜时分散介质挥发，在毛细管作用力和表面张力的推动下，乳液微粒紧密堆集，并且发生形变，微粒壳层破裂，微粒之间界面逐渐消失，聚合物分子链相互渗透和缠绕，从而形成连续、均一的涂膜。

2. 化学成膜

通过化学反应、分子间交联形成具有三维结构的大分子涂膜称为化学成膜，包括自由基聚合反应成膜和交联固化成膜。

自由基聚合反应成膜主要是干性植物油或其他不饱和化合物在氧的作用下交联固化产生游离基引发聚合反应，或水分与异氰酯发生缩聚反应，聚合反应后形成干硬膜。油脂漆和醇酸树脂漆就是典型的自由基聚合反应成膜涂料。因此，这类涂料应密闭储存，注意防潮，隔绝空气。

交联固化成膜是交联型涂料的成膜机理，交联型涂料一般是双组分包装，其组分是黏性的、相对分子质量较小的聚合物，施工时按比例混合进行涂装后，组分之间发生交联反应变为干硬的涂膜，如聚酯和丙烯酸树脂涂料等。

四、涂料主要性能指标与质量标准

涂料主要性能指标包括涂料制造储存性能指标、涂料成膜后的性能指标和涂料施工性能指标。

（1）涂料制造储存性能指标主要指涂料产品的形态、组成、储存稳定性等性能。主要包括颜色与外观、细度、黏度、固体分（不挥发分含量）、涂料储存稳定性以及抗冻融稳定性等。

（2）涂膜性能指标包括硬度、耐冲击性、柔韧性、耐热性、耐水性、回黏性、耐化学试剂性、耐洗刷性、耐碱性、耐玷污性、附着力等。不同类型的涂料一般均有相应的标准，其性能评价应按相应标准执行。涂料主要性能指标见表 7–1–4。

表 7-1-4　　涂料主要性能指标

涂料性能	性能指标	指标含义
制造性能	颜色与外观	涂料颜色、形状、透明度等外观，清漆的外观检查更重要
	细度	色漆中颜料分散均匀程度，以“μm”表示
	黏度	涂料在流动时产生的内部阻力
	固体分（不挥发分含量）	表示不挥发性组分的质量分数，能控制清漆和高装饰性瓷漆中固体分和挥发分的比例，最终控制漆膜的厚度
储存性能	涂料储存稳定性	产品在正常包装和储存条件下，经过一定的储存期限后，性能达到原来规定的使用要求的程度，表征储存条件对涂料性能的影响
	抗冻融稳定性	表示涂料在冷冻和熔化后，保持原有性能的能力，是乳胶漆的重要考核指标
涂膜性能	硬度	涂膜干燥后的坚实性，是漆膜机械强度的重要性能之一
	耐冲击	在外力冲击下发生快速形变而不开裂或脱落的能力
	柔韧性	涂膜变形而不发生损坏的能力
	耐热及耐老化性	加入防老剂、抗氧化剂等可提高涂料的耐热及耐老化性能
	耐水性	—
	回黏性	—
	耐化学试剂性	—
	耐洗刷性	—
	耐碱性	—
	耐玷污性	—
	附着力	涂膜与表面结合的牢固程度，是主要成膜物质与表面的相互作用力的表现

（3）涂料施工性能指标是评价涂料产品质量优劣的一个重要方面，主要包括遮盖力、使用量、干燥时间、流平性等。遮盖力是指遮盖物体表面原有底色所需的最小色漆用量；使用量即涂覆单位面积所消耗的涂料量；干燥时间是指涂料涂装施工后，从流体状态到完全形成固体涂膜所需的时间；流平性是指涂料施工后形成平整、光滑涂膜的能力。

五、涂料的生产工艺

涂料生产一般包括成膜物质合成和涂料配制两大步骤。成膜物质主要有油脂和树脂两大类。而现代涂料中油脂使用较少，主要是树脂，所以成膜物质合成主要是树脂的合成。

1. 成膜物质合成

成膜物质主要是由单体通过聚合反应获得的高聚物。聚合反应就是由低分子单体聚合成高分子聚合物的化学反应。

按反应前后组成是否发生变化，聚合反应可分为加聚反应和缩聚反应。加聚反应主要是指烯烃类单体打开双键，相互加成生成大分子的聚合反应，单体和聚合物组成一般相同。缩聚反应是由具有两个或多个反应官能团的单体通过官能团间多次缩合生成大分子，同时伴有水、醇、氯化氢等小分子的生成，单体和聚合物组成不一定相同。

按反应介质和条件不同，聚合反应在工业中的实施一般有本体聚合、溶液聚合、悬浮聚

合和乳液聚合四种。聚合反应类型及特点见表 7-1-5。

表 7-1-5　　聚合反应类型及特点

聚合方法	定义	主要原料	反应介质	特点	主要产品
本体聚合	单体本身聚合，用少量引发剂或加热方式使单体进行聚合	单体 引发剂	本体（不需要介质）	在本体内聚合，不易散热，温度较难控制；设备简单，可连续或间歇生产；产品透明色浅；污染小	有机玻璃、高压聚乙烯、聚苯乙烯、聚氯乙烯等
溶液聚合	将单体在溶剂中进行聚合	单体 引发剂 溶剂	溶剂	在溶液内聚合，易散热，温度较易控制；一般采用连续生产；产品纯度低，溶液型 或颗粒型，不宜制成粉状或粒状；会产生大量溶剂废水	聚丙烯腈、聚醋酸乙烯酯等
悬浮聚合	以水为介质，在分散剂作用下将单体分散于水中形成小液滴悬浮进行聚合	单体 引发剂 水 分散剂	水	在小液滴中聚合，易散热，温度好控制；间歇式生产为主，后处理较为复杂，通常需要分离、洗涤和干燥等工序，产品纯度不高；有废水产生	聚乙烯、聚苯乙烯等
乳液聚合	单体在乳化剂作用下，在水中形成乳状液进行聚合	单体 引发剂 水 乳化剂	乳液体系	在胶束或乳胶粒中聚合，易散热，温度好控制；一般采用连续生产；产品含少量乳化剂，需要进一步处理；会产生大量乳胶废水。特别适用于黏度较大的高聚物合成	丁苯橡胶、丁腈橡胶、氯丁橡胶等

涂料成膜物质多为液体形态，包括溶液聚合物、非水分散型聚合物、水分散型聚合物及纯聚合物溶液等。其生产过程主要包括配料、聚合反应、过滤等工序。液态成膜物质生产工艺流程如图 7-1-1 所示。

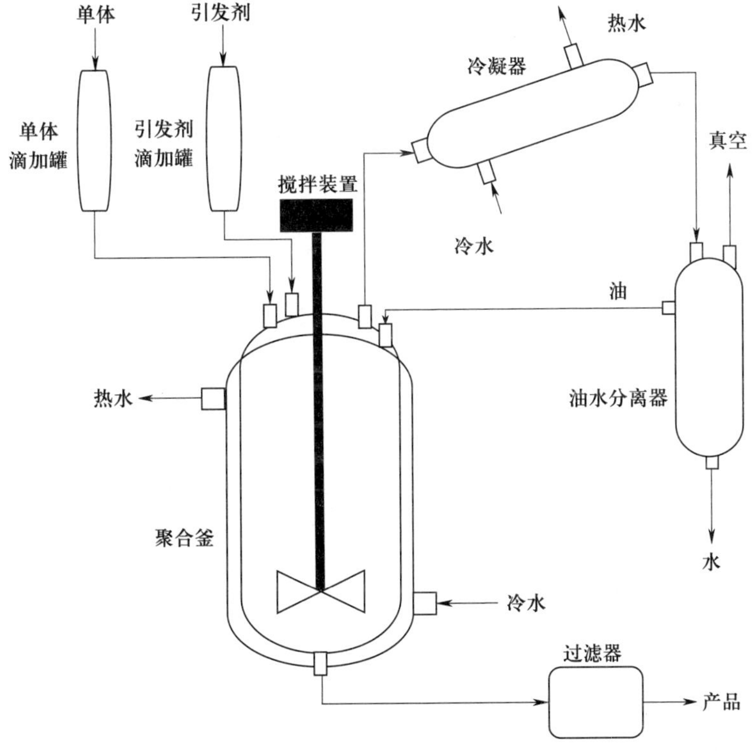

图 7-1-1　液态成膜物质生产工艺流程

2. 涂料配制

（1）清漆配制

清漆中不含颜料和填料，因此无须进行分散操作，其工艺相对简单，主要包括成膜物质的溶解、调漆、检验、过滤、包装等工序。其中，调漆环节主要是调节清漆的黏度，并加入适当的助剂以改善其性能与功能。清漆配制工艺流程如图 7-1-2 所示。

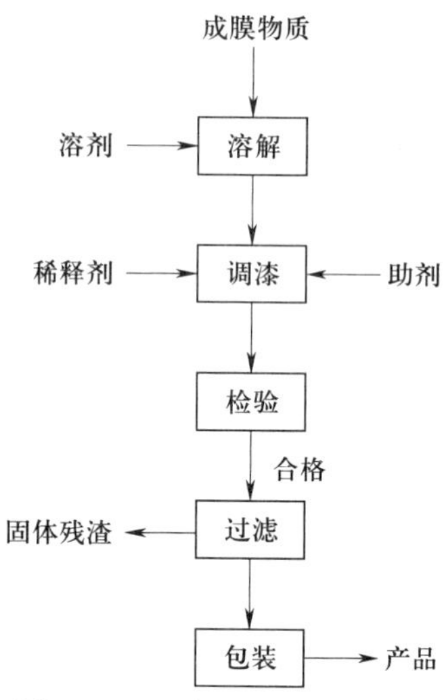

图 7-1-2　清漆配制工艺流程

（2）色漆配制

色漆配制一般包括配料、分散、研磨、调合、过滤及包装等步骤，其工艺流程如图 7-1-3 所示。

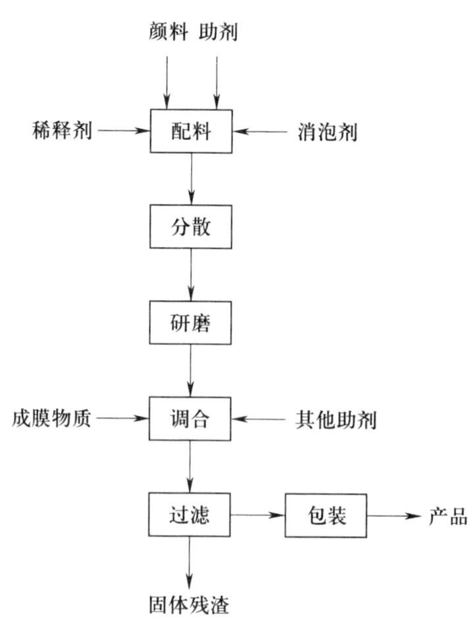

图 7-1-3　色漆配制工艺流程

配料包括加料的先后顺序及加料量等，一般加料顺序为稀释剂、助剂、颜料、消泡剂、成膜物质、其他助剂等，加料量应按工艺配方准确加入。

研磨是色漆生产中至关重要的环节，它可将聚集成较大颗粒的原料分离，并使这些颗粒被成膜物质包覆，从而不再聚集成大颗粒，能够持久、稳定地分散于液态成膜物质中。在适当的研磨机中，先将配方中的部分成膜物质、颜料以及润滑剂、分散剂等进行研磨，直至达到规定的细度要求后，再加入配方中剩余的成膜物质及其他组分，最后调配成色漆。

另外，配制色漆时常需使用多种颜料，而不同颜料的性质、分散性及纯净度各不相同。为获得平整均匀的涂膜，对涂料的细度有较高的要求，尤其是装饰性强的面漆，其细度一般要求在 20 μm 以下。若将不同颜料按配方混合后一同研磨，不仅研磨效率较低，还会影响色漆的质量。因此，一般是先将各种颜料分别研磨，制成单一颜料的色浆，再按配方将不同的色浆调配成所需的色漆。

常用的研磨设备有球磨机、三辊磨、砂磨机等。

目标检测

一、单项选择题

1. 对涂料或涂膜的性能起决定作用的是（　　）。

A. 挥发性组分　　B. 成膜物质　　C. 溶剂　　D. 稀释剂

2. 不含颜料的涂料是（　　）。

A. 清漆　　B. 色漆　　C. 底漆　　D. 面漆

3. 涂料组成中挥发性组分一般是（　　）。

A. 成膜物质　　B. 助剂　　C. 溶剂或稀释剂　　D. 颜料

4. 涂膜中必不可少的部分是（　　）。

A. 主要成膜物质　　B. 次要成膜物质

C. 辅助成膜物质　　D. 以上都是

二、多项选择题

1. 涂料产品主要性能指标包括（　　）。

A. 制造储存性能指标　　B. 施工性能指标

C. 成膜后性能指标　　D. 以上都不是

2. 涂料中不挥发性组分称为成膜物质，可分为（　　）。

A. 主要成膜物质　　B. 次要成膜物质

C. 辅助成膜物质　　D. 不成膜物质

3. 下列关于清漆说法，正确的有（　　）。

A. 涂膜干燥快　　B. 涂膜透明、光亮而坚硬

C. 耐候性、耐油性较好　　D. 耐水性较好

4. 涂料中溶剂和稀释剂的区别是（　　）。

A. 溶剂已添加在涂料产品中，稀释剂是在施工过程中才加入

B. 溶剂有时可以作为稀释剂，但稀释剂不能作为溶剂

C. 稀释剂只稀释现成的涂料，溶剂可以单独溶解成膜物质，是涂料的一部分

D. 两者没有本质区别

三、思考题

1. 简述涂料的主要种类及特点。
2. 简述涂料的一般生产工艺。
3. 涂料的作用有哪些?

任务二　醇酸树脂涂料生产技术

学习目标

1. 了解醇酸树脂涂料的定义、特点及应用。
2. 掌握醇酸树脂涂料分类方法。
3. 了解醇酸树脂涂料原料的特点。
4. 掌握醇酸树脂涂料合成和配制工艺。

任务引入

水性涂料

凡是用水作为溶剂或分散介质的涂料均称为水性涂料，其最大的优点是用水代替了有机溶剂，成膜物质以不同的方式分散或溶解于水中，经过干燥或固化后形成涂膜，这种涂料既经济又环保。

目前，水性涂料的种类繁多，依据涂料中胶黏剂类别不同，水性涂料被分为天然水性涂料及人工合成树脂类水性涂料，其中人工合成树脂类水性涂料又大致可以分为水分散型、胶体型和水溶液型。这三种类型的涂料，其分散相颗粒的大小各不相同。水分散型的分散相则由较少的聚合物分子聚集而成；胶体型则由较多和较大的聚合物分子组成；水溶液型涂料的分散相基本处于分子状态。这三者在物理性能和应用性能上存在显著差异，其分类及特点见表 7-2-1。

表 7-2-1　水性涂料分类及特点

种类	性能特点
水分散型	外观不透明，呈光散射，相对分子质量为 10^6，黏度低且与共聚物相对分子质量无关，固含量高，耐久性好，由于颜料分散性较差，漆膜光泽度不好
胶体型	外观半透明，呈光散射，相对分子质量为 2×10^4～2×10^5，黏度较大，黏度与共聚物相对分子质量有关，固含量适中，耐久性好，颜料分散良好，漆膜光泽度较高
水溶液型	外观透明，无光散射，相对分子质量为 2×10^4～5×10^4，黏度取决于共聚物相对分子质量，固含量低，耐久性好，颜料分散性好，漆膜光泽度高

水性涂料以水溶性树脂为成膜物质，其中水溶性醇酸树脂就是制备水性涂料很好的原料。

》相关知识

一、醇酸树脂涂料基本概念

1. 定义

以醇酸树脂为主要成膜物质的涂料称为醇酸树脂涂料。醇酸树脂是由脂肪酸（或其相应的植物油，如桐油、亚麻油、椰子油等）、多元酸（如邻苯二甲酸酐、顺丁烯二酸酐等）及多元醇（如甘油、季戊四醇、乙二醇等）经缩聚反应而成的高分子化合物。

2. 应用

醇酸树脂涂料可配制清漆、色漆、底漆、防锈漆、绝缘漆、皱纹漆等。醇酸树脂原料来源广泛，配方灵活，能够通过多种改性方式赋予涂料各种性能与特色，因此成为涂料行业用量最大、用途最广的合成树脂。在合成树脂涂料行业中，醇酸树脂的应用比例可达 70%，对涂料的性能有着决定性的影响。由醇酸树脂调配的醇酸漆至今仍然是涂料市场上最重要的品种之一，其产量占涂料工业总产量的 20%～25%。

3. 特点

醇酸树脂涂料一般通过自由基聚合成膜，漆膜干燥后形成高度网状结构，具有抗老化性，耐候性好，光泽持久不退的特点；漆膜柔韧坚硬且耐磨；抗矿物油、抗醇类溶剂性能良好。烘烤后的漆膜耐水性、绝缘性、耐油性等性能都大大提高。其缺点是干燥时间长、耐水性相对较差、不耐碱。为改善其性能，可添加丙烯酸、松香、苯甲酸、有机硅等其他化学物质，与多元酸或油、多元醇和脂肪酸共聚制备成改性醇酸树脂。

二、醇酸树脂分类

1. 按油品种不同分类

用于制造醇酸树脂的油一般是植物油或脂肪酸，通常根据其干燥性质分为干性油、半干性油和不干性油三类。干性油能在空气中逐渐干燥成膜，半干性油需要经过较长时间才能形成黏性膜，而不干性油则不能成膜。

工业上常用碘值来区分油类的干燥性能，即用 100 g 油所能吸收的碘的克数来测定油类的不饱和度。

脂肪酸的干性不仅与碘值有关，还与分子结构特点密切相关。油的干性与其中双键的数目以及双键的位置有关，双键数目越多，干性越强。一般来说，干性油的双键数在6个以上。处于共轭位置的油（如桐油）具有更强的干性。不同醇酸树脂油的结构特点及碘值见表7-2-2。

表7-2-2　不同醇酸树脂油的结构特点及碘值

类型	结构特点	碘值	代表油脂
干性油	双键数≥6	≥140	桐油、亚麻籽油、脱水蓖麻油等
半干性油	双键数=4～6	100～140	豆油、葵花籽油、棉籽油等
不干性油	双键数＜4	≤100	蓖麻油、椰子油、米糠油等

2. 按油含量不同来分类

醇酸树脂按油含量不同来分类，可分为短油度醇酸树脂、中油度醇酸树脂、长油度醇酸树脂以及特长油度醇酸树脂，其特点见表7-2-3。

表7-2-3　不同油度醇酸树脂的特点

油度	油含量/%	苯二甲酸酐/%	特　点
短油度醇酸树脂	35～45	＞35	由干性、半干性油制成，凝结快，自干能力一般，烘干后，硬度、光泽、保色、抗摩擦力都好，弹性中等
中油度醇酸树脂	45～60	30～40	主要以亚麻油、豆油制成，可以刷涂或喷涂，漆膜凝固和干硬快，光泽度、耐候性、弹性均好，可以单独使用也可以与其他树脂共用
长油度醇酸树脂	60～70	20～30	干燥快，刷涂性能好，漆膜光泽度好，富有弹性，保光性和耐候性好，但硬度、韧性和抗摩擦力不如中油度醇酸树脂涂料。能与某些油基漆混合使用
特长油度醇酸树脂	＞70	＜20	干燥速度慢，易刷涂，一般用于油墨及调色基料

3. 按改性单体名称不同分类

醇酸树脂按改性单体名称不同分类，可分为苯乙烯改性醇酸树脂、氨基甲酸酯改性醇酸树脂、有机硅改性醇酸树脂、丙烯酸改性醇酸树脂等。在简称时，“树脂”二字往往被略去，直接称为苯乙烯改性醇酸、氨基甲酸酯改性醇酸、有机硅改性醇酸、丙烯酸改性醇酸等。

三、醇酸树脂合成原料

1. 多元醇

制造醇酸树脂的多元醇主要有丙三醇（甘油）、三羟甲基丙烷、三羟甲基乙烷等。在工业生产中，用三羟甲基丙烷合成的醇酸树脂应用较为广泛，其特点是抗水解性、抗氧化性、稳定性、耐碱性和耐热性均较好，与氨基树脂有良好的相容性，涂膜干燥速度快、色泽鲜艳、保色力强等。乙二醇和二乙二醇主要与季戊四醇复合使用，以调节官能度，使聚合过程平稳，避免胶化。

2. 有机酸

醇酸树脂的有机酸单体包括一元酸和多元酸两种。一元酸主要有苯甲酸、松香酸、某些羧酸以及脂肪酸等，主要用于脂肪酸法合成醇酸树脂。多元酸包括邻苯二甲酸酐、间苯二甲酸、对苯二甲酸、顺丁烯二酸酐等，其中邻苯二甲酸酐最为常用。适当引入间（对）苯二甲酸可以提高树脂及涂料的耐候性和耐化学品性，但其熔点高、活性低，因此用量不能过多。己二酸和癸二酸含有多亚甲基单元，可以用来平衡树脂及涂料的硬度、韧性和抗冲击性；偏苯三酸酐可以使树脂水溶性增加，可作为水性醇酸树脂的水性单体。

醇酸树脂的性能各异，主要与有机酸单体的种类及结构有关。例如，苯甲酸可以提高耐水性，由于增加了苯环单元，可以改善涂膜的干性和硬度，但用量不能过多，否则涂膜会变脆；由亚麻油酸、桐油等干性油脂制成的树脂干性好，但耐候性差且易变黄；豆油、脱水蓖麻油、妥尔油酸不易黄变且耐候性好，在实际生产中应用较广；椰子油酸、蓖麻油酸不黄变，可用于室外用漆和浅色漆的生产。

3. 植物油

植物油是一种三脂肪酸甘油酯，其中的三个脂肪酸一般不同，可以是饱和酸、单烯酸、双烯酸或三烯酸。但大部分天然油脂中的脂肪酸主要为 C_{18} 的酸，也可能还含有少量月桂酸（C_{12}）、豆蔻酸（C_{14}）和软脂酸（C_{16}）等饱和脂肪酸。

常见的植物油有亚麻仁油、豆油、棉籽油、妥尔油（松浆油）、红花油、脱水蓖麻油等。植物油的质量指标包括外观、气味、密度、黏度、酸值、皂化值和不皂化物含量、碘值等。为使油品质量合格并适应醇酸树脂的生产，合成醇酸树脂的植物油必须经过精制才能使用。在工业生产中，通常用双漂法进行精制，包括碱漂和土漂处理。碱漂主要是去除油中的游离酸、磷脂、蛋白质、机械杂质等，也称为单漂；碱漂后再用酸性土进行漂洗以吸收色素（脱色）及其他不良杂质后才能使用。

4. 催化剂

用醇解法合成醇酸树脂时，醇解反应速度较慢，因此需要使用醇解催化剂来加快醇解反应速度。醇解催化剂不仅可以加快醇解进程，还可以使合成树脂清澈透明，提高产品的质量。常用的醇解催化剂曾为氧化铅和氢氧化锂，但由于环保问题，氧化铅已被禁用，目前一般使用氢氧化锂。其用量一般在油脂的 0.02%（质量分数）左右。在聚酯化反应中也可以加入催化剂，主要是有机锡类，如月桂酸二丁基锡、正丁基氧化锡等。

5. 催干剂

树脂或涂料的干燥过程是氧化交联的过程，该反应可以自发进行但速度很慢，特别是半干性油需要数天才能形成涂膜。加入催干剂可以加快反应速度、提高干燥速度并促进树脂或涂料成膜。因此，催干剂是醇酸树脂涂料的主要助剂之一，其作用是加速涂膜组分的氧化、聚合过程，提高干燥速度以达到快速成膜的目的。催干剂通常可分为主催干剂和助催干剂两类。主催干剂是钴、锰、钒、铈等的环烷酸盐或异辛酸盐，以钴、锰盐为主，用量为油量的 0.02%～0.2%（质量分数）。助催干剂通常是氧化态的金属皂类化合物，与主催化剂合用共同促进树脂或涂料的干燥速度。常见的助催干剂有钙、铅、锆、锌、钡、锶等的环烷酸盐或异辛酸盐。

6. 溶剂

目前国内生产的醇酸树脂大多为溶剂型醇酸树脂，其中溶剂的用量占一半以上。一般根据醇酸树脂的油度和用途选择使用不同的溶剂。长油度醇酸树脂可以全部使用 200 号漆用溶剂油；中油度醇酸树脂需要用少量芳烃与 200 号漆用溶剂油配合使用；短油度醇酸树脂多用甲苯、二甲苯以及少量丁醇、醋酸酯等溶剂。

四、醇酸树脂涂料生产

1. 醇酸树脂合成

醇酸树脂的合成分两步进行：第一步为甘油与脂肪酸发生酯化反应，或甘油与油脂进行醇解，生成单脂肪酸甘油酯；第二步是所得甘油一酸酯、甘油二酸酯与酸酐进行酯化缩聚。最终产品一般为近似线性的高分子化合物，其中 R 代表由脂肪酸基引入的不饱和烃基。其反应式为：

$$\begin{array}{l} CH_2-O-\overset{\overset{O}{\|}}{C}-R \\ | \\ CH-O-\overset{\overset{O}{\|}}{C}-R \\ | \\ CH_2-O-\overset{\overset{O}{\|}}{C}-R \end{array} + \begin{array}{l} CH_2-OH \\ | \\ CH-OH \\ | \\ CH_2-OH \end{array} \xrightarrow[220\sim240^{\circ}C]{LiOH} \begin{array}{l} CH_2-OH \\ | \\ CH-OH \\ | \\ CH_2-O-\overset{\overset{O}{\|}}{C}-R \end{array} + \begin{array}{l} CH_2-O-\overset{\overset{O}{\|}}{C}-R \\ | \\ CH-O-\overset{\overset{O}{\|}}{C}-R \\ | \\ CH_2-OH \end{array}$$

$$+ \text{（邻苯二甲酸酐）} \longrightarrow \underset{\underset{OOCR}{|}}{\overset{\overset{OH}{|}}{CH_2CHCH_2OOC}}-C_6H_4-\underset{\underset{OOCR}{|}}{COOCH_2CHCH_2OOC}-C_6H_4-\underset{\underset{OOCR}{|}}{COOCH_2CHCH_2OOC}-C_6H_4-COOH$$

2. 合成工艺

根据原料的不同，工业上生产醇酸树脂的合成方法可分为醇解法和脂肪酸法两种。

（1）醇解法

醇解法生产醇酸树脂工艺流程如图 7-2-1 所示。由于油脂与多元酸不能互溶，因此在用油脂合成醇酸树脂时，需先将油脂水解为不完全的脂肪酸甘油酯或季戊四醇酸酯，其中还包括单酯、双酯以及未反应的甘油和油脂。随后，这些产物再与多元醇或酸酐进行缩聚，形成大分子树脂。

酯化过程又分为溶剂法和熔融法两种。溶剂法是在酯化体系中直接加入溶剂，在溶剂中进行酯化反应，溶剂可以吸收酯化反应生成的水。该方法的特点是产品颜色浅、质地均匀、产率较高、温度易控制且清洗操作简单。熔融法则是向酯化体系中通入惰性气体，在惰性气体的保护下直接发生酯化反应，完成后再加入溶剂进行稀释。此法的特点是设备利用率高、操作相对安全，但反应温度较高、速度较慢、不易控制，且产品质量相对较差。

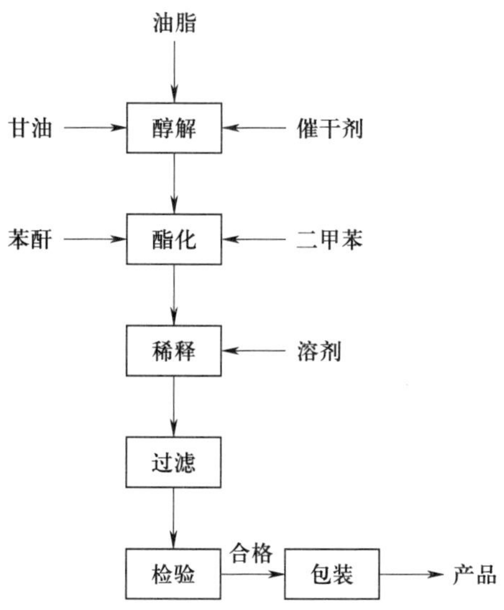

图 7-2-1　醇解法生产醇酸树脂工艺流程

在醇解过程中，需注意甘油的用量、催化剂的种类和用量以及反应温度，以提高反应速度和甘油一酸酯的含量。醇解用油必须进行双漂（碱漂和土漂）精制，以除去原料油中的磷脂、胆固醇、色素等杂质。此外，为防止醇解时油脂氧化，常通入惰性气体进行保护，一般使用二氧化碳或氮气，也可加入抗氧化剂。醇解时必须使用催化剂，通常为氢氧化锂。醇解反应是否达到应有的深度，需及时用醇容忍度法进行检测，以确定其终点。

醇解法的特点是原料对设备腐蚀小、成本低、酸值不易下降，但树脂的干性较差、涂膜较软。

（2）脂肪酸法

脂肪酸法合成醇酸树脂一般采用溶剂法，所用的酸通常为一元酸。脂肪酸可以与苯酐、甘油互溶，因此脂肪酸合成醇酸树脂可以进行单批反应。反应釜为带夹套的不锈钢反应釜，装有搅拌器、冷凝器、惰性气体进出口、加料和出料口、温度计以及取样装置等。为实现油水分离，冷凝器下部配置了一个油水分离器，经分离得到的二甲苯溢流回反应釜循环使用。

3. 涂料配制工艺

醇酸树脂可用来配制清漆、色漆、底漆、防锈漆、绝缘漆以及皱纹漆等多种涂料，通常根据具体的配方来选择和使用相应的原料。

生产中常先将中油度和长油度的醇酸树脂溶解在适当的溶剂中，然后加入催干剂，经过过滤后即可制得醇酸树脂清漆。常用的溶剂为 200 号漆用溶剂油，若在其中加入松节油及二甲苯，可以增加清漆的稳定性。通常采用几种不同类型的催干剂配合使用，以达到最佳效果。涂料配制生产工艺流程如图 7-2-2 所示。

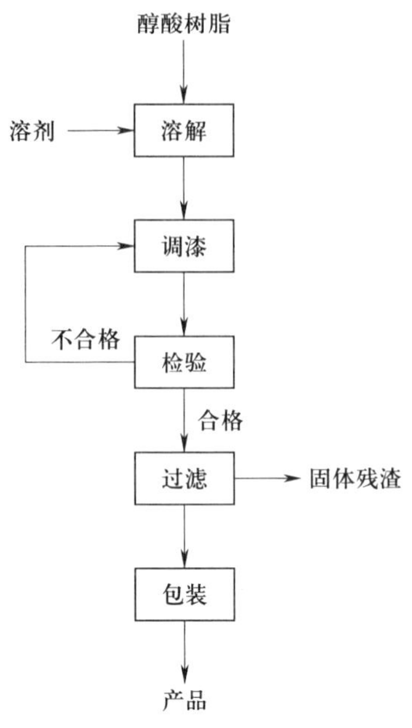

图 7-2-2　涂料配制生产工艺流程

五、醇酸树脂涂料的改性

醇酸树脂涂料具有很好的施工性和装饰性，但也存在一些明显的缺点，如涂膜干燥缓慢、硬度较低、耐水性和耐腐蚀性差、户外耐候性不强等，因此需要通过改性来满足更高的性能要求。醇酸树脂分子中含有羟基、羧基、双键、酯基等反应性基团，可以利用这些基团与含羧基、羟基、烷氧基、烯基、酯基等的单体化合物、半成品或低聚物进行改性，通过化学反应形成新的醇酸树脂，从而获得新的性能，使产品得以升级换代。

从 20 世纪 60 年代开始，我国涂料行业就开展了醇酸树脂化学改性的研究与开发工作，采用不同的改性剂制得了性能各异的改性醇酸树脂，如松香改性醇酸树脂、酚醛树脂改性醇酸树脂、丙烯酸改性醇酸树脂、有机硅改性醇酸树脂以及乙烯类单体改性醇酸树脂等。

另外，溶剂型醇酸树脂涂料中含有大量的溶剂，其质量分数一般在 40% 以上，因此在生产和施工过程中会严重污染大气，对操作人员的健康也构成危害。由于水无毒无味、不易燃且廉价，若用水作为溶剂，不仅可以降低成本，还可以降低涂料中的挥发性有机物（VOC）含量。近年来，水性醇酸树脂的研究与应用得到了较好的发展。

目标检测

一、单项选择题

1. 醇酸树脂涂料以（　　）为主要成膜物质。

A. 脂肪酸树脂　　B. 醇酸树脂　　C. 橡胶　　D. 合成纤维

2. 不能在室温下固化成膜，需与其他树脂经加热发生交联反应才能固化成膜的是（　　）醇酸树脂。

A. 干性油　　B. 不干性油　　C. 半干性油　　D. 以上都不是

3. 能成膜但成膜时间长的是（　　）。

A. 干性油　　B. 不干性油　　C. 半干性油　　D. 以上都不是

4. 工业上常用（　　）来区分油的不饱和度。

A. 碘值　　B. 油值　　C. 热值　　D. 油度

二、多项选择题

1. 下列不是醇酸树脂涂料优点的是（　　）。

A. 漆膜不易老化，耐候性好，光泽持久不褪

B. 干燥时间长

C. 耐水性差，不耐碱

D. 漆膜柔韧坚硬且耐摩擦

2. 醇解催化剂的作用是（　　）。

A. 加快醇解进程　　B. 提高转化率

C. 提高产品的质量　　D. 使合成树脂清澈透明

3. 油的干性与（　　）有关。

A. 双键数目　　B. 双键位置　　C. 双键键能　　D. 双键键长

三、思考题

1. 简述醇酸树脂涂料的特点。

2. 醇解时有哪些注意事项？

3. 醇酸树脂为什么要进行改性？怎样改性？

任务三　丙烯酸树脂涂料生产技术

学习目标

1. 了解丙烯酸树脂涂料的定义、特点及分类。

2. 了解丙烯酸树脂涂料合成原料的特点。

3. 掌握丙烯酸树脂合成原理及合成工艺。

4. 掌握丙烯酸树脂涂料配制工艺。

任务引入

丙烯酸树脂由丙烯酸酯类或甲基丙烯酸酯类与其他烯烃单体共聚而成。丙烯酸树脂单体同时具有碳碳双键和酯基的独特结构，共聚形成的丙烯酸树脂对光的主吸收峰处于太阳光谱范围之外，所以丙烯酸树脂具有优良的耐光性及耐候性能。由丙烯酸树脂制成的丙烯酸树脂涂料也具有自身显著的特点，如色浅、透明、水白、耐候性好、耐热性好、施工方便等。

丙烯酸树脂涂料最大的市场为轿车漆，此外，在轻工、家电、金属家具、铝制品、仪表、建筑等行业中也有广泛应用。

阅读上述材料，讨论下列问题，记录结果，并与同学分享：

1. 为什么丙烯酸树脂具有优良的耐光性及耐候性能？
2. 丙烯酸树脂涂料应用范围有哪些？
3. 丙烯酸树脂涂料具有哪些优点？

相关知识

一、丙烯酸树脂基本概念

1. 定义与种类

以丙烯酸酯、甲基丙烯酸酯及苯乙烯等乙烯基类单体为主要原料，通过合成得到的共聚物被称为丙烯酸树脂。以丙烯酸树脂作为主要成膜物质的涂料，称为丙烯酸树脂涂料，简称丙烯酸涂料。

丙烯酸树脂涂料的种类较多。从涂料用丙烯酸树脂的组成上来看，包括纯丙树脂、苯丙树脂、硅丙树脂、醋丙树脂、氟丙树脂以及叔丙树脂等。同时，也常根据其成膜特性，将其分为热塑性丙烯酸树脂和热固性丙烯酸树脂。从涂料的剂型上来分，主要有溶剂型涂料、水性涂料、高固体分涂料以及粉末涂料等。

2. 作用与特点

丙烯酸树脂涂料色泽浅淡，保色、保光性能强，耐候性、耐腐蚀性能优良，且无污染，因此在涂料工业中占有重要地位。其生产量占涂料总量的1/3以上，被广泛应用于汽车、飞机、机械、电子、家具、建筑、皮革、造纸、印染、木材加工以及工业塑料等多个行业，其分类及特点见表7-3-1。

表7-3-1　丙烯酸树脂涂料分类及特点

分类方法	种类	特点
树脂组成	纯丙树脂涂料	成膜物质为纯丙树脂，性能较好，但价格较高，常用于高层建筑的外墙涂料
	苯丙树脂涂料	成膜物质为苯丙树脂，比纯丙树脂价格低，常用于内墙涂料和一般建筑的外墙涂料
	硅丙树脂涂料	成膜物质为硅丙树脂

续表

分类方法	种类	特点
树脂组成	醋丙树脂涂料	成膜物质为醋丙树脂
	氟丙树脂 / 叔丙树脂涂料	成膜物质为氟丙树脂或叔丙树脂
成膜特性	热塑性丙烯酸树脂涂料	成膜主要靠溶剂或分散介质挥发使大分子或大分子颗粒聚集整合成膜，成膜过程没有化学反应发生，为单组分体系，施工方便，但涂膜的耐溶剂性较差
	热固性丙烯酸树脂涂料	也称为反应交联型树脂，其成膜过程伴有几个组分可反应基团的交联反应，涂膜具有网状结构，因此其耐溶剂性能、耐化学品性能良好，适用于制备防腐涂料
涂料剂型	溶剂型涂料	涂料成膜后溶剂不留存于涂层中，挥发后污染大气，是大气污染源之一，溶剂有毒性，易燃易爆，有安全隐患。随着环保的日益重视，溶剂的种类受到了许多的限制
	水性涂料	价格低，使用安全，节省资源和能源，减少环境污染和公害，成为当前涂料工业发展的主要方向之一
	高固体组分涂料	减少溶剂的使用，降低成本，安全环保。高固体组分涂料各项性能指标好，施工方便，黏度低，可室温固化，也可低温固化，是发展较快的涂料品种
	粉末涂料	不用任何溶剂与稀释剂，涂料全部转化成漆膜，具有装饰和保护等综合性功能，污染小，节省资源，在涂料工业中发展较快

二、丙烯酸树脂合成原料

1. 聚合单体

涂料用丙烯酸树脂常为共聚物，主要是由丙烯酸类单体、甲基丙烯酸类单体与非丙烯酸单体共聚制得。丙烯酸类单体和甲基丙烯酸类单体品种繁多，用途广泛，活性适中，既可均聚也可共聚。常用的非丙烯酸单体包括苯乙烯、丙烯腈、醋酸乙烯酯、氯乙烯、二乙烯基苯、乙二醇二丙烯酸酯等。

选择单体时，必须考虑它们的共聚活性，同时要注意单体的毒性大小。一般来说，丙烯酸酯的毒性大于对应的甲基丙烯酸酯的毒性，丙烯酸乙酯的毒性也较大。在与丙烯酸酯类单体共聚时，使用的单体中，丙烯腈、丙烯酰胺的毒性很大，应特别注意防护。

丙烯酸单体在光、热或混入水以及铁的作用下，极易发生聚合反应。为防止单体在生产和储存过程中聚合，常加入阻聚剂。阻聚剂必须在单体进行聚合前除去，否则将影响聚合反应的正常进行。通常采用蒸馏法、碱洗法或离子交换法来除去阻聚剂。

2. 引发剂

引发剂主要分为过氧类和偶氮类两种。常用的过氧类引发剂有过氧化二苯甲酰、过氧化二月桂酰、过氧化-2-乙基己酸叔丁酯、过氧化苯甲酸等。此外，还有叔丁苯、异丙苯、过氧化氢等。偶氮类引发剂品种较少，常用的主要有偶氮二异丁腈和偶氮二异庚腈。乳液型丙烯酸树脂合成所用的引发剂一般为无机过硫酸盐。

为了使聚合反应平稳进行，溶液聚合时常采用将引发剂与单体混合后滴加的工艺。单体滴加完毕后，保温数小时，还需要一次或几次追加引发剂，以尽可能提高转化率。每次追加的引发剂用量为前一次的 10%～30%。

3. 溶剂

溶剂是丙烯酸树脂涂料的重要组成部分，可使丙烯酸树脂变得清澈透明，黏度下降，同时能够改善树脂及其涂料的成膜性能。不同组成的涂料所用的溶剂有所不同。常用的溶剂有甲苯、二甲苯、乙酸乙酯、乙酸丁酯、丙酮、丁酮、丁醇等。但要注意，丙烯酸树脂用于配制室温固化双组分聚氨酯羟基组分涂料时，不能使用醇类、醚醇类溶剂，以防止其与异氰酸酯基团反应。另外，溶剂中的含水量应尽可能低，可以在丙烯酸树脂的聚合反应完成之后，通过减压脱除部分溶剂，以带出体系中的微量水分。

4. 相对分子质量调节剂

为了调控相对分子质量，需要加入相对分子质量调节剂。常用品种为硫醇类化合物，如正十二烷基硫醇、仲十二烷基硫醇、叔十二烷基硫醇、巯基乙醇、巯基乙酸等。硫醇一般有臭味，影响感官评价，因此用量要控制好。目前，也有一些低气味调节剂可供选择，如甲基苯乙烯的二聚体。另外，通过提高引发剂用量也可以对相对分子质量起到一定的调控作用。

5. 乳化剂

乳化剂是乳液聚合必不可少的组分。常用的乳化剂有十二烷基硫酸钠、十二烷基磺酸钠、十二烷基苯磺酸钠、壬基酚聚氧乙烯醚类等。

三、丙烯酸树脂合成工艺

不同剂型的涂料在使用丙烯酸树脂时，需采用不同的单体配方及合成工艺。以下主要介绍溶剂型丙烯酸树脂和水性丙烯酸树脂的合成工艺。

1. 溶剂型丙烯酸树脂合成

溶剂型丙烯酸树脂的合成主要采用溶液聚合的方法，该聚合反应属于自由基溶液聚合。其反应过程包括链的引发、链的增长以及链的终止三个阶段。

在链的引发阶段，引发剂过氧化物在分解温度下分解产生自由基。随后，乙烯类单体与这些自由基加成，生成一个新的活泼的单体自由基。这个新的单体自由基继续与另一单体加聚，生成一个具有较长链节的自由基。在链的增长过程中，这些增长的链自由基会相互结合，或者与其他化合物反应，通过夺得一个电子而将自由基转移过去，从而完成链的终止。

目前，工业上所用的丙烯酸树脂合成多采用釜式间歇法生产。在生产过程中，首先按照工艺比例将共聚体进行混合，并加入反应釜中。然后缓慢升温至回流温度，保温 0.5 h 以除去氧气。接着，按要求滴加单体和引发剂的混合液，并严格控制滴加速度。滴加完成后，进行保温聚合反应。之后，补加引发剂以提高转化率。再保温一段时间后，对成品进行检测，合格后经过过滤、包装即可得到产品。溶剂型丙烯酸树脂合成工艺流程如图 7-3-1 所示。

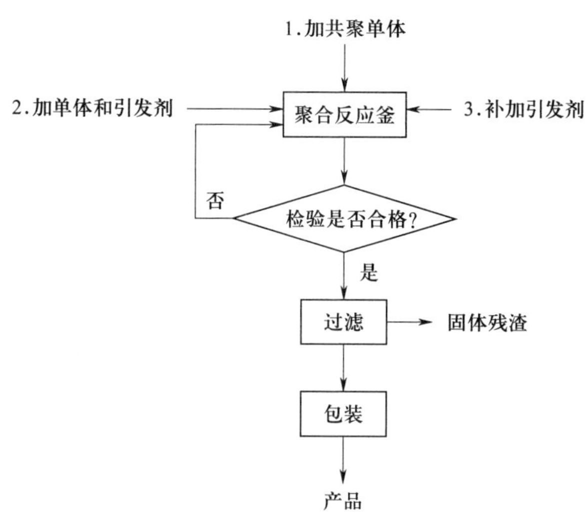

图 7-3-1 溶剂型丙烯酸树脂合成工艺流程

聚合反应釜一般采用带夹套的不锈钢釜或搪玻璃釜，通过夹套进行换热，方便加热以排除聚合热或使物料降温。反应釜装有搅拌器和回流冷凝器，设有单体及引发剂滴加罐、进料口，还有惰性气体入口，并且配有防火、防爆措施。

2. 水性丙烯酸树脂合成

水性丙烯酸树脂包括丙烯酸树脂乳液、丙烯酸树脂水分散体及丙烯酸树脂水溶液。丙烯酸树脂乳液是一种重要的建筑用涂料，具有诸多特点。乳液聚合以水作为分散介质，黏度低且稳定，价廉安全。它可以有效提高聚合速率和聚合物相对分子质量。若采用氧化-还原引发体系，聚合反应可在较低温度下进行，这对于直接应用胶乳的场合更为方便。但获得固体聚合物需经过破乳、洗涤、脱水、干燥等工序，纯化过程困难，生产成本较高。与其他自由基聚合方法相比，乳液聚合具有聚合速度快、平均相对分子质量高等特点。

乳液聚合体系至少由单体、引发剂、乳化剂和水四个基本组分构成。一般水与单体的配比为70/30～40/60，乳化剂用量为单体用量的2%～5%，引发剂用量为单体用量的0.1%～0.5%。在工业配方中，常另加缓冲剂、相对分子质量调节剂和表面张力调节剂等。丙烯酸树脂涂料的典型配方见表 7-3-2。

表 7-3-2 丙烯酸树脂涂料的典型配方（按用量计 /kg）

组分	配方	作用
苯乙烯	23	单体原料
丙烯酸	1	单体原料
丙烯酸酯	23	单体原料
OP-10	2.5	乳化分散
K-12	1	乳化分散
聚丙烯酸钠	1	保护胶体

续表

组分	配方	作用
水	49.5	分散
过硫酸钾、过硫酸钠	0.24	引发剂
小苏打、磷酸氢二钠	0.22	缓冲，调节 pH 值

乳液聚合的原理是基于自由基聚合，乳液主要是由油性烯类单体在水中被乳化，并在水溶性自由基引发剂的作用下合成的。而树脂水分散体则是通过自由基溶液聚合或逐步溶液聚合等不同工艺合成得到的。从应用角度来看，前两者最为重要。丙烯酸乳液被大量用作乳胶漆的基料，在建筑涂料市场中占有重要地位。根据单体的组成，丙烯酸乳液可分为纯丙乳液、苯丙乳液、醋丙乳液、叔醋乳液、叔丙乳液等。油性单体先在水介质中由乳化剂分散形成较为稳定的乳化体系，然后在水溶性引发剂的作用下引发聚合。这种方法主要用于橡胶用树脂、乳胶漆基料等的聚合。乳液聚合生产水性丙烯酸树脂工艺流程如图 7-3-2 所示。

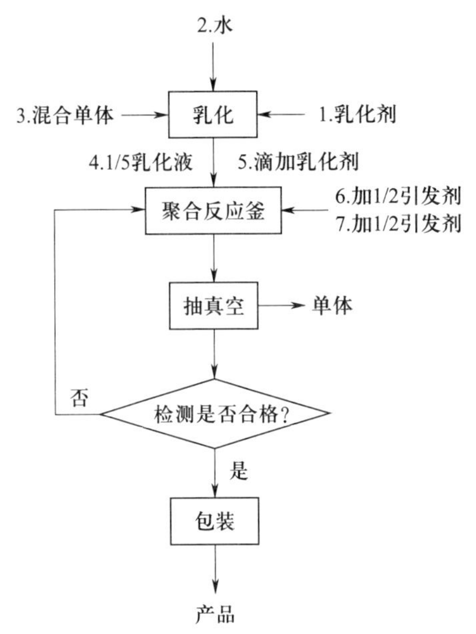

图 7-3-2　乳液聚合生产水性丙烯酸树脂工艺流程

反应过程的加料顺序按照图 7-3-2 中 1～7 的顺序进行。在生产过程中，首先将乳化剂加入水中并使其溶解，然后加入混合单体，进行搅拌乳化；接着将乳化体系的 1/5 加入反应釜中，并加入 1/2 的引发剂，按照工艺要求缓慢升温并保温；随后按要求滴加剩余的乳化液，并严格控制滴加速度；滴加完成后，再次升温并保温一段时间以进行聚合反应；之后补加剩余的引发剂以提高转化率，再保温一段时间后，抽真空以除去未反应的单体；最后对成品进行检测，合格后经过过滤、包装即可得到产品。

目标检测

一、单项选择题

1. 丙烯酸树脂涂料的成膜基料为（　　）。

A. 丙烯酸酯　　B. 丙烯酸树脂　　C. 甲基丙烯酸酯　　D. 苯乙烯

2. 从（　　）上分析，丙烯酸树脂包括纯丙树脂、苯丙树脂、硅丙树脂、醋丙树脂、氟丙树脂、叔丙树脂等。

A. 用途　　B. 剂型　　C. 性质　　D. 组成

3. 有臭味，其残余将影响丙烯酸树脂涂料感官评价，需要很好地控制其用量的组分是（　　）。

A. 乳化剂　　B. 相对分子质量调节剂

C. 引发剂　　D. 单体聚合物

4. 可使丙烯酸树脂清澈透明、黏度下降、树脂及其涂料的成膜性能好的成分是（　　）。

A. 溶剂　　B. 乳化剂　　C. 引发剂　　D. 单体聚合物

5. 水性丙烯酸树脂包括（　　）。

A. 丙烯酸树脂乳液 ADI 值　　B. 丙烯酸树脂水分散体 MNL 值

C. 丙烯酸树脂水溶液　　D. 以上都是

二、多项选择题

1. 一般乳液至少包括（　　）等组成部分。

A. 单体　　B. 乳化剂　　C. 水溶性引发剂　　D. 分散剂

2. 丙烯酸系涂料从剂型上分，主要有（　　）。

A. 溶剂型涂料　　B. 水性涂料

C. 高固体组分涂料　　D. 粉末涂料

3. 选择单体时应重点考虑（　　）。

A. 共聚活性　　B. 毒性大小　　C. 溶解性　　D. 价格

4. 水性丙烯酸树脂包括（　　）。

A. 丙烯酸树脂乳液　　B. 丙烯酸树脂水分散体

C. 丙烯酸树脂水溶液　　D. 以上都不是

5. 下列说法中正确的有（　　）。

A. 丙烯酸单体在光、热或混入水以及铁作用下，极易发生聚合反应

B. 为防止丙烯酸单体在运输和储存的过程中聚合，常加入阻聚剂

C. 阻聚剂必须于单体聚合后除去，否则将影响聚合反应的正常进行

D. 除去阻聚剂通常采用蒸馏法、碱溶法或离子交换法

三、思考题

1. 简述丙烯酸树脂合成原料有哪些。

2. 与传统的溶剂型涂料相比，水性涂料的优点有哪些?

任务四　聚氨酯涂料生产技术

学习目标

1. 了解聚氨酯涂料的定义、特点及分类。

2. 了解聚氨酯涂料的合成原料的特点。

3. 掌握丙烯酸树脂合成原理及合成工艺。

4. 掌握聚氨酯涂料配制工艺。

任务引入

聚氨酯分子中含有氨酯键，它是由羟基和异氰酸酯基反应生成的。聚氨酯分子中除了含有氨酯键，还含有许多酯键、醚键、脲基甲酸酯键等，具有强极性，分子间易形成氢键，因此聚氨酯聚合物具有高强度、耐磨、耐溶剂等特点，是制备涂料的好原料。

聚氨酯涂料固化温度范围宽，在高温下也可固化，成膜性强、耐磨耐候性好，与其他物质相容性好，可用于制备很多新涂料。

阅读上述材料，讨论下列问题，记录结果，并与同学分享：

1. 聚氨酯分子为什么具有强极性?

2. 说明聚氨酯聚合物的特点。

3. 聚氨酯涂料的优点有哪些?

相关知识

一、概述

1. 聚氨酯涂料

聚氨酯涂料是以聚氨酯树脂为主要成膜物质的涂料，其产品有单组分包装和双组分包装两种形式。按其成膜物质的化学组成及固化机理，可细分为五种类型。其中，双组分包装聚氨酯涂料有羟基固化型聚氨酯涂料和催化固化型聚氨酯涂料两种类型；单组分聚氨酯涂料主

要有聚氨酯改性油涂料、潮气固化型聚氨酯涂料、封闭型聚氨酯涂料等品种。聚氨酯涂料分类及特点见表 7–4–1。

表 7–4–1　　聚氨酯涂料分类及特点

品种	类型	特点
单组分包装	聚氨酯改性油涂料	也称氨酯油，只有一个包装。树脂分子中含有氨基甲酸酯基，不含游离的—NCO 基，在空气中通过双键氧化后干燥成膜。特点是干燥速度快，耐磨性、耐油性、耐碱性均较好，产品一般为清漆，适用于室内、木材、水泥的表面涂布；缺点是流平性差、易泛黄、色漆易粉化
	潮气固化型聚氨酯涂料	是一种重要的防腐涂料。成膜物质含游离的—NCO 基，可与水反应形成脲键，故可在温度较大的空气中固化成膜，干燥速度与温度有关，温度小干燥速度较慢，温度高干燥速度较快。二氧化碳容易使涂膜产生针孔、麻点，需要多次涂布，一般可采用喷涂
	封闭型聚氨酯涂料	用封闭剂将涂料成膜物质中的—NCO 基暂时封闭，与含有羟基的组分混合，制成单组分涂料。特点是在室温下无活性，不受潮气影响，储存期稳定。施工时要加热高温烘烤涂膜，解封封闭剂，释放出—NCO 基，与另一组分的羟基交联固化成膜
双组分包装	羟基固化型聚氨酯涂料	一个包装中含有异氰酸酯基组分，另一个包装中含有极性的羟基、聚醚、聚酯和环氧树脂等组分。使用时，将两个组分按比例混合，异氰酸基与羟基反应固化成膜。产品品种较多，性能优良，用途广泛，主要用于金属、水泥、木材、橡胶以及皮革等材料的涂布，有清漆、瓷漆和底漆等品种
	催化固化型聚氨酯涂料	一个包装含有异氰酸酯基组分，另一个为催化剂。利用催化剂使异氰酸基与空气中的水分反应成膜。常用的催化剂为二甲基乙醇胺、环烷酸钴等。此类涂料干燥快、附着力强，涂膜光泽度好、耐磨性及耐水性能良好，可用于木材、混凝土表面等，产品多为清漆

聚氨酯涂料具有良好的附着力，涂膜光亮耐磨、坚硬，具有优异的耐化学性和耐腐蚀性，耐热性能出色。同时，可根据需要调节其成分配比，从而实现从直接硬质的涂层到极柔软的弹性涂层的转变。聚氨酯涂料既能在高温下烘干固化，也能在低温下固化，即使在 0 ℃以下的环境中也能正常固化。它还具有常温固化速度快、施工适应季节长等优点。因此，在国防、机械、化工防腐、电气绝缘、木器涂层等各个领域都得到了广泛应用。

2. 聚氨酯树脂的结构及特点

高分子化合物主链上含有多个氨基甲酸酯基（$—NH—\overset{O}{\overset{\|}{C}}—O—$），并含有醚基、酯基、脲基以及酰胺基等强极性基团，这类高分子化合物被称为聚氨酯树脂。在聚氨酯树脂中，极性基团主要包括异氰酸酯基、酯基、醚基（或醚脲）、酰氨基等。分子中的羰基氧原子能够与氨基上的氢原子形成环状或非环状的氢键。这些极性基团以及分子内形成的氢键，使得聚氨酯树脂在附着力、键伸长率、耐磨性和韧性等方面均优于其他树脂，因此它是一种重要的涂料成膜物质。

二、聚氨酯涂料的生产原料

聚氨酯涂料由聚氨酯树脂溶解在一定的溶剂中形成，其生产过程分为聚氨酯树脂合成和涂料配制，所用原料包括聚氨酯单体合成原料、扩链剂，溶剂、催化剂等。

1. 聚氨酯合成单体原料

（1）多异氰酸酯

根据异氰酸酯基与碳原子连接的结构特点，多异氰酸酯分为芳香族多异氰酸酯、脂肪族多异氰酸酯和脂环族多异氰酸酯三大类。芳香族多异氰酸酯合成的聚氨酯树脂户外耐候性较差，在紫外线作用下易发生黄变、粉化和脱落，属于黄变型多异氰酸酯。但其价格低，来源方便，在我国室内涂层应用广泛。脂肪族多异氰酸酯耐候性好，不黄变，其应用不断扩大，在欧、美等发达国家已经成为主流，也属于不黄变型多异氰酸酯。在聚氨酯树脂中，90% 以上采用芳香族多异氰酸酯，如甲苯二异氰酸酯是最早开发、应用最广、产量最大的二异氰酸酯单体。

以芳香族多异氰酸酯为原料的聚氨酯涂料，综合性能好，产量大，品种多，应用广。但其有一个严重缺陷，即涂膜受太阳光照射后泛黄严重，易失光泽，耐候性差，因此常用于室内使用的深色漆。以脂肪族多异氰酸酯为原料的涂料，具有优良的耐候性，常用于户外使用的高档装饰涂料。

（2）含羟基化合物

含羟基化合物主要有聚酯多元醇、聚醚多元醇及其他低聚多元醇等。聚酯多元醇中比较常用的是聚己二酸乙二醇酯二醇、聚己二酸 - 1,4 - 丁二醇酯二醇、聚己二酸己二醇酯二醇和聚碳酸酯二醇等。聚醚多元醇以聚醚二醇为主，主要产品有聚乙二醇（PEG）、聚丙二醇（PPG）、聚四氢呋喃二醇（PTMEG）以及上述单体的均聚或共聚二醇或多元醇。其中，PPG 产量大，用途广。PTMEG 综合性能优于 PPG，其由阳离子引发剂引发四氢呋喃开环聚合生成。

2. 扩链剂

为了调节大分子链的软、硬链段比例，同时为了调节相对分子质量，在聚氨酯合成中常使用扩链剂。扩链剂主要是多官能度的醇类，如乙二醇、一缩二乙二醇、1,2 - 丙二醇、一缩二丙二醇等。加入少量的三羟甲基丙烷（TMP）或蓖麻油等三官能度以上的单体，可在大分子链上造成适量的分支，有效改善树脂的力学性能。但其用量不能太多，否则预聚阶段黏度太大，极易形成凝胶，一般加入量约为 1%（质量分数）左右。

3. 溶剂

异氰酸酯基活性大，能与水或含活性氢的化合物反应，产生大量热量和二氧化碳等气体。因此，若溶剂或其他单体含有杂质，必将严重影响树脂的合成、结构和性能，产品含有大量气泡，如果热量不及时带走，有时甚至导致事故，造成生命及财产损失。所以，缩聚用单体、溶剂的品质要求必须达到所谓的聚氨酯级。溶剂中能与异氰酸酯反应的化合物的量，常用异氰酸酯当量来衡量，即 1 mol 异氰酸酯完全反应所消耗的溶剂的克数。异氰酸酯当量越高，溶剂所含的活性氢类杂质越低；反之，异氰酸酯当量越低，溶剂所含的活性氢类杂质越高。

异氰酸酯树脂及其涂料的溶剂一般由酯类、酮类和烃类溶剂配合使用。使用前，一般要将溶剂进行精制，以去除水分等杂质，保证产品的储存稳定性和质量。涂料中常见的异氰酸酯反应主要有以下几类。

（1）异氰酸酯与醇反应，其反应式为：

$$R—N=C=O + R'—OH \longrightarrow R—NH—\overset{O}{\overset{\|}{C}}—OR'$$

$$R—NH—\overset{O}{\overset{\|}{C}}—OR' + R''—N=C=O \longrightarrow R''—NH—\overset{O}{\overset{\|}{C}}—\underset{R}{\underset{|}{N}}—\overset{O}{\overset{\|}{C}}—OR'$$

（2）异氰酸酯与水反应，其反应式为：

$$R—N=C=O + H_2O \longrightarrow R—NH_2 + CO_2$$

$$R—N=C=O + R'—NH_2 \longrightarrow R—NH—\overset{O}{\overset{\|}{C}}—NH—R'$$

（3）异氰酸酯与脲反应，其反应式为：

$$R—NH—\overset{O}{\overset{\|}{C}}—NH—R' + R''—N=C=O \longrightarrow R—NH—\overset{O}{\overset{\|}{C}}—\underset{R'}{\underset{|}{N}}—\overset{O}{\overset{\|}{C}}—NH—R''$$

4. 催化剂

酯化反应过程中，加入微量的催化剂可以降低活化能，加快酯化反应速度。聚氨酯化反应通常使用的催化剂包括有机锡化合物、一些叔胺类化合物以及有机磷化合物。例如，二丁基锡二月桂酸酯和辛酸亚锡就是常用的有机锡催化剂，它们均为黄色液体，其中前者毒性较大，而后者无毒。有机锡催化剂对—NCO（异氰酸酯基）与—OH（羟基）的催化效果较好。叔胺类催化剂有甲基二乙醇胺、二甲基乙醇胺、三乙胺、N,N－二甲基环己胺、三乙醇胺、三乙基二胺等，其中三乙基二胺最为常用，其用量一般为固体分的0.01%～0.1%（质量分数）。有机磷催化剂（如三丁基膦、三乙基膦等）也常被使用。

三、聚氨酯涂料合成工艺

1. 单组分聚氨酯涂料合成工艺

单组分聚氨酯涂料产品主要包括聚氨酯改性油、潮气固化聚氨酯和封闭型异氰酸酯等。

（1）聚氨酯改性油也称为氨酯油，其由多元醇和干性或半干性油先通过酯交换反应得到单脂肪酸多元醇酯，然后与二异氰酸酯进行聚氨酯化反应来合成。其聚合反应式为：

$$\begin{array}{l} CH_2—O—\overset{O}{\overset{\|}{C}}—R_1 \\ | \\ CH—O—\overset{O}{\overset{\|}{C}}—R_2 \\ | \\ CH_2—O—\overset{O}{\overset{\|}{C}}—R_3 \end{array} + 2CH_3CH_2—\underset{CH_2OH}{\underset{|}{\overset{CH_2OH}{\overset{|}{C}}}}—CH_2OH \longrightarrow \begin{array}{l} CH_2—OH \\ | \\ CH—O—\overset{O}{\overset{\|}{C}}—R_2 \\ | \\ CH_2—OH \end{array} + CH_3CH_2—\underset{CH_2O\underset{\|}{\underset{O}{C}}R_3}{\underset{|}{\overset{CH_2OH}{\overset{|}{C}}}}—CH_2OH + CH_3CH_2—\underset{CH_2OH}{\underset{|}{\overset{CH_2O\overset{O}{\overset{\|}{C}}R_1}{\overset{|}{C}}}}—CH_2OH$$

$$n\,HO\diagup^{R}\diagdown R'—OH + n\,ONC—R''—CNO \longrightarrow \left[O—R—R'—O—\overset{O}{\overset{\|}{C}}—\overset{H}{N}—R''—\overset{H}{N}—\overset{O}{\overset{\|}{C}} \right]_n$$

聚氨酯改性油可以视为醇酸树脂的升级产品，它兼具醇酸树脂和聚氨酯树脂的优点，涂膜硬度高，耐磨性、耐水性、耐碱性均较好，且干燥速度比醇酸树脂更快。表 7–4–2 为聚氨酯涂料的配方。

表 7–4–2　聚氨酯涂料的配方（按用量计 /kg）

组分	配方	组分	配方
豆油	893	异佛尔酮二异氰酸酯	559.4
三羟甲基丙烷	268	二月桂酸二丁基锡	1.2%
环烷酸钙	0.2%	丁醇	5%
二甲苯	100	—	—

反应操作步骤顺序按图 7–4–1 的 1～9 进行操作。首先，依据配方将豆油、三羟甲基丙烷、环烷酸钙加入醇解釜中，通入氮气进行保护。加热体系分散均匀后，开启搅拌，升温进行醇解反应。反应结束后，降温并加入配方量 5%（质量分数）的二甲苯，将水带出。待无水带出时，再次降温，然后继续加入配方量 50%（质量分数）的二甲苯。接下来，将异佛尔酮二异氰酸酯缓慢滴入反应体系中，控制好滴加速度。滴加完毕后，用剩余的二甲苯洗涤滴加罐，并将洗涤的二甲苯全部加入反应釜中。保温一段时间后，加入催化剂，升温反应一段时间，取样进行分析。达到要求后，加入正丁醇进行封闭，降温并调整固体含量，进行过滤、包装，即可得到涂料产品。

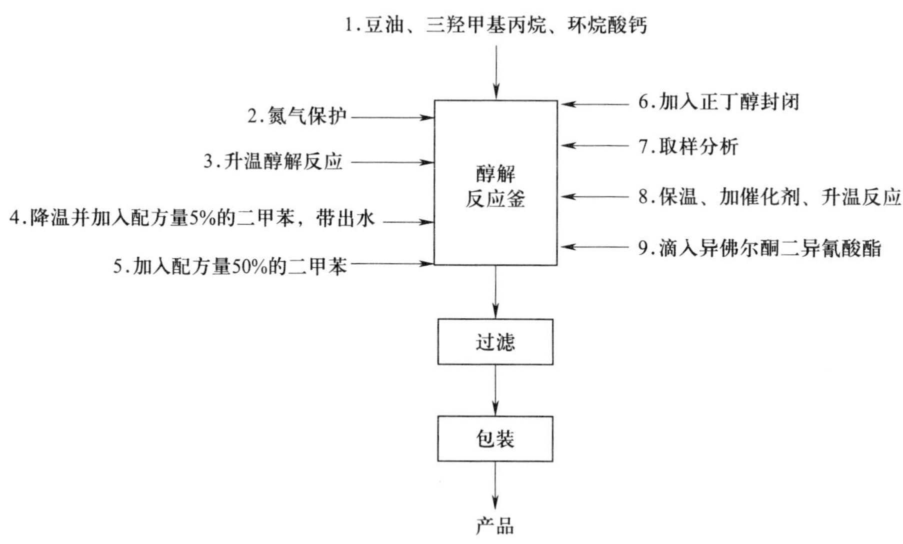

图 7–4–1　聚氨酯改性油合成工艺流程

（2）潮气固化聚氨酯是一种端异氰酸酯预聚体，它由聚合物的多元醇与过量的二异氰酸酯聚合而成，其中聚合物通常为聚酯类、聚醚类、醇酸树脂类、环氧树脂等。为了调节硬度及柔韧性，也可以引入一些小分子二元醇，如丁二醇等。该类树脂配制的涂料在施工后，由大气中的水分起到扩链剂的作用，使预聚体中的脲键固化成膜。

潮气固化聚氨酯涂料在高湿环境下使用，具有涂层耐磨、耐腐蚀性、耐水性、耐油性均较好的特点，同时附着力强，柔韧性好。但其缺点是不能进行厚涂，否则容易形成气泡。另外，色漆的配制工艺相对复杂，因此产品一般以清漆为主。其配方见表 7–4–3。

表 7–4–3　　潮气固化聚氨酯涂料配方（按用量计 /kg）

组分	配方	组分	配方
精炼蓖麻油	932.0	二甲苯	1321
三羟甲基丙烷	134.0	甲苯二异氰酸酯	1388
环烷酸钙	0.2%	二月桂酸二丁基锡	1.225

潮气固化聚氨酯可以采用精炼蓖麻油代替豆油，以甲苯二异氰酸酯代替异佛尔酮二异氰酸酯进行制备，其工艺过程与聚氨酯改性油的生产工艺相同。

（3）封闭型异氰酸酯是多异氰酸酯、端异氰酸酯或异氰酸酯预聚物通过封闭剂进行暂时封闭，使得异氰酸酯暂时失去活性。此时，它与聚酯、丙烯酸树脂等羟基组分在室温或高温下均不会发生反应，可以共存，并可以包装于同一容器中形成单包装产品。使用时，将其涂布后形成的涂膜进行高温烘烤，封闭剂挥发，分子间发生交联反应，从而固化成膜。

2. 溶剂型双组分聚氨酯涂料合成工艺

溶剂型双组分聚氨酯涂料是重要的涂料品种，产量大、用途广、性能优良。它可以配制清漆、色漆、底漆，适用于金属、木材、塑料、玻璃、水泥等多种基材。施工方便，可采用刷涂、喷涂、滚涂等多种方式，既可在室温下固化，也可通过烘烤成膜。

溶剂型双组分聚氨酯涂料产品采用双包装形式，一个包装为羟基组分，另一个包装为固化剂，即多异氰酸酯溶液。使用时，将两个组分按一定比例混合后施工涂布，两组分之间发生交联反应，从而固化成膜。其生产过程主要包括羟基树脂合成和多异氰酸酯合成。

（1）羟基树脂合成

羟基树脂一般采用短油度树脂，主要有醇酸型、聚酯型、聚醚型和丙烯酸树脂型四种。其中，醇酸型和聚醚型的耐候性相对较差，适用于室内物品的涂装；而聚酯型和丙烯酸树脂型则具有良好的耐候性，既可用于室内，也可用于室外。表 7–4–4 是羟基树脂涂料配方。

表 7–4–4　　羟基树脂涂料配方（按用量计 / kg）

组分	配方	组分	配方
丙二酸甲醚醋酸酯	111.0	丙烯酸正丁酯	72.0
二甲苯（1）	140.0	丙烯酸	8.0
丙烯酸 – β – 羟丙酯	150.0	叔丁基过氧化苯甲酰（1）	18.0
苯乙烯	300.0	叔丁基过氧化苯甲酰（2）	2.0
甲基丙烯酸甲酯	100.0	二甲苯（2）	100.0

先将配方量的丙二醇甲醚醋酸酯、二甲苯（1）加入聚合釜中，通氮气进行置换保护，然后升温；同时，将配方量的丙烯酸-β-羟丙酯、苯乙烯、甲基丙烯酸甲酯、丙烯酸正丁酯、丙烯酸以及叔丁基过氧化苯甲酰（1）混合均匀，滴加到反应釜中，保温一段时间；之后用50%（质量分数）的二甲苯（2）溶解叔丁基过氧化苯甲酰（2），并将其加入反应釜中，继续保温；最后加入剩余的二甲苯调整固体含量，降温后进行过滤、包装，即得甲组分产品。其工艺流程如图 7-4-2 所示。

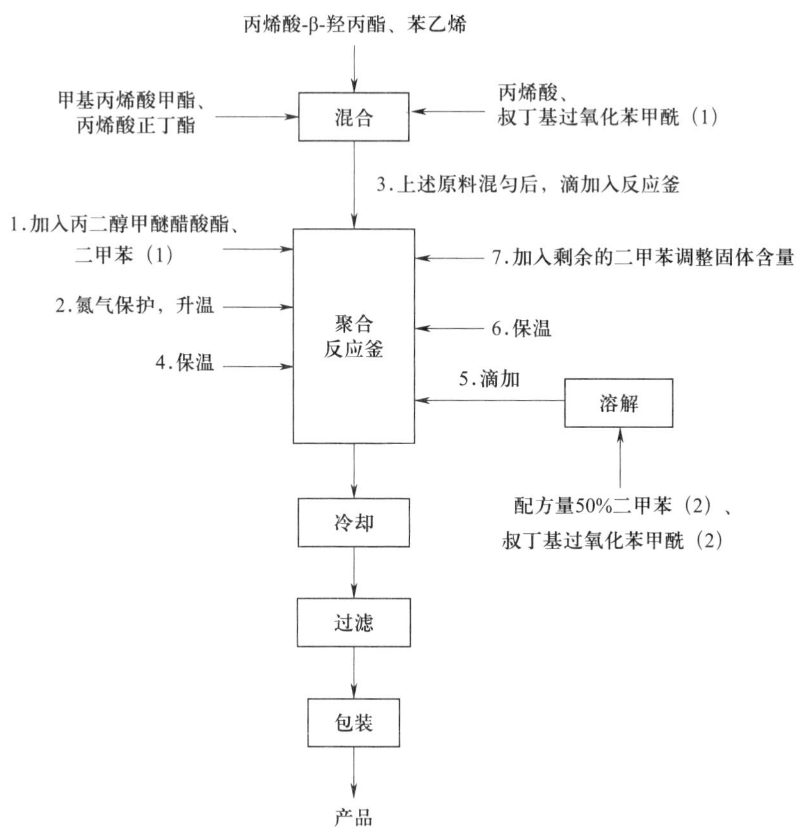

图 7-4-2　羟基树脂合成工艺流程

（2）多异氰酸酯合成

多异氰酸酯组分也称固化剂或乙组分。它是通过将二异氰酸酯单体与羟基化合物反应，制成端异氰酸酯基的加成物或预聚物。此外，二异氰酸酯单体还可以通过缩合反应合成缩二脲，或通过三聚化反应生成三聚体，从而提高其相对分子质量，降低挥发性，使其更便于应用。

国内产量最大的多异氰酸酯加成物固化剂产品主要有 TDI-TMP 和 HDI-TMP 两种。其合成反应为：

$$CH_3CH_2-\underset{CH_2OH}{\overset{CH_2OH}{C}}-CH_2OH + 3\ CH_3C_6H_3(NCO)_2 \longrightarrow CH_3CH_2-C\left[CH_2-O-\overset{O}{\overset{\|}{C}}-NH-C_6H_3(NCO)-CH_3\right]_3$$

根据表 7-4-5 多异氰酸酯涂料配方，先将配方量的三羟甲基丙烷、环已酮、苯加入反应釜中，搅拌并升温，用苯将水全部带出；降温后制得三羟甲基丙烷的环已酮溶液。接着，将配方量的甲苯二异氰酸酯、80%（质量分数）的醋酸丁酯加入反应釜中，搅拌并升温，然后滴加之前制得的三羟甲基丙烷的环已酮溶液。滴加完毕后，用剩余的醋酸丁酯洗涤滴加器和配料釜，将洗涤液加入反应釜中，继续升温反应 2 h。取样检测，合格后过滤、包装，即得乙组分产品（固化剂）。其工艺流程如图 7-4-3 所示。

表 7-4-5　多异氰酸酯涂料配方（按用量计 / kg）

组分	配方	组分	配方
三羟甲基丙烷	13.40	苯	4.50
环已酮	7.62	甲苯二异氰酸酯	55.68
醋酸丁酯	61.45	—	—

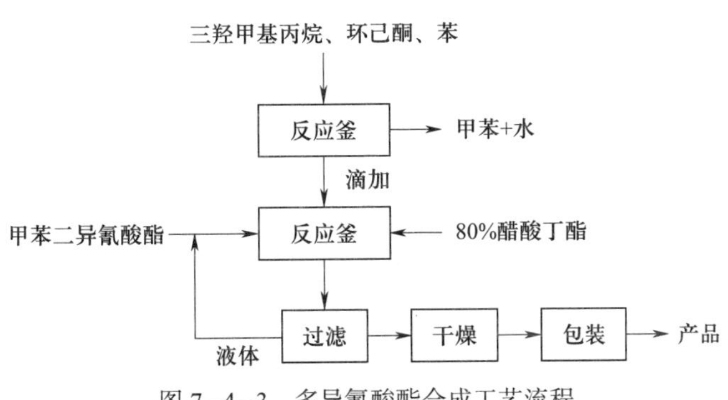

图 7-4-3　多异氰酸酯合成工艺流程

目标检测

一、单项选择题

1. 配制聚氨酯涂料时宜选择（　　）溶剂。

A. 普通　　B. 含水

C. 氨酯级　　D. 极性大

2. 扩链剂的作用是（　　）。

A. 有效地改善力学性能　　B. 提高产品收率

C. 改善用途　　D. 提高光亮度

3. 下列能作为聚氨酯化反应溶剂的是（　　）。

A. 醇　　B. 胺

C. 烃　　D. 醚

二、多项选择题

1. 聚氨酯涂料能在（　　）下固化。

A. 高温　　B. 低温

C. 0 ℃　　D. 常温

2. 聚氨酯化反应通常使用的催化剂为（　　）。

A. 有机磷化合物　　B. 有机酸化合物

C. 有机胺化合物　　D. 有机金属化合物

3. 含羟基化合物单体主要有（　　）。

A. 聚酯多元醇　　B. 聚醚多元醇

C. 低聚多元醇　　D. 以上都不是

三、思考题

1. 如何改变聚氨酯的性能？

2. 简述单组分聚氨酯树脂合成工艺流程。

项目总体评价

一、复习项目内容，补充完成思维导图。

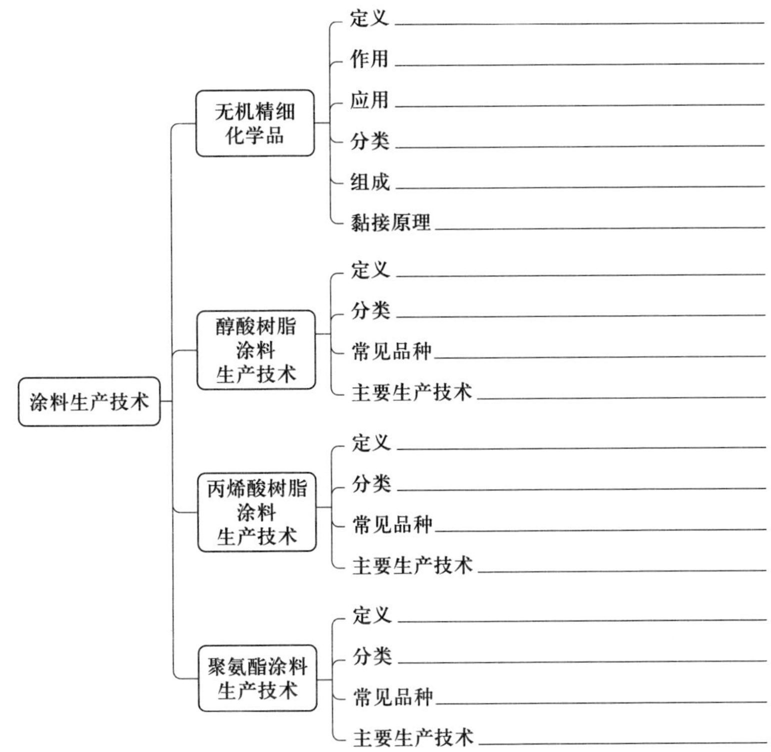

二、项目成果制作。

小组合作完成实训任务，并完成实训工单的内容。

实训工单

小组成员		实训地点	
产品名称	聚氨酯合成	日期	
原料准备			

续表

仪器准备				
方框流程图				
操作步骤				
工艺参数控制				
数据记录	实际产量		收率	
	产品外观		颜色	

项目八

香精香料生产技术

项目导学

香料是在常温下能发出芳香的有机物质，分为天然香料和人造香料两大类。香精是由多种香料精心调配而成的混合物，具有特定的香型，可直接用于为产品增香。

香精香料因具备良好的防腐、杀菌以及改善不良气味的效果，其应用范围极为广泛，与人民的日常生活紧密相连。在食品、饮料、烟酒、医药、化妆品、洗涤剂、香皂、香水、牙膏等众多行业中，都有着广泛的应用。部分香精香料还被广泛应用于大健康领域，特别是近年来，人们还发现香料（如各种香疗保健用品）对人的健康具有一定的保健和治疗作用，例如香疗袋，具有安神、兴奋神经、催眠、调节食欲、调节嗅觉等功效，可用于提神醒脑、辅助睡眠、减肥、戒烟等。因此，香精香料也是一类至关重要的精细化学品。

课程思政

中国香料之父——孙宝国

20 世纪中后期，世界香料生产巨头美国国际香料公司掌握着全球重要含硫香料的生产、销售命脉，尤其是以 1–甲基–3–呋喃硫醇（代号 030）和甲基（2–甲基–3 呋喃基）二硫醚（代号 719）为代表的关键肉味香料，不仅价格比黄金还贵，而且还限制向中国出口，其中的原因之一，就是香料的附加值更高且保密性强。在这样的艰难时期里，孙国宝院士临危受命，成功研制出了中国自己的“030”和“719”，彻底打破了美国对这种香料的垄断，并将“030”价格从 9 万元 / 公斤降低至 4.2 万元 / 公斤，将“719”的价格从 14 万元 / 公斤降低至 6 万元 / 公斤，彻底让世界含硫香料市场重新洗牌。此后，他不断深入研究香精香料，并不断创新，成功实现了用现代科技创造出中国传统美食的味道，从而让我国的含硫香料在国际上的竞争优势保持了二十多年。

除了研究香精香料，孙宝国院士还参加了中国航天食品的研究工作。在“神舟九号”载人飞船成功发射并顺利返航后，孙院士担任了航天食品复核专家组的组长，对航天员的食谱进行了个性化的设计和配备，并把部分具有地域特色的食品纳入了航天员食谱，使“神舟十号”飞船航天员的食品问题得到了很好的解决，为后续我国空间站投入运行提供了重要的饮食保障。

阅读上述材料，讨论下列问题，记录结果，并与同学分享：

1. 通过这个案例，请分析香精香料的前景。
2. 孙宝国院士的故事对你有什么启示？

任务一　认识香精香料

学习目标

1. 了解香精香料的概念、分类。
2. 掌握香与分子结构的关系及香的来源。
3. 掌握香气强度的定性和定量评价方法。

任务引入

香精香料在我们日常生活中使用很广，可用于日用品如香皂、洗衣粉、牙膏、香水、化妆品等，也可用于食品如糖果、饼干、口香糖、饮料、烟酒、药品及保健品等，其他还可用于皮革、造纸、农药、文具等。

阅读上述材料，讨论下列问题，记录结果，并与同学分享：

1. 你最喜欢的有香食品是什么？
2. 观察一下它的配料表，都由哪些组成？

相关知识

在我国，香精香料是新兴工业之一，它同医药、染料等工业均属于精细化学品范畴，是投资少、收效快的行业。

香料包括天然和合成两种，天然香料主要来源于植物、动物和微生物等。我国有着丰富的天然香料，主要分布于广东、广西、云南、福建、四川、浙江等南方各省（区）。新中国成立以前，我国的香精香料品种很少，其中能出口的就只有麝香、大茴香、肉桂和薄荷脑四种，大量香精香料依靠进口。新中国成立后，我国的香精香料工业逐步发展起来，研究开发了很多天然香料和合成香料，产能不断扩大，质量不断提升，实现了以国产香料为主并配以少量进口香料，出口品种和数量不断增加。目前，国内能生产 1 000 多种香精，合成香料已达 600

余种，出口香料品种达50余种。

一、香精香料基本概念

1. 定义

从严格意义上讲，香、香味、香料、香精、调香等概念存在本质区别，且容易混淆。其各自定义具体如下。

（1）香和香味

广义上，香味是指能刺激嗅觉和味觉神经产生感觉的物质，简称香。香味包含香气和香味，香气由嗅觉产生，香味由味觉和嗅觉共同产生，是具有愉悦或舒适感的气味。对于调和香料而言，其香气和香味至关重要，是香料的灵魂。因为即便一种香料纯度很高，若香气不佳，也不会受欢迎，其应用也会受限。

（2）香料和香精

香料是指气味有益的香物质。有时为调香需要，会添加一些特殊臭味物质，因此香料不仅包括香味物质，还包括某些臭味物质。香料按来源可分为天然香料、单离香料及合成香料等。香料大多为单体，但很少单独使用，大多是将多种香料调和成香精。

香精是由各种香料混合调配而成的有香混合物，也称为调和香料，但习惯上称香精。

香精由各种香料混合调配而成，香料则是单独的。所以香料大多为单体，而香精是多种香料的调和产物，一般为混合物。

调香是调配香料过程的简称，是指将几种乃至数十种香料（天然香料和合成香料），通过一定配方和调配技艺，配制出具有特定香型、香韵的有香混合物的过程。调香并非简单混合不同香气的香料，而是要达到各组分互相调和，具有特定香型和风格以及令人愉快的气味。

2. 发展

香料历史悠久，早在5000年前，人们就已将草根、树皮等用于医药驱疫避秽或宗教仪式，以增加祭祀的庄严气氛。中国是最早使用香料的国家之一，最早使用的是天然香料。殷商时代，人们已用天然芳香动（植）物原料制作香料。中国很早就发现了麝香、猫灵香、白檀香、广藿香以及各种香树脂等香料。唐代以前，就有了龙脑和郁金香等配方。

早期香料以天然香料为主，以固体形态（熏香树脂）存在，多用于熏香。16～17世纪，精油成为重要商品，品种多达170多种。闻名至今的古龙香水也是在这个时期诞生。至此，香料从固态发展为液态，这是香料史上的划时代转变，其应用也日益广泛。18世纪后，随着有机化学的发展，合成香料大量问世。

20世纪初是香料工业史上的重要转折时期。在此期间，萜类化学和香料制造迅速发展。随着香料品种的日益增加及调香技术的提高，香精也得到了快速发展。时至今日，现代香料工业越来越繁荣，主要以有机合成技术和石油化工产品为原料合成香料化合物。多种现代分离技术和测试技术应用于香料制造过程。以单离香料、煤化工原料、石油化工原料为基础的有机香料合成是现代乃至未来香料工业繁荣的标志。目前，合成香料因香气纯正、价格低廉、可大量生产等优点而逐渐取代了天然香料的主导地位。

3. 应用

香料一般不单独使用，通常经调配成香精后再使用。香精香料的应用范围很广，在食品工业中的糖果、糕点、饮料、烟酒以及日用化学品等行业都有应用。香水行业更是直接依赖于香精香料工业，与人们生活息息相关。

二、香与分子结构的关系

1. 有香物质具备的条件

1959 年，日本学者小幡弥太郎提出有香物质必须具备的条件是：①具有挥发性；②在脂类、水等物质中具有一定的溶解性；③相对分子质量在 26～300 之间的有机化合物；④分子中具有某些发香的原子或基团；⑤折射率大多数在 1.5 左右；⑥通过拉曼光谱测定，其吸收波长大多数在 1 400～3 500 cm^{-1} 范围内。

2. 香味与化学结构

物质的香味与其分子的化学结构有关。一些经典理论认为，有香物质的分子中必须含有发香基或发香团。常见的发香基或发香团有羟基（—OH）、酮基（—CO—）、亚氨基（—NH—）、酯基（—COO—）、巯基（—SH）、氰基（—CN—）、氨基（$—NH_2$）等，这些基团对嗅觉产生不同的刺激，从而赋予人们不同的感觉。另外，碳原子个数也会影响香料的香气强度，碳原子个数太少或太多均不宜作为香料。因为碳原子个数太少，沸点太低，挥发过快；反之，碳原子个数太多，沸点太高，挥发困难。

具有不同发香基团和分子结构的香料，会有不同的香味。如大环酮的碳原子个数不但影响香气强度，也影响香味。烃类化合物中，脂肪烃一般具有石油气息，其中 C_8～C_9 的香气强度最大。随着相对分子质量的增加，香气逐渐变弱。醇类化合物中，羟基属于强发香基团，但当形成氢键时，香气减弱。C_4～C_5 醇具有杂醇香气，C_8 醇香气强度最强，碳数再增加时，出现花香香气。醛类化合物中，脂肪族低级醛具有强烈的刺鼻气味，C_4～C_5 醛具有黄油香气，C_{10} 醛香气最强，C_{16} 醛无臭味。在芳香醛及萜烯醛类化合物中，大多数具有香草、花香等香气。酮类化合物中，C_{11} 脂肪族酮香气最强，有甜菜的香气，C_{16} 酮是无臭味的。含有 C_9～C_{12} 的大环酮具有樟脑气味，C_{13}～C_{14} 的大环酮具有柏木香气，C_{14} 以上的大环酮则具有细腻而温和的天然麝香香气。脂肪族羧酸化合物中，C_4～C_5 酸具有酸败的黄油香气，C_8 和 C_{10} 酸具有令人不快的汗臭气息，C_{14} 酸无臭味。酯类化合物的香气介于醇和酸之间，但比醇、酸的香气要好。由脂肪酸和脂族醇所生成的酯，一般具有花、果、草香。C_8 的羧酸乙酯香气最强，内酯化合物的香气接近于化学结构类似的酯类化合物，但由于取代基的位置不同，其香气有显著的变化。随着内酯环的增大，香气随之增强，而刺鼻气味相应减弱。链状烃的香气比环状的强。另外，香气也与不饱和程度有关，随着不饱和性增加，香气也相应变强。

三、香料分类

香料按来源和加工方法可分为天然香料和合成香料。天然香料又可分为植物香料和动物香料。广义的合成香料称为单体香料，包括半合成香料和全合成香料，单体香料的工业使用价值较高，大量应用于调配香精。狭义的合成香料是指以石油化工产品、煤焦油、萜类等廉价原料，通过各种化学反应合成的香料。合成香料按结构可分为天然结构和人造结构。

1. 天然结构

通过分析天然香料成分，确定香料成分的化学结构，利用化学原料合成与之化学结构完全一致的香料化合物。

2. 人造结构

这类香料在天然香料中尚未被发现，主要是人工合成，其香气与某些天然香料相似，主要用于调香，使香品具有新颖的风格和较强的个性。

另外，香料工业可分为精油工业、合成香料工业、香精工业和食用香料工业等。

四、香精分类

天然香料和合成香料都属于香原料，一般情况下不单独使用，而是经调配成香精后才被广泛应用。

按用途分为日用香精、食用香精和工业香精三大类。其中，食用香精与日用香精有所不同，其在味道和食用安全方面要求具有食品的可食属性。

按形态可分为水溶性香精、油溶性香精、乳化香精、固体香精等。

按香型可分为花香型香精、非花香型香精、果香型香精、肉味香精、烟熏香精、酒用香型香精、食用香型香精、幻想型香精等。

五、香气强度

不同的香精香料具有不同的香气，在香气的强弱上也存在差异。香气强度在有香产品中通常指香味的浓淡程度和挥发扩散能力。香气强弱与香精香料能挥发出的气相中有香物质的蒸气压有关，也与有香物质分子的固有结构性质有关。香气强度可以从定性和定量两个方面进行分析。

1. 定性分析

为了便于调香、评香、闻香时对香气进行一定的区分，可以把香气强度分为特强、强、中（或平）、弱、微等五个级别。要把香气全部区分开，一般需要依靠丰富的经验，因为香气是香料成分在物理化学的质与量，在空间与时间上的综合表现，所以在某一固定的质与量、固定的空间与时间所观察到的香气现象，并不是香气的全部。

2. 定量分析

用阈值和嗅阈值两个物理量可以对香气强度进行定量分析。阈值是指能辨别出香气种类的最低浓度。它与有香物质的浓度、有香物质对嗅觉的刺激能力以及嗅觉的灵敏度有关。嗅阈值是指通过嗅觉能感觉到的有香物质的最低浓度。由于嗅辨者的主观差异，对同一种香料可能出现多个嗅阈值。阈值越小，香气越强；阈值越大，香气则越弱。

阈值的测定方法有空气稀释法和水稀释法两种。空气稀释法是用空气中有香物质的浓度表示，单位为 g/m^3（质量浓度的单位）或 mol/m^3（浓度的单位）；水稀释法是用水中含有香物质的质量表示，单位为 mg/kg 或 μg/kg。

目标检测

一、单项选择题

1. 广义的合成香料称为（　　），其又可分为单离香料和合成香料。

A. 合成香料　　B. 合成香精

C. 单体香料　　D. 单体香精

2. 发香基团中，香气最强的是（　　）。

A. 羟基　　B. 氨基　　C. 酮基　　D. 酯基

3. 将几种乃至数十种香料（天香料和合成香料），通过一定的调配技艺，配制出酷似天然鲜花、鲜果香或幻想出具有一定香型、香韵的有香混合物的过程称为（　　）。

A. 配香　　B. 调香　　C. 制香　　D. 合成

4. 羟基属于强发香基团，但当形成氢键时，香气（　　）。

A. 不变　　B. 增强

C. 有时增强有时减弱　　D. 减弱

二、多项选择题

1. 使香料具有不同香味的主要因素是（　　）。

A. 不同的发香基团　　B. 不同的分子结构

C. 不同的溶解性能　　D. 不同的挥发性能

2. 香和香味说法中正确的是（　　）。

A. 刺激嗅觉神经和味觉神经产生的感觉，广义上称为气味，简称香

B. 香包括香气和香味

C. 香气是由嗅觉产生的，香味则由味觉和嗅觉共同产生的

D. 就调和的香料来说，其香气和香味是非常重要的

3. 下列醛类化合物香气特点说法中正确的有（　　）。

A. 脂肪族低级醛具有强烈的刺鼻气味

B. 醛具有黄油香气

C. 醛类都有花香香气和油脂气味

D. 芳香醛及萜烯醛类化合物中，大多数具有香草、花香等香气

4. 香料与香精的区别是（　　）。

A. 香精是由各种香料混合调配而成的　　B. 香料则是一个一个分开的

C. 香料大多为单体　　D. 香精则是多种香料的调和产物

三、思考题

1. 有香物质具备的条件有哪些?
2. 简述香气强度的评价过程。
3. 简述香精和香料的应用范围。

任务二　香料生产技术

学习目标

1. 了解天然香料的种类及特点。
2. 掌握天然香料的生产原理及工艺。
3. 了解合成香料的种类及特点。
4. 掌握合成香料的生产原理及工艺。

任务引入

玫瑰精油是一种珍贵的天然香料，被称为“液体黄金”。它除了含有精油成分外，还含有天然维生素 C、γ－亚麻酸（GLA）、蛋白质、矿物质等多种对人体有益的成分，具有丰富的功效，可以作为香料使用，具有很好的应用前景。

玫瑰精油的生产方法主要是水蒸气蒸馏法和有机溶剂萃取法等。其中水蒸气蒸馏法制得的产品安全可靠，新鲜的玫瑰花经水蒸气蒸馏得油率一般为 0.02%～0.04%。玫瑰的品种非常多，但能用于生产符合香料要求的主要有皱叶玫瑰、大马士革玫瑰、百叶玫瑰和墨红月季等。鲜花采摘后应在 1 h 内加工处理。玫瑰精油为浅黄色至黄色液体。

阅读上述材料，讨论下列问题，记录结果，并与同学分享：

1. 玫瑰精油的主要成分有哪些?
2. 提取玫瑰精油的方法有哪些?

相关知识

一、天然香料的种类及特点

天然香料通常是含有多种有香成分的混合物，合成香料一般只含有某种确定结构的有香成分，多数情况下合成香料为单体香料。

1. 动物性天然香料

动物性天然香料品种较少，但在香料中占有重要地位，是天然香料中优良的定香剂。动物性天然香料一直被世界各国所珍视，但由于价格昂贵，在使用上受到很大限制。名贵的香精配方中几乎都含有动物性香料。我国是使用动物性天然香料最早的国家之一，其主要品种有麝香、灵猫香、海狸香、龙涎香。麝香、灵猫香是最常用的动物香料，其主要成分为麝香酮和灵猫酮，有饱和和不饱和两种结构，它们的结构式为：

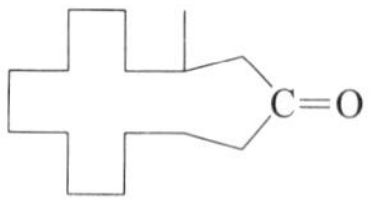

C=O 饱和麝香酮　C=O 不饱和麝香酮

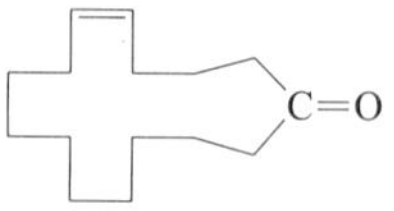

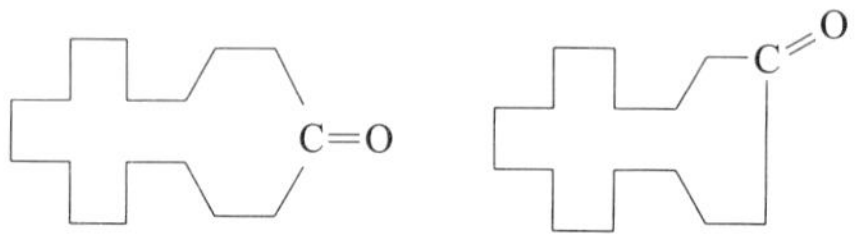

C=O　C=O 饱和灵猫酮

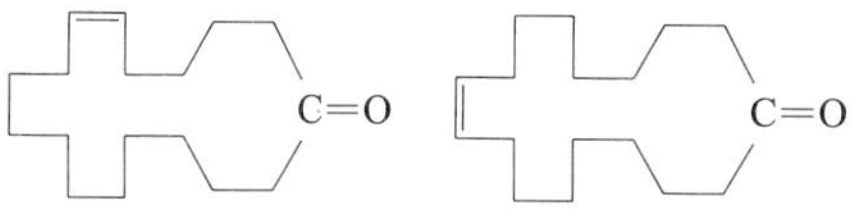

C=O　C=O 不饱和灵猫酮

（1）麝香

麝香主要来源于雄性麝鹿香囊中的分泌物。此外，林麝、马麝、原麝等多种麝类动物中也含有麝香成分。干燥后呈颗粒状或块状，有特殊的香气，味苦，可以制成香料，也可入药。麝香十分珍贵，不允许出境。一般商业上常见的麝香有麝香、麝鼠香等。麝香的主要成分为麝香酮（3-甲基环十五烷酮），结构式为：

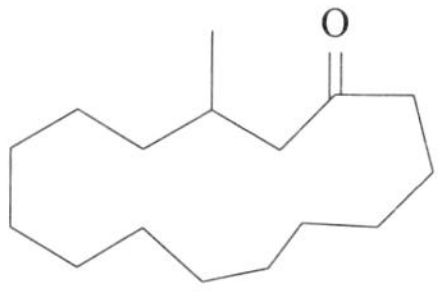

O　$C_{16}H_{30}O$

3-甲基环十五烷酮

（2）灵猫香

灵猫香是灵猫香囊分泌的黏稠状物质。新鲜的灵猫香为淡黄色流动液体，长期与空气接触后，颜色逐渐氧化变深，黏度增高。浓度高时具有恶臭味，但稀释后香气优雅，常被用作高级香水、香精的定香剂，具有醒脑的功能。灵猫香的主要香成分为灵猫酮（9-环十七烯酮），结构式为：

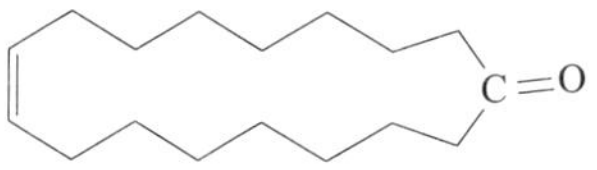

C=O　$C_{17}H_{30}O$

9-环十七烯酮

（3）海狸香

海狸香产于海狸雌雄个体生殖器附近的 2 个梨状腺囊内，新鲜海狸香为白色黏稠液体，干

燥后变为褐色树脂状固体。经稀释后使用，具有独特的动物香韵，主要用于东方型香精的定香。海狸香的主要香成分包括海狸胺、喹啉类化合物和吡嗪类化合物等，其对应的结构式为：

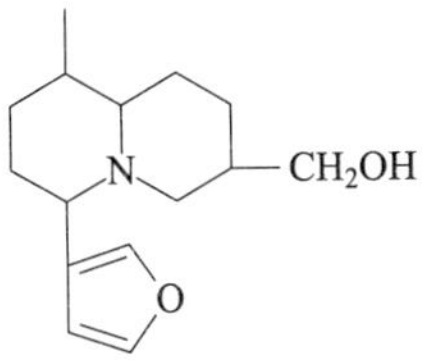

海狸胺 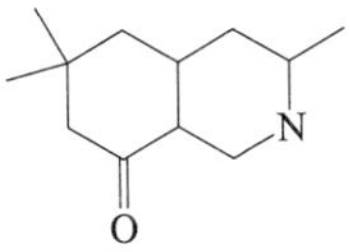　　喹啉类化合物 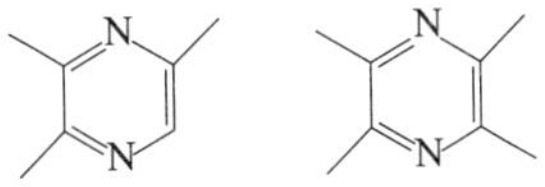　　吡嗪类化合物

（4）龙涎香

龙涎香是抹香鲸胃和肠道等内脏器官中的一种病态分泌物结石，颜色以灰白色者为最佳，青色或黄色者次之，黑色者质量最差。新鲜龙涎香香气较弱，经过自然熟化及长期储存后，香气逐渐增强。在现代，龙涎香通常被制成酊剂，并需经过1～3年的熟化过程后方可使用。高档香精中常含有龙涎香，龙涎香的主要成分包括龙涎醇和胆甾醇类化合物，其对应的结构式为：

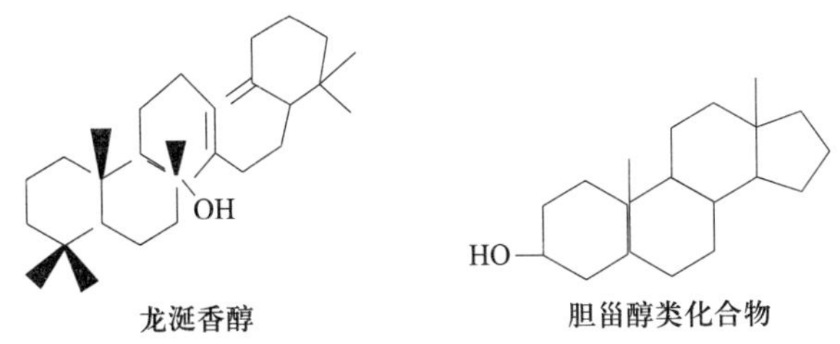

龙涎香醇　　胆甾醇类化合物

2. 植物性天然香料

植物性天然香料是从芳香植物的叶、茎、干、树皮、花、果、籽、根等部位提取的具有一定挥发性的、成分复杂的芳香物质，多数呈油状或膏状，少数呈树脂状或半固态。根据形态和制法不同，常被称为精油、浸膏、香脂和酊剂。植物性天然香料主要成分包括萜类化合物、芳香族化合物、脂肪族化合物以及含氮、含硫化合物四类，其分类及结构见表8-2-1。

表8-2-1　植物性天然香料主要成分类别及结构

类别	结构	代表
萜类化合物	萜烃	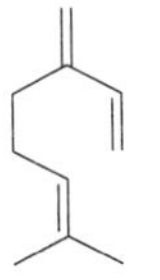 月桂烯 　柠檬烯
	萜醇	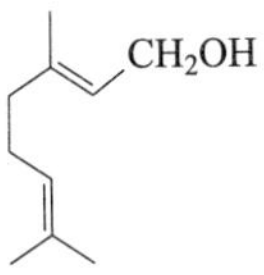 香叶醇 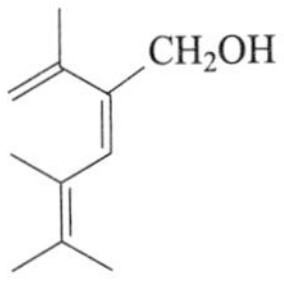　薰衣草醇

续表

类别	结构	代表
萜类化合物	萜醛	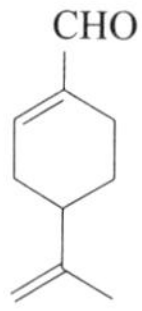 紫苏醛 　水芹醛
	萜酮	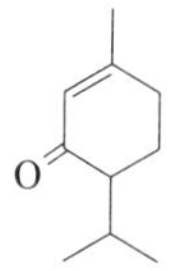 胡椒酮 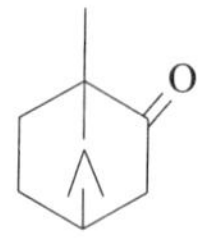　樟脑
	其他	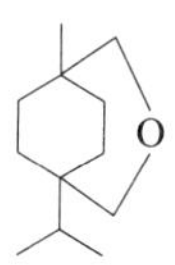 桉叶油素 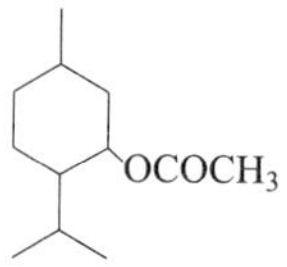　乙酸薄荷酯（$OCOCH_3$）　乙酸香茅酯（CH_2OCOCH_3）　乙酸香叶酯（CH_2OCOCH_3） 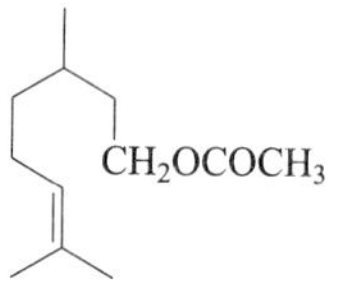 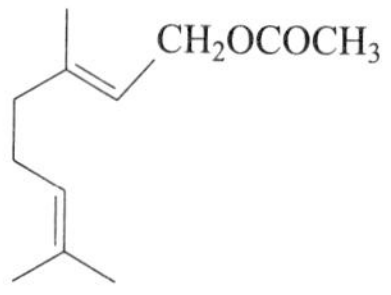
芳香族化合物	—	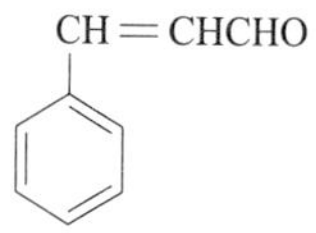 桂醛（$CH=CHCHO$）　香兰素（CHO, OCH_3, OH）　大茴香脑（OCH_3, $CH=CHCH_3$）　黄樟脑（$O—CH_2$, O, $CH_2CH=CH_2$） 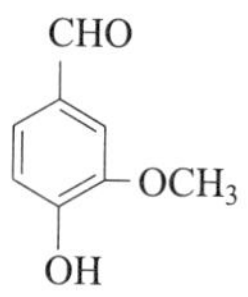 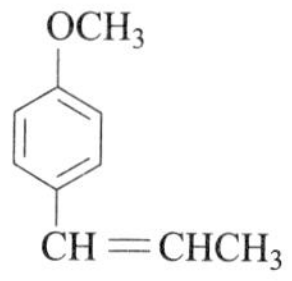 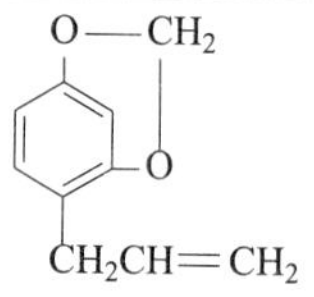
脂肪族化合物	—	$CH_3CH_2CH=CHCH_2CH_2OH$ 叶醇　$CH_3(CH_2)_{12}COOH$ 肉豆蔻酸　$CH_3\overset{O}{\overset{\|}{C}}(CH_2)_8CH_3$ 芸香酮
含氮、含硫化合物	—	CH_3SCH_3 二甲基硫醚　CH_3SSCH_3 二甲基二硫 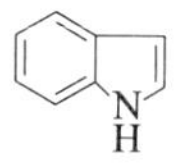　吲哚 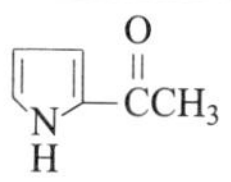　2-乙酰基吡咯 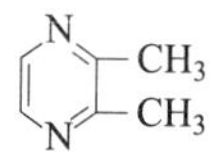　2,3-二甲基吡嗪

二、合成香料的种类及特点

合成香料可根据结构、合成方式、香气特征、原料来源等进行分类，其中最常用的是根据化学结构不同来分类，合成香料主要包括烃类、醇类、酚类、醚类、醛类、酮类、缩醛类、酯类、内酯类等。

1. 烃类

脂肪烃一般没有香味，仅有少数烃在香料工业中可作为辅料使用。芳香烃中也只有极少数种类可用于香料工业，应用最多的是萜烯类化合物，它们主要用于仿制天然精油及配制香精。例如，利用α-蒎烯和β-蒎烯可以合成许多重要的单体香料，α-蒎烯和β-蒎烯的结构式为：

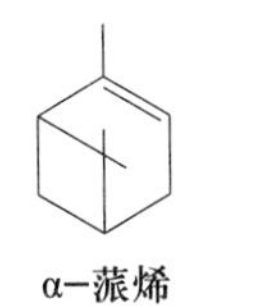

α-蒎烯　　β-蒎烯

2. 醇类

目前，调香中使用的醇类大多通过化学方法合成，醇类也可作为合成其他香料单体的原料或中间体。醇类一般具有香味，其香气强度与分子结构有关。低碳饱和脂肪醇的香气随碳数增加而增强，但 C_{10} 以后则逐渐减弱。不饱和醇的香气比饱和醇强，多元醇的香气减弱甚至消失，高级脂肪醇一般无臭味。

3. 酚类和醚类

酚类和醚类是合成香料的重要原料，它们的衍生物常用作调香剂，也可进一步合成许多单体香料。

4. 醛类

醛类香料占香料化合物总数的 10% 左右，很多醛类可直接用作调香剂，如 2,6－壬二烯醛本身就具有紫罗兰叶的清香。芳香族醛（如洋茉莉醛、仙客来醛、肉桂醛、铃兰醛、香兰素等）是常用的香原料。此外，醛类也可作为原料合成其他香料。

5. 酮类

低级脂肪酮不宜直接作为香料使用，但可作为原料合成其他香料。芳香族酮中多数可作为香料，具有较好香气。萜类酮也是重要的合成香料品种，是合成香料研究的重要方向之一。

6. 缩醛类

缩醛类的性质、香气与对应的醛类香料不同，它们在碱性介质中稳定且不变色，香味优异持久、别具风格，在调香中应用广泛。

7. 酯类

大多数的酯类香料化合物具有新鲜悦人的清香或果香，在调香过程中经常使用。

8. 内酯类

内酯类一般具有特殊的果香，香气高雅，适合用来调配香精。

其他的合成香料包括含氮、含硫、含卤及杂环化合物等。含氮类香料数量虽少但用途广泛。硝基麝香具有优雅的香气，还可作为良好的定香剂，在合成麝香中产量居首位。含硫类香料主要有硫醇和硫醚两种。杂环类香料广泛应用于食品工业。

三、天然香料的生产技术

动物性天然香料生产技术基本依赖捕杀动物进行取香，再经过一定的干燥、陈化等处理制得。现代香精香料工业正在寻找替代方案，主要是通过人工合成方法和采用植物香原料。如通过化学合成模仿天然麝香酮、灵猫酮等。另外人们研究发现当归根、麝香锦葵等带有类似动物香料气息，但其强度较弱。

植物性天然香料生产技术主要有五种：水蒸气蒸馏法、压榨法、浸提法、吸收法和超临界流体萃取法。

1. 水蒸气蒸馏法

水蒸气蒸馏法是常见的一种生产方法。通过用水蒸气加热，将蒸馏釜中的水和精油成分一同蒸出，冷凝后将精油分离成单独的产品。此方法有水中蒸馏、水上蒸馏和水汽蒸馏三种操作方式。主要设备包括蒸馏釜、冷凝器、油水分离器等。水蒸气蒸馏法制备香精工艺流程如图 8-2-1 所示。

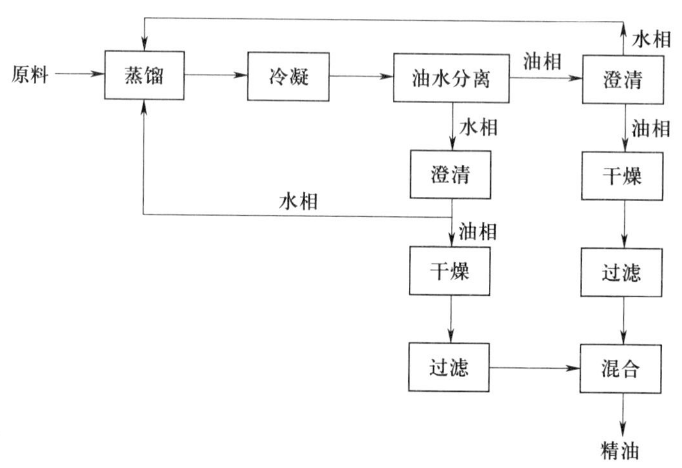

图 8-2-1　水蒸气蒸馏法制备香精工艺流程

2. 压榨法

有些精油对热敏感，在高温或长期放置后，会发生氧化、聚合等反应，导致变质，因此不能用水蒸气蒸馏法提取生产，可选用压榨法提取。压榨法的特点是生产过程在室温下进行，能确保精油产品的质量和香气纯正。传统的操作方法包括整果锉榨法和果皮海绵吸收法，现代生产方法主要是冷磨法和果皮压榨法。

3. 浸提法

也称萃取法，是用挥发性有机溶剂将原料中的某种精油浸提分离的方法。浸提法生产的产品一般为浸膏。浸提法制备香精工艺流程如图 8-2-2 所示。

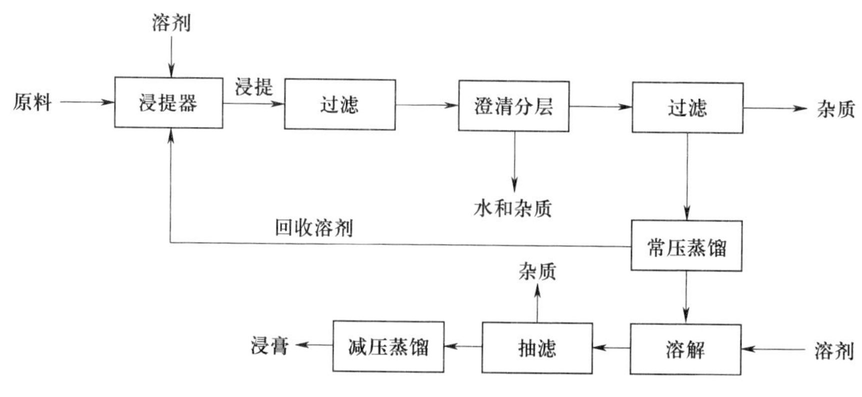

图 8-2-2　浸提法制备香精工艺流程

在浸膏中还含有植物蜡等杂质，应用有限。可利用乙醇对芳烃成分溶解受温度影响小、对植物蜡等杂质溶解度受温度影响较大的特点，用乙醇除去杂质。除杂的主要步骤是先用乙醇在较高温度下溶解浸膏，然后降温除去杂质，以制备浸油。香精浸膏的纯化工艺流程如图 8-2-3 所示。

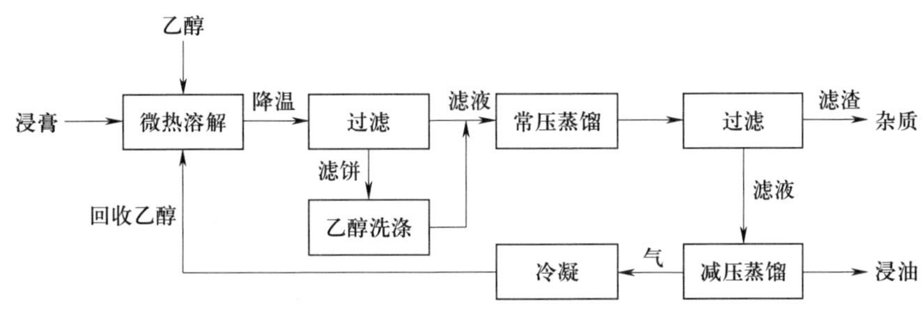

图 8-2-3　香精浸膏的纯化工艺流程

4. 吸收法

吸收法也称吸附法，是应用较早的一种方法。用纯净脂肪或溶剂吸附有香物质后，进行分离提纯制备香料。此法一般用来处理挥发性高、对热敏感的香原料（如茉莉、晚香玉、水仙、黄玉兰等）。在天然香料生产中，吸收法加工过程温度低，芳香成分不易被破坏，产品香气质量最佳。但由于吸收法手工操作较多，生产周期长，效率低，因此一般不常用。茉莉花、兰花、橙花、晚香玉等名贵花朵中的芳香化合物提取，可以采用此法。吸收法有冷吸附法、活性炭吸附法、多孔聚合物吸附法等。

四、合成香料的生产技术

合成香料包括全合成香料、半合成香料和单离香料。合成香料的原料主要是农林化工产品、石油化工产品和煤化工产品，部分单离香料也可作为合成香料的原料。合成香料属于精细化学品，对其纯度要求很高，生产技术主要包括有机合成技术和分离纯化技术。

1. 有机合成技术

有机合成技术是从各种基本有机化工原料出发，经一系列有机化学反应合成香料化合物。例如，从乙炔、丙酮合成芳樟醇等，或采用异戊二烯合成法等。单离香料则是通过物理或化学方法从精油中分离出较纯的香成分，如从山苍子油中分离出柠檬醛，从柏木油中分离出柏木脑等。

香料的合成涉及许多有机反应，主要包括氧化、硝化、还原、酯化、取代、缩合、加成、环化和异构化等。这些反应在基础有机化学中大多已经学过，故在此不再专门论述。

2. 分离纯化技术

在合成香料产品的纯化过程中，所采用的方法有常压蒸馏、真空蒸馏、水蒸气蒸馏、精密分馏和重结晶等技术手段。

3. 生产工艺

（1）合成香料生产工艺

常见的合成香料生产工艺主要有氧化反应、还原反应、缩合反应、酯化反应、醚化反应、卤化反应、硝化反应、环化反应等化学反应。以β-苯乙醇香料的合成为例，我国工业上主要以苯乙烯为原料，通过加成、环化、还原等步骤加工制得，其反应式为：

$$C_6H_5CH{=}CH_2 \xrightarrow[NaCl\ +\ H_2SO_4]{NaBr} C_6H_5CH(OH){-}CH_2Br \xrightarrow{NaOH} C_6H_5\underset{\diagdown O \diagup}{CH{-}CH_2} \xrightarrow[Ni]{N2} C_6H_5CH_2CH_2OH$$

β-苯乙醇为无色液体，广泛存在于玫瑰精油、橙花油、白兰花以及风信子油等多种天然精油中，具有柔和、愉快而持久的香气，被广泛应用于香精的配制。其生产工艺流程如图 8-2-4 所示。

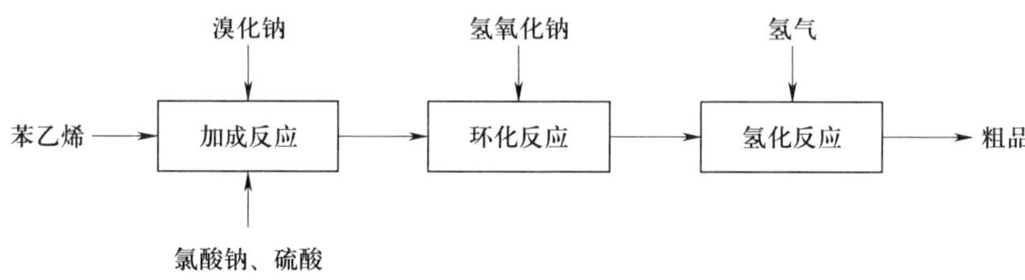

图 8-2-4　β-苯乙醇生产工艺流程

β-苯乙醇合成的具体过程是先将苯乙烯和溴化钠加入醇化反应器中，再加入催化剂和硫酸，在搅拌下发生加成反应，生成溴代苯乙醇。然后加入氢氧化钠，在碱性条件下进行环化反应，生成苯基环氧乙烷。接着通入氢气，在镍的催化下进行加氢反应，生成苯乙醇粗品。最后，经过进一步纯化后得到产品。合成过程为：

$$CH_2{=}CH_2 \xrightarrow{O_2} \text{环氧乙烷} \xrightarrow[AlCl_3]{C_6H_6} C_6H_5CH_2CH_2OH$$

$$C_6H_5CH_2CH_2OH \xrightarrow{-H_2} C_6H_5CH_2CHO \xrightarrow{R{-}OH} C_6H_5CH_2CH(OR)_2$$

$$C_6H_5CH_2CH_2OH \xrightarrow{R{-}\overset{O}{\overset{\|}{C}}{-}OH} C_6H_5CH_2CH_2O{-}\overset{O}{\overset{\|}{C}}{-}R$$

（2）单离香料生产工艺

天然香料是由多种化合物组成的混合物，将某种化合物从天然香料中分离出来的过程称为单离，单离得到的香料化合物称为单离香料。单离香料的生产方法分为物理法和化学法，物理法包括分馏、冻析、重结晶等；化学法包括硼酸酯法、酚钠盐法、亚硫酸氢钠加成法等。

①酚钠盐法主要用来单离含酚羟基的香料，单离的主要过程是使酚类化合物与碱作用，生成溶于水而不溶于有机溶剂的酚钠盐，将酚钠盐分离出来后，再用无机酸酸化，酚类化合物便可重新析出。如丁香精油和丁香罗勒油中均含有约 80%（质量分数）的丁香酚，要想从这两种精油中单离出丁香酚，可采用酚钠盐法。其生产的主要反应式为：

OH, OCH_3, $CH_2CH=CH_2$ + NaOH ⟶ ONa, OCH_3, $CH_2CH=CH_2$ + H_2O

ONa, OCH_3, $CH_2CH=CH_2$ + HCl ⟶ OH, OCH_3, $CH_2CH=CH_2$

采用酚钠盐法单离丁香酚的工艺流程如图 8-2-5 所示。

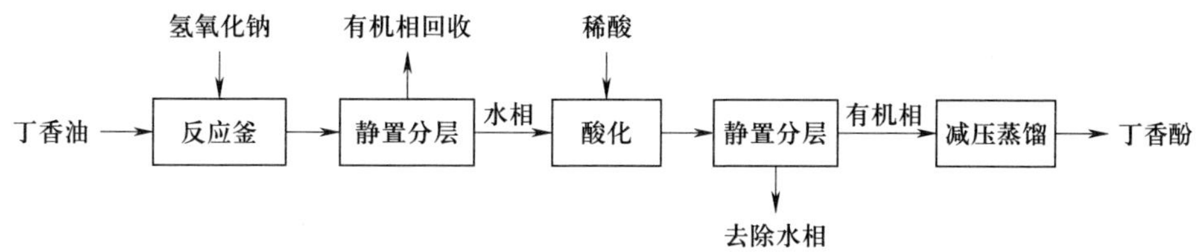

图 8-2-5　酚钠盐法单离丁香酚的工艺流程

②硼酸酯法是从天然香料中单离醇类化合物的主要方法之一。其反应式为:

$$3\,R—OH + H_3BO_3 \longrightarrow B(O—R)_3 + 3H_2O$$
$$B(O—R)_3 + 3\,NaOH \longrightarrow 3\,R—OH + Na_3BO_3$$

单离的主要过程是先将硼酸与精油中的醇通过酯化反应生成高沸点的硼酸酯，经减压蒸馏后，精油中的低沸点成分被蒸馏分离并回收，所剩的高沸点硼酸酯再通过水解反应还原为醇，水解出的精油醇游离析出，再经减压蒸馏即可得到精醇。硼酸酯法单离醇类化合物的工艺流程如图 8-2-6 所示。

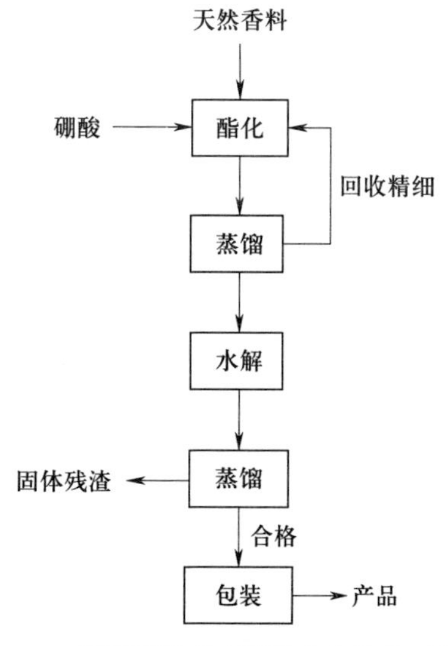

图 8-2-6　硼酸酯法单离醇类化合物的工艺流程

玫瑰木油中的樟脑醇约占 80%（质量分数），茶香木油中的檀香醇约占 80%（质量分数），这两种精油均可采用硼酸酯法单离出樟脑醇和檀香醇。

目标检测

一、单项选择题

1. 对热敏感的精油，一般可采用（　　）提取。

A. 水蒸气蒸馏　　B. 压榨法　　C. 浸提法　　D. 吸附法

2. 是天然香料中最好的定香剂的是（　　）。

A. 动物性天然香料　　B. 植物性天然香料

C. 微生物香料　　D. 矿物香料

3. 酚钠盐法主要用来单离（　　）的香料。

A. 含酚　　B. 含醇　　C. 含硫　　D. 含氮

4. 浸提法生产的香料产品一般为（　　）。

A. 精油　　B. 浸膏　　C. 香酯　　D. 酊剂

5. 下硼酸酯法是从天然香料中单离（　　）香料的主要方法之一。

A. 含酚　　B. 含醇　　C. 含硫　　D. 含氮

二、多项选择题

1. 下列是植物香料成分的是（　　）。

A. 萜类化合物　　B. 芳香族化合物

C. 脂肪族化合物　　D. 含硫、含氮化合物

2. 根据植物香料的形态和制法不同常称（　　）。

A. 精油　　B. 浸膏　　C. 香酯　　D. 酊剂

3. 下列是天然香料生产技术的是（　　）。

A. 水蒸气蒸馏法　　B. 压榨法　　C. 浸提法　　D. 吸附法

4. 下列是动物性香料的有（　　）。

A. 麝香　　B. 灵猫香　　C. 麝鼠香　　D. 海狸香

5. 合成香料的原料有（　　）。

A. 无机化工产品　　B. 煤化工产品

C. 石油化工产品　　D. 有机化工产品

三、思考题

1. 简述动物香料的种类及特点。

2. 分析比较植物香料的生产技术及特点。

3. 绘制酚钠法的流程。

任务三　香精生产技术

学习目标

1. 了解香精的定义、组成及分类。

2. 了解调香的常用术语。

3. 掌握香精的生产工艺。

任务引入

前面学过，香料一般不单独使用，而要调配成香精后才使用。因此，香精是由各种香料按一定的配方与比例经调配而成的混合物。

香水“浪漫之夜”的配方包括前调甜橙精油（4 滴）和橘精油（2 滴），中后调奥图玫瑰精油（1 滴），后调广藿香精油（1 滴）和檀香精油（2 滴）。这个配方结合了甜橙与橘的清新甜美与安心感，融合奥图玫瑰的芳醇甘美，营造出奢华且妩媚的印象。广藿香干燥后的独特香气与檀香的怀念气息，带来时光回溯般的静好与安稳。

阅读上述材料，讨论下列问题，记录结果，并与同学分享：

1. 我们日常使用的香物质一般是香精还是香料？

2. 香精是怎么来的？

相关知识

一、香精基本组成

香精是由各种香料经调配而成的混合物质，香精的组成较为复杂。一般可以认为，香料是香精的原料，所有香精都是用香料按一定的配方和工艺调制而成。

1. 根据香料在香精中的用途进行分类，香精组成分为主香剂、合香剂、修饰剂和定香剂四种。

（1）主香剂是构成香精的主体香气，也称香型，是香精的基本香料。因此，起主香剂作用的香料香型必须与所配制香精的香型一致。香精中有的只用一种香料作为主香剂，但多数情况下都是用多种甚至数十种香料作为主香剂。

（2）合香剂，也称协调剂，其作用是将各种香料混合在一起，使之能发出协调一致的香气，其香气与主香剂属于同一类型，使主香剂的香气更加明显突出。例如，茉莉香精的合香剂常用丙酸苄酯、松油醇等。

（3）修饰剂，也称变调剂，其作用是用某种香料的香气去修饰另一种香料的香气，使之在香精中能发挥特有的香气效果。修饰剂的香气与主香剂不属于同一类型。通过修饰剂调整后，可使香精增添某种新的香韵。

（4）定香剂，也称保香剂，其作用是调和各种成分的挥发度，使香精的香气持久稳定。一种香精质量的优劣，除了香韵，还与其香气的持久性和稳定性有直接关系。例如，某些香精最初香气很好，可是过段时间后其香气改变了。因此，香型强度的大小、留香时间的长短是香精质量的重要标志。一般相对分子质量较大、沸点较高的物质，如大环化合物、固体物质、有香味的树脂胶等，都可以作为定香剂。

动物香料是一种重要的定香剂，不仅能使香气持久，而且能使香气变得更加柔和、圆润。其中，天然麝香是香料中最好的定香剂之一，其香气优美名贵，并能使得香精的香气变得更加温暖而富有情感。麝香的扩散力极强，留香时间也长。龙涎香是动物香料中留香时间最长的定香剂，但扩散力较小。

植物定香香料包括多种精油和香树脂，它们具有持久的香气和良好的定香性能。常用的植物定香香料有檀香油、广藿香油、岩兰草油、圆叶当归油、鸢尾油、苍术油、安息香树脂、乳香树脂、苏合香树脂、橡苔浸膏等。这些植物定香香料不仅具有定香作用，还能通过其独特的香气调和或修饰其他香料，使整体香气更加和谐持久。在使用时，需要注意它们的用量和与其他香料的协调性，以达到最佳的定香效果。凡是沸点大于 200 ℃的合成香料都有定香的作用，合成定香剂有些有香气，而有些则无任何香气。

2. 按照组成香精配方中香料的挥发度和留香时间的不同，可大体将香精组成分为基香、体香和头香三个部分。

（1）基香，也称尾香，其挥发度低、留香时间长。在评香纸上留香时间超过 6 h 者皆可做基香。基香代表香精的香气特征，是香精的基础部分。麝香类的香料在评香纸上留香时间可长达一个月以上。

（2）具有中等挥发度的香料称为体香。一般在评香纸上留存时间为 2～6 h，体香是构成香精香韵的重要部分。

（3）头香，也称为顶香，属于挥发度高的香料，其在评香纸上的留香时间在 2 h 以下。消费者比较容易接受头香香韵的影响，头香可以赋予人们最初的喜爱感，但头香绝不是香水或香精的特征香韵。

二、调香常用术语

调香中常用术语见表 8－3－1。

表 8－3－1　调香常用术语

术语	含义
香型	描述某一种香精或加香制品的整体香气类型或格调

续表

术语	含义
香韵	某一种香料、香精或香产品中带有某种香气韵调
香势	香气本身的强弱程度
头香	对香精或加香产品嗅辨中，最初片刻时香气的印象
体香	在相当长时间内保持稳定一致的香气
基香	头香和体香挥发过后留下的最后香气
调和	将几种香料按精确比例混合配制，创造出层次丰富、和谐持久且具有情感表达力的制香过程
修饰	用某种香气去修饰另一种香气，使之在香精中发生特定效果，从而使香气变得别具风格
香基	也称香基精，由多种香料调和而成的具有一定香型的混合物，是具有特定且稳定香气特征的半成品复合香料

三、香精生产工艺

1. 液体香精生产工艺

液体香精包括纯液体香精、水溶性液体香精和油溶性液体香精三类。根据液体香精中各香料成分的性质差异，其制备工艺略有不同，但整体的制备过程由称量、混合、溶解（或分散）、搅拌、静置、过滤、熟化、检验、灌装等工序组成。液体香精基本工艺流程如图 8–3–1 所示。

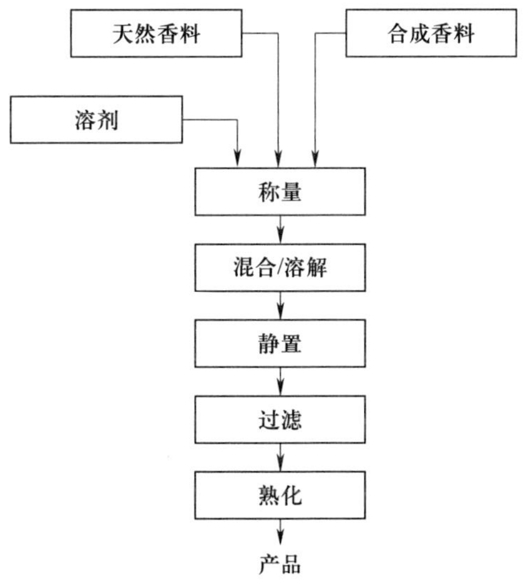

图 8–3–1　液体香精基本工艺流程

熟化是香料制造工艺中的一项重要工艺，主要是把调配好的香料密封在罐中放置一段时间，让其自然熟化。其目的是使香料充分调和，达到最佳状态，使香气变得和谐、圆润、柔和。

溶解是根据配方中的原料（特别是香料）的性质和情况，选择适当的溶剂，并将所有原料溶解在其中，配制成均一的混合物。如果原料大部分是油溶性原料，则选择酯类溶剂进行溶解，制得的香精即为油溶性液体香精；反之，如果原料大部分是水溶性的，则可用乙醇－水、甘油－水溶液作溶剂，制得的香精即为水溶性液体香精。而纯液体香精则不使用溶剂。

水溶性香精的溶剂通常采用 40%～60%（质量分数）的乙醇水溶液，也可以使用丙二醇、甘油等溶剂，一般占香精总量的 80%～90%（质量分数）；油溶性香精的溶剂常用的是精制天然油脂，也可以使用丙二醇、苄醇、甘油三乙酸酯等溶剂，一般占香精总量的 80%（质量分数）左右。

2. 固体香精生产工艺

固体香精一般是粉末状的，也称为粉末香精。其生产方法主要包括粉碎混合法和载体吸附法。其基本工艺流程如图 8－3－2 所示。

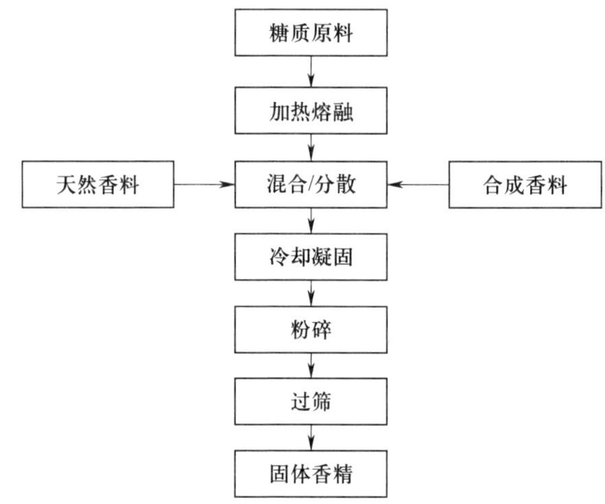

图 8－3－2　固体香精基本工艺流程

（1）粉碎混合法

如果所用添香原料均为固体时，采用粉碎混合法是制造固体香精最简便的方法。其生产步骤主要包括称量、粉碎、混合、过筛、检验、包装等工序。

（2）载体吸附法

主要用来生产粉末化妆品的香精，特别是香粉类化妆品和除臭类化妆品等。先将固体或液体香料吸附在其他载体上，再经过粉碎、过筛、检验、包装等工序，即可制得香粉等粉末赋香类化妆品。

3. 乳化香精生产工艺

乳化香精生产工艺与前面所学的乳状化妆品生产工艺相似，先将配方中所有水溶性原料溶解于水中，所有脂溶性成分加热熔化，分别制备出油相和水相，再经混合、乳化、均质、过滤等工序，制成相应的产品。其中要注意，由于原料大多具有挥发性，因此需控制好加工过程中的温度和时间。其基本工艺流程如图 8－3－3 所示。

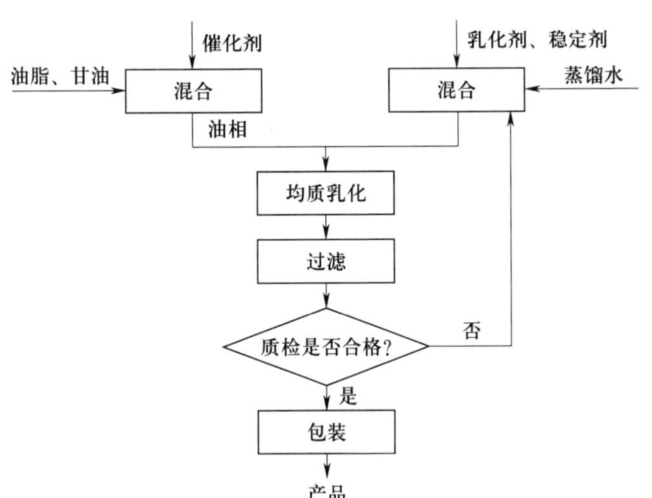

图 8-3-3　乳化香精基本工艺流程

目标检测

一、单项选择题

1. 构成香精主体香气的是（　　）。

A. 定香剂　　B. 合香剂

C. 修饰剂　　D. 主香剂

2. 下列说法中错误的是（　　）。

A. 头香也称为顶香

B. 头香属于挥发度高的香料

C. 头香在评香纸上的留香时间在 2 h 以下

D. 头香即香水或香精的特征香韵

3. 挥发度低、留香时间长的香料称为（　　）。

A. 体香　　B. 头香

C. 主香　　D. 基香

4. 主要用来生产粉末化妆品香精，特别是香粉类化妆品和除臭类化妆品等的方法是（　　）。

A. 粉碎吸收法　　B. 载体吸附法

C. 粉碎混合法　　D. 载体混合法

5. 如果原料大部分是油溶性原料，则选择（　　）溶剂进行溶解，制得的香精就是油溶性液体香精。

A. 水　　B. 酯性

C. 乙醇　　D. 水 + 乙醇

二、多项选择题

1. 根据各组分在香精中的用途进行分类，香精的组成有（　　）。

A. 主香剂　　B. 合香剂

C. 修饰剂　　D. 定香剂

2. 下列动物香料说法中正确的是（　　）。

A. 一种重要的定香剂

B. 不仅能使香气持久，而且能使香气变得更加柔和、圆润

C. 天然麝香是香料中最好的动物香料之一

D. 龙涎香是动物香中留香时间最长的定香剂，但它的扩散力较小

3. 熟化的目的是（　　）。

A. 调和香料　　B. 使香气达到稳定终点

C. 使香气变得和谐、圆润、柔和　　D. 降低香气

4. 动物性天然香料主要有（　　）。

A. 麝香　　B. 龙涎香

C. 海狸香　　D. 灵猫香

5. 下列修饰剂说法中错误的是（　　）。

A. 修饰剂也称变调剂

B. 修饰剂不与其他香料发生任何作用

C. 修饰剂的香气与主香剂属于同一类型

D. 通过修饰剂调整后，可使香精增添某种新风韵

三、思考题

1. 简述香精基本组成及作用。

2. 画出液体香精基本工艺流程图。

3. 简述固体香精生产工艺。

项目总体评价

一、复习项目内容，补充完成思维导图。

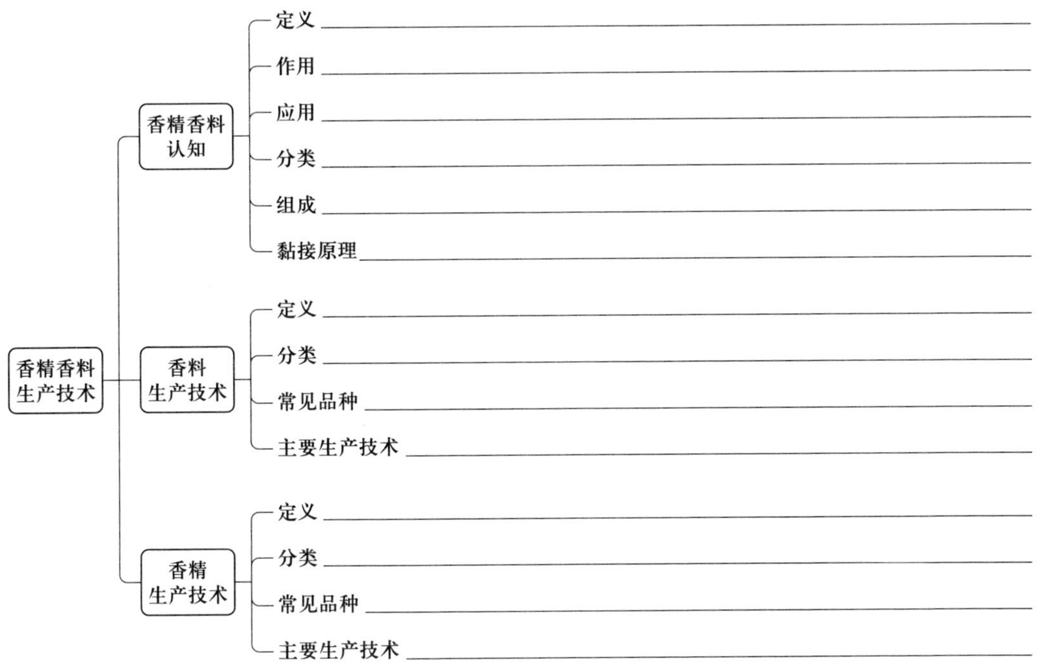

二、项目成果制作。

小组合作完成实训任务，并完成实训记录单的内容。

小组成员		实训地点	
产品名称	玫瑰精油提取	日期	
配方及原料准备			
仪器准备			

续表

<table>
<tr><td>方框流程图</td><td colspan="4"></td></tr>
<tr><td>操作步骤</td><td colspan="4"></td></tr>
<tr><td>工艺参数控制</td><td colspan="4"></td></tr>
<tr><td rowspan="3">数据记录</td><td>实际产量</td><td></td><td>收率</td><td></td></tr>
<tr><td>产品外观</td><td></td><td>颜色</td><td></td></tr>
<tr><td></td><td colspan="3"></td></tr>
</table>

项目九

无机精细化学品生产技术

项目导学

传统无机化学品种类繁多，但大部分产品作为基础化工原料，存在产能过剩、附加值低的问题。无机精细化工是通过物理和化学的新工艺、新方法，对已有的无机化学品进行精细化、深加工，以改善、提高或赋予其新的功能或附加值，从而实现产品的转型升级，提高资源利用率和经济价值。

无机精细化工材料与有机合成材料一样，在现代高新技术发展中发挥着越来越重要的作用，被广泛应用于激光技术、红外技术、超导技术、新能源技术等领域。

课程思政

宝石的“修炼”——精益求精

单晶化是无机精细化学品的一种深加工方式，通过化学和物理方法将价值不高的无机物不断精制提纯，除去杂质，将无机物纯度提高到极致，最终制成纯度很高的单晶产品，从而赋予无机物新的功能和使用价值。

氧化铝是自然界中最常见、最普通的一种无机化合物，化学式为 Al_2O_3。其硬度高，熔点为 2 054 ℃，沸点为 2 980 ℃，在高温下可电离。其应用广泛但价值不高，常用于制造耐火材料。

宝石从外观颜色看有红宝石和蓝宝石两种，从来源看有天然宝石和人造宝石之分。天然存在的 α 型氧化铝，当外形为无色透明时称为刚玉。但一般因含钛而呈蓝色，被称为蓝宝石。宝石熔点为 2 015 ℃，密度为 4.0 g/cm^3，莫氏硬度为 8.8，绝缘性能好，介电损耗小，耐高温，耐酸碱腐蚀，且导热性好，机械强度也足够高，能加工成平整的表面。如果用铬离子部分地取代氧化铝晶格中的铝离子，晶体就会呈现红色，形成红宝石。随着所掺铬离子量的增加，红色由浅变深。人造宝石是将氧化铝进行单晶化及改性处理后的产品，单晶化的产品主要为刚玉。如果用钛进行改性，就可得到不同颜色深度的蓝宝石；如果用铬进行改性，就可得到不同深浅的红宝石。无论是红宝石还是蓝宝石，其价值都远远超过氧化铝本身的价值。

从氧化铝到宝石的转变，一方面是取精去粗、精益求精的过程，另一方面也是其最佳价值体现的过程。简单易得的氧化铝，经过化学工作者的精心加工提纯，变成了深受人们喜爱的各类宝石，展现了氧化铝的最佳价值。

阅读上述材料，讨论下列问题，记录结果，并与同学分享：

1. 请简要说明氧化铝可以变成价值更高的宝石的方法。
2. 请分析同样的组成为什么价值差别那么大？
3. 说一说你将怎样展现你的价值。

任务一　精细陶瓷材料生产技术

学习目标

1. 了解无机精细化学品的定义、分类及应用。
2. 了解精细陶瓷的定义、分类、特点及应用。
3. 掌握精细陶瓷材料的生产原理及生产工艺。

任务引入

中国陶瓷的起源可以追溯到新石器时代，大约在公元前 8000 年至公元前 2000 年，中国人就已经开始制作陶器。

中国陶瓷的发展历经了多个重要阶段。最初，陶瓷主要用于制作生活器皿和装饰品。随着时间的推移，陶瓷技术不断取得进步，逐渐在科学和技术领域中发挥了重要作用。陶器与瓷器的区别在于它们的烧制温度和原料不同，陶器以黏土为主要原料，而瓷器则需要更高的烧制温度和更复杂的原料配方。

在东汉时期，瓷器最初只有青瓷和黑瓷两种。随着时间推移，在三国两晋南北朝时期，白瓷也逐渐出现，形成了“南青北白”的格局，南方以浙江的越窑为代表，北方则以河北的邢窑为典范。到了宋代，瓷器发展达到了百花齐放的阶段，出现了著名的“五大名窑”——汝窑、官窑、哥窑、钧窑、定窑，其中钧窑因其独特的釉色变化而被誉为“入窑一色，出窑万彩”。

中国陶瓷在元代和明代继续蓬勃发展，形成了独特的风格和工艺。元代的景德镇以其卵白釉瓷、青花釉里红等创新品种而闻名遐迩。明代景德镇的瓷器更是种类繁多，包括釉下彩、釉上彩、斗彩和颜色釉等，制作技术达到了新的高度。

中国陶瓷不仅在国内深受喜爱，还远销海外，成为世界文化的重要组成部分。其独特的艺术价值和历史意义使其在全球范围内都享有极高的声誉。

阅读上述材料，讨论下列问题，记录结果，并与同学分享：

1. 在传统文化中，陶瓷一般可用来制作什么？

2. 在现代社会，陶瓷还能用来制作什么？

相关知识

一、无机精细化学品基本概念

1. 定义

无机精细化工是精细化工的重要组成部分，它采用物理和化学的新工艺、新方法，对已有的无机物进行精细化、深加工，从而赋予传统无机物新的功能。虽然其起步相对较晚，产品种类也相对较少，但近年来发展迅速，且其作用日益凸显。

2. 分类

按产品功能，无机精细化工可分为无机精细化学品和无机精细材料两大类。从化学结构来看，无机精细化学品又分为单质和化合物，其中化合物主要包括无机过氧化物、碱土金属化合物、硼族化合物、氮族化合物、硫族化合物等。

从应用角度来看，无机精细材料又可细分为结构材料和功能材料两大类。无机精细材料涵盖高性能结构材料（如精细陶瓷）、纤维材料、能源功能材料、阻燃材料、微孔材料、超细粉体材料、电子信息材料、涂料和颜料、水处理材料、试剂和高纯物质等。

3. 应用

无机精细化学品，特别是无机精细材料，都具有特定的功能，在近代科学技术的各个领域中应用范围极为广泛。它们主要用于电子技术、激光技术、红外技术、超导技术、新能源技术等方面，并在电子信息工业、汽车工业、新能源产业、医药工业、航空工业等都有广泛的应用。

二、精细陶瓷概述

1. 定义

陶瓷是传统使用的材料之一，主要包括瓷器、陶器、玻璃、水泥、各种耐火材料等。随着科学技术的发展，具有优良性能的新型陶瓷材料应运而生，并广泛应用于人们的生产生活中。

精细陶瓷作为陶瓷工业中的一个分支，是一类新型精细化学品，与传统的陶瓷存在很大区别，两者不同点见表 9-1-1。

表 9-1-1　精细陶瓷与传统陶瓷不同点

区别	传统陶瓷	精细陶瓷
原料	黏土、长石、石英等无机天然物质	经过精制的高纯度人工合成原料，如锆、钛、硅、钴、钨等的碳化物，氮化物，硼化物和氧化物
配料	不精确	精密计算
生产	粗放控制	精密控制
产品	质量不可精细控制	产品的微细结构均能准确控制
性能	性能单一	多功能，使用性能优于传统陶瓷

2. 分类

精细陶瓷按化学组成可分为氧化物陶瓷和非氧化物陶瓷两大类。氧化物陶瓷主要由铝、硅、镁、钛、铋等金属氧化物构成，非氧化物陶瓷则包括碳化物、氮化物、硼化物、硅化物等。

按功能，精细陶瓷可分为热学陶瓷、力学陶瓷、化学陶瓷、电磁学陶瓷、光学陶瓷和生物学陶瓷等。

按用途，精细陶瓷可分为电子陶瓷、工程陶瓷和生物医学陶瓷等。

3. 特点

精细陶瓷的性能优于传统陶瓷，具有耐高温、强度高、硬度大、耐磨性好、膨胀系数低、高压绝缘性能优良等特点，是一种新型的结构材料。

三、精细陶瓷的应用

精细陶瓷可应用于机械切削、燃气轮机、发动机、电子工业、原子能工业、医疗及航天等领域，主要用作工程陶瓷材料和功能性陶瓷材料。

1. 工程陶瓷材料

（1）高温高强度陶瓷

传统陶瓷抗弯强度一般只有几兆帕，而精细陶瓷的强度要大几十倍到几百倍，好多精细陶瓷的强度相当于优质合金钢的强度。更可贵的是，在高温下仍能保持高强度。另外，精细陶瓷的弹性模量也很大，不易变形。这类陶瓷具有很强的抗热震性，如果将它们加热到上千度，再冷却到室温或放到冰水中也不会开裂。工程陶瓷材料主要品种有 SiC、Si_3N_4 等。尽管这些材料的发展只有几十年的历史，但由于具有优越的综合性能，是很有发展前途的新型高温、高强度结构材料之一。

（2）增韧陶瓷

典型的增韧陶瓷产品是氧化锆陶瓷，其特点是室温下具有高强度、高韧性，耐磨性和耐腐蚀性好，可制成如塑料薄膜切割机、非铁加工用冲模、精密水泵用柱塞、粉碎用轧辊等。

2. 功能性陶瓷材料

功能性陶瓷材料是指具有的物理性能（如光、电、热、声等）、化学性能（如反应、催化

等）及生物医学性能，且各种性能之间可以相互转化的陶瓷材料。功能性陶瓷具有一些特定的功能，主要有光学性能、电磁性能、生物医学性能等，可用来制备光学陶瓷、电子陶瓷、生物医学陶瓷等功能性陶瓷。

（1）光学陶瓷

具有光学性能的陶瓷称为光学陶瓷。光学陶瓷的特点主要有透光性、耐热性、耐腐蚀性、光传输性能及变色现象等。随着分离技术的不断发展和新工艺的不断出现，原料粉末的高纯化、高微粒化、高均匀化及热压等烧结技术的不断进步，开发出了很多透光性好的氧化物陶瓷。典型的产品有耐热透明光学陶瓷、耐蚀光学陶瓷、电光陶瓷、光色陶瓷、激光陶瓷、光纤陶瓷等。

（2）电子陶瓷

以电磁感应为应用目的的陶瓷称为电子陶瓷。不同种类的电子陶瓷对于温度、压力、光、湿度、气体等物理化学性的环境变化而产生不同的特性反应，其中主要的是电磁感应。根据电磁感应，可将电子陶瓷分为电介体、压电体、热释电体、半导体、绝缘体等陶瓷。

（3）生物陶瓷

生物陶瓷是与生命科学、生物工程学相关的陶瓷。除了硬度、强度、耐磨、耐疲劳性等性能都高外，还对身体的适应性好，而且稳定。其主要成分是 SiO_2、P_2O_5、CaO、C、Al_2O_3 等，有时也常用 MgO、ZrO_2、TiO_2、Si_3N_4 等。生物医学陶瓷材料常见的种类有磷灰石陶瓷、氧化铝陶瓷、磷酸钙陶瓷、碳素陶瓷和多孔陶瓷等。

四、精细陶瓷生产工艺

精细陶瓷的生产工艺一般包括粉体制备、成型、烧结和后续加工等步骤。首先，制备高纯度和超细粉体原料；然后，采用不同的成型方法将原料制成半成品；接着，选用适当的烧结工艺和方法进行烧结，以获得合格的产品；最后，进行必要的后续加工处理。其工艺流程如图 9-1-1 所示。

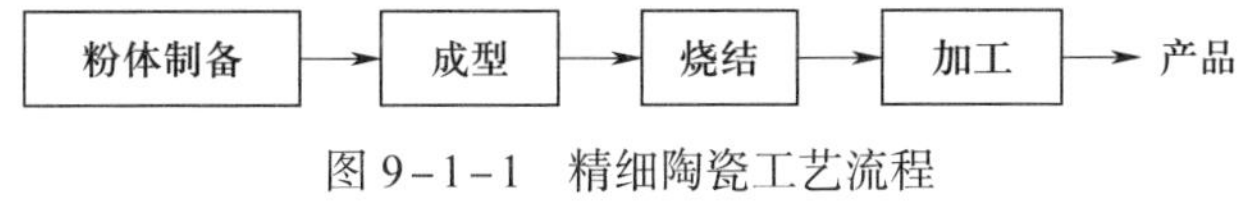

图 9-1-1　精细陶瓷工艺流程

1. 粉体制备

原料需制成高纯度和超细粉体原料，这需要在可精密控制的人工合成及提纯方法下进行。由于原料粉体的纯度、粒径分布均匀性、凝聚特性以及颗粒的各向异性等因素，都对产品的微细结构和性能有极大影响，通常原料粉体制备采用以下几种合成方法。

（1）固相合成法

此法采用固态物质在高温下反应。如碳化硅粉体的合成，可采用二氧化硅粉末与碳粉在惰性气体中加热到 1 500 ℃进行固-固反应制得。氮化硅粉体则采用高纯度二氧化硅粉末与碳粉，通入氮气加热进行固-气反应制得。

（2）液相合成法

此法以液相反应制取粉体原料。如先通过化学反应产生难溶盐的超细沉淀，然后经热分解生成氧化物粉体；如钛酸钡粉体的制备，将水加到异丙醇钡的戊醚钛乙醇溶液中，经水解反应、沉淀、干燥、煅烧获得；也可通过溶液蒸发法，使粉体悬浮液增浓，用喷雾干燥法获得球状粉体。

（3）气相合成法

此法是先将原料加热至高温使之汽化，然后骤冷凝聚成微粒物料，也称为蒸发凝聚法。它适用于制备一氧化物和复合氧化物、碳化物或金属微粒体等粉体。通过气相合成法，使易挥发性的金属化合物加热变成蒸气，进行化学反应合成，以此制得氮化物、碳化物、硼化物、金属氧化物等。

2. 烧结

要使精细陶瓷展现出优异性能，必须精确控制其材料内部的显微结构。烧结是精细陶瓷获得理想显微结构的关键步骤，此过程能减少材料内部的气孔，提高颗粒间的致密性，进而提升产品的整体性能。

精细陶瓷的组成成分不同，所采用的烧结方法也会有所差异。常用的烧结方法包括热压烧结法（HP）、热等静压法（HIP）、化学气相沉积法（CVD）、反应烧结法以及等离子体喷射法等。不同烧结方法的特点及适应范围见表 9-1-2。

表 9-1-2 不同烧结方法的特点及适应范围

不同烧结方法	生产过程及控制	特点
热压烧结法（HP）	粉体置于压模中，从上到下用 10～50 MPa 的压力，边加压边升到高温	产品强度大、孔隙率小，主要用于切削工具等的制造，不能制备复杂的产品
热等静压法（HIP）	压力为 50～200 MPa，温度为 2 000 ℃，以惰性气体为加压介质	产品硬度高，韧性强
化学气相沉积法（CVD）	加原料汽化加热，发生反应开场陶瓷沉积于基片上	不需烧结助剂，有效孔隙率为 0，陶瓷层致密性高，但易产生应变
反应烧结法	将粉体置于容器中，通入反应气体，反应的同时进行烧结。是生产 Si_3N_4 常用的方法	能制得形状复杂的产品，成本低且不加助剂，但气孔率较高，致密度低
等离子体喷射法	将陶瓷粉体通过电子枪或燃料枪熔化，再调整喷射到基片表面并固化成陶瓷层	可适用于各种化学物质，晶粒大小和形状的镀层，但陶瓷粉末易分解或与周围的物质反应

目标检测

一、单项选择题

1. 无机精细化学品按（　　）分为无机精细化学品和无机精细材料两大类。

A. 功能　B. 组成　C. 化学结构　D. 来源

2.（　）工序是精细陶瓷材料提高产品性能的关键。

A. 粉体制备　B. 成型　C. 烧结　D. 加工

3. 与生命科学有关的精细陶瓷是（　）。

A. 光学陶瓷　B. 电子陶瓷　C. 工程陶瓷　D. 生物医学陶瓷

4. 以液相反应制取粉体原料的方法是（　）。

A. 固相合成法　B. 气相合成法　C. 液相合成法　D. 混合法

5. 氧化锆陶瓷是典型的（　）。

A. 增韧陶瓷　B. 高温陶瓷　C. 高强度陶瓷　D. 耐腐蚀陶瓷

二、多项选择题

1. 从应用的角度看，无机精细材料可分为（　）。

A. 合成材料　B. 结构材料　C. 功能材料　D. 化学材料

2. 精细陶瓷按用途可分为（　）。

A. 电子陶瓷　B. 工程陶瓷　C. 生物医学陶瓷　D. 以上都不是

3. 生物医学陶瓷除了要求较佳性能外，还应（　）。

A. 价格低廉　B. 对人体适应性好

C. 稳定性高　D. 美观

4. 精细陶瓷常用的烧结方法有（　）。

A. 热压烧结法（HP）　B. 热等静压法（HIP）

C. 化学气相沉积法（CVD）　D. 等离子体喷射法

三、思考题

1. 按功能分，精细陶瓷分为哪几类？各有什么特点？

2. 简述精细陶瓷的特点。

3. 简述精细陶瓷的生产过程。

任务二　无机多孔材料生产技术

学习目标

1. 了解无机多孔材料的定义、分类、功能及应用。

2. 了解纳米分子筛的组成、结构及用途。

3. 掌握纳米分子筛的生产原理及工艺。

任务引入

纳米技术是20世纪80年代末诞生并崛起的高科技，其基本含义是指在纳米尺寸范围内研究物质的组成，通过直接操作和重排分子、原子，创造新物质。纳米技术的出现，标志着人类认知领域拓展到了分子、原子层级，也标志着人类科学技术进入了新时代——纳米科技时代。

纳米材料是纳米科技发展的重要基础，也是纳米科技最为重要的研究对象。自1861年以来，随着胶体化学的建立，人们开始了对直径1～100 nm的粒子系统，即所谓胶体的研究。但真正有意识地把纳米粒子作为研究对象，始于20世纪60年代。广义上讲，纳米材料是指在三维空间中至少有一维处于纳米尺度范围，或由它们作为基本单元构成的材料。纳米材料是物质与纳米结构按一定方式组装成的体系，或纳米结构排列于一定基体中分散形成的体系，包括纳米超微粒子、纳米块体材料和纳米复合材料等。

阅读上述材料，讨论下列问题，记录结果，并与同学分享：

1. 什么是纳米技术？什么是纳米材料？
2. 纳米材料的类型都有哪些？

相关知识

一、无机多孔材料基本概念

1. 定义

无机多孔材料是指具有结构性孔隙和孔道，并因此呈现一定性能的无机功能材料。这些孔道和孔隙一般为微孔或中孔，孔径通常在纳米级范围内，因此也属于一种纳米材料。

2. 分类

按孔径大小不同，无机多孔材料可分为超微孔材料、微孔材料、中孔材料和大孔材料。其中，孔径在0.7 nm以下的称为超微孔材料，孔径在0.7～2 nm的称为微孔材料，孔径在2～50 nm的称为介孔或中孔材料，孔径大于50 nm的称为大孔材料。

按来源划分，无机多孔材料可分为天然无机多孔材料和人造无机多孔材料。天然无机多孔材料包括天然沸石、高岭土、活性白土等，而人造无机多孔材料则包括活性炭、分子筛（即人造沸石）、多孔陶瓷、活性氧化铝、硅胶等。

3. 功能及应用

无机多孔材料因其具有结构性孔隙和孔道，而呈现出良好的离子交换性能，以及对分子、离子、基团等具有高选择性、高吸附性等优异性能。因此，其用途广泛，可用作无机催化剂及载体、无机离子交换剂、无机吸附剂、无机分离膜等。

二、纳米分子筛材料

1. 组成与结构

纳米分子筛也称沸石或沸石分子筛，具有许多孔径均匀的孔道和排列整齐的孔穴，不同孔径的分子筛可以把不同大小和形状的分子分开。

其主要成分是 SiO_2 和 Al_2O_3，分子筛骨架的最基本结构是由 SiO_2 和 Al_2O_3 四面体通过共有的氧原子结合而形成的三维网状结构结晶。这种结合形式使分子筛具有分子级孔径均匀的孔隙或孔道。分子筛由于结构不同，形式各异，“笼”形的空间孔洞分为 α、β 、γ 、六方柱、八面沸石等结构。根据 SiO_2 和 Al_2O_3 的分子比不同，可得到不同孔径的分子筛。其型号有：3A（钾 A 型）、4A（钠 A 型）、5A（钙 A 型）、10X（钙 X 型）、13X（钠 X 型）、Y（钠 Y 型）、钠丝光沸石型等。

2. 性能

纳米分子筛主要具有择形性、吸附性、催化性、离子交换性等。

（1）择形性

纳米分子筛最突出的特点在于其孔具有形状选择性，即择形性。择形性作用的基础是具有一种或多种大小分立的孔径，其孔径具有分子大小的数量级，即小于 1 nm，具有分子筛分效应。它也是一种良好的择形催化剂，在石油催化裂化反应中活性极高。

（2）吸附性

分子引力作用在固体表面产生的一种“表面力”，当流体流过时，流体中的一些分子由于做不规则运动而碰撞到吸附剂表面，在表面产生分子浓聚，使流体中的这种分子数目减少，达到分离或清除的目的。纳米分子筛的吸附不发生化学变化，只要设法将浓聚在表面的分子去除，纳米分子筛就又具有吸附能力，这是一个吸附与解吸附（再生）可逆的过程。

（3）催化性

大部分纳米分子筛表面具有较强的酸性中心，同时晶孔内有强大的库仑场起极化作用。这些特性使它成为性能优异的催化剂。沸石分子筛作为催化材料，必须对其进行改性才能赋予催化活性，改性的方法有阳离子交换法、改变骨架的硅铝比、孔口及内外表面的修饰三种。

（4）离子交换性

离子交换性是指纳米分子筛骨架外的补偿阳离子的交换。纳米分子筛骨架外的补偿离子一般为质子、碱金属、碱土金属，它们很容易在金属盐的水溶液中被离子交换成各种价态的金属离子型纳米分子筛。

3. 应用

纳米分子筛具有吸附能力高、选择性强、耐高温、稳定性好等特点，广泛用于有机化工和石油化工领域，同时在废气净化、水处理上的应用也日益受到重视。它是煤气脱水的优良吸附剂，还可用于洗涤剂、催化剂、干燥过程、物料净化等领域及工业生产过程。在洗涤剂生产中，纳米分子筛作为软水剂可代替三聚磷酸盐制备无磷洗涤剂；在催化剂生产中，纳米分子筛主要用作惰性载体，也可直接活化作为催化剂使用；在干燥及净化领域，可用作离子交换剂、吸附剂和分离介质等。

（1）离子交换剂

纳米分子筛与一定溶液接触时，溶液中的金属离子选择性地进入孔道中，纳米分子筛原来的离子可被交换下来进入溶液，因此具有离子交换性能，可作为离子交换剂。目前用纳米分子筛中的钠离子交换硬水中的钙、镁等金属离子，使水软化，这就是离子交换法净水的过程，已在工业生产和生活中广泛应用。传统洗涤剂中加三聚磷酸盐作为软水剂，易引起水体富营养化。而不加三聚磷酸盐的无磷洗涤剂去污效果不理想，因此正不断研究开发可代替磷酸盐的纳米分子筛加入洗涤剂，以保证或提升无磷洗涤剂的洗涤去污效果。

（2）吸附剂

纳米分子筛作为吸附剂时，吸附容量大，耐高温，对吸附质的浓度要求较低，可以吸附通过孔道的小分子，适于吸附水分子和其他极性强的小分子或可极化的小分子。通常既可以作为气体液化前的干燥剂和清洁剂，也可以用于稀有气体和永久性气体的深度干燥。在工业上，纳米分子筛还用于除去气体混合物中的二氧化碳、硫化氢和硫醇等气体。

（3）分离介质

目前工业上已大规模使用纳米分子筛分离氢气、稀有气体、氧和富氧空气，以及净化各种气体。可按物质的分子尺寸、分子结构、化学键的极性和不饱和程度等因素进行筛分。

三、纳米分子筛生产工艺

1. 合成机理

目前最具有代表性的合成机理有固相转变机理、液相转变机理和双相转变机理。

2. 合成工艺

纳米分子筛合成中主要采用的是水热合成法制备技术，其制备工艺过程包括配料、成胶、结晶、过滤、洗涤、离子交换、成型、活化等步骤与工序。纳米分子筛合成工艺流程如图 9-2-1 所示。

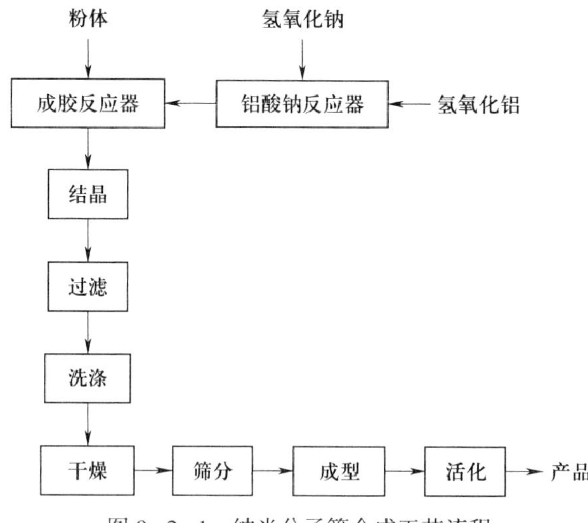

图 9-2-1　纳米分子筛合成工艺流程

目标检测

一、单项选择题

1. 纳米分子筛的孔隙或孔道具有（　　）大小的数量级。

A. 质子　　B. 离子　　C. 原子　　D. 分子

2. 孔径小于 2 nm 的称为（　　）。

A. 超微孔　　B. 微孔　　C. 介孔或中孔　　D. 大孔

3. 纳米分子筛最突出的特点是（　　）。

A. 择形性　　B. 吸附性　　C. 催化性　　D. 离子交换性

4. 纳米分子筛净水过程是（　　）过程。

A. 离子交换　　B. 吸附作用　　C. 催化作用　　D. 生物杀虫剂

二、多项选择题

1. 无机多孔材料可用作（　　）。

A. 无机催化剂及载体　　B. 无机离子交换剂

C. 无机分离膜　　D. 无机吸附剂

2. 纳米分子筛主要组成为（　　）。

A. SiO_2　　B. Al_2O_3

C. TiO_2　　D. ZrO_2

3. 纳米分子筛吸附剂的特点是（　　）。

A. 吸附容量大　　B. 耐高温

C. 对吸附质的浓度要求较低　　D. 可以选择性吸附通过孔道的小分子

4. 纳米分子筛骨架外的补偿离子一般是（　　）。

A. 分子　　B. 质子

C. 碱金属离子　　D. 碱土金属离子

三、思考题

1. 什么是纳米分子筛择形性？在催化方面的作用有哪些？

2. 简述纳米分子筛的应用。

3. 绘制纳米分子筛合成工艺流程图。

任务三　无机膜材料生产技术

学习目标

1. 了解无机膜材料定义、功能及应用。
2. 了解无机膜材料的分类及特点。
3. 掌握无机膜材料不同生产工艺。

任务引入

薄膜技术在工业上有着广泛的应用，特别是在当今和今后的电子工业领域中占有极其重要的地位。例如，半导体超薄膜层结构材料现已成为当今半导体材料研究的最新课题。这种薄膜材料的迅速发展，不仅推动了半导体材料科学和半导体物理学的进步，而且以全新的设计思路使微电子和光电子器件的设计，从传统的“杂质工程”发展到“能带工程”，出现了以电子特征和光学特征的剪裁为特点的新发展趋势，这是半导体科学的一次最重要的突破。

由于薄膜层微结构要求半导体材料精准控制到原子、分子尺度的数量级，因此制备薄膜必须采用先进的材料生长设备，如分子束外延、金属有机物化学气相沉积及化学束外延等先进的材料生长技术和设备。无机膜材料在电子信息材料中得到了最广泛的应用，从普通的薄膜电阻器、薄膜电容器的介电体层到大规模集成电路的门电极绝缘膜、对话晶体管用的透明电极膜、显示和记录用的透明电膜，光电薄膜的发光层以及储存信息用的磁光盘、光磁盘等几乎应有尽有。

阅读上述材料，讨论下列问题，记录结果，并与同学分享：

1. 无机膜材料主要用于什么地方?
2. 说说薄膜技术在电子工业领域的作用。

相关知识

一、无机膜基本概念

1. 定义

膜是一种物质形态，也称隔膜，是把两个物相分隔开，并使之相互联系，能发生质量和能量传输的中间介入物质。膜是分隔两相的界垒，有半透膜、全透膜、不透膜等，生产过程中常用的是半透膜。

膜材十分广泛，可以是单质元素、化合物或混合物，也可以是无机膜材料和有机膜材料。由无机材料如金属、金属氧化物、陶瓷、多孔玻璃、沸石等制成的半透膜称为无机膜，无机

膜是一种固体膜。

无机膜与有机膜相比，具有一些突出的优点：①化学稳定性好，能耐酸、耐碱、耐有机溶剂等；②机械强度大，无机膜强度大，且可反向冲洗；③耐高温，无机膜一般可以在400 ℃下使用，最高可在800 ℃下使用；④抗微生物能力强，无机膜一般不会与微生物发生作用，可以在生物工程及医学领域应用；⑤孔径分布窄，分享效率高。无机膜的缺点是造价高、弹性小、脆性大，所以成型加工及组装困难。

2. 功能

无机膜的性能多种多样，具有电学性能、力学性能、化学性能、电化学性能、超导性能等。

3. 应用

无机膜材料具有广阔的应用前景，在石油、化工、仪表、化肥、农药、医药、食品、能源、交通、电子、军工、机械等方面都有应用，而且在不断开拓新的技术与功能。

（1）金属防腐

高度均匀非晶态合金薄膜没有位错、层错、空穴、成分偏析等晶态缺陷，晶界间不出现腐蚀和化学偏析，防腐性能极强。作为防腐蚀材料，非晶态合金薄膜可以取代不锈钢实现劣材优用，是节约资源、节约能源、降低成本的有效途径。

（2）多功能化

无机膜材料功能各异，在电子工业中发挥了决定性作用，使其产品实现小型化、轻量化、高集成度和高可靠性。

氧化锡膜是由氧化锡组成的薄膜。特点为高导电性，在可见光波段具有良好的透光性、较高的红外吸收率和紫外吸收性。氧化锡膜常用热解化学气相沉积法或反应磁控溅射法制备。主要用于制作电阻器、光电元件、太阳能电池、场致发光元件、显示器、红外反射透光玻璃等。为了增强透明度和导电效果，常在氧化锡膜中掺入氧化铟。由氧化锡与氧化铟组成的掺锡氧化铟膜（简称ITO膜），是一种N型半导体材料，其透光率、导电性能非常优越，具有很高的机械强度和良好的化学稳定性，常用来生产液晶显示器、等离子显示器、触摸屏、太阳能电池以及电子仪表的透明电极等。

（3）分离

分离是无机膜材料应用的一个主要方向，分离膜和相应的膜分离技术主要包括微滤、超滤、电渗析、反渗透等，已广泛应用于仪器、饮料、医药卫生、生物技术、化工、冶金、环保等领域，发挥着越来越重要的作用。

二、无机膜材料分类

无机膜从表层结构上可以分为致密膜和多孔膜两大类。致密膜主要包括致密金属膜、致密固体电解质膜和动态原位形成的致密膜等，多孔膜主要包括多孔金属膜、多孔陶瓷膜和分子筛膜等。从材质类型上可分为玻璃膜、陶瓷膜、沸石膜等。从无机膜的厚度上可分为薄膜、超薄膜等。从应用范围上可分为无机膜有分离膜、催化反应膜、防腐膜、装饰膜等。

三、无机膜材料生产工艺

制膜工艺主要有涂布法、溶胶–凝胶法、化学溶液镀膜法、氧化法、离子成膜法、物理蒸发法、化学沉积法、分子束外延法等。目前比较成熟的工艺主要包括烧结法、水热晶化法、化学提取法以及溶胶–凝胶法、阳极氧化法等。

1. 烧结法

先将加工成一定细度的无机粉粒分散在溶剂中，再加入适量的无机胶黏剂、增塑剂、助熔剂等制成悬浮液，然后成型制得膜层，最后经干燥及焙烧，形成多孔无机陶瓷膜或膜载体。烧结法生产多孔陶瓷膜工艺流程如图 9–3–1 所示。

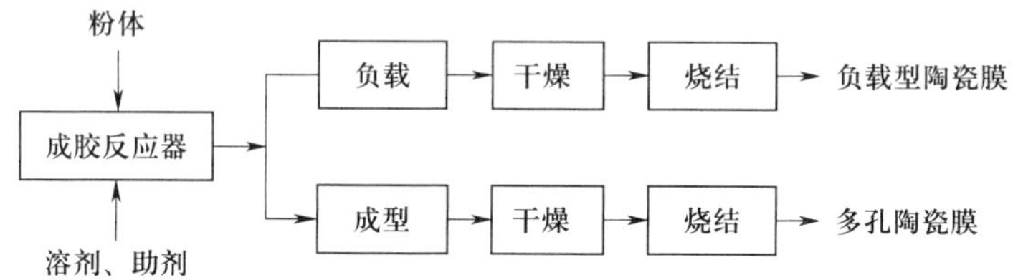

图 9–3–1　烧结法生产多孔陶瓷膜工艺流程

粉粒的形状、粗细、粒径分布、添加剂的种类、含量以及烧结温度等因素会影响产品的质量与性能，生产中应精确计算与严格控制，一般产品孔径范围为 0.01～10 μm，适用于微滤和超滤。

2. 水热晶化法

在反应釜中，加入无孔载体和溶胶，在一定温度和压力下进行水热晶化，可以制得分子筛膜。

3. 化学提取法

化学提取法也称化学蚀刻法，主要是用来制备多孔玻璃膜、金属微孔膜。将制膜原料进行处理，产生相分离，再用化学试剂刻蚀处理，将某一相溶解提取，形成具有多孔结构的无机膜。化学提取法的原材料中，至少要存在一相能被刻蚀剂溶解提取的材料。

多孔玻璃膜的制膜原料中含 $SiO_2$30%～70%（质量分数），其他为可提取材料（如锆、铪、钛的氧化物及可提取材料）。可提取材料中通常含有一种以上的含硼化合物和碱金属或碱土金属氧化物。原始材料经热处理分相，形成硼酸盐相和富硅相，用强酸提取除去硼酸盐，制得富硅的多孔玻璃膜，其孔径一般为 150～400 nm。其制备过程如图 9–3–2 所示。

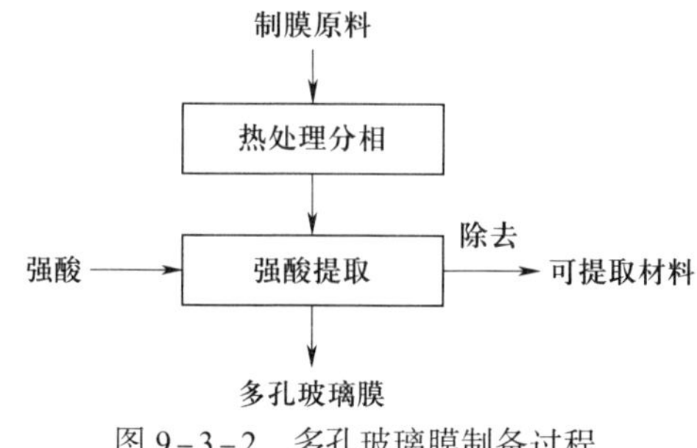

图 9–3–2　多孔玻璃膜制备过程

金属微孔膜是先将高纯金属薄片室温下在酸性介质中进行阳极氧化，形成多孔性的氧化层，然后用强酸提取除去未氧化部分，制得孔径为直孔的金属微膜。其制备过程如图 9-3-3 所示。

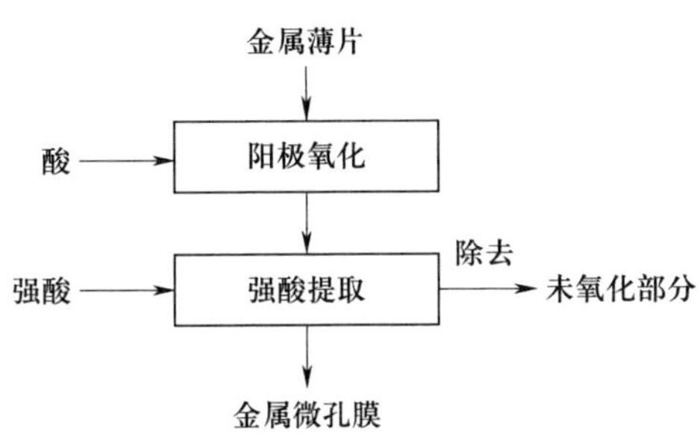

图 9-3-3　金属微孔膜制备过程

4. 溶胶-凝胶法

溶胶-凝胶法制备微孔无机膜是一种可控制备多孔无机膜的有效方法。部分商业化的分子筛采用该方法生产。

根据溶胶的制备条件，可分为两种不同的技术路线：一是金属醇盐先在一定条件下水解，不产生沉淀而形成无机高分子溶胶（聚溶胶），再经后处理成膜；二是以金属醇盐作为原料，用有机溶剂溶解后，在水中通过强烈快速搅拌水解成为溶胶，溶胶通过低温干燥形成凝胶，控制一定温度与压力继续干燥成膜。凝胶膜经过高温焙烧后，便形成了具有一定陶瓷特性的氧化物微孔膜，主要用于氧化铝膜的生产。例如，制备氧化铝陶瓷膜时，采用铝或醇铝为前体，水解得到勃姆石沉淀，用酸溶解沉淀形成勃姆石溶胶，在多孔陶瓷膜支撑体上以浸渍方式制备一层湿膜，干燥灼烧后可得到孔径分布很窄的超滤或纳滤氧化铝陶瓷膜。氧化铝陶瓷膜工艺流程如图 9-3-4 所示。

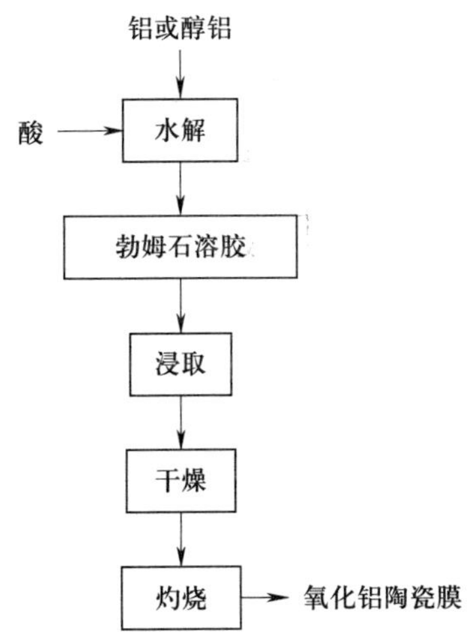

图 9-3-4　氧化铝陶瓷膜工艺流程

生产过程中要严格控制好水解温度、醇铝与水的配比、水解方式、溶胶的制备等参数。

5. 阳极氧化法

将金属薄片在室温下置于酸性电解质中进行阳极氧化，再用强酸提取除去未被氧化部分，制得孔径分布均匀且井式微孔膜。

目标检测

一、单项选择题

1. 纳米无机膜一般是（　　）。

A. 全透膜　　B. 半透膜　　C. 不透膜　　D. 以上都有可以

2. 无机膜一般是（　　）膜。

A. 气体　　B. 液体　　C. 固体　　D. 流体

3. 多功能二氧化锡膜的生产可以采用（　　）。

A. 化学沉积法　　B. 烧结法　　C. 水热法　　D. 溶胶－凝胶法

4. 制备多孔无机膜最有效的方法是（　　）。

A. 烧结法　　B. 阳极氧化法　　C. 水热法　　D. 溶胶－凝胶法

二、多项选择题

1. 膜分离技术主要包括（　　）。

A. 微滤　　B. 超滤　　C. 电渗析　　D. 反渗析

2. 溶胶－凝胶法制备微孔无机膜的技术路线有（　　）。

A. 直接水解制胶　　B. 先用有机溶剂溶解再水解制胶

C. 水热法　　D. 烧结法

3. 烧结法生产多孔陶瓷膜产品的性能与质量与（　　）有关。

A. 粉粒的形状、粗细、粒径分布　　B. 添加剂的种类

C. 添加剂的含量　　D. 烧结强度

三、思考题

1. 简述膜分离技术的特点。

2. 简述陶瓷膜生产过程。

3. 简述无机膜材料的应用。

项目总体评价

一、复习项目内容，补充完成思维导图。

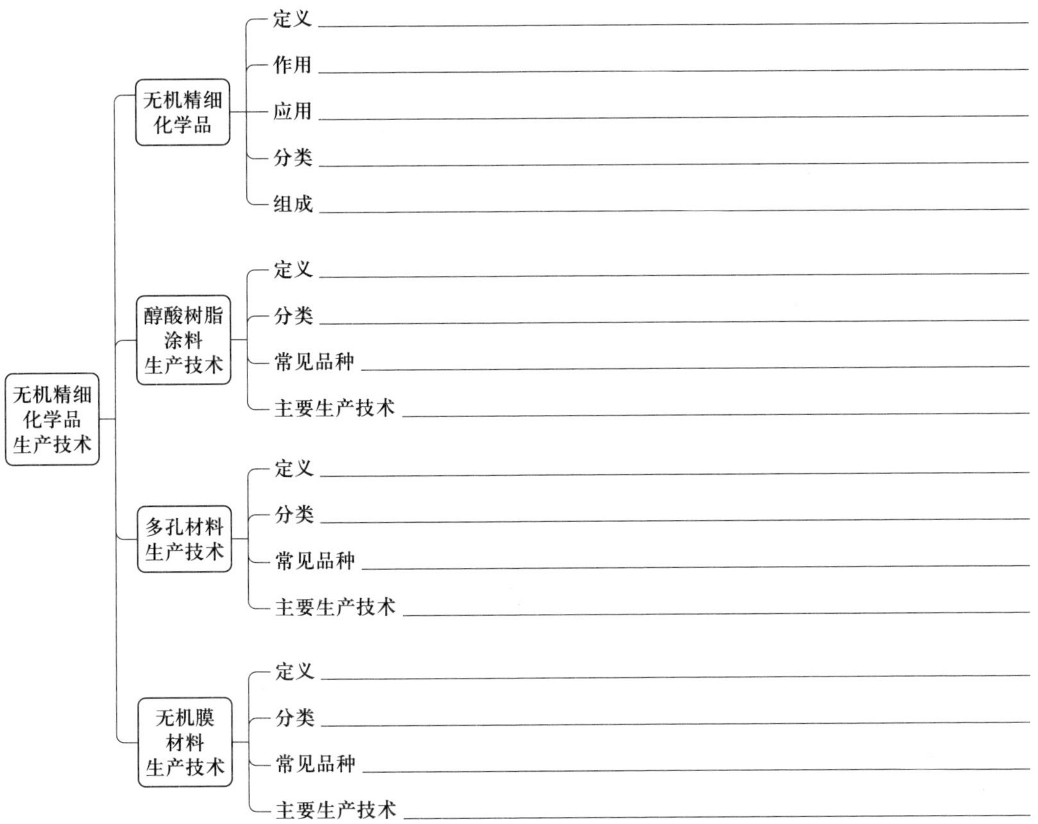

二、项目成果制作。

小组协作，上网查阅资料，完成常用无机精细化学品的调查分析。

小组成员		实训地点	
成果名称	常用无机精细化学品的调查分析	日期	
名称	特点及应用		

项目十

农用精细化学品生产技术

项目导学

农用精细化学品可分为三大类，一是植物营养调节剂，用于调节植物生长过程中的 K、Ca、Mg 等营养物质，包括无机肥料及化肥增效剂等；二是植物生长调节剂，是指影响植物生长时期生理变化的物质；三是农药，即用来防治农作物病虫草害的物质。

课程思政

农药与粮食危机

人类发明了农药除害和化肥增产，部分解决了粮食短缺问题，同时也不断提高人们的生活质量。但农药在给人们带来便利的同时也带来了一系列的问题。

农药过量使用会产生水资源危机、土壤沙漠化、农药残留等危机。在工业化农业系统中，农药用量逐渐增加，品种越来越多，导致土壤失去肥力，并且向沙漠化发展，人们已经认识到，过量使用农药是造成土壤严重破坏的主要原因。一般来说，农药的利用率不足，其中一部分附在植物体上，其余散落在空气、土壤与水中，对土壤、水源、空气及农副产品等产生了极大危害。另外，附着在植物体上的农药不能完全被植物体利用或有效分解，大部分残留在植物体上，对人们的健康造成了很大的伤害，农药残留已成为食品安全面临的主要问题。

因此，人们正在着力研究开发安全、高效、低毒、绿色的新型农用化学品。

阅读上述材料，讨论下列问题，记录结果，并与同学分享：

1. 说说农药有哪些贡献，其生产和使用有必要吗？
2. 农药危机有哪些？请分析原因及改进措施。

任务一　认识农药

学习目标

1. 了解农药的定义、应用。
2. 了解农药的主要分类及作用方式。
3. 掌握农药的毒理作用。
4. 掌握农药的剂型与加工方法。

任务引入

20 世纪 40 年代，化学农药出现之前，农药以植物性农药和无机农药为主。随着社会发展，化学农药逐渐占据了主要地位，并出现了生物农药、农药抗生素以及生物化学农药。现代的农业生产离不开农药的使用，它已成为保护植物免受病虫草害的有效手段之一。据估计，如果没有农药，全世界病虫草害造成的粮食损失可达 50% 左右，而农药可挽回约 15% 的损失。

随着社会的发展和科学技术进步，农药的生产和使用观念也发生了很大转变。由单纯对病虫害的杀灭转变为对病虫害的控制。单纯杀灭性农药用药量大、毒性高、抗药性强、农药残留量高，容易污染环境、危及生态平衡。因此，应淘汰对人畜有毒、严重污染环境的农药；大力研究开发、生产和使用对人畜毒性小、对环境友好、对病虫害不易产生抗药性的农药新品种；控制和限制病虫害的危害，保护生态环境，促进农业可持续发展，这是农药发展的重点及方向。

阅读上面的材料，根据自己所学的知识，回答下面的问题。

1. 请阐述农药的重要性。
2. 说明农药发展的方向。

相关知识

一、农药基本概念

1. 定义

农用精细化学品中最主要的代表就是农药。农药是现代农业的重要生产资料，对于保证农作物优质高产具有不可或缺的作用。现代农药需同时具备高效、低毒、低残留、安全等特点。我国是一个农业大国，农业是国民经济的基础。在我国人均耕地远低于世界水平的情况下，农业生产水平的提高、农业生态环境的保护和农民收入的增长，与农药行业的发展密切相关。

农药是指具有杀灭农作物病、虫、草害和鼠害以及其他有害生物，或能调节植物或昆虫生长，从而使农业达到增产、保产、保质等作用的化学物质。它们可以来源于人工合成的化合物，也可以来源于自然界的天然产物；可以是单一物质，也可以是几种物质的混合物或制剂。当农药用于防治农业生产的病、虫、草、鼠等有害生物时，称为化学保护或化学防治；用于调节植物的生长发育时，则称为化学调控。

2. 应用

农药是防治农作物的病害、虫害、草害和鼠害，保护农作物生产，提高产量和质量必不可少的生产资料。在生产生活中具有重要作用，应用广泛。它不仅广泛应用于农业生产和储存，还应用于林牧业、工业生产、卫生防疫、水果和蔬菜保鲜以及国防建设等领域。

二、农药的分类

农药的种类很多，分类方法也不尽相同，主要的分类方法包括按用途、按作用方式和按来源等进行分类。

1. 按用途分类

农药可以分为杀虫剂、杀菌剂、除草剂和植物生长调节剂等。用来防治害虫的农药叫杀虫剂，它又可分为杀螨剂、昆虫引诱剂、不育剂和驱避剂等；用来防治病害的农药叫杀菌剂，它包括杀线虫剂、内吸治疗剂等；能消灭杂草的农药是除草剂；能促进或抑制植物生长的农药是植物生长调节剂。

2. 按作用方式分类

农药可以分为胃毒剂、触杀剂、熏蒸剂、内吸剂、黏捕剂、保护剂、治疗剂、铲除剂、触杀性和内吸性除草剂等。其中，胃毒剂、触杀剂、熏蒸剂、内吸剂和黏捕剂等主要用于杀虫；杀菌剂有保护剂、治疗剂和铲除剂等；除草剂有触杀性除草剂和内吸性除草剂两种。

3. 按来源分类

农药可分为化学农药（如有机氯、有机磷杀虫剂等）、矿物农药（如硫酸铜、烟碱等无机化合物）和生物农药。

化学农药在农业生产中占有重要地位，但近年来，化学农药的毒性和残留问题引起了人们的关注。研究和开发新的农药品种，对于防治作物病虫害和草害，提高作物产量和质量是十分重要的。农药的发展方向应该是高效、低毒、安全。除改良品种、改进使用方法以消除污染环境外，人们对发展微生物农药产生了很大兴趣并寄予厚望。

三、农药的毒理

农药一般对有机体具有毒害作用，包括急性中毒和慢性中毒两种。急性中毒是药剂一次性进入有机体后，在短时间内发生毒害作用的现象；慢性中毒是药剂长期反复与有机体接触后，药剂在体内的累积，造成体内机能损伤而引起的中毒现象。

半数致死量是指被实验动物一次经口服、注射或皮肤涂抹后产生急性中毒，引起 50% 样本死亡所需的药剂剂量，是衡量农药毒害作用大小的尺度，半数致死量的单位是 mg/kg。数值越小表示毒性越大。

农药毒理主要是其慢性中毒对人的健康产生毒害作用。为了保证药效，农药一般都具有较好的稳定性。施过农药的产品虽经加工、食品烹调等处理，但仍可能有农药残留。人们长期摄入这些残留物后，在体内慢慢累积，可能造成慢性中毒。

农药慢性中毒的大小用最大无作用量或每日允许摄入量（ADI）表示，这些指标是依据动物慢性中毒试验结果得出的。

四、农药的剂型与加工

农业生产中一般不能直接使用农药的原药。因为多数农药是脂溶性的，不溶或难溶于水，直接使用难以分散，不能充分黏附在菌体或植株上，影响药效的发挥，达不到防治效果，甚至可能烧伤农作物。

为了提高药效，改善农药性能，降低毒性，稳定质量，节省农药用量，便于使用，必须将原药加工制成一定剂型的农药。

农药剂型多种多样，应根据农作物的品种、病虫害的种类、农作物的生长阶段、施药地点、病虫害发生期以及各地自然条件等来确定。同一种原药可加工成多种剂型农药。农业生产对剂型的要求是经济、安全、合理、有效和方便使用等。农药的基本剂型有粉剂、乳剂、可湿性粉剂、胶悬剂和颗粒剂等。

1. 粉剂

粉剂是将原药与填料按比例混合研磨过筛，使其细度达到 200 目制成农药成品。原药是农药的有效成分，起主要的防治作用；填料的作用是稀释原药，降低成本，常用的填料有滑石粉、陶土、高岭土等。粉剂具有加工方便，喷洒面积大，不易产生药害等特点，是通用剂型之一。

2. 乳剂

乳剂是将农药原药、溶剂和乳化剂按比例混合配制成透明油状液体。其中乳化剂具有分散乳化作用，能将脂溶性的原药分散到溶剂中形成稳定体系，而溶剂可减少原药用量。使用时按一定比例加水搅拌，稀释成乳状液体喷雾使用。乳剂的特点是容易渗透到昆虫的表皮，防治效果好，但使用了大量的有机溶剂，成本较高。

3. 可湿性粉剂

可湿性粉剂是将原药、填料、润滑剂经粉碎加工制成机械混合物，细度一般为 99.5% 能通过 200 目筛，能分散在水中，通过喷雾使用，其药效比粉剂高。

4. 胶悬剂

胶悬剂是将固体或黏稠状的农药原药与一定量的分散剂加热处理，使农药原药以很小的微粒分散于分散剂中，冷却后成为固体，药剂仍保持微粒状态，稍加粉碎即为胶悬剂。由于分散剂的作用，胶悬剂加水后能稳定悬浮于水中，可供喷雾使用，其粒度一般为 1～3 μm，最大不超过 5 μm。

5. 颗粒剂

将农药原药的溶液或乳液喷洒在 30～60 目的填料颗粒上，等溶剂挥发后药剂吸附在填料颗粒上而成为颗粒制剂；也可以在农药原药中加入某些助剂，再制成30～60目的微小颗粒。颗粒剂具有药效高、使用方便、节省药量等特点。

目标检测

一、单项选择题

1. 将固体或黏稠状的农药原药与一定量的分散剂加热处理，使农药原药以很小的微粒分散于分散剂中，冷却后成为固体，药剂仍保持微粒状态的是（　　）。

A. 粉剂　　B. 可湿性粉剂　　C. 乳剂　　D. 胶体剂

2. 粉剂是最常用的剂型之一，不具有（　　）特点。

A. 加工方便　　B. 喷洒面积大　　C. 不易产生药害　　D. 药效最好

3. 按（　　）分类，农药可分为有机化学农药（有机氯、有机磷杀虫剂等）、植物性农药（除虫菊、硫酸烟碱等）和生物性农药。

A. 应用特性　　B. 组成　　C. 用途　　D. 来源

4. 半数致死量是衡量其毒害作用的尺度，数值越小表示毒性（　　）。

A. 越大　　B. 越小　　C. 适中　　D. 不确定

5. 将农药原药、溶剂和乳化剂按比例混合配制而成的透明油状液体是（　　）。

A. 粉剂　　B. 可湿性粉剂　　C. 乳剂　　D. 胶体剂

二、多项选择题

1. 现代农药的要求包括（　　）。

A. 高效　　B. 低毒　　C. 无残留　　D. 安全

2. 农药应用范围有（　　）。

A. 广泛用于农林业生产的产前和产后

B. 有些农药品种也是工业品的防蛀、防腐剂

C. 有些农药品种也是卫生防疫上常用的药剂

D. 以上都不是

3. 下列关于农药胶体剂的说法中错误的有（　　）。

A. 农药原药通过溶解分散于分散剂

B. 胶体剂农药产品外形一般为液体

C. 胶体剂农药不能溶于水

D. 胶体剂加水后能稳定悬浮于水中可供喷雾使用

4. 下列关于农药可湿性粉剂的说法中正确的是（　　）。

A. 产品为 99.5% 能通过 200 目筛的粉末

B. 能分散在水中

C. 其药效比粉剂低

D. 其药效比粉剂高

5. 农药的剂型是根据（　　）确定，因此同一种农药可以有不同剂型的。

A. 农作物的品种　　B. 虫害的种类

C. 农作物的生长阶段和施药地点　　D. 病虫害发生期以及各地自然条件

三、思考题

1. 简述农药的作用及应用范围。

2. 为什么要将农药加工成不同的剂型？

3. 农药的毒害作用有哪些？怎么评价？

任务二　杀虫剂生产技术

学习目标

1. 了解杀虫剂的定义、应用、分类及杀虫机理。

2. 了解不同结构杀虫剂的特点。

3. 掌握典型杀虫剂的生产原理及生产工艺。

任务引入

杀虫剂是产量最大、用途最广的一类农药，在我国其产量位居各类农药之首，主要作用是控制农作物的虫害，确保产量和品质。

生物杀虫剂是含有微生物活性成分的杀虫剂，微生物活性成分主要有细菌、真菌、病毒、昆虫信息素、植物提取物等，属于微生物农药的范畴，主要品种有阿维菌素、苏云杆菌、病毒杀虫剂等。生物杀虫剂的特点是用量少、效率高、易分解、环境友好，对环境生态及人类健康具有特别的意义，是杀虫剂发展的重要方向。

阅读上述材料，讨论下列问题，记录结果，并与同学分享：

1. 杀虫剂的作用主要有哪些？

2. 什么是生物杀虫剂？

3. 生物杀虫剂的特点有哪些？

相关知识

一、杀虫剂基本概念

1. 定义

杀虫剂是指能够直接杀死害虫的药剂，可用于防治农业害虫、城市卫生害虫以及有害昆虫等。杀虫剂能杀灭的害虫包括甲虫、苍蝇、蛴螬、鼻虫、跳虫以及近万种其他害虫种类。

2. 发展方向

最早被发现的是天然杀虫剂及无机化合物杀虫剂，但它们作用单一、用量大、有效期短。后来，有机氯、有机磷和氨基甲酸酯等有机合成杀虫剂得以发展，其特点是高效，但残留高，其中不少品种对哺乳动物具有较高的急性毒性。随着人类对自身生存环境的日益重视，大力发展高效（或超高效）、低毒、低残留、安全的新型杀虫剂及生物杀虫剂已成为杀虫剂工业的发展方向。

二、杀虫剂分类

杀虫剂种类很多，可按来源、化学结构、作用方式、毒理作用等进行分类，目前，一般以其化学结构进行分类为主。许多杀虫剂兼具有多种作用，如不少有机磷杀虫剂兼有胃毒、触杀、内吸和熏蒸等作用。

1. 按来源分类

杀虫剂可分为植物性杀虫剂、微生物杀虫剂和化学杀虫剂等。植物性杀虫剂是以野生植物或栽培植物为原料，经过加工而成的杀虫剂，如除虫菊、鱼藤、烟草等。利用能使害虫致病的微生物（如真菌、细菌、病毒等）制成的杀虫剂称为微生物杀虫剂，如苏云金杆菌、白僵菌等。化学杀虫剂是以化工原料为基础合成的杀虫剂，可分为无机杀虫剂和有机杀虫剂。无机杀虫剂是指有效成分为无机化合物或利用天然矿物中的无机成分来杀虫的杀虫剂，如砷酸铅、砷酸钙、白砒等。有机杀虫剂是指有效成分为有机化合物的杀虫剂。

2. 按化学结构分类

杀虫剂可分为有机氯杀虫剂、有机磷杀虫剂、有机氮杀虫剂、拟除虫菊酯类杀虫剂、其他合成杀虫剂等。这是目前最常见的分类方法。

3. 按作用方式分类

杀虫剂可以分为胃毒剂、触杀剂、熏蒸剂、内吸杀虫剂等。胃毒剂是药剂通过害虫的口及消化系统进入体内，引起害虫中毒死亡，但对刺吸口器害虫无效。触杀剂是药剂通过接触害虫体壁渗入体内，使害虫中毒死亡，适用于各种口器的害虫，但对于体表具有较厚蜡层保护的害虫效果不佳。熏蒸剂是药剂在常温常压下能汽化或分解成有毒气体，通过害虫的呼吸系统进入，导致虫体中毒死亡。熏蒸剂一般应在密闭条件下使用，除非在特殊情况下，如土壤熏蒸，否则在大田条件下使用效果不佳。内吸杀虫剂是药剂通过植物的根、茎、叶或种子被吸收进入植物体内，并在植物体内传导，害虫危害植物时取食而中毒死亡。仅能渗透植物

表皮而不能在植物体内传导的药剂，不能称为内吸杀虫剂。

4. 按毒理作用分类

杀虫剂可分为神经毒剂、呼吸毒剂、物理性毒剂、特异性杀虫剂等。神经毒剂主要作用于害虫的神经系统，如滴滴涕、对硫磷、呋喃丹、除虫菊酯等。呼吸毒剂可以抑制害虫的呼吸酶，如氰氢酸等。物理性毒剂主要是通过物理方式（如堵塞害虫气门或磨破表皮等）来杀灭害虫。例如，惰性粉是一种物理毒性杀虫剂，可磨破害虫表皮，使害虫致死。特异性杀虫剂是一类通过干扰昆虫的特定生理过程或行为来达到防治效果的杀虫剂，而非直接杀死昆虫。例如，昆虫生长调节剂就是通过昆虫胃毒或触杀作用，进入昆虫体内后阻碍几丁质的形成，影响内表皮生成，使昆虫蜕皮变态时不能顺利进行，卵的孵化和成虫的羽化受阻或虫体成畸形而发挥杀虫效果。

三、杀虫剂的机理

杀虫机理是新型杀虫剂研制及高度生理选择性药剂开发的基础，更是研发高效、低毒、低残留、安全杀虫剂的重要依据。

普遍认为，杀虫剂的作用机理在于利用高等动物与昆虫之间的生理差异，通过特定方式对农作物害虫进行毒杀。毒杀方式大致可分为两大类：第一类为神经系统毒剂，包括破坏突触护膜、作用于神经纤维膜以及影响刺激传导化学物质分解酶等；第二类为干扰代谢毒剂，能破坏能量代谢、抑制激素代谢、抑制几丁质合成以及抑制毒素代谢酶系。目前广泛使用的杀虫剂均属于神经系统毒剂。

四、主要产品

1. 有机磷杀虫剂

多为磷酸酯类或硫代磷酸酯类化合物，其结构通式为：

OR＼　　//O
　　　P
OR／　　＼X

其中，R 为碱性基团，多为甲氧基（CH_3O-）或乙氧基（C_2H_5O-）；与磷相连的为氧（O）或硫（S）原子；X 为各种不同的基团。

该类杀虫剂的特点是品种繁多，多数属于高毒或中毒，少数为低毒；对虫、螨的防治效果较好；作用方式多样，包括触杀、胃毒、内吸和熏蒸等；外观呈油状液体，具有大蒜臭味，颜色偏深，沸点较高，大部分在常温下蒸气压低，不易挥发；不溶于水或难溶于水，但易溶于有机溶剂；在碱性环境下易分解而失效。

常用的有机磷杀虫剂品种包括敌百虫、敌敌畏、对硫磷（1605）、甲基对硫磷、内吸磷（1059）、甲基内吸磷、甲拌磷（3911）、乐果、马拉硫磷（4049）等。然而，高毒有机磷杀虫剂的大量使用已经引发了一系列问题，如耐药性、中毒事件、农产品中杀虫剂残留超标以及环境污染等。长期使用高毒有机磷杀虫剂，还可能导致人体慢性中毒、迟发性神经毒性问题，损害器官，引发多种疾病。因此，消减高毒有机磷杀虫剂的产量已成为社会发展的必然要求。

我国自 2007 年起停止生产甲胺磷、久效磷、对硫磷、甲基对硫磷、磷胺这 5 种高毒有机磷杀虫剂。

有机磷杀虫剂的杀虫机理是抑制动物体内神经组织中乙酰胆碱酯酶的活性，破坏正常的神经传导，导致神经传导受阻而引起昆虫中毒死亡。

2. 有机氯杀虫剂

有机氯杀虫剂是一些氯代烃类有机化合物，具有活性高、广谱性强的特点，对温血动物的毒性相对较低，有效期长，且生产简便、价格低廉。但其毒性较高，化学结构稳定，不易降解，长期使用会破坏生态环境。因此，曾经广泛生产和使用的许多品种，自 20 世纪 80 年代起已全面停止使用。代表产品有六六六、林丹、双对氯苯基三氯乙烷（DDT）等。

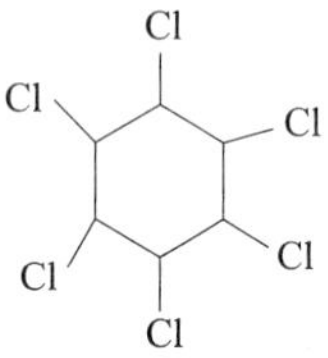

六六六 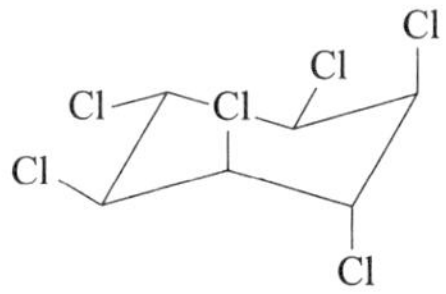　　林丹 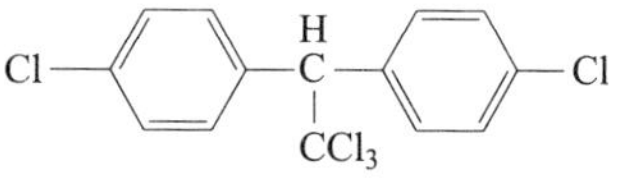　　双对氯苯基三氯乙烷（DDT）

3. 氨基甲酸酯类杀虫剂

氨基甲酸酯类杀虫剂是含有官能团N－甲基或N,N－二甲基的酯类化合物，其结构通式为：

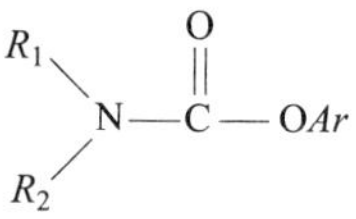

$$\begin{matrix} R_1 \\ & \searrow \\ & & N - \overset{\displaystyle O}{\overset{\|}{C}} - OAr \\ & \nearrow \\ R_2 \end{matrix}$$

Ar 几乎都是苯环、稠环、杂环等基团，R_1 大多数情况下是 $-CH_3$，R_2 大多数情况为 $-H$ 或 $-CH_3$。

氨基甲酸酯类杀虫剂杀虫效果良好，作用迅速，具有较强的选择性，即使在 15 ℃以下其效力也不减，因此可用于防治越冬害虫。该类杀虫剂易分解失效，故对人、畜毒性较低，且在体内无蓄积中毒作用。

由于有机氯杀虫剂有残留问题，有机磷杀虫剂毒性较大、易产生抗药性问题，氨基甲酸酯类杀虫剂的地位显得更为重要。虽然其杀虫范围不及有机氯杀虫剂和有机磷杀虫剂那么广泛，但在棉花、水稻、玉米、大豆、花生、果树、蔬菜等多种作物上均具有一定的使用价值。氨基甲酸酯类杀虫剂可分为下列三类：

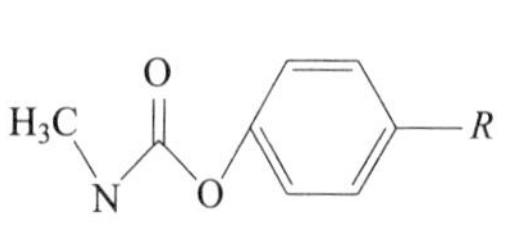

取代酚类甲基氨基甲酸酯 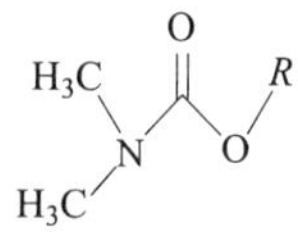　　N,N－二甲基氨基甲酸酯 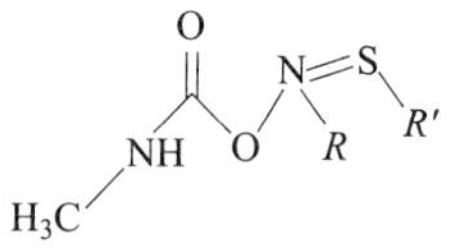　　N－甲基氨基甲酸肟酯

代表产品如西维因、涕灭威、速灭威、克百威等。

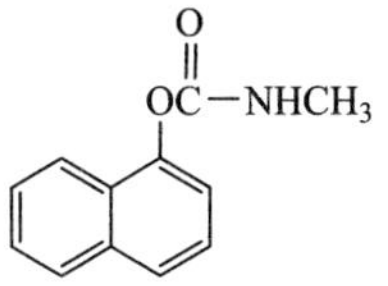

西维因 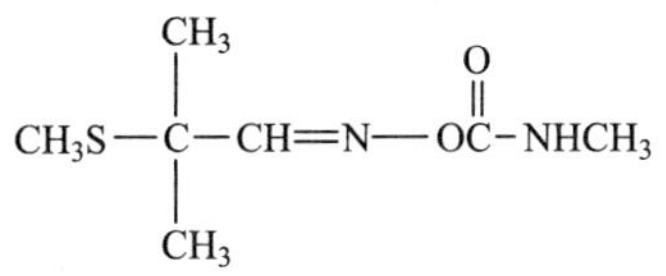　　涕灭威

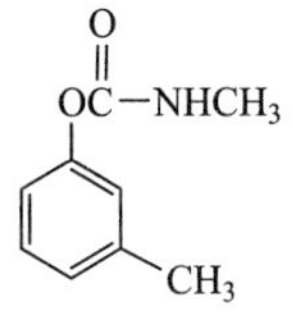

速灭威 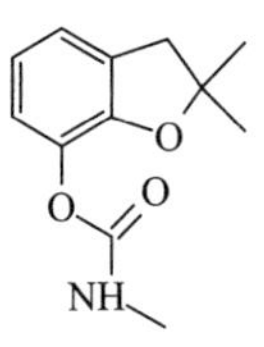　　克百威

4. 拟除虫菊酯杀虫剂

含有除虫菊酯的杀虫剂称为拟除虫菊酯杀虫剂，其最早来源于植物，后来实现了人工合成，现今以人工合成为主。1949 年人工合成了第一个拟除虫菊酯杀虫剂——烯丙菊酯杀虫剂，并于 1954 年投入工业生产。

拟除虫菊酯杀虫剂是一类仿生农药，具有高效、低毒、安全性高、易降解、低残留、无污染、价廉易得等优点，能够防治多种害虫，具有广谱性。其杀虫效果相较于有机氯、有机磷、氨基甲酸酯类杀虫剂要高出很多。对昆虫具有触杀作用，部分品种还兼具胃毒或熏蒸作用，但通常不具备内吸作用。

按结构分类，拟除虫菊酯杀虫剂可分为菊酯系列、二卤菊酯系列以及非酯类系列等，菊酯系列典型品种有：

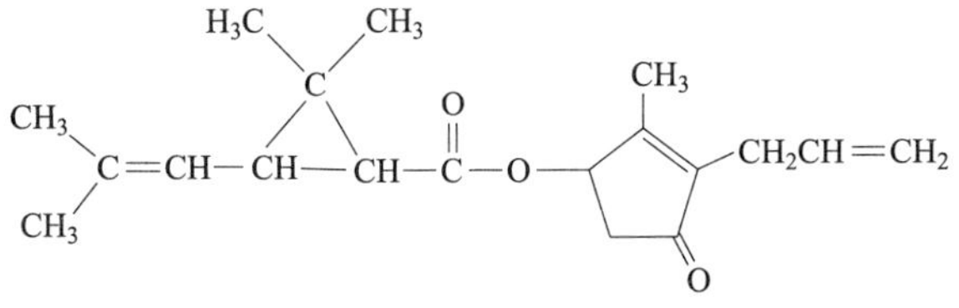

丙烯菊酯 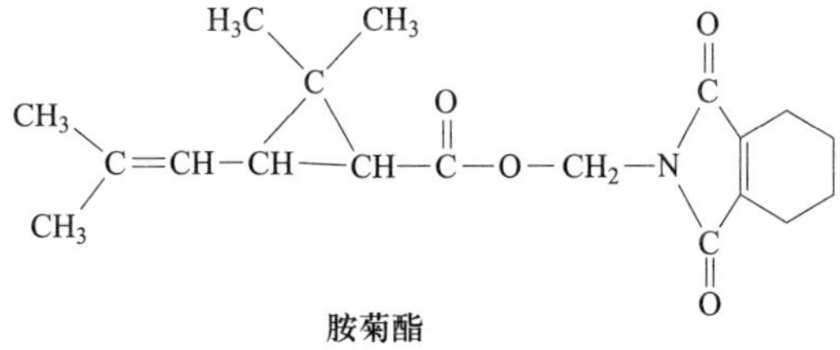　　胺菊酯

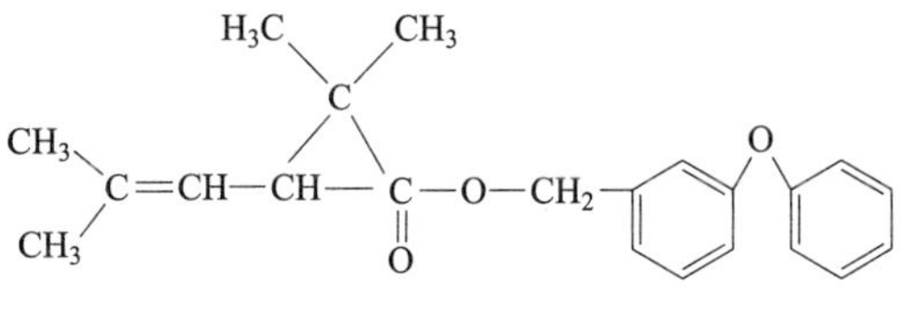

苯醚菊酯 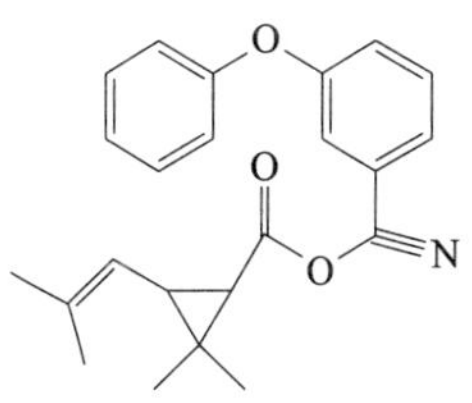　　氰苯醚菊酯

5. 沙蚕毒素类杀虫剂

沙蚕毒素类杀虫剂是从沙蚕中分离出来的一种物质，后来实现了人工合成，其有效成分为沙蚕毒素。第一个人工合成的沙蚕毒素类杀虫剂是杀螟丹，它在昆虫体内经过代谢作用转化为沙蚕毒素，从而导致昆虫中毒死亡。它们的结构分别为：

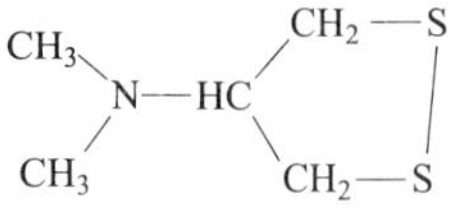

沙蚕毒素 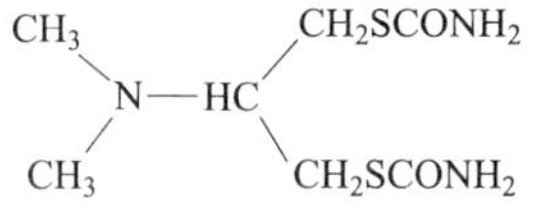　　杀螟丹

6. 植物源杀虫剂

植物源杀虫剂的有效成分来源于自然界的植物体，其优点是对环境友好，毒性普遍较低，且不易使害虫产生抗药性，因此是生产无公害农产品的优选农药品种。然而，此类杀虫剂种类相对较少，主要包括苦参碱、氧化苦参碱、烟碱、苦皮藤素、闹羊花素、血根碱、桉叶素制剂以及蛇床子素等。其中，有少量品种（如吡虫啉、啶虫脒等）可以实现人工合成。

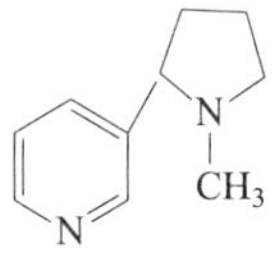

烟碱 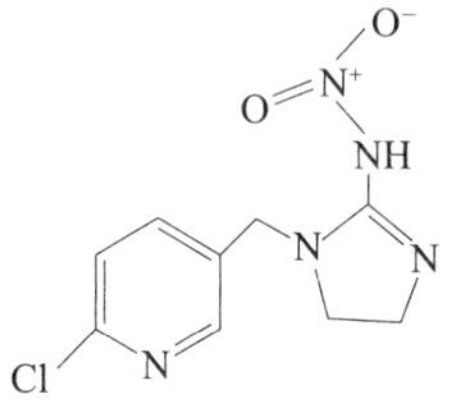　　吡虫啉

7. 微生物杀虫剂

微生物杀虫剂的种类繁多，目前已发现有 2 000 多种，它们能够针对细菌、真菌、病毒、原生昆虫以及线虫等进行有效毒杀。目前，市场上已形成商品化的微生物杀虫剂主要包括细菌类杀虫剂、真菌类杀虫剂、病毒类杀虫剂以及抗生素类杀虫剂。其中，主要品种有阿维菌素、苏云金杆菌、病毒杀虫剂等。

五、典型杀虫剂生产工艺

由于有机氯杀虫剂的残留问题，以及有机磷杀虫剂毒性大、抗药性问题日益突出，当前杀虫剂的发展重点主要集中在氨基甲酸酯类杀虫剂和高效（或超高效）、低毒、低残留、安全的新型杀虫剂上。

1. 甲基异柳磷生产工艺

甲基异柳磷，又称胺硫磷，是一种广谱、新型有机磷土壤杀虫剂。其外观为淡黄色油状液体，折射率为 1.522 1，工业品则略带茶色，同样为油状液体。该杀虫剂易溶于苯、甲苯、二甲苯、乙醚等有机溶剂，但难溶于水。尽管甲基异柳磷属于高毒农药，但其质量稳定，有效期长，因此被视为取代六六六农药的理想选择。其结构式为：

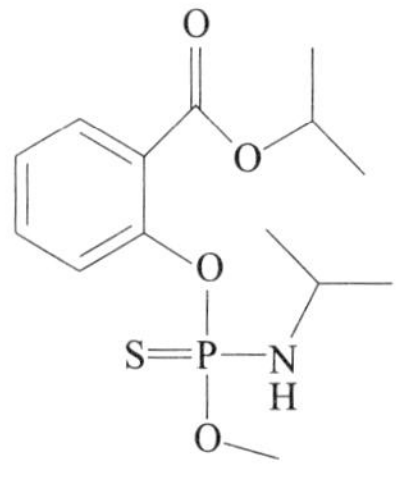

甲基异柳磷主要毒杀土壤害虫，可用于小麦、花生、大豆、玉米等作物，有效防治蛴螬、蝼蛄、金针虫等土壤害虫，同时兼治某些地面害虫，对地瓜茎线虫病的防治效果尤为显著。该杀虫剂具有很强的触杀和胃毒作用。其剂型包括20%（质量分数）、40%（质量分数）甲基异柳磷乳油，40%（质量分数）增效甲基异柳磷乳油，52%（质量分数）甲基异柳磷原油，以及3%（质量分数）甲基异柳磷颗粒剂等。

甲基异柳磷的合成过程包括O–甲基硫代磷酰二氯的合成、水杨酸异丙酯的合成，以及甲基异柳磷的最终合成三个步骤。其中，前两步合成中间体二氯化物和水杨酸异丙酯。主要原料包括水杨酸、氯化亚砜、异丙醇、甲醇、三氯硫磷、二甲苯等，要求水杨酸质量分数≥99%，氯化亚砜质量分数≥97.5%。

（1）O–甲基硫代磷酰二氯的合成

将三氯硫磷一次性投入反应釜中，开启搅拌，并打开冷冻盐水阀门。当反应釜温度降至–5 ℃以下时，开始滴加甲醇，滴加速度以控制反应温度在–5～0 ℃为宜。保温反应15 min后，取样分析，当二氯化物质量分数≥95%时，降温至–5 ℃以下，抽入水洗釜中，搅拌10 min后，将物料投入分水器。抽完后静置分层20 min，将分水器下层的二氯化物经二氯计量罐计量后，抽入二氯储罐，供后续合成工序使用。

（2）水杨酸异丙酯的合成

向反应釜中投入水杨酸，先将催化剂一次性投入，然后将剩余的水杨酸抽入反应釜中，最后将氯化亚砜一次性投入反应釜中。当反应釜升温至30 ℃时，停止热水泵，开始酰氯化保温，温度控制在（30±2）℃，保温10 min。酰氯化取样合格后，升温至40 ℃以上，开始滴加异丙醇，滴加速度以控制反应温度在（45±2）℃为宜。加完后升温至（50±2）℃，保温反应110 min。保温反应合格后，抽入脱醇釜进行脱醇处理。

（3）甲基异柳磷的合成

将水杨酸异丙酯用泵打入计量泵中，二甲苯、液碱、异丙胺分别从储罐打入各计量罐中。将计量好的异丙酯加入反应釜中，再滴加一定量的二甲苯作为溶剂，开启搅拌及冷冻盐水阀门进行降温。用真空将二氯化物抽至计量罐中，待反应釜降温至5 ℃以下时，将二氯化物一次性投入釜中。开始滴加三液（二甲苯、液碱、异丙胺），加碱控制温度≤20 ℃。滴加完后保温反应1 h，温度保持在20～25 ℃。加料时调整异丙胺和液碱的加料速度，尽可能使两种物料同时加完。保温1 h，控制温度在30～40 ℃。0.5 h后测pH值≥8，若小于8 h应适当补充一定量的异丙胺，并相应延长保温时间。胺化保温结束后，加水，搅拌10 min。将合成釜中的物料抽至萃取釜中，加入一定量的二甲苯进行萃取。搅拌静置后，将下层废水放入水罐中。

2. 氨基甲酸酯类杀虫剂生产工艺

氨基甲酸酯类杀虫剂的制备方法主要有以下三种。主要原料为1–氯苯酚，可以是邻、间、对三种–氯苯酚。

（1）氯甲酸甲酯法

其反应式为：

$$\text{Cl-C}_6\text{H}_4\text{-OH} + \text{Cl-}\overset{\text{O}}{\overset{\|}{\text{C}}}\text{-Cl} \xrightarrow{\text{NaOH}} \text{Cl-C}_6\text{H}_4\text{-O}\overset{\text{O}}{\overset{\|}{\text{C}}}\text{Cl} + \text{NaCl} + \text{H}_2\text{O}$$

$$\text{Cl-C}_6\text{H}_4\text{-O}\overset{\text{O}}{\overset{\|}{\text{C}}}\text{Cl} + \text{CH}_3\text{NH}_2 \longrightarrow \text{Cl-C}_6\text{H}_4\text{-O}\overset{\text{O}}{\overset{\|}{\text{C}}}\text{NHCH}_3 + \text{CH}_3\text{NH}_2 + \text{HCl}$$

该反应分两步进行，两步反应都需要在低温条件下进行，又称冷法。第一步反应产率通常为 60%～80%，总反应产率可达 95%。

（2）氨基甲酰氯法

其反应式为：

$$\text{Cl-}\overset{\text{O}}{\overset{\|}{\text{C}}}\text{-Cl} + \text{CH}_3\text{NH}_2 \longrightarrow \text{CH}_3\text{NCO} + 2\text{HCl}$$

$$\text{Cl-C}_6\text{H}_4\text{-OH} + \text{CH}_3\text{NCO} \longrightarrow \text{Cl-C}_6\text{H}_4\text{-O}\overset{\text{O}}{\overset{\|}{\text{C}}}\text{NHCH}_3$$

$$\text{Cl-C}_6\text{H}_4\text{-OH} + \text{CH}_3\text{NH}\overset{\text{O}}{\overset{\|}{\text{C}}}\text{Cl} \xrightarrow{\text{NaOH}} \text{Cl-C}_6\text{H}_4\text{-O}\overset{\text{O}}{\overset{\|}{\text{C}}}\text{NHCH}_3 + \text{HCl}$$

该反应也是分两步，所以两步反应都需要在加热条件下进行，又称热法。第一步反应产率可达 95% 以上，第二步反应产率达 90% 以上。

（3）异氰酸酯法

这是制备 N－取代氨基甲酸酯的专用方法，三乙胺为催化剂，产率达 95% 以上。

$$\text{2-(CH}_3\text{CHCH}_2\text{CH}_3\text{)C}_6\text{H}_4\text{OH} + \text{CH}_3\text{NCO} \xrightarrow{(\text{CH}_3\text{CH}_2)_3\text{N}} \text{2-(CH}_3\text{CHCH}_2\text{CH}_3\text{)C}_6\text{H}_4\text{OCONHCH}_3$$

以上三种制备方法以第三条工艺路线在技术上较为先进。第一、第二条工艺路线适用于小规模工业生产。

3. 仲丁威生产工艺

仲丁威，又称巴沙，是一种高效、低毒、低残留的氨基甲酸酯类杀虫剂。其外观为无色透明液体，熔点范围为 12～15 ℃，沸点范围为 226～228 ℃，相对密度为 0.980 4，折射率为 1.522 5。该杀虫剂易溶于甲醇、乙醚等有机溶剂，微溶于水，在水中的溶解度为 0.1 g/100 g。其结构式为：

$$\text{2-(CH}_3\text{CHCH}_2\text{CH}_3\text{)C}_6\text{H}_4\text{OCONHCH}_3$$

仲丁威生产包括邻仲丁基酚合成和仲丁威合成两步。其反应为：

邻仲丁基酚合成主反应式：

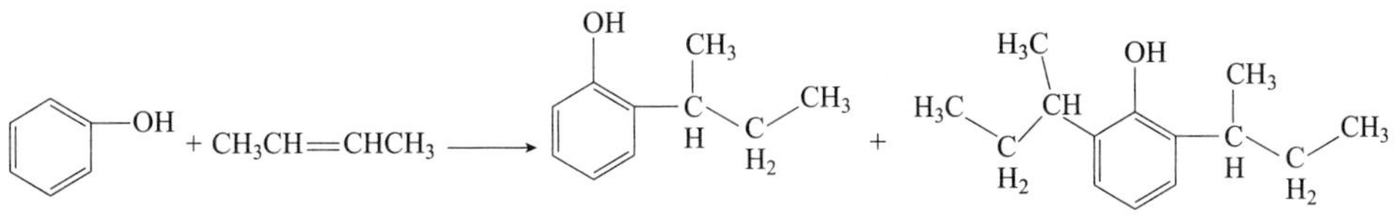

$+ CH_3CH{=}CHCH_3 \longrightarrow$

邻仲丁基酚　　2,6-二丁仲基酚

2,6-二丁仲基酚歧化反应：

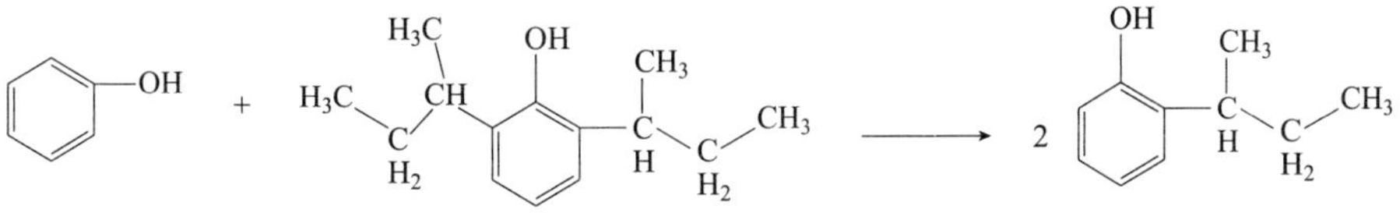

仲丁威合成反应式：

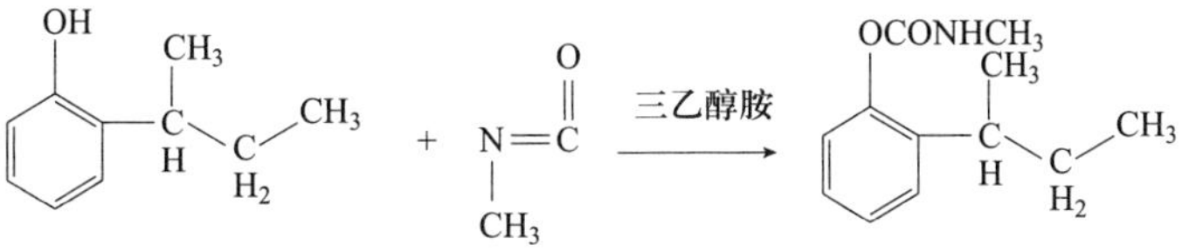

三乙醇胺

（1）邻仲丁基酚合成工序

第一步酚铝的制备。将熔化的苯酚吸入计量罐中，经过计量后投入酚铝反应釜内。开启搅拌并加热升温，当温度升至 150 ℃时，投入计量好的铝粉，开始反应并同时通入氢气。反应液会自行升温、升压，温度可达到 165～170 ℃，压力升至 3.9×10^5～5.9×10^5 Pa。维持在 165～170 ℃下反应 0.5 h，取样分析酚铝含量，当质量分数≥ 3% 时，即为合格的酚铝溶液。

第二步邻仲丁基酚的合成。先将上述合格的酚铝溶液压入烷化反应釜中，在搅拌下升温至 210 ℃，然后通入已计量的 2-丁烯。控制反应温度在 230～240 ℃，压力在 1.3×10^5～1.5×10^6 Pa。通完 2-丁烯后，在 210 ℃下继续反应 1.5 h。烷化反应液经过真空初蒸馏，分去残渣后，再进行精馏，得到未反应的苯酚、邻仲丁基酚以及含有 2,6-二仲丁基酚的釜液。釜液经过歧化反应，可以部分转化为邻仲丁基酚。

（2）仲丁威合成工序

在缩合反应釜中，先投入计量好的邻仲丁基酚和三乙胺，开启搅拌，约 1 h 内滴加完毕。控制反应温度在 70 ℃以下，随后在 60～70 ℃的温度范围内继续反应 1 h。反应结束后，通入氮气以赶尽多余的异氰酸甲酯。最终产品仲丁威的质量分数应≥ 97%。仲丁威生产工艺流程如图 10-2-1 所示。

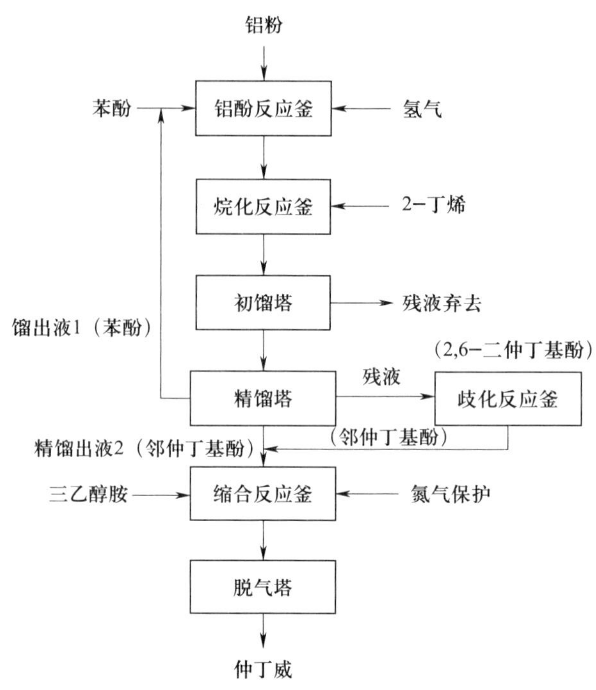

图 10-2-1　仲丁威生产工艺流程

目标检测

一、单项选择题

1. 有效成分为无机化合物或利用天然矿物中的无机成分来杀虫的杀虫剂是（　　）。

A. 无机杀虫剂　　B. 有机杀虫剂

C. 植物杀虫剂　　D. 微生物杀虫剂

2. 不是氨基甲酸酯类杀虫剂特点的是（　　）。

A. 杀虫作用迅速　　B. 无富集中毒作用

C. 不易分解失效　　D. 有较强的选择性

3. 生产无公害农产品优选的杀虫剂是（　　）。

A. 有机氮　　B. 有机氯　　C. 有机磷　　D. 植物源

4. 甲基异柳磷的剂型主要是（　　）。

A. 乳剂　　B. 粉剂

C. 可湿性粉剂　　D. 油剂

5. 甲基异柳磷是（　　）。

A. 有机磷杀虫剂　　B. 有机氯杀虫剂

C. 菊酯类杀虫剂　　D. 生物杀虫剂

二、多项选择题

1. 不需要在密闭情况下使用的是（　　）。

A. 胃毒杀虫剂　　B. 触杀杀虫剂

C. 熏蒸杀虫剂　　D. 内吸杀虫剂

2. 杀虫剂毒杀主要包括（　　）。

A. 神经系统毒剂　　B. 干扰代谢毒剂

C. 肌肉系统毒剂　　D. 血液系统毒剂

3. 有机氯杀虫剂的特点是（　　）。

A. 高效　　B. 高分解　　C. 高残留　　D. 高毒

4. 仲丁威生产包括（　　）。

A. 邻仲丁基酚合成　　B. 邻仲丁基酚氧化

C. 邻仲丁基酚氧化　　D. 仲丁威合成

三、思考题

1. 按来源分，杀虫剂分为哪几类？各有什么特点？

2. 简述杀虫剂的作用机理。

3. 简述仲丁威的合成工序。

任务三　杀菌剂生产技术

学习目标

1. 了解杀菌剂的定义、应用范围、分类及杀菌机理。

2. 了解不同结构杀菌剂的特点。

3. 掌握典型杀菌剂的生产原理及生产工艺。

任务引入

全世界由病原真菌引起的植物病害种类很多，所造成的损失占农作物年度总损失的10%～30%。如果把病毒、细菌、线虫等引起的植物病害也算在内，其损失就更为巨大。19世纪初期，由于马铃薯疫病的暴发，以马铃薯为主食的一些国家陷入了严重饥荒。1958—1959年，烟草疫病先后在欧洲和南北美洲流行，也曾使当地一些国家的烟草作物完全毁灭。在土地辽阔的中国，作物种类及其病害更是多种多样，曾发生过小麦锈病、水稻白叶枯病等严重病害，从而造成粮食严重损失。

为了满足人们对粮食和其他生活物资日益增长的需要，人们不得不采用化学农药来保护作物，免受有害生物的侵袭，其中杀菌剂起着重要的作用。由于杀菌剂具有高效逆袭性，使得许多粮食作物、蔬菜、果树等的严重病害（如各种锈病、黑粉病、白粉病、新黑病等）都得到了有效的控制。尽管如此，仍有不少植物病害，如棉花环斑病、口尾病、水稻白叶枯病、蔬菜和烟草的疫病等，仍然不能得到理想药剂的有效控制，这对农业生产是严重威胁。随着农业生产技术的不断发展，杀菌剂的应用会更加受到重视。

阅读以上材料，回答下列问题，并与同学分享：

1. 请分享由病原真菌引起的植物病害的危害。

2. 杀菌剂特征及作用有哪些？

相关知识

一、杀菌剂基本概念

1. 定义

杀菌剂一词来源于拉丁文，从字面上讲，就是能够杀死真菌的药剂。但实际上，杀菌剂的“菌”不仅仅指真菌，而是指一类微生物，包括真菌、细菌、病毒等；“杀”不仅指“杀死”，而且也包括“抑菌”“增强植物抗病性”；药剂是指具有上述作用的化学物质，但不包括热、紫外光、生物性物质等。

因此，凡是能够杀死或抑制植物病原菌（如真菌、细菌、病毒等）而又不至于造成植物严重损伤的化学物质，均可称为杀菌剂。

2. 作用

杀菌剂是一类具有抑制菌类生长、繁殖或直接毒杀菌类的精细化学品，用于保护作物免受菌类的侵害或治疗已被病菌侵害的作物。

二、杀菌剂的分类

按化学组成和分子结构划分，杀菌剂可分为无机杀菌剂和有机杀菌剂。其中，根据分子中组成元素的不同，又分为元素硫、铜、汞杀菌剂以及有机硫、有机汞、有机氯、有机磷等杀菌剂。有机杀菌剂中，根据其化学结构的不同，还可再分为二硫代氨基甲酸类、多菌灵类、甲霜灵类等若干小类。

1. 按杀菌剂的使用方式分类

可分为叶面喷洒剂、种子处理剂、土壤处理剂（播种前处理或作物生长期使用）、根部浇灌剂、果实保护剂和烟雾熏蒸剂等。

2. 按杀菌剂的作用方式分类

可分为保护性杀菌剂、治疗性杀菌剂、铲除性杀菌剂、内吸性杀菌剂和非内吸性杀菌剂等。

3. 按对病原菌的作用机制分类

可分为能量生成抑制剂和生物合成抑制剂两大类。这种分类方法是依据杀菌剂对病原菌的杀灭或抑制的机制或过程，前者属于干扰能量代谢过程，后者属于干扰物质代谢过程。根据干扰的具体过程和物质种类不同，上述两大类又各自细分为若干小类。如能量生成（也称生物氧化或细胞呼吸）抑制剂又分为巯基（－SH）抑制剂、电子传递抑制剂、氧化磷酸化抑制剂、解偶联剂、脂肪酸β－氧化抑制剂等；生物合成抑制剂又分为细胞壁功能及其合成抑制剂、细胞膜功能及其合成抑制剂、蛋白质合成抑制剂、核酸合成抑制剂、甾醇合成抑制剂以及酶系统抑制剂等。

三、杀菌机理

杀菌剂通过破坏病原菌的蛋白质或细胞壁的合成，干扰病原菌的能量代谢或核酸代谢，改变植物的新陈代谢，进而破坏或抑制菌体的生长和繁殖，达到杀菌、抑菌目的。

杀菌剂的化学结构与生物活性有密切的关系。一般而言，杀菌剂分子结构中必须含有活性基团和特定基团才具有杀菌作用。活性基团是对生物有活性的基团，可与生物体内某些成分发生反应。如与生物体中的巯基、氨基等发生加成反应，或与生物体中的金属元素形成螯合物，或使生物体中的某些基团钝化，或抑制、破坏核酸的合成等。通常具有以下结构的化合物具有杀菌活性。

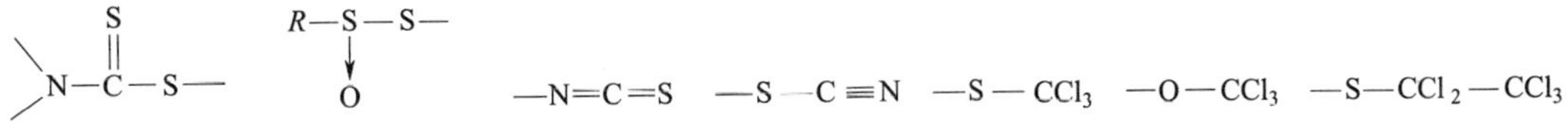

$$>N-\overset{\overset{S}{\|}}{C}-S- \qquad R-\underset{\underset{O}{\downarrow}}{S}-S- \qquad -N=C=S \qquad -S-C\equiv N \qquad -S-CCl_3 \qquad -O-CCl_3 \qquad -S-CCl_2-CCl_3$$

杀菌剂分子进入菌体内，必须通过菌体细胞壁和细胞膜。杀菌剂进入细胞的能力与其分子中特定基团的性质有关。这种特定基团（通常所称的“成型基团”）是一种能够促进穿透细胞防御屏障的基团，往往具有亲油性或油溶性。在脂肪基中，直链烃基的穿透能力比带侧链的烃基强，低碳烃基的穿透能力相对较强；卤素的穿透能力由大到小的排列顺序为 F ＞ Cl ＞ Br ＞ I。

四、典型杀菌剂生产工艺

1. 美福类生产工艺

美福双是二硫代氨基甲酸类衍生物，是一类重要的杀菌剂，主要用于处理种子和土壤，防治禾谷类白粉病、黑穗病及蔬菜病害。其加工制剂主要为 50%（质量分数）的美福双可湿性粉剂，也可与其他农药混配使用。美福双具有高效、低毒、对人畜植物安全以及防治植物病害广谱等特点，且价格低廉，因此发展非常迅速，用量很大。它是杀菌剂发展史上最早并大量广泛用于防治植物病害的一类有机化合物，它的出现标志着杀菌剂从无机向有机的一个重要转变。

美福类生产工艺包括美福钠合成和美福双合成两步。主要的原料有二甲胺、二硫化碳和液碱等。其中，二甲胺规格为工业级，质量分数≥ 40%；二硫化碳为工业级；氯气和液碱也均采用工业级，液碱质量分数在 30% 左右。

（1）美福钠合成工序

其反应式为：

$$\begin{matrix}CH_3\\ \quad\diagdown\\ \quad NH\\ \quad\diagup\\ CH_3\end{matrix} + CS_2 + NaOH \longrightarrow \begin{matrix}CH_3\\ \quad\diagdown\\ \quad N\\ \quad\diagup\\ CH_3\end{matrix}\!\!-\overset{\overset{\displaystyle S}{\|}}{C}-S-Na + H_2O$$

先在反应釜中加入适量的水，然后在搅拌条件下依次投入 30%（体积分数）的液碱和 40%（体积分数）的二甲胺。接着，将釜夹套冷却至 10 ℃以下，缓慢滴加二硫化碳，控制滴加速度以确保反应温度不超过 30 ℃。二硫化碳滴加完毕后，继续搅拌反应 1.5～2.0 h。之后，静置反应液，分出不溶解的残渣。对反应液进行含量分析后，将其打入储罐，供美福双合成工段使用。

（2）美福双合成工段

$$\begin{matrix}CH_3\\ \quad\diagdown\\ \quad N\\ \quad\diagup\\ CH_3\end{matrix}\!\!-\overset{\overset{\displaystyle S}{\|}}{C}-S-Na + Cl_2 \longrightarrow \begin{matrix}CH_3\\ \quad\diagdown\\ \quad N\\ \quad\diagup\\ CH_3\end{matrix}\!\!-\overset{\overset{\displaystyle S}{\|}}{C}-S-S-\overset{\overset{\displaystyle S}{\|}}{C}-\!\!\begin{matrix}CH_3\\ \diagup\quad\\ N\quad\\ \diagdown\quad\\ CH_3\end{matrix} + 2\,NaCl$$

在反应釜中加入适量的水，再加入 15%（质量分数）的福美钠，搅拌下通入空气－氯气混合气。当氯气消耗量达到预定标准后，检测反应液的 pH 值。当 pH 值降至 3 时，停止通入氯气，继续鼓入空气 10 min。随后，用稀碱水调节反应物料的 pH 值为 6.0～7.5，将其送至已含有母液的脱色釜中。加热脱色釜至沸腾，加入活性炭进行脱色，并搅拌 0.5 h。趁热过滤，滤渣用热水洗涤，滤液进行浓缩，送入结晶槽。经冷却至 30 ℃后，进行离心过滤。滤液作为下一批次的母液使用，滤饼即为所需产品。美福双生产工艺流程如图 10－3－1 所示。

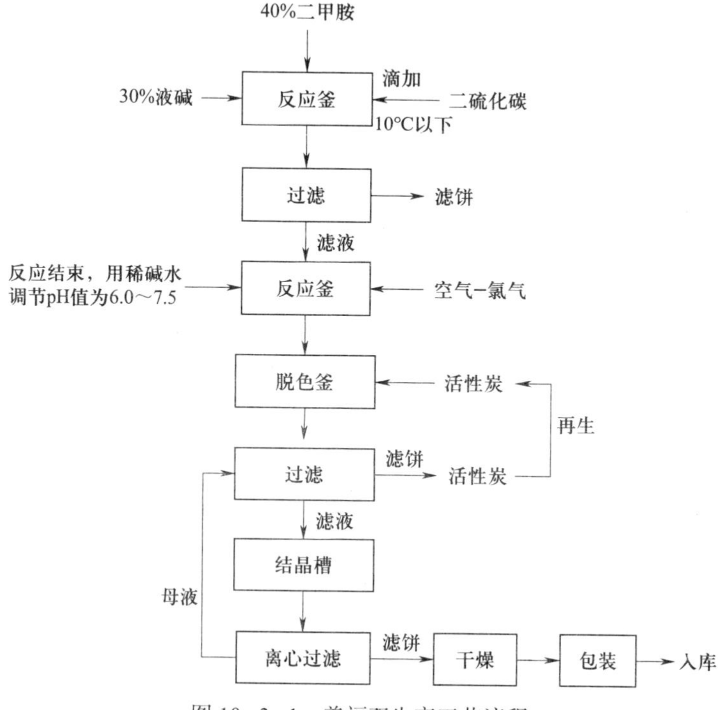

图 10－3－1　美福双生产工艺流程

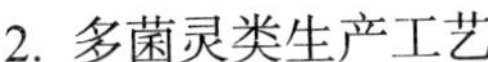

2. 多菌灵类生产工艺

多菌灵类杀菌剂的分子中都含有苯并咪唑母核，其化学结构为：

多菌灵杀菌剂是一类重要的杀菌剂，主要用于防治由真菌引起的多种植物病害。具有以下几个特点。

（1）高效、内吸。多菌灵抑菌活性在体内和体外是一致的，是高效的内吸杀菌剂。可以有效防治多种真菌病害，如白粉病、叶斑病、条锈病、叶锈病、灰霉病、枯萎病、炭疽病等。

（2）广谱性。多菌灵对多种作物由真菌（如半知菌、多子囊菌）引起的病害有防治效果，适用于果树、蔬菜、花卉及大田农作物等多种植物。

（3）多菌灵具有低毒性，不易产生抗药性，药持效期长，使用方便且价格便宜。

多菌灵类生产工艺包括氯甲酸甲酯工段、氰氨基甲酸甲酯钙盐工段和多菌灵工段三个生产工序。

（1）氯甲酸甲酯工段

其反应式为：

$$CH_3OH + COCl_2 \longrightarrow ClCOOCH_3 + HCl$$

生产过程中，甲醇自高位槽经流量计从酯化塔底部的一侧进入酯化塔。光气从合成车间送来，先经过光气缓冲罐，再经流量计从酯化塔的另一侧进入酯化塔。保持光气对甲醇的摩尔比为（1.05～1.1）:1，反应温度控制在 35～40 ℃，此时合成液中氯甲酸甲酯的质量分数高于 90%。所得的合成液流入甲酯储槽，无须进一步精制即可用于氰氨基甲酸甲酯钙盐的合成。气体经过冷凝器，将夹带的氯甲酸甲酯雾滴捕集后也流入甲酯储槽。未冷凝的气体中含有过剩的光气、盐酸气体及一氧化碳等，这些气体经过光气破坏塔（即尾气破坏塔），在 SN－7501 催化剂的作用下，光气与水反应生成盐酸，再经过盐酸吸收塔进行回收，余气高空排放。氯甲酸甲酯工段生产工艺流程如图 10－3－2 所示。

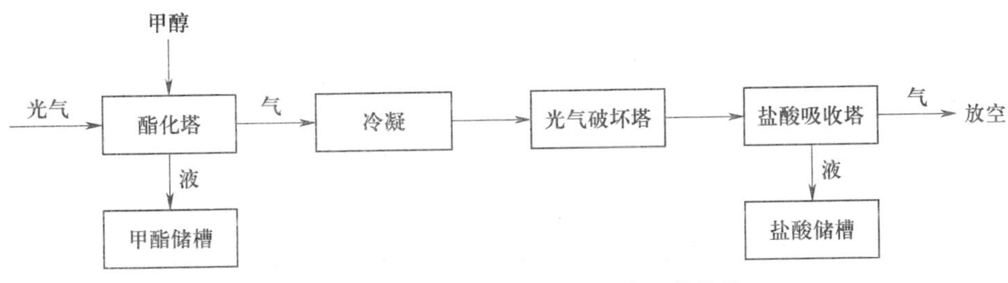

图 10－3－2　氯甲酸甲酯工段生产工艺流程

（2）氰氨基甲酸甲酯钙盐工段

其反应式为：

$$2\ CaCN_2 + 2\ H_2O \longrightarrow Ca(HCN_2)_2 + Ca(OH)_2$$

$$Ca(HCN_2)_2 + Ca(OH)_2 + 2\ ClCOOCH_3 \longrightarrow Ca(NCNCOOCH_3)_2 + CaCl_2 + H_2O$$

生产过程中，先向水解釜投入水，温度控制在 35 ℃左右。开动搅拌器，向其中投入一半工业石灰氮。然后保持温度在（35 ± 2）℃，在搅拌下继续反应 1 h，之后进行离心分离。滤液通过泵打入氰胺化釜中。开动氰胺化釜的搅拌器，向其中再加入另一半石灰氮。接着，通过氯甲酸甲酯计量槽滴加氯甲酸甲酯，同时向氰胺化釜的夹套与盘管通入冷冻液，严格控制反应温度在（45 ± 2）℃。再反应 1 h，并使反应液的 pH 值保持在 6～8。反应结束后，进行离心过滤，滤液输入储槽，进行澄清、分析含量后待用。其生产工艺流程如图 10－3－3 所示。

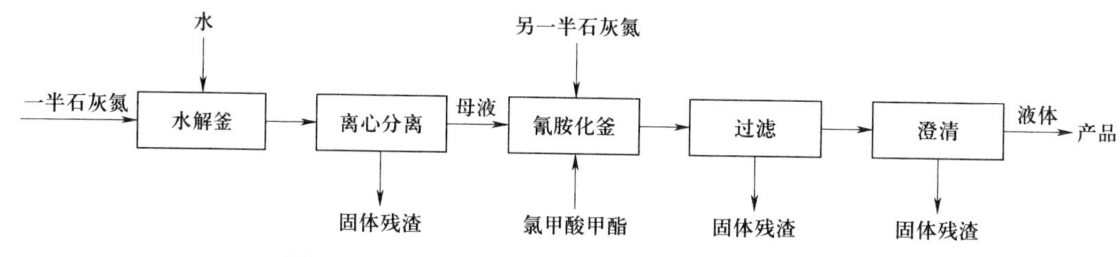

图 10－3－3　氰氨基甲酸甲酯钙盐工段生产工艺流程

（3）多菌灵工段

其反应式为：

$$2\ C_6H_4(NH_2)_2 \xrightarrow[4HCl]{Ca(NCNCOOCH_3)_2} 2\ C_6H_4\text{(N=C—NH)}\text{—NH—}\overset{O}{\overset{\|}{C}}\text{—O—}CH_3 + 2\ NH_4Cl + CaCl_2$$

生产过程中，将已澄清且已知含量的氰氨基甲酸甲酯的钙盐水溶液投入多菌灵合成釜中。开动搅拌后，投入计量好的邻苯二胺，升温至 40 ℃，开始滴加盐酸，并严格控制 pH 值不低于 5。当温度升至 70 ℃左右时，有产品析出。此时关闭水蒸气，使温度缓慢上升。随着温度升高，pH 值会回升，需不断地滴加盐酸以控制 pH 值。当温度升至 98～100 ℃时，应停止加热并开始保温，保持 pH 值在 6 左右。当母液中邻苯二胺残留量＜ 5 $g\cdot L^{-1}$ 后，再保温 1 h，关闭蒸汽，打开冷却水进行降温出料，并进行离心过滤。用热水洗涤至洗涤水无色，甩干后出料，再进行干燥。干燥可采用气流干燥或沸腾干燥。产品为灰褐色固体，质量分数≥ 95%。

采用此工艺所得产品多菌灵的总收率（以邻苯二胺计）≥ 85%，其中各组分质量分数分别为多菌灵≥ 95%，水分≤ 2%，邻苯二胺残留量≤ 1.0%。其生产工艺流程如图 10－3－4 所示。

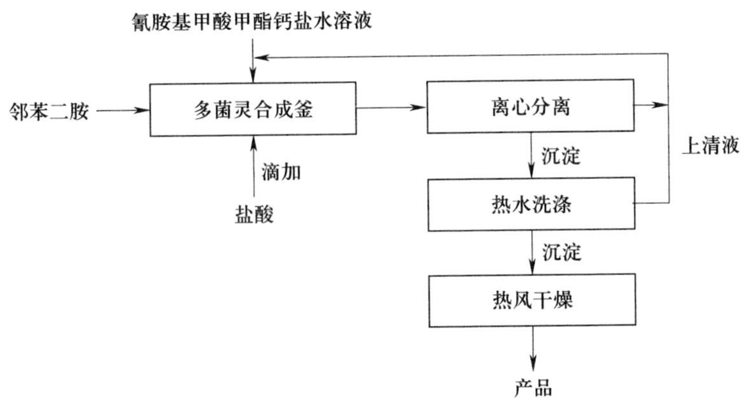

图 10-3-4　多菌灵工段生产工艺流程

3. 甲霜灵类生产工艺

甲霜灵类分子结构式为：

$$-\overset{\|}{C}-\overset{|}{N}-\bigcirc-X_n$$

其中，X= Cl，F，CH_3；$n=0$，1，2

根据氮原子上的取代情况，酰苯胺类化合物分为 N-取代二甲酰亚胺类和 N-酰基-α-氨基酸类。N-取代二甲酰亚胺类包括纹枯利、菌核利、灰霉利、氟安利、抑菌利、克菌利和防霉因等。此类杀菌剂除内吸剂之外都是非内吸性的，且大都对灰霉病有良好的防治效果。N-酰基-α-氨基酸类包括甲霜灵、除霜灵、敌霜灵、异霜灵、苯霜灵等，它们大都是内吸性的，而且大都对藻菌纲真菌引起的病害有特效。杀菌活性顺序为：甲霜灵>除霜灵>敌霜灵。

甲霜灵类生产工艺包括 α-氯代丙酸工段、α-氯代丙酸甲酯工段、氨酯工段和甲霜灵工段四个生产工序。

（1）α-氯代丙酸工段

在反应釜中，加入丙酸和适量催化剂，在搅拌和加热下，通入氯气，直到转化率达到要求为止。

（2）α-氯代丙酸甲酯工段

将一定比例的 α-氯代丙酸和甲醇加入搪瓷釜中。加热进行反应，同时将反应生成的 α-氯丙酸甲酯和水蒸出。分去水层后，得到的酯可直接用于氨酯的合成。

（3）氨酯工段

将 2,6-二甲基苯胺、α-氯丙酸甲酯、缚酸剂、碘催化剂一同置于反应釜中。在搅拌下加热反应数小时，经过水洗、分离后，将得到的粗氨酯进行精馏。前馏分返回用于下次反应，精氨酯用于甲霜灵的合成。

（4）甲霜灵工段

将氯乙酸和溶剂Ⅰ加入反应釜中，在搅拌下按一定配比加入甲醇钠，反应一段时间后，蒸出溶剂Ⅰ，再加入溶剂Ⅱ，并加入一定量的酰氯化剂 PCl_3，反应数小时后，按所需配比加入氨酯，反应结束后经过水洗、脱溶即得甲霜灵产品。甲霜灵总收率：以丙酸计>56%；以2,6-二甲基苯胺计> 72%。甲霜灵的质量分数> 90%。甲霜灵工段生产工艺流程如图10-3-5所示。

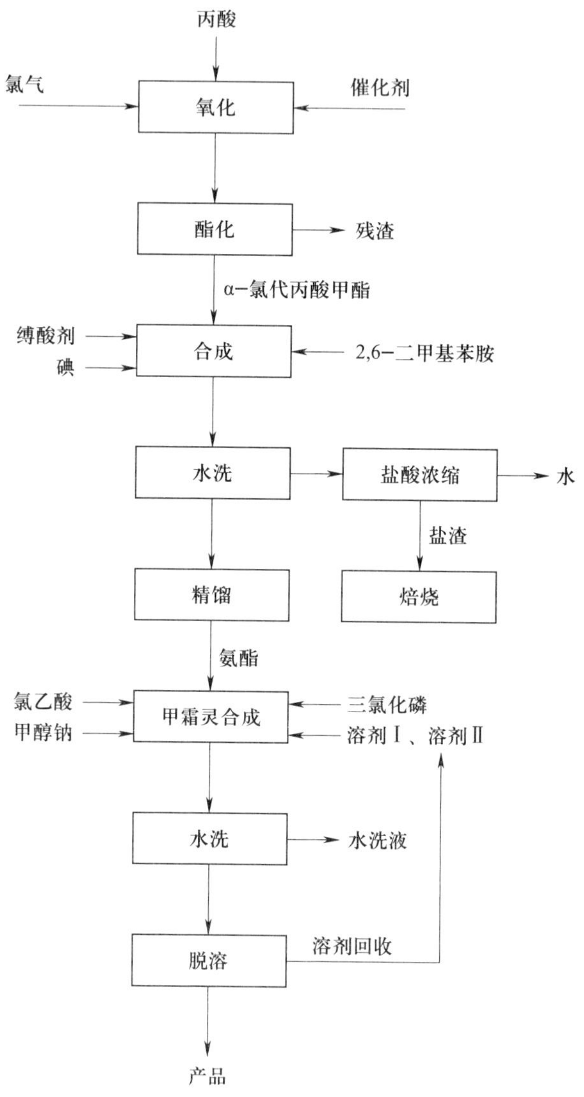

图10-3-5　甲霜灵工段生产工艺流程

目标检测

一、单项选择题

1. 下列杀菌剂说法中错误的是（　　）。

A. 能抑制菌类的生长、繁殖　　B. 可直接毒杀菌类

C. 用于保护作物不受菌类的侵害　　D. 不能用于治疗已被病菌侵害的作物

2. 杀菌剂进入菌体细胞的能力主要与分子中（　　）性质有关。

A. 毒性基团　　B. 活性基团　　C. 成型基团　　D. 结构基团

3. 美福双合成工段中，氯气量是通过检测反应后溶液的（　　）来控制。

A. pH 值　　B. 产物浓度　　C. 反应物浓度　　D. 温度

4. 甲霜灵类生产氨酯工段中加入的碘是（　　）。

A. 反应物　　B. 原料　　C. 催化剂　　D. 辅料

5. 能进入植物体内产生或抑菌作用的杀菌剂是（　　）。

A. 保护性杀菌剂　　B. 治疗性杀菌剂

C. 内吸性杀菌剂　　D. 非内吸性杀菌剂

二、多项选择题

1. 植物病原菌包括（　　）。

A. 真菌　　B. 细菌　　C. 病毒　　D. 抗体

2. 甲霜灵生产工序包括（　　）。

A. α-氯代丙酸工段　　B. α-氯代丙酸甲酯工段

C. 氨酯工段　　D. 甲霜灵工段

3. 多菌灵生产工艺主要包括（　　）。

A. 氯代丙酸甲酯工段　　B. 氯甲酸甲酯工段

C. 氰氨基甲酸甲酯钙盐工段　　D. 多菌灵工段

4. 下列活性基团说法中正确的是（　　）。

A. 对生物有活性的基团，可与生物体内某些发生反应

B. 可与生物体中的金属元素形成螯合物

C. 可使生物体中的基团钝化

D. 可抑制或破坏核酸的合成

三、思考题

1. 简述杀菌剂的分子结构与生物活性的关系。

2. 简述美福类生产工艺及原料要求。
3. 绘制多菌灵类生产工艺流程简图。

任务四　除草剂、植物生长调节剂生产技术

学习目标

1. 了解除草剂的定义、使用范围、分类及作用机理。
2. 掌握典型除草剂的生产原理与生产工艺。
3. 了解植物生长调节剂的定义、使用范围、分类及作用机理。
4. 掌握典型植物生长调节剂的生产原理与生产工艺。

任务引入

杂草是目的作物以外的、妨碍和干扰人类生产和生活环境的各种植物类群。杂草是栽培植物的天敌，它大量消耗地力，与作物争夺养料、水分、阳光和空间，妨碍田间通风透光，提高局部气候温度，有些则是病虫中间寄主，促进病虫害发生；寄生性杂草直接从作物体内吸收养分，从而降低作物的产量和品质。此外，有些杂草的种子或花粉含有毒素，能使人畜中毒。

化学除草是一项重要的技术革新，它能杀死杂草而不伤害作物，把杂草连根彻底消灭，并在土壤中保持一段较长时间，继续发挥药效，防止杂草滋生。化学除草不仅可以节省大量劳动力，增产增收，而且有利于农业机械化的发展和耕作栽培技术的变革。由于化学除草剂具有高效、快速、经济等优点，有些品种还能促进作物生长，大幅度提高劳动生产率，推动农业机械化，是农业高产、稳产的重要保障。

阅读上述材料，讨论下列问题，记录结果，并与同学分享：

1. 杂草的危害有哪些？
2. 化学除草的优点有哪些？
3. 试分析化学除草的实际作用。

相关知识

一、除草剂基本概念与特点

1. 定义

除草剂是指使用一定剂量即可抑制杂草生长或杀死杂草，从而达到控制杂草危害的制剂。目前使用的除草剂大都是人工合成的有机化合物，即化学除草剂。其品种多达 300 种以

上，特别是近年来有多种超低用量、新作用点、高选择性的除草剂相继出现，对提高农业生产率、保护生态环境具有重要意义。

2. 特点

（1）品种繁多。全世界目前生产的除草剂品种达 300 多种，总的发展趋势是向高效低毒、选择性强、杀草广谱、对环境安全的方向发展。另外，从发展土壤处理剂向茎叶处理剂转变也是目前的一个趋势。

（2）剂型多样化。新剂型的除草剂不断发展，也为其高效、安全、方便、经济地使用创造了条件。目前，一种除草剂原药平均有 10 余种加工剂型。

（3）使用方法多样。除草剂的用药方法和技术不断改进。目前除草剂的使用方法已从传统的喷雾法向控制雾滴喷雾、定向喷雾、气体喷雾、颗粒施药、循环回收喷雾等多元化方向发展。

（4）产量和使用面积增长快。除草剂的生产、销售和使用面积迅速增长，并仍保持上升趋势。

（5）混用与混剂应用普遍。由于不同植物对同一药剂有不同反应，除草剂具有一定的选择性，故在生产中多种除草剂混用与混剂应用普遍。

（6）作物安全剂开发和使用进一步兴起。萘二甲酐（NA），CGA—43089（解草胺腈），CGA—92194（解草腈）等除草剂的发现和使用，对于减轻除草剂药害、扩大使用范围起了很大作用。

二、除草剂的分类

除草剂的分类方法很多，主要是按作用性质、作用方式和化学结构等进行分类。

1. 按作用性质分类

可分为非选择性除草剂和选择性除草剂两大类。非选择性除草剂对植物缺少选择性或选择性小，不能将它们直接喷射到生育期的作物田里，否则杂草和目的作物均会受害或死亡。选择性除草剂是具有选择作用的除草剂，它只杀死杂草而不伤害作物，甚至只杀死一种或某类杂草，而不损害任何作物或其他杂草。

2. 按作用方式分类

可分为内吸性除草剂和触杀性除草剂。内吸性除草剂可被杂草的根、茎、叶分别或同时吸收，通过输导组织运输到植物体内的各部位，破坏其内部结构和生理平衡，从而造成植物死亡。触杀性除草剂通过喷洒在植物上，杀死直接接触到药剂的那部分植物组织，但不能内吸传导。触杀性除草剂只能杀死杂草的地上部分，对杂草的地下部分或有地下繁殖器官的多年生杂草效果较差。

3. 按化学结构分类

可分为酚类、二苯醚类、苯氧羧酸类、苯甲酸类、联吡啶类、氨基甲酸酯类、硫代氨基甲酸酯类、酰胺类、取代脲类、均三氮苯类、二硝基苯胺类、苯氧基及杂环氧基苯氧基丙酸酯类、磺酰脲类、咪唑啉酮类以及其他杂环类等。代表性产品结构如下所示。

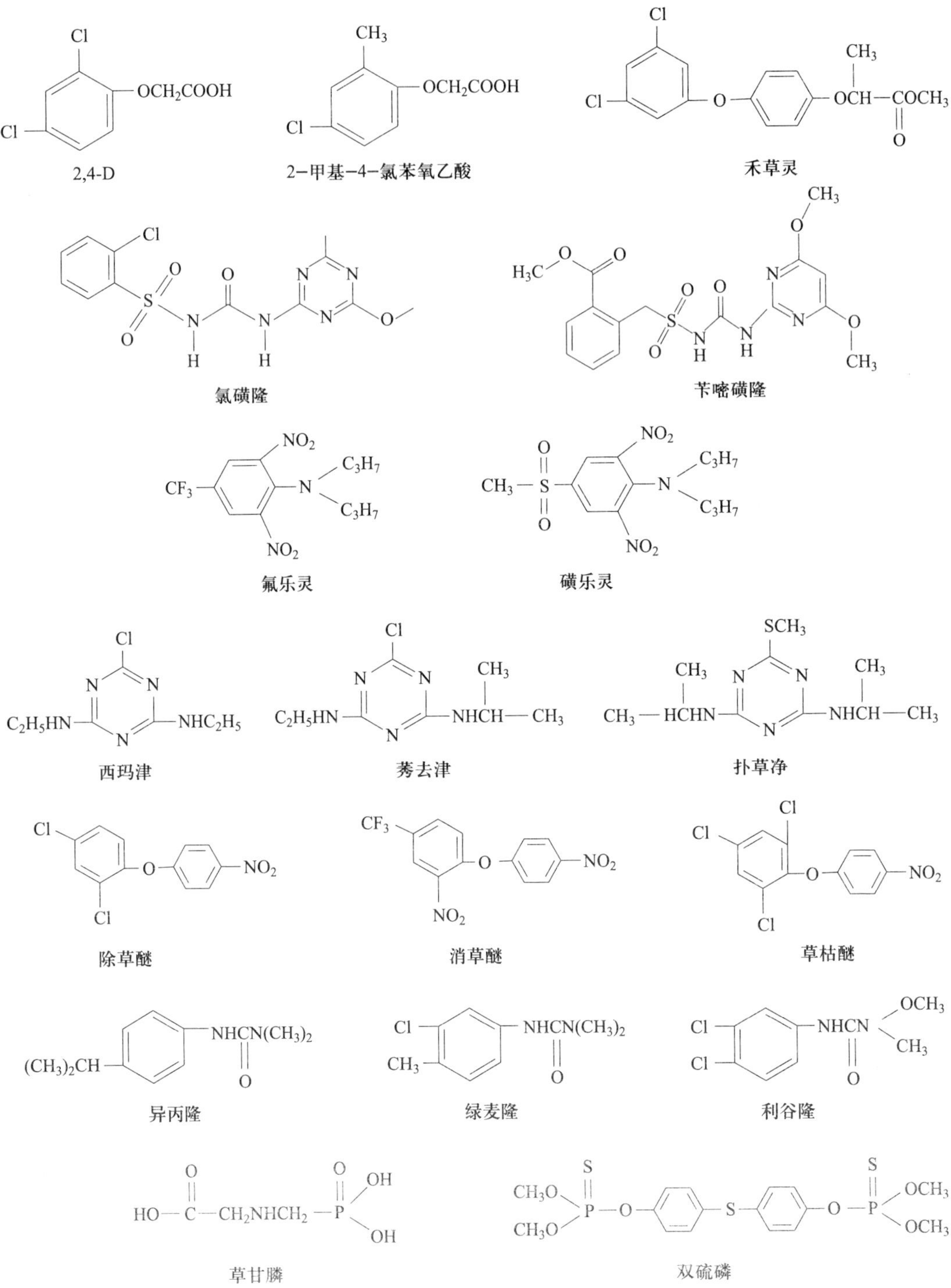
Cl
OCH2COOH
Cl
2,4-D
CH3
OCH2COOH
Cl
2-甲基-4-氯苯氧乙酸
Cl
CH3
Cl
O
OCH—COCH3
O
禾草灵
Cl
O
S
O
N
H
O
N
H
N
N
N
O
氯磺隆
CH3
O
H3C
O
O
O
S
O
N
H
O
N
H
N
N
O
CH3
苄嘧磺隆
NO2
CF3
N
C3H7
C3H7
NO2
氟乐灵
O
CH3—S
O
NO2
N
C3H7
C3H7
NO2
磺乐灵
Cl
N
N
C2H5HN
N
NHC2H5
西玛津
Cl
N
N
C2H5HN
N
CH3
NHCH—CH3
莠去津
SCH3
CH3
N
N
CH3—HCHN
N
CH3
NHCH—CH3
扑草净
Cl
O
NO2
Cl
除草醚
CF3
O
NO2
NO2
消草醚
Cl
Cl
O
NO2
Cl
草枯醚
NHCN(CH3)2
(CH3)2CH
O
异丙隆
Cl
NHCN(CH3)2
CH3
O
绿麦隆
OCH3
Cl
NHCN
Cl
O
CH3
利谷隆
O
O
OH
HO—C—CH2NHCH2—P
OH
草甘膦
S
CH3O
P—O
S
O—P
S
OCH3
CH3O
OCH3
双硫磷

三、除草剂的作用机理

除草剂的作用机理比较复杂，许多除草剂的作用机理至今尚未完全清楚。总体而言，植物的生长发育是植物体内许多生理生化过程协调统一的表现，当除草剂干扰了其中某一环节，就会使植物的生理生化过程失去平衡，从而导致植物的生长发育受到抑制或死亡。

1. 抑制光合作用

除草剂进入植物体内后，到达叶片会对光合作用产生强烈的抑制作用，使植物把储存的养分消耗殆尽而得不到补充，进而导致植物饿死。

2. 抑制脂肪酸合成

脂类是植物细胞膜的重要组成成分，现已发现有多种除草剂能抑制脂肪酸的合成，如芳氧苯氧丙酸类、环己烯酮类、硫代氨基甲酸酯类、哒嗪酮类等。

3. 抑制氨基酸合成

某些除草剂（如草丁膦）的作用靶标是谷氨酰胺合成酶，它们阻止氨的同化，干扰氨的正常代谢，导致氨的积累，光合作用停止，叶绿体结构被破坏。

4. 干扰激素平衡

使用激素型除草剂处理植物后，由于植物无法调控该激素在细胞间的浓度，因此植物组织中的激素浓度会极高，这会干扰植物体内的激素平衡，影响植物生长，最终导致植物死亡。

5. 抑制微管与组织发育

植物细胞的骨架主要是由微管和微丝组成，它们保持细胞形态，在细胞分裂、生长和形态发生中起着重要的作用。

四、典型除草剂生产工艺

1. 苯氧羧酸类除草剂生产工艺

二甲四氯是常用的一类苯氧羧酸类除草剂，其化学名称为2-甲基-4-氯苯氧乙酸，结构式为：

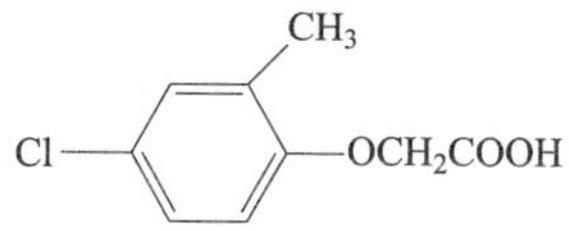

CH_3

Cl—⟨苯环⟩—OCH_2COOH

主要用于防除水稻、麦类、玉米、高粱、亚麻等作物地的阔叶杂草及一些莎草。

（1）生产原理

其生产过程中，反应式如下：

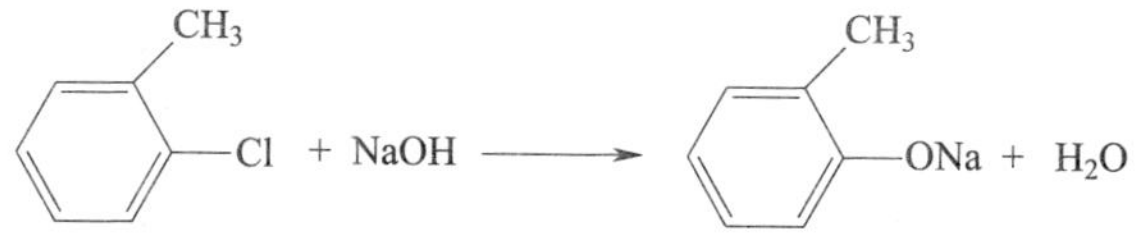

$$\text{(邻甲基氯苯)}\ CH_3C_6H_4Cl + NaOH \longrightarrow CH_3C_6H_4ONa + H_2O$$

$$CH_3C_6H_4ONa + ClCH_2COONa \longrightarrow CH_3C_6H_4OCH_2COONa$$

$$CH_3C_6H_4OCH_2COONa + HCl \longrightarrow CH_3C_6H_4OCH_2COOH + NaCl$$

$$CH_3C_6H_4OCH_2COOH + Cl_2 \longrightarrow Cl\text{—}C_6H_3(CH_3)OCH_2COOH + HCl$$

（2）生产工艺流程

将邻甲酚、水、35%（质量分数）的液碱按比例投入反应釜，反应温度不超过 70 ℃。

将氯乙酸溶于水中，在 25 ℃以下慢慢加入 35%（质量分数）的液碱，使 pH 值为 7～8，配成氯乙酸钠溶液。在搅拌下，约 30 min 内将配好的氯乙酸钠水溶液缓慢均匀地加入反应釜中，在 100～150 ℃下保持反应 1.5 h，缩合反应即完成。将缩合反应液移入脱酚釜，加适量盐酸调节 pH 值至 5 左右，在 90～95 ℃下进行脱酚，除去尚未反应的邻甲酚。脱酚完成后，将反应液移入氯化釜，加盐酸调整 pH 值至 1～2，在 60 ℃左右通氯气进行氯化，通氯至终点后，冷却、过滤、水洗即得产品。

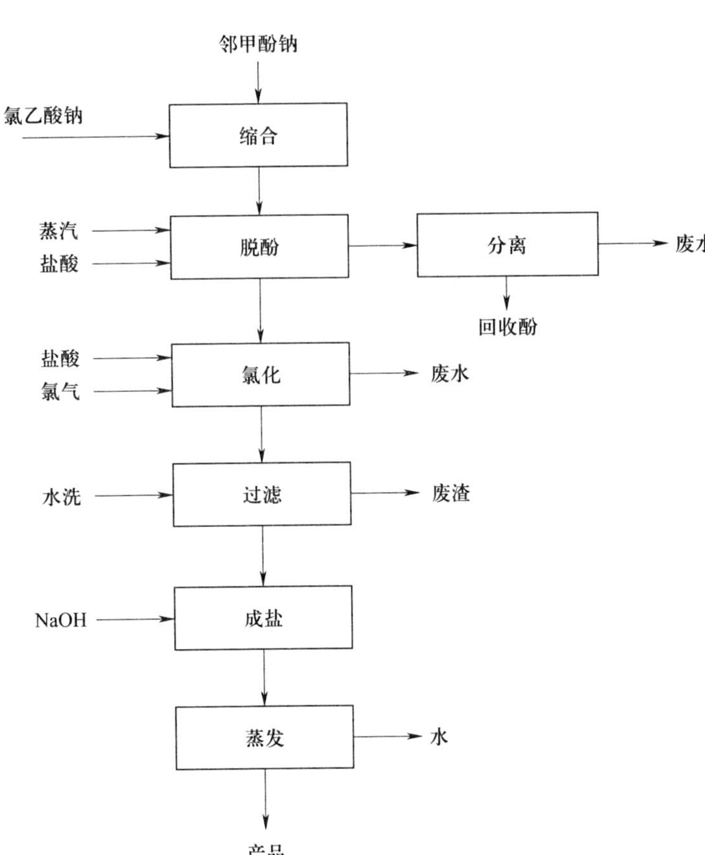

图 10-4-1　二甲四氯生产工艺流程

将上述所得产品以 40%（质量分数）的液碱中和成盐（控制温度 85～95 ℃），随后进行蒸发，在 60 ℃左右干燥，粉碎，即得 2-甲基-4-氯钠盐。二甲四氯生产工艺流程如图 10-4-1 所示。

2. 芳胺衍生物类除草剂生产工艺

芳胺衍生物类代表有毒草胺，其化学名称为 N-异丙基-N-苯基-氯乙酰胺，结构式为：

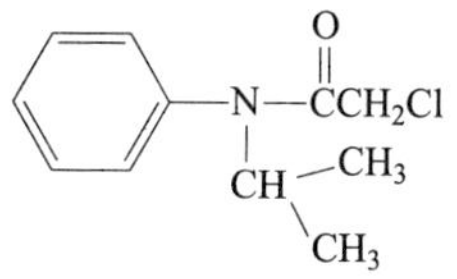

$$\text{C}_6\text{H}_5\text{—N(—CH(CH}_3)_2\text{)—C(=O)CH}_2\text{Cl}$$

毒草胺是一种广谱、低毒的水田和旱地除草剂，可安全地用于大豆、玉米、花生、甘蔗、棉花及水稻作物。水田用量为 2.2～5.3 g/hm²，旱地用量 13～35 g/hm²，对一年生单子叶禾本科杂草和许多阔叶杂草有 80%～90% 的防除效果。

（1）生产原理

其生产过程中，反应式如下：

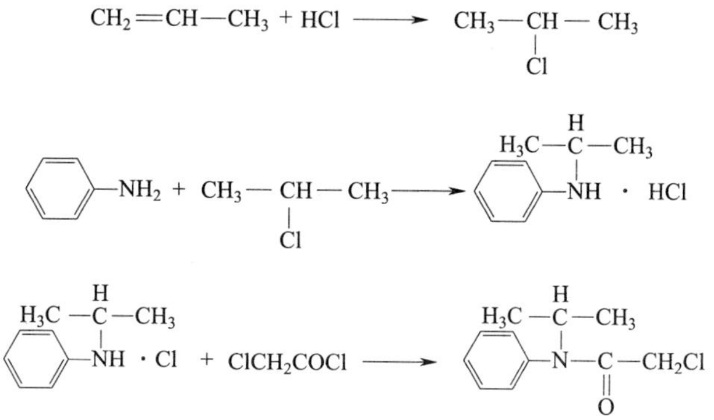

$$CH_2{=}CH{-}CH_3 + HCl \longrightarrow CH_3{-}CH(Cl){-}CH_3$$

$$C_6H_5{-}NH_2 + CH_3{-}CH(Cl){-}CH_3 \longrightarrow C_6H_5{-}NH{-}CH(CH_3)_2 \cdot HCl$$

$$C_6H_5{-}NH{-}CH(CH_3)_2 \cdot Cl + ClCH_2COCl \longrightarrow C_6H_5{-}N(CH(CH_3)_2){-}C(=O){-}CH_2Cl$$

（2）生产工艺流程

生产过程包括 2－氯丙烷的合成和毒草胺的合成两道工序。

① 2－氯丙烷的合成。先将瓷环装入反应器，再加入催化剂活性炭，关闭手孔，升温至 100 ℃，烘烤 6～7 h。同时将 30%（质量分数）工业盐酸用耐酸泵打入再沸器，将再沸器升温至 105～115 ℃。用耐酸泵将盐酸打入脱吸塔进行脱吸，塔顶温度控制＜ 70 ℃，脱出的氯化氢气体先通过冷冻热交换器，再经气液分离器分离出，进入捕沫器及干燥器，通过转子流量计送入混合器。将丙烯储槽阀门微开启，使丙烯先通过阻火器、减压阀，然后进入碱洗器。经过 40%（质量分数）NaOH 洗涤的丙烯再经过 $CaCl_2$ 干燥器进入转子流量计。两种气体混合（HCl 和 C_3H_6 摩尔比为 1.2 : 1）进入催化反应器，在 120～140 ℃进行反应。生成的 2－氯丙烷通过冷冻列管式热交换器，液体 2－氯丙烷经计量后，放入储槽。

②毒草胺的合成。将苯胺、2－氯丙烷分别经计量槽计量后放入高压釜中，在 130～140 ℃、压力 1 MPa 条件下反应 4 h，降温至 95 ℃，排出釜内压力。经计量槽将氯乙酰氯缓慢地滴加入反应釜，于 100 ℃反应 3 h，反应时将氯化氢吸收系统打开，经冷却器循环回收，吸收塔回收盐酸。反应物抽至水洗釜，加入水，于 70 ℃搅拌 1 h，静置 0.5 h，放出下层物料。毒草胺生产工艺流程如图 10－4－2 所示。

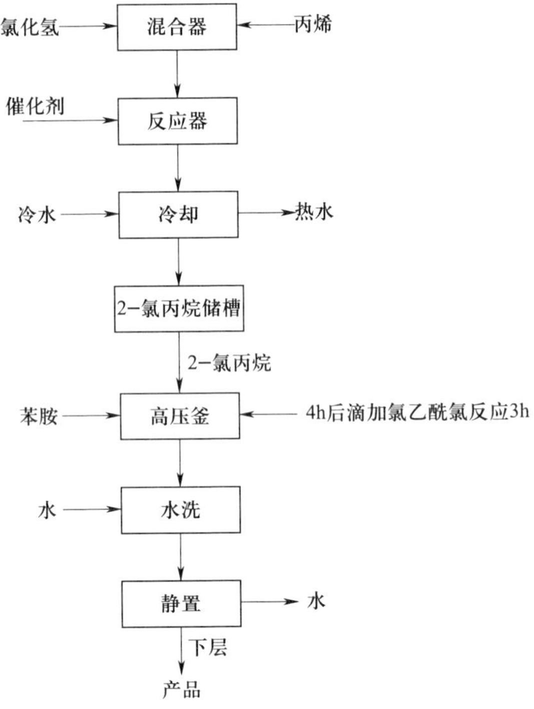

图 10-4-2　毒草氨生产工艺流程

3. 三氮苯类

三氮苯类除草剂分两类：一类是均三氮苯类（又称均三嗪类），其六元环中的三个碳和三个氮是对称排列，目前，多数除草剂品种均属此类；另一类是偏三氮苯类除草剂，其六元环中的三个碳和三个氮是不对称排列。均三氮苯类除草剂结构通式为：

R_1

N　N

R_2NH　N　NHR_3

式中：R_1 为 Cl，R_2、R_3 为烷基时，称津类除草剂；

R_1 为甲氧基，R_2、R_3 为烷基时，称通类除草剂；

R_1 为甲硫基，R_2、R_3 为烷基时，称净类除草剂。

西玛津是典型、通用的一类均三氮苯类除草剂，在很多国家是主要的除草剂品种，也是最早开发的旱田除草剂，其中，R_1 为氯原子，R_2、R_3 为乙基，化学名为 2-氯-4,6-二（乙氨基）-均三氮苯，结构式为：

Cl

N　N

C_2H_5HN　N　NHC_2H_5

西玛津的生产以三聚氯氰为主要原料，有溶剂法和水法两种。溶剂法收率较高，但溶剂回收困难，能量消耗较大，成本较高。水法中水廉价，成本较低、无溶剂回收问题，但水解收率低，同时废水处理量大。在此重点介绍水法生产工艺。

（1）溶剂法

以有机溶剂三氯乙烯为溶剂，在较高温度下先对三聚氢氰进行取代反应，然后进行二取代反应，在 50 ℃下保温 1 h，再用水蒸气蒸馏，回收溶剂，过滤、干燥、粉碎加工，得到西玛津原药，再进行制剂操作生产不同剂型的产品。

（2）水法

以水为溶剂，但需要加入乳化剂，使三聚氯氰乳化分散在水中后，加乙胺水溶液，升温至 18 ℃，加入氢氧化钠溶液，70 ℃反应 2 h，结束后离心过滤，滤饼干燥、粉碎后得西玛津原药。

①西玛津水法生产原理。三聚氯氰、乙胺和氢氧化钠发生酰胺化反应，反应式为：

$$\chemfig{*6(N=(-Cl)N=(-Cl)N=(-Cl))} + 2C_2H_5NH_2 + 2NaOH \longrightarrow \chemfig{*6(N=(-Cl)N=(-NHC_2H_5)N=(-C_2H_5HN))} + 2NaCl + 2H_2O$$

②西玛津水法工艺流程。向搪瓷合成釜中加入定量的水，开动搅拌，通入冷冻盐水降温。当釜内温度降到 0 ℃时，经手孔投入三聚氯氰，搅拌分散均匀（约 20～30 min），并在此温度下滴加乙胺，反应液温度控制在 -8～-3 ℃。加完乙胺后，停止通入冷冻盐水，维持该温度继续反应 30 min。往合成釜夹套通入水，使反应液温度上升至 3～4 ℃后放掉冷水，开始滴加液碱。反应液自然升温可达 18 ℃左右。再往合成釜夹套通入蒸汽，使反应液的温度在 1 h 内匀速上升至 70 ℃，并在此温度下继续搅拌反应 2 h，反应完毕。停止通入蒸汽，用冷水降温至 30～40 ℃，放料离心过滤。滤饼经水洗，离心分离，即得湿西玛津，经干燥得干原药。西玛津水法生产工艺流程如图 10-4-3 所示。

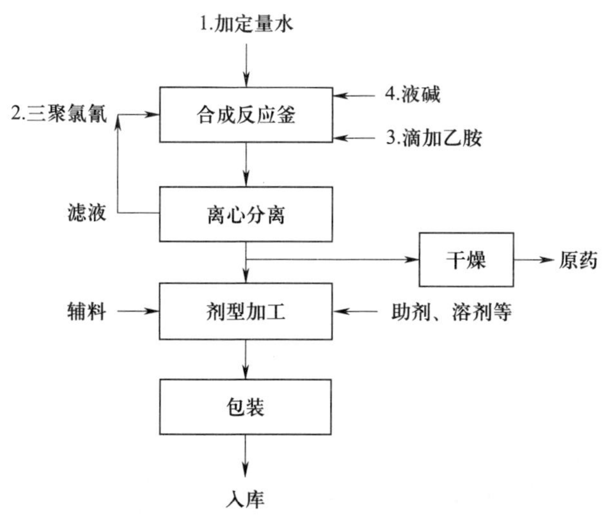

图 10-4-3　西玛津水法生产工艺流程

五、植物生长调节剂生产工艺

1. 概述

国际植物生长物质学会组织明确规定，植物激素是一类由植物体内天然产生的物质。它们在植物体内合成，并从产生部位运输到其他部位发挥作用，对植物生长发育能产生显著作用的微量有机物。由于植物体内的激素含量极低，提取非常困难，这限制了它的应用。因此，人们采用化学方法合成并筛选出许多具有植物激素生理活性的有机化合物。

具有植物激素的生理活性，能影响植物生长，但不会使植物致死的物质，被称为植物生长调节剂。至今已合成了数百种植物生长调节剂，有些植物生长调节剂在化学结构上与植物激素相似，具有类似的生理活性；有些植物生长调节剂的化学结构与植物激素不同，但也能产生与植物激素相似的生理作用。一般来说，植物生长调节剂与除草剂不能严格区分。

根据生理功能不同，将植物生长调节剂分为植物生长促进剂、植物生长抑制剂以及植物生长延缓剂。也可根据其与植物激素相似的性质，把植物生长调节剂分为生长素类、赤霉素类、细胞分裂素类、乙烯类和脱落酸类等。

2. 典型植物生长调节剂生产工艺

（1）乙烯利生产工艺

乙烯利是一种植物生长调节剂，主要生理活性是使植物加速成熟、脱落及促进开花和控制生长等，是一种低毒农药，广泛应用于橡胶树、漆树、烟草、棉花、高粱、水果、蔬菜、小麦等作物。

纯品为无色针状结晶，熔点为 75 ℃，易溶于水和醇，难溶于苯和二氯甲烷。暴露在空气中极易潮解，水溶液呈强碱性，遇碱逐渐分解，释放出乙烯。不能与碱、金属盐、金属共存，在酸溶液中较稳定。

①乙烯利生产原理

三氯化磷与环氧乙烷酯化得到亚膦酸三酯，在加热条件下重排为磷酸二酯，再与盐酸酸解得到乙烯利。

酯化反应式为：

$$\underset{\text{O}}{\bigtriangledown} + PCl_3 \longrightarrow (ClCH_2CH_2O)_3P$$

重排反应式为：

$$(ClCH_2CH_2O)_3P \xrightarrow{\triangle} ClCH_2CH_2\overset{\overset{\displaystyle O}{\|}}{P}(OCH_2CH_2Cl)_2$$

酸解反应式为：

$$ClCH_2CH_2\overset{\overset{\displaystyle O}{\|}}{P}(OCH_2CH_2Cl)_2 \xrightarrow{HCl} ClCH_2CH_2-\underset{\underset{\displaystyle OH}{|}}{\overset{\overset{\displaystyle O}{\|}}{P}}-OH$$

②乙烯利生产工艺流程

乙烯利生产过程包括酯化、重排和酸解三个步骤。其生产工艺流程如图 10-4-4 所示。

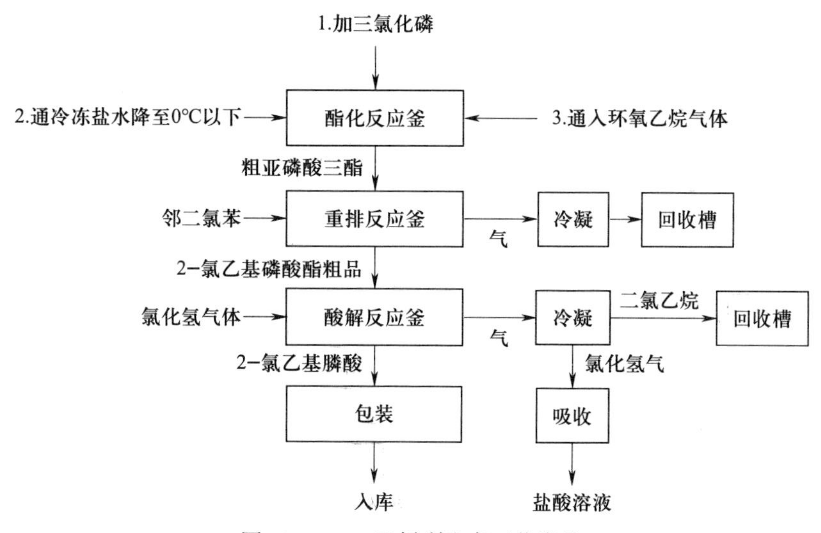

图 10-4-4　乙烯利生产工艺流程

a. 酯化。在反应釜中加入三氯化磷，夹套通入冷冻盐水进行冷却，使料温降至 0 ℃以下，随即通入气体环氧乙烷，通入速度需根据反应温度变化而加以调节，控制在 30 ℃左右时通完与三氯化磷等摩尔量的环氧乙烷。继续搅拌 4～6 h，完成酯化反应，游离氯含量控制在 0.1～0.2 mg/kg。

b. 重排。上述酯化产物粗品加入带有回流冷凝器和搅拌器的反应釜内，同时加入适量的邻二氯苯，搅拌后，快速升温至 180 ℃，在此温度下回流反应 3～4 h。之后进行真空蒸馏，回收溶剂，留在反应釜内的物质为 2-氯乙基磷酸酯粗品。

c. 酸解。将 2-氯乙基磷酸酯粗品加入反应釜内，加热升温至 170 ℃，搅拌，并通入氯化氢气体进行反应。未反应的多余氯化氢气体和生成的氯乙烷一同由反应釜蒸馏出，并经冷凝分离出二氯乙烷。未被冷凝的氯化氢气体进入尾气吸收装置进行吸收。在 175 ℃下持续反应，同时不断蒸出二氯乙烷。当二氯乙烷的收集量达到 2-氯乙基磷酸酯粗品投料量的 2/3 时，即可停止反应。所得棕色酸性液体即为成品，其有效成分为 2-氯乙基膦酸。该成品可直接销售，也可配制成 30%～40%（质量分数）的水剂进行销售。

（2）矮壮素生产工艺

矮壮素纯品为白色固体，易溶于水、乙醇和丙酮，不溶于苯，是一种多用途的植物生长调节剂，适用于棉花、水稻、玉米、小麦、烟草、大豆、番茄和多种块根作物。它能抑制和调节植物的营养生长，促进植物生长，使植株变粗，增强抗倒伏能力，叶色变绿，增强光合作用，提高抗旱、抗寒、抗盐能力，从而增加产量，其结构式为：

$$\left[ClCH_2CH_2-\overset{\displaystyle CH_3}{\underset{\displaystyle CH_3}{\overset{|}{\underset{|}{N}}}}-CH_3 \right]^+ Cl^-$$

合成过程为三甲胺合成和矮壮素合成两大步。反应式为：

$$(CH_3)NH \cdot HCl + NaOH \longrightarrow (CH_3)_3N + NaCl + H_2O$$

$$(CH_3)_3N + ClCH_2CH_2Cl \longrightarrow \left[(CH_3)_3NCH_2CH_2Cl\right]^+ Cl^-$$

矮壮素生产工艺流程如图 10-4-5 所示。先将三甲胺盐酸盐打入高位槽，然后加入带有冷凝器的反应釜中，启动搅拌并升温至第一温度 70～80 ℃，以一定速度滴加 30%（质量分数）的液碱 NaOH，一般 6～8 h 内加完，保持塔压力稳定在（2～3）$\times 10^4$ Pa。碱加完后，升温至第二温度 100 ℃，使三甲胺气体释放出来，并通过缓冲罐进入矮壮素合成釜。合成釜预先已加入所需量的二氯乙烷。吸收 6～8 h 后，封闭反应釜并慢慢升温，保持塔压力稳定，继续反应 12 h。当釜内温度达到 112 ℃（第三温度）时，表明反应已到达终点。此时，加水并将二氯乙烷蒸出，过滤后即可得到产品。

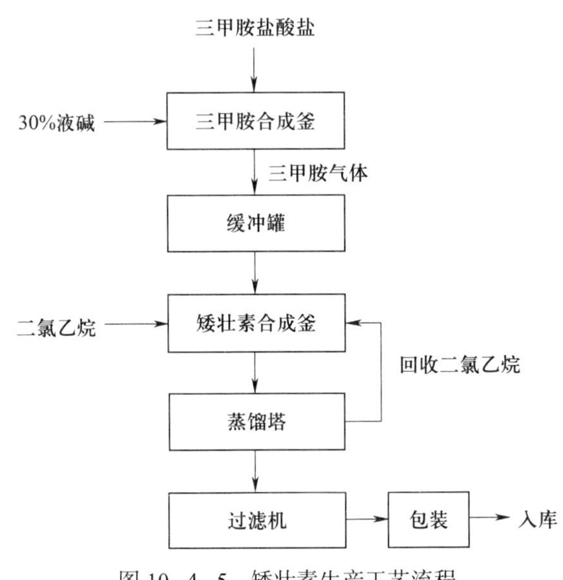

图 10-4-5　矮壮素生产工艺流程

目标检测

一、单项选择题

1. 不是除草剂的特点的是（　　）。

A. 安全性　　B. 高效性　　C. 价格低廉　　D. 富集性

2. 2-甲基-4-氯苯氧乙酸属于（　　）除草剂。

A. 磺酰脲类　　B. 三氮苯类　　C. 芳胺衍生物类　　D. 苯氧羧酸类

3. 除草剂按（　　）分类，分为非选择性除草剂和选择性除草剂两大类。

A. 作用方式　　B. 作用性质　　C. 化学结构　　D. 使用方法

4. 下列不是乙烯利生产过程的是（　　）。

A. 酯化　　B. 聚合　　C. 重排　　D. 酸解

二、多项选择题

1. 除草剂的特点有（　　）。

A. 品种繁多　　B. 剂型多样化

C. 使用方法多样　　D. 混用与混剂应用普遍

2. 关于内吸性除草剂下列说法中正确的是（　　）。

A. 可被杂草的根、茎、叶分别或同时吸收

B. 能被植物各部位直接吸收

C. 通过输导组织运输到植物体内的各部位

D. 破坏它的内部结构和生理平衡，从而造成植物死亡

3. 下列关于触杀性除草剂说法中错误的是（　　）。

A. 施用时不需要喷洒在杂草上

B. 杀死直接接触到药剂的那部分植物组织

C. 能内吸传导

D. 只能杀死杂草地下部分

4. 乙烯利生产中，酯化反应温度一般控制在 30 ℃左右，通过（　　）来控制。

A. 夹套通冷冻盐水进行冷却　　B. 气体环氧乙烷通入速度

C. 加三氯化磷的量　　D. 加热蒸汽的量

5. 乙烯利是一种植物生长调节剂，其主要的生理活性有（　　）。

A. 使植物加速成熟、脱落　　B. 促进开花

C. 控制生长　　D. 促进长高

三、思考题

1. 简述除草剂的作用机理。

2. 简述毒草胺生产工艺流程。

3. 简述乙烯利的理化性质及生产过程。

项目总体评价

一、复习项目内容，补充完成思维导图。

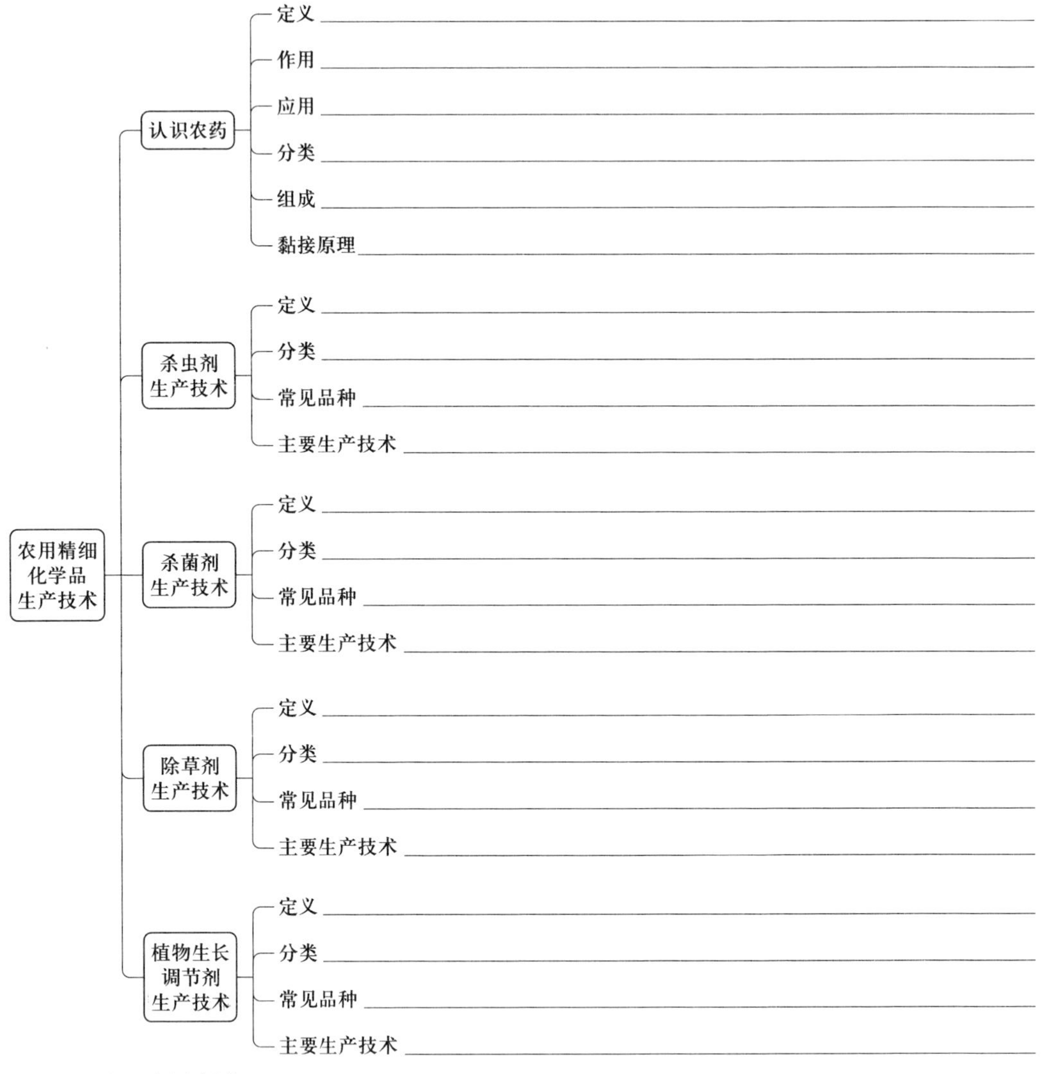

二、项目成果制作。

小组协作完成一种农药的安全技术说明书查找与分析。

小组成员		实训地点	
产品名称		日期	

续表

组成分析	组成	作用	组成	作用
毒性分析				
作用范围 及效果分析				
使用方法 及安全使用事项				

参考文献

[1] 丁志平，孙淑香．精细化工工艺［M］．北京：化学工业出版社，2013.

[2] 孙海峰．中药化妆品开发与应用［M］．北京：人民卫生出版社，2017.

[3] 刘德峥，黄艳芹，等．精细化工生产技术［M］．2 版．北京：化学工业出版社，2011.

[4] 吴海霞，王雪香．精细化工生产技术［M］．2 版．北京：中国石化出版社，2019.

[5] 刘云．洗涤剂——原理·原料·工艺·配方［M］．2 版．北京：化学工业出版社，2013.

[6] 卞进发，彭德厚．化工工艺概论［M］．2 版．北京：化学工业出版社，2010.

[7] 徐燏，王训遒，马啸华．精细化工生产技术［M］．北京：化学工业出版社，2011.

[8] 宋启煌，方岩雄．精细化工工艺学［M］．4 版．北京：化学工业出版社，2018.

[9] 朱士臣，贾世亮，陈慧，等．"食品添加剂""引导式"课程思政建设与探索［J］．食品工业，2023（6）：279－282.

[10] 龙道崎，甘芳瑗，刘振平．课程思政视域下"食品添加剂使用标准"的教学设计与实践［J］．中国食品，2023（28）：8－11.

[11] 赖川，周绿山，张巧玲．《日用化学品制造原理与技术》课程教学改革与实践［J］．四川文理学院学报，2022（2）：80－83.

[12] 王策，赵莉，刘畅瑶，等．《表面活性剂化学与工艺学》课程思政设计与实施［J］．中国洗涤用品工业，2023（1）：37－41.

[13] 赵永杰，裴鸿．2021 年中国表面活性剂行业原料及产品统计分析［J］．日用化学品科学，2022（5）：1－4+16.

[14] 尚晓敏，刘晓秋，孙蒙．日用化学品技术实验课程思政的探索与成效［J］．化工管理，2023（28）：16－18+37.

[15] 程志毓．《高分子材料助剂》课堂教学新模式探索［J］．广州化工，2019（5）：254+249.

[16] 欧蔓丽，史宪鹏，曹伟军，等．建筑防火涂料研究综述［J］．上海建材，2023（3）：9.

[17] 曾群，白占旗，刘武灿，等．电子化学品在光伏电池产业中的应用及发展［J］．低温与特气，2019（5）：1－6.

[18] 汪海燕，朱思坤．电子化学品技术发展研究［J］．化工管理，2022（30）：68－71.

[19] 汪侠．表面活性剂研发现状及未来发展前景研究［J］．化工设计通讯，2023（4）：55－57.